教育部高等学校电子信息类专业教学指导委员会规划教材
高等学校电子信息类专业系列教材

Principles and Applications of Sensors

传感器原理与应用

陈庆　编著
Chen Qing

清华大学出版社
北京

内容简介

本书以培养应用型高级工程人才为目标,以传感器的基本原理和检测系统应用实例为主要内容,使读者在学习传感器基本原理的同时掌握其在检测系统中的作用,能够运用本书中的专业知识与工程技能,具备独立发现、研究与解决现实中复杂工程问题的能力。

本书共16章,主要内容包括测量技术基础、传感器基本特性、电阻式传感器原理与应用、电容传感器原理与应用、电感传感器原理与应用、电涡流传感器原理与应用、磁电式传感器原理与应用、压电传感器原理与应用、声波传感器原理与应用、热电式传感器原理与应用、光电式传感器原理与应用、化学传感器原理与应用、生物传感器原理与应用、量子传感器、智能传感器、检测系统中的抗干扰技术、自动检测技术的综合应用。

本书涉及知识面广,实用性强,适合作为高等院校仪器仪表、电气工程及其自动化、电子信息、通信工程等相关专业教材,也可以作为相关领域工程技术人员的参考书。

本书封面贴有清华大学出版社防伪标签,无标签者不得销售。
版权所有,侵权必究。举报: 010-62782989, beiqinquan@tup.tsinghua.edu.cn。

图书在版编目(CIP)数据

传感器原理与应用/陈庆编著. —北京: 清华大学出版社,2021.7(2025.2重印)
高等学校电子信息类专业系列教材
ISBN 978-7-302-58197-0

Ⅰ. ①传… Ⅱ. ①陈… Ⅲ. ①传感器—高等学校—教材 Ⅳ. ①TP212

中国版本图书馆 CIP 数据核字(2021)第 096270 号

责任编辑: 王 芳
封面设计: 李召霞
责任校对: 李建庄
责任印制: 刘海龙

出版发行: 清华大学出版社
网　　址: https://www.tup.com.cn, https://www.wqxuetang.com
地　　址: 北京清华大学学研大厦A座
邮　　编: 100084
社 总 机: 010-83470000
邮　　购: 010-62786544
投稿与读者服务: 010-62776969, c-service@tup.tsinghua.edu.cn
质量反馈: 010-62772015, zhiliang@tup.tsinghua.edu.cn
课件下载: https://www.tup.com.cn, 010-83470236

印 装 者: 三河市铭诚印务有限公司
经　　销: 全国新华书店
开　　本: 185mm×260mm
印　　张: 23
字　　数: 562千字
版　　次: 2021年8月第1版
印　　次: 2025年2月第6次印刷
印　　数: 4601~5600
定　　价: 79.00元

产品编号: 090226-01

高等学校电子信息类专业系列教材

顾问委员会

谈振辉	北京交通大学（教指委高级顾问）	郁道银	天津大学（教指委高级顾问）
廖延彪	清华大学　　（特约高级顾问）	胡广书	清华大学　　（特约高级顾问）
华成英	清华大学　　（国家级教学名师）	于洪珍	中国矿业大学（国家级教学名师）
彭启琮	电子科技大学（国家级教学名师）	孙肖子	西安电子科技大学（国家级教学名师）
邹逢兴	国防科技大学（国家级教学名师）	严国萍	华中科技大学（国家级教学名师）

编审委员会

主　任	吕志伟	哈尔滨工业大学			
副主任	刘　旭	浙江大学	王志军	北京大学	
	隆克平	北京科技大学	葛宝臻	天津大学	
	秦石乔	国防科技大学	何伟明	哈尔滨工业大学	
	刘向东	浙江大学			
委　员	王志华	清华大学	宋　梅	北京邮电大学	
	韩　焱	中北大学	张雪英	太原理工大学	
	殷福亮	大连理工大学	赵晓晖	吉林大学	
	张朝柱	哈尔滨工程大学	刘兴钊	上海交通大学	
	洪　伟	东南大学	陈鹤鸣	南京邮电大学	
	杨明武	合肥工业大学	袁东风	山东大学	
	王忠勇	郑州大学	程文青	华中科技大学	
	曾　云	湖南大学	李思敏	桂林电子科技大学	
	陈前斌	重庆邮电大学	张怀武	电子科技大学	
	谢　泉	贵州大学	卞树檀	火箭军工程大学	
	吴　瑛	战略支援部队信息工程大学	刘纯亮	西安交通大学	
	金伟其	北京理工大学	毕卫红	燕山大学	
	胡秀珍	内蒙古工业大学	付跃刚	长春理工大学	
	贾宏志	上海理工大学	顾济华	苏州大学	
	李振华	南京理工大学	韩正甫	中国科学技术大学	
	李　晖	福建师范大学	何兴道	南昌航空大学	
	何平安	武汉大学	张新亮	华中科技大学	
	郭永彩	重庆大学	曹益平	四川大学	
	刘缠牢	西安工业大学	李儒新	中国科学院上海光学精密机械研究所	
	赵尚弘	空军工程大学	董友梅	京东方科技集团股份有限公司	
	蒋晓瑜	陆军装甲兵学院	蔡　毅	中国兵器科学研究院	
	仲顺安	北京理工大学	冯其波	北京交通大学	
	黄翊东	清华大学	张有光	北京航空航天大学	
	李勇朝	西安电子科技大学	江　毅	北京理工大学	
	章毓晋	清华大学	张伟刚	南开大学	
	刘铁根	天津大学	宋　峰	南开大学	
	王艳芬	中国矿业大学	靳　伟	香港理工大学	
	苑立波	哈尔滨工程大学			
丛书责任编辑	盛东亮	清华大学出版社			

前　言
FOREWORD

随着智能制造技术的飞速发展，"中国制造2025""互联网＋""工业4.0"等发展战略的实施，推动了信息技术和工业化的高度融合，先进的信息技术引领着当今社会迈向高度现代化。传感器作为信息技术中的一部分，发挥着举足轻重的作用。

本书主要包含传感器原理及测量电路、测量数据收集与处理、误差分析，结合智能检测技术应用实例，重点培养学生综合运用所学的理论知识和解决实际工程问题的能力。通过本书的学习可以使学生掌握检测技术的基本概念和自动检测系统的架构；掌握检测系统的数据采集原理；掌握测量数据的科学处理方法和误差分析方法；掌握根据测量数据对传感器或检测仪表进行性能评估的方法。培养学生对实验数据的分析和处理能力；掌握各种传感器的基本原理、结构和信号调理电路，熟悉各种传感器的基本特性指标和应用领域，培养学生运用传感器对实际物理量进行检测的能力；掌握几种典型的检测系统的仪表校准方法和测量方法，培养学生的实际动手操作能力。

本书体现以学生为中心、"学贵有疑"、突出工程教育、强化应用、重视实践，逐渐提高人才培养质量，不断加强学生的工程意识、工程素质、工程实践能力和工程创新能力。本书适应国家经济建设尤其是先进制造业的社会需求，培养具有扎实自然科学基础和传感器方面专业知识、较强工程实践能力、知识更新与自我完善能力、良好沟通与组织管理能力和国际视野的工程领域高级人才。

本书由苏州大学机电工程学院老师执笔，陈庆编写第1~6章；杨歆豪编写第7~10章；季清编写第11~13章；王平编写第14~16章；苏州市机关事务局高级工程师吴约进编写传感器应用实例。苏州大学机电工程学院2020级研究生黄清参与了部分书稿的资料整理、图表绘制等工作。本书的编写参阅了大量的国内外相关资料，调研了部分传感器相关企业，力求全书内容的前沿性。全书由苏州大学机电工程学院余雷教授担任主审，主审以高度的责任心审阅全书，并提出许多宝贵意见。

本书的出版获得苏州大学一流本科专业项目——电气工程及其自动化的资助。清华大学出版社的编辑为本书的高质量出版付出了辛勤劳动，在此一并表示衷心感谢。限于自身水平和学识，书中难免存在不足之处，诚望广大读者不吝赐教，以利修正，让更多读者收益。

编著者

2021年5月

目录
CONTENTS

第1章 绪论 ·· 1

  1.1 测量技术基础 ·· 1

    1.1.1 测量与检测 ·· 1

    1.1.2 测量的基本方法 ·· 1

    1.1.3 测量误差处理 ··· 3

    1.1.4 测量误差分类 ··· 6

  1.2 传感器的定义及组成 ··· 10

    1.2.1 自动检测系统 ·· 10

    1.2.2 传感器的定义 ·· 11

    1.2.3 传感器的组成 ·· 11

  1.3 传感器的分类及基本特性 ··· 12

    1.3.1 传感器的分类 ·· 13

    1.3.2 传感器的基本特性 ·· 14

  1.4 传感器的地位与作用 ··· 21

    1.4.1 传感技术的特点 ··· 21

    1.4.2 传感技术的地位与作用 ·· 21

  1.5 传感器的发展趋势 ·· 23

    1.5.1 改善传感器性能的技术途径 ·· 23

    1.5.2 现代传感技术的发展现状 ··· 24

    1.5.3 传感器的发展方向 ·· 25

  小结 ··· 27

  习题 ··· 27

第2章 电阻式传感器的原理与应用 ··· 29

  2.1 电阻应变式传感器 ·· 29

    2.1.1 应变效应 ·· 29

    2.1.2 应变片的测量原理 ·· 32

    2.1.3 应变片的类型 ·· 33

    2.1.4 应变片的结构与材料 ··· 34

2.2 电阻应变片的测量电路 ... 35
2.2.1 直流电桥电路 ... 35
2.2.2 交流电桥 ... 38
2.2.3 直流电桥、交流电桥比较 ... 39
2.3 测量电路的温度误差及补偿 ... 39
2.3.1 应变片的温度误差 ... 39
2.3.2 温度补偿方法 ... 40
2.4 应变式传感器的应用 ... 43
2.4.1 测力传感器 ... 43
2.4.2 压阻式传感器的压力测量 ... 45
2.4.3 液位测量 ... 46
2.5 电位器的原理与应用 ... 46
2.5.1 电位器式传感器的工作原理 ... 46
2.5.2 电位器的分类 ... 47
2.5.3 使用时的注意事项 ... 48
2.5.4 电位器传感器的应用 ... 48
小结 ... 49
习题 ... 49

第 3 章 电容传感器的原理与应用 ... 51
3.1 电容传感器的工作原理及类型 ... 51
3.1.1 变面积式电容传感器 ... 52
3.1.2 变极距式电容传感器 ... 53
3.1.3 变介电常数式电容传感器 ... 55
3.2 电容传感器测量电路 ... 58
3.2.1 桥式电路 ... 58
3.2.2 调频电路 ... 59
3.2.3 运算放大式测量电路 ... 59
3.2.4 差动脉冲宽度调制电路 ... 60
3.3 电容传感器的应用 ... 61
3.3.1 电容压力传感器 ... 61
3.3.2 电容位移传感器 ... 62
3.3.3 电容加速度传感器 ... 63
3.3.4 电容厚度传感器 ... 63
3.3.5 电容液位传感器 ... 63
小结 ... 64
习题 ... 65

第 4 章 电感传感器的原理与应用 ………………………………………………… 66

4.1 自感式传感器 ……………………………………………………………… 66
4.1.1 自感式传感器的原理及分类 ……………………………………… 66
4.1.2 自感式电感传感器的测量电路 …………………………………… 71
4.2 互感式传感器 ……………………………………………………………… 72
4.2.1 差动变压器的工作原理 …………………………………………… 73
4.2.2 误差分析 …………………………………………………………… 73
4.2.3 测量电路 …………………………………………………………… 75
4.3 电感传感器的应用 ………………………………………………………… 77
4.3.1 差动压力传感器 …………………………………………………… 77
4.3.2 加速度测量 ………………………………………………………… 77
小结 ………………………………………………………………………………… 78
习题 ………………………………………………………………………………… 78

第 5 章 电涡流传感器的原理与应用 ……………………………………………… 79

5.1 电涡流传感器的工作原理 ………………………………………………… 79
5.1.1 高频反射式电涡流传感器 ………………………………………… 79
5.1.2 低频透射式电涡流传感器 ………………………………………… 80
5.1.3 电涡流传感器的等效电路 ………………………………………… 81
5.1.4 电涡流的强度和分布 ……………………………………………… 83
5.1.5 电涡流传感器的常用测量电路 …………………………………… 84
5.2 电涡流传感器的应用 ……………………………………………………… 85
5.2.1 电涡流转速传感器 ………………………………………………… 85
5.2.2 振动的测量 ………………………………………………………… 86
5.2.3 电涡流探伤 ………………………………………………………… 86
5.2.4 位移的测量 ………………………………………………………… 88
5.2.5 温度测量 …………………………………………………………… 88
5.2.6 电涡流安全通道检查门 …………………………………………… 89
5.3 接近开关及应用 …………………………………………………………… 89
5.3.1 接近开关的主要功能 ……………………………………………… 90
5.3.2 接近开关分类及结构 ……………………………………………… 90
5.3.3 接近开关选型 ……………………………………………………… 91
5.3.4 接近开关的特点及性能指标 ……………………………………… 92
5.3.5 接近开关的规格及接线方法 ……………………………………… 93
5.3.6 接近开关的应用 …………………………………………………… 93
小结 ………………………………………………………………………………… 95
习题 ………………………………………………………………………………… 95

第 6 章 磁电感应式传感器的原理与应用 ································ 96

6.1 磁电感应式传感器 ································ 96
6.1.1 磁电感应式传感器的工作原理 ································ 96
6.1.2 磁电感应式传感器的分类 ································ 97
6.1.3 磁电感应式传感器的测量电路 ································ 99
6.1.4 磁电感应式传感器的基本特性 ································ 100
6.1.5 磁电感应式传感器的应用 ································ 101
6.2 霍尔传感器 ································ 102
6.2.1 霍尔效应 ································ 102
6.2.2 霍尔元件的材料及结构 ································ 104
6.2.3 霍尔元件的主要技术参数 ································ 105
6.2.4 霍尔元件的测量、补偿电路 ································ 106
6.2.5 霍尔集成电路 ································ 111
6.3 霍尔传感器的应用 ································ 113
6.3.1 霍尔转速表 ································ 113
6.3.2 霍尔式无触点点火装置 ································ 113
6.3.3 霍尔式功率计 ································ 113
6.3.4 霍尔式无刷直流电机 ································ 114
6.3.5 钳型电流表 ································ 115
小结 ································ 115
习题 ································ 116

第 7 章 压电式传感器的原理与应用 ································ 117

7.1 压电效应 ································ 117
7.2 压电材料的分类 ································ 118
7.2.1 压电晶体 ································ 119
7.2.2 压电陶瓷 ································ 120
7.2.3 新型压电材料 ································ 122
7.3 压电式传感器的测量电路 ································ 123
7.3.1 等效电路 ································ 123
7.3.2 压电元件的串联与并联 ································ 124
7.3.3 测量电路 ································ 124
7.4 压电式传感器的应用 ································ 126
7.4.1 玻璃打碎报警装置 ································ 126
7.4.2 压电式加速度计的原理与设计 ································ 127
7.4.3 压电式传感器测表面粗糙程度 ································ 129
7.4.4 压电式煤气灶电子点火装置 ································ 129
7.4.5 压电式流量计 ································ 129

7.4.6　压电式水漏探测仪 ································ 130
　　　7.4.7　压电式压力传感器 ································ 130
　小结 ··· 132
　习题 ··· 132

第8章　声波传感器的原理与应用　134

8.1　声波及其物理性质 ·· 134
　　　8.1.1　声波的分类 ······································ 134
　　　8.1.2　声波的波形 ······································ 134
　　　8.1.3　声波的传播速度 ·································· 135
　　　8.1.4　声波的特性 ······································ 135
　　　8.1.5　声波的反射和折射 ································ 136
　　　8.1.6　超声波的衰减 ···································· 137
　　　8.1.7　声波的多普勒效应 ································ 137
　　　8.1.8　超声波传感器 ···································· 139
8.2　超声波传感器的应用 ······································ 141
　　　8.2.1　超声波无损探伤 ·································· 141
　　　8.2.2　超声波传感器的应用 ······························ 144
8.3　微波传感器 ·· 147
　　　8.3.1　微波传感器的原理 ································ 147
　　　8.3.2　微波传感器的应用 ································ 148
　小结 ··· 150
　习题 ··· 151

第9章　热电式传感器的原理与应用　152

9.1　热电偶传感器 ·· 152
　　　9.1.1　热电偶的工作原理 ································ 152
　　　9.1.2　热电偶的基本定律 ································ 154
　　　9.1.3　热电偶材料 ······································ 156
　　　9.1.4　热电偶的结构形式 ································ 159
　　　9.1.5　热电偶的冷端补偿 ································ 161
　　　9.1.6　热电偶的选择、安装使用和校验 ···················· 164
　　　9.1.7　热电偶测温线路 ·································· 165
　　　9.1.8　热电偶的应用 ···································· 167
9.2　热敏电阻传感器的原理 ···································· 168
　　　9.2.1　金属热电阻 ······································ 168
　　　9.2.2　热敏电阻 ·· 174
　　　9.2.3　热电偶和热电阻的区别 ···························· 176
9.3　红外辐射传感器 ·· 177

9.3.1　红外辐射原理 …………………………………………………………… 177
9.3.2　红外探测器 ……………………………………………………………… 178
9.3.3　红外传感器的应用 ……………………………………………………… 179
小结 ……………………………………………………………………………………… 181
习题 ……………………………………………………………………………………… 181

第 10 章　光电式传感器的原理与应用 …………………………………………… 183

10.1　光电效应与光电元件 ……………………………………………………………… 183
　　10.1.1　基于外光电效应的光电元件 …………………………………………… 184
　　10.1.2　基于内光电效应的光电元件 …………………………………………… 186
　　10.1.3　基于光生伏特效应的光电元件 ………………………………………… 193
10.2　图像传感器 ………………………………………………………………………… 196
　　10.2.1　CCD 图像传感器 ………………………………………………………… 196
　　10.2.2　CMOS 图像传感器 ……………………………………………………… 201
10.3　光纤传感器 ………………………………………………………………………… 203
　　10.3.1　光纤的结构 ……………………………………………………………… 203
　　10.3.2　光纤的结构特征 ………………………………………………………… 204
　　10.3.3　光纤的传光原理 ………………………………………………………… 205
　　10.3.4　光纤的主要特性 ………………………………………………………… 206
　　10.3.5　光纤传感器原理 ………………………………………………………… 207
　　10.3.6　光纤传感器的分类 ……………………………………………………… 208
　　10.3.7　光纤传感器的调制方式 ………………………………………………… 212
　　10.3.8　光纤传感器的应用 ……………………………………………………… 214
10.4　光栅式传感器 ……………………………………………………………………… 216
　　10.4.1　计量光栅的种类 ………………………………………………………… 216
　　10.4.2　光栅的结构和工作原理 ………………………………………………… 217
　　10.4.3　计量光栅的组成 ………………………………………………………… 219
　　10.4.4　光栅的辨向与细分技术 ………………………………………………… 220
　　10.4.5　计量光栅的应用 ………………………………………………………… 221
10.5　光电开关及其应用 ………………………………………………………………… 222
　　10.5.1　光电开关的类型 ………………………………………………………… 223
　　10.5.2　光电开关工作原理 ……………………………………………………… 224
　　10.5.3　光电断续器 ……………………………………………………………… 225
　　10.5.4　光电开关的应用 ………………………………………………………… 226
小结 ……………………………………………………………………………………… 227
习题 ……………………………………………………………………………………… 228

第 11 章　化学传感器的原理与应用 ………………………………………………… 229

11.1　气体传感器 ………………………………………………………………………… 229

	11.1.1 半导体式气体传感器	230
	11.1.2 还原性气体传感器	234
	11.1.3 二氧化钛氧浓度传感器	235
	11.1.4 气敏电阻传感器的应用	236
11.2	湿敏电阻传感器	237
	11.2.1 湿度的概述	237
	11.2.2 湿度的分类	238
	11.2.3 湿度传感器的类型	239
	11.2.4 湿度传感器的特性参数	241
	11.2.5 湿敏电阻传感器的应用	242
11.3	离子传感器	243
	11.3.1 离子选择性电极	244
	11.3.2 离子敏感场效应管	247
	11.3.3 离子传感器的应用	248
小结		249
习题		250

第 12 章 生物传感器的原理与应用 · 251

12.1	生物传感器	251
	12.1.1 生物传感器的定义	251
	12.1.2 生物传感器的功能	251
	12.1.3 生物传感器的特点	251
	12.1.4 生物传感器的工作原理	252
	12.1.5 生物传感技术的发展历史	252
	12.1.6 生物传感器的分类	252
12.2	生物传感器的工作原理	253
	12.2.1 酶反应	253
	12.2.2 微生物反应	255
	12.2.3 免疫反应	256
	12.2.4 膜技术	257
12.3	生物传感器仪器技术及其应用	258
	12.3.1 酶传感器	258
	12.3.2 微生物传感器	260
	12.3.3 免疫传感器	261
	12.3.4 基因传感器	265
	12.3.5 微悬臂梁生物传感器	266
小结		268
习题		269

第 13 章 量子传感器的原理与应用 ... 270

13.1 量子力学的起源 ... 270
13.2 量子传感技术的经典量子力学基础 ... 271
13.3 时间频率基准的量子传感技术 ... 274
  - 13.3.1 原子频标的基本原理 ... 274
  - 13.3.2 原子频标的物理基础 ... 274
  - 13.3.3 原子的态选择技术 ... 278
  - 13.3.4 传统型原子频标 ... 279
  - 13.3.5 新一代原子频标 ... 281
13.4 超导量子干涉器件(SQUID)及其应用 ... 283
  - 13.4.1 超导现象与约瑟夫森效应 ... 283
  - 13.4.2 SQUID 的工作原理 ... 284
  - 13.4.3 SQUID 的结构 ... 285
  - 13.4.4 SQUID 的应用 ... 285
小结 ... 286
习题 ... 287

第 14 章 智能传感器与现场总线技术 ... 288

14.1 智能传感器概述 ... 288
  - 14.1.1 智能传感器的定义 ... 288
  - 14.1.2 智能传感器的结构 ... 288
  - 14.1.3 智能传感器的功能 ... 288
  - 14.1.4 智能传感器的特点 ... 289
14.2 智能传感器的关键技术 ... 290
  - 14.2.1 间接传感 ... 290
  - 14.2.2 非线性的线性化校正 ... 290
  - 14.2.3 自诊断 ... 290
  - 14.2.4 动态特性校正 ... 291
  - 14.2.5 自校准与自适应量程 ... 291
  - 14.2.6 电磁兼容性 ... 291
14.3 模糊传感器 ... 292
14.4 微传感器 ... 293
14.5 网络传感器 ... 294
14.6 智能传感器的现场总线技术 ... 295
  - 14.6.1 现场总线技术概述 ... 295
  - 14.6.2 现场总线单元设备 ... 296
  - 14.6.3 现场总线仪表的主要特点 ... 297
  - 14.6.4 智能传感器系统的总线标准 ... 297

| 小结 | 300 |
| 习题 | 301 |

第15章 检测系统中的抗干扰技术 · 302

- 15.1 干扰的来源 · 302
  - 15.1.1 外部干扰 · 302
  - 15.1.2 内部干扰 · 303
- 15.2 干扰的引入 · 304
  - 15.2.1 串模干扰 · 305
  - 15.2.2 共模干扰 · 305
  - 15.2.3 干扰的抑制方法 · 307
- 15.3 电磁兼容技术 · 315
  - 15.3.1 电磁兼容的基本原理 · 315
  - 15.3.2 屏蔽技术 · 316
- 小结 · 317
- 习题 · 317

第16章 自动检测技术的综合应用 · 319

- 16.1 高炉炼铁自动检测与控制 · 319
  - 16.1.1 高炉本体检测和控制 · 319
  - 16.1.2 送风系统检测和控制 · 321
  - 16.1.3 热风炉煤气燃烧自动控制 · 321
  - 16.1.4 蒸馏塔自动检测与控制 · 323
  - 16.1.5 蒸馏塔参数检测 · 323
  - 16.1.6 蒸馏塔自动控制系统 · 324
- 16.2 传感器在汽车中的应用 · 325
  - 16.2.1 汽车传感器的特点 · 325
  - 16.2.2 汽车传感器的种类 · 325
  - 16.2.3 防抱死制动系统 · 326
  - 16.2.4 安全气囊 · 329
  - 16.2.5 汽车电子防盗系统 · 335
- 16.3 传感器在空气污染监测中的应用 · 338
- 16.4 IC卡智能水表的应用 · 339
- 16.5 传感器在家用电器中的应用 · 340
  - 16.5.1 传感器在全自动洗衣机中的应用 · 340
  - 16.5.2 传感器在电冰箱中的应用 · 341
  - 16.5.3 传感器在室空调器中的应用 · 344
  - 16.5.4 传感器在厨具中的应用 · 344
  - 16.5.5 热敏铁氧体传感器在电饭锅中的应用 · 345
  - 16.5.6 传感器在燃气热水器中的应用 · 346

   16.5.7　传感器在家用吸尘器中的应用 ……………………………………………… 347
 16.6　无线传感器网络应用实例 ……………………………………………………………… 347
   16.6.1　军事应用 ……………………………………………………………………… 348
   16.6.2　城市生命线 …………………………………………………………………… 348
   16.6.3　人体健康监测 ………………………………………………………………… 348
   16.6.4　建筑物健康监测 ……………………………………………………………… 348
   16.6.5　环境监测 ……………………………………………………………………… 349
   16.6.6　大型场馆安全监测 …………………………………………………………… 349
 小结 ……………………………………………………………………………………………… 349
 习题 ……………………………………………………………………………………………… 350

参考文献 ……………………………………………………………………………………………… 351

第 1 章 绪 论
CHAPTER 1

1.1 测量技术基础

1.1.1 测量与检测

测量是利用各种装置对被测量进行定性和定量的过程,即将被测量与一个同性质的、作为测量单位的标准进行比较,从而确定被测量是标准的若干倍或几分之几的比较过程。

测量结果可以表现为一定的数字,也可表现为一条曲线或显示成某种图形等,测量结果总包含有数值(大小和符号)以及单位。例如测量人的体重 G,先选定测量单位为 kg,然后用 kg 去度量人的体重,若确定 G 是测量单位 kg 的 80 倍,则测量结果就表示为 $G=80$kg。

检测就是人们借助于仪器、设备,利用各种物理效应,采用一定的方法,将被测量的有关信息通过检查与测量获取定性或定量信息的过程。这些仪器和设备的核心部件就是传感器。检测包含检查与测量两个方面,检查往往是获取定性信息,而测量则是获取定量信息。

检测技术是以研究检测系统中的信息提取、信息转换以及信息处理的理论与技术为主要内容的一门应用技术学科。检测技术主要研究被测量的测量原理、测量方法、检测系统和数据处理等方面的内容。

1.1.2 测量的基本方法

测量方法对检测系统是十分重要的,它直接关系到检测任务是否能够顺利完成。对于测量方法,从不同的角度出发,可有不同的分类方法。

1. 直接测量、间接测量和组合测量

(1) 直接测量。用标定的仪表直接读取被测量的结果而无须经过任何运算,该方法称为直接测量。例如,用测距仪测量距离;用电子秤测量物体的质量。直接测量的优点是简单、迅速,缺点是精度差。

(2) 间接测量。间接测量的过程比较复杂。首先要对几个与被测量有确定函数关系的量进行直接测量,然后将测量值带入函数关系式,经过计算测得被测量。例如,为了求某种金属导体的电阻率,先测得半径 r,然后根据电阻公式

$$R = \rho \frac{l}{\pi r^2} \tag{1-1}$$

式中:R——金属导体的电阻值;

l——金属导体的长度；

r——金属导体的半径。

由式(1-1)得出电阻率为

$$\rho = \frac{R \cdot \pi r^2}{l} \tag{1-2}$$

(3) 组合测量。组合测量又称联立测量，即被测物理量必须经过求解联立方程组才能导出结果。例如测量某一金属导体的温度系数，由 $R_T = R_0(1+\alpha T)$ 可知，R_T 为金属导体在温度 T 时的电阻值，α 为该金属导体的温度系数。所以对于不同的温度 T，有不同电阻值 R_T。当温度为 T_1、T_2 时，对应的电阻值为 R_{T_1}、R_{T_2}。联立方程组为

$$\begin{cases} R_{T_1} = R_0(1+\alpha T_1) \\ R_{T_2} = R_0(1+\alpha T_2) \end{cases} \tag{1-3}$$

即可以求出温度系数 α、电阻初始值 R_0。

2. 接触测量与非接触测量

根据测量时是否与被测量对象接触，可分为接触测量与非接触测量。

(1) 接触测量。测量装置与被测物体接触称之为接触测量。例如，利用水银温度计测量人体温度，属于接触测量。

(2) 非接触测量。与接触测量相反，测量装置与被测物体不接触称之为非接触测量。例如，超声波测距仪测量距离，属于非接触测量。非接触测量不影响被测对象的运行工况，是目前发展的趋势。

3. 静态测量与动态测量

(1) 静态测量。被测量不随时间变化称之为静态测量。例如电子秤测量物体的质量，属于静态测量。

(2) 动态测量。被测量随时间变化称之为动态测量。例如测量车床车刀切削力的变化，属于动态测量。

4. 偏差式测量、零位测量和微差式测量

(1) 偏差式测量。在测量过程中，被测量作用于仪表的比较装置，使该比较装置产生偏移量，直接以仪表的偏移量表示被测量的测量方式称为偏差式测量。在这种测量方式中，必须事先用标准量具对仪表刻度进行校正。显然，采用偏差式测量的仪表不包括标准量具。偏差式测量易产生灵敏度漂移和零点漂移。

(2) 零位式测量。在测量过程中，被测量作用于仪表的比较装置，并被比较装置中的标准量所抵消，当测量系统达到平衡时，用已知标准量的值决定被测量的值，这种测量方式为零位式测量。在零位式测量仪表中，标准量具是装在测量仪表内的。通过调整标准量来进行平衡过程，当两者相等时，用指零仪表的零位来指示测量系统的平衡状态。

(3) 微差式测量。微差式测量是检测技术中运用较多的测量方式，它综合了偏差式测量迅速和零位式测量精度高的优点。测量时，被测量作用于仪表的比较装置，被测量的大部分被比较装置中的标准量所抵消，然后再用类似于偏差式的方法来测出上述两者比较结果的剩余差值。

5. 等精度测量和不等精度测量

根据测量条件相同与否，分为等精度测量和不等精度测量。

(1) 等精度测量。在整个测量过程中,若影响和决定测量精度的全部因素(条件)始终保持不变,如由同一个测量者,用同一台仪器,采用同样的方法,在同样的环境条件下对同一被测量进行多次重复测量。例如测量一高炉的温度,采用同一测温仪器,用相同的测量方式,在相同的条件下测量多次。

(2) 不等精度测量。在实际中,很难做到这些因素(条件)始终保持不变,所以一般情况下只是近似地认为是等精度测量。用不同精度的仪表或不同的测量方法,或在环境条件相差很大的情况下对同一被测量进行多次重复测量称为不等精度测量,例如采用相同的仪器,在不同的温度条件下对某一浓度的甲烷气体进行测量。

1.1.3 测量误差处理

1. 真值

真值是与给定的特定量的定义一致的值。须同时满足以下3点。

(1) 被测量的真值只有通过完善的测量才有可能获得。
(2) 真值按其本性是不确定的。
(3) 与给定的特定量的定义一致的值不一定只有一个。

测量的目的在于寻求被测量的真值。科学研究中常用算术平均值代替真值,工程上常用测量显示值代替真值。

2. 平均值

在科学实验中,通常用平均值代替真值。假设 $x_1, x_2, \cdots, x_n$ 代表各次的观测值,n 为测量次数,则平均值有如下3种。

(1) 算术平均值

$$\bar{x} = \frac{x_1 + x_2 + \cdots + x_n}{n} = \frac{\sum_{i=1}^{n} x_i}{n} \tag{1-4}$$

(2) 几何平均值

$$x_G = \sqrt[n]{x_1 x_2 \cdots x_n} \tag{1-5}$$

(3) 均方根平均值

$$x_u = \sqrt{\frac{x_1^2 + x_2^2 + \cdots + x_n^2}{n}} \tag{1-6}$$

在实际应用中通常用算术平均值表示真值。

3. 误差理论

误差是测量过程中的重要参数,会对测量结果产生十分重要的影响。为了降低误差对测量结果的影响,必须做到以下3点。

(1) 正确认识误差的性质,分析误差产生的原因,尽量减小或消除误差。
(2) 正确处理测量数据,以便在特定条件下,得到最接近真值的数据。
(3) 合理设计检测系统或选用正确的测量仪表,选择合理的检测方法,以便在最经济的条件下,得到理想的测量结果。

4. 误差的表示方法

1）绝对误差

绝对误差是指测量值（A_x）与被测量真实值（即真值 A_0）之间的差值，用 Δ 表示

$$\Delta = A_x - A_0 \tag{1-7}$$

式(1-7)中被测量的真值 A_0 通常无法知道，常用较高精度的仪器示值代替，如铂热电阻温度计指示的温度相对于普通水银温度计而言是真值。

绝对误差有以下特征。

（1）具有量纲，与被测量相同，例如 $0.1m$。

（2）其大小与所取单位有关，例如 $\Delta x = 1kg = 1000g = 1 \times 10^6 mg$。

（3）能反映误差的大小和方向，"+"表示偏大，"−"表示偏小。

（4）不能反映测量结果的精度。例如用称重仪测量质量，绝对误差是 $\pm 1kg$，对测量 100t 的货物的质量，精度很高，但对于测量人的质量，精度就太低。

2）相对误差

相对误差就是绝对误差 Δ 除以被测量的真值（约定真值 A_0），用 γ_0 表示

$$\gamma_0 = \frac{\Delta}{A_0} \times 100\% \tag{1-8}$$

例 1-1 某测距仪的相对误差是 0.3%，测量 800cm 的距离，绝对误差是多少？

解：由式(1-8)得绝对误差 $\Delta = A_0 \times \gamma_0 = 800 \times 0.3\% = 2.4cm$

（1）示值相对误差。示值相对误差是绝对误差 Δ 除以被测量 A_x 的百分比，用 γ_x 表示

$$\gamma_x = \frac{\Delta}{A_x} \times 100\% \tag{1-9}$$

在正常工作条件下，仪表的绝对误差多数是不变的，而示值相对误差 γ_x 随示值的减小而增大。

（2）满度相对误差。满度相对误差是测量仪表的绝对误差 Δ 与仪器量程 A_m 的百分比，用 γ_m 表示

$$\gamma_m = \frac{\Delta}{A_m} \times 100\% \tag{1-10}$$

相对误差有以下特征：大小与被测量单位无关；能反映误差的大小和方向；能反映测量结果的精度，数值越大，精度越小。

3）准确度

准确度是最大绝对误差与满度量程的比值的百分数，用 A 表示

$$A = \frac{\Delta_m}{A_m} \times 100\% \tag{1-11}$$

仪表的准确度在工程中也称为精度。

当 Δ 取仪表的最大绝对误差值 Δ_m 时的引用误差常被用来确定仪表的准确度等级，用 S 表示，即

$$S = \left| \frac{\Delta_m}{A_m} \right| \times 100 \tag{1-12}$$

准确度等级习惯上称为精度等级，如表 1-1 所示。常用的精确度等级为 0.1、0.2、0.5、

1.0、1.5、2.5、5.0。例如,0.5 级的仪表表示其允许的最大使用的误差为 0.5%。

表 1-1 准确度等级误差表

准确度等级	0.1	0.2	0.5	1.0	1.5	2.5	5.0
基本误差	±0.1%	±0.2%	±0.5%	±1.0%	±1.5%	±2.5%	±5.0%

可以从仪表的使用说明书上读得仪表的准确度等级,也可以从仪表面板上的标志判断出仪表的等级。

例 1-2 有一精度等级为 1.0 级、量程为 800～1200℃ 的温度计,它的最大绝对误差是多少?测量时最大绝对误差是 5℃,问此温度计是否合格?

解:由式(1-11)可知

$$A = 1.0\%,其中 A_m = (1200-800)℃ = 400℃$$

所以 $\Delta_m = A \times A_m = 1.0\% \times 400℃ = 4℃$。

此温度计的最大允许绝对误差为 4℃,测量点最大绝对误差为 5℃,比 4℃ 大,所以此温度计不合格。

例 1-3 欲测 220V 的电压,要求测量示值相对误差不大于 0.8%,问:若选用量程为 250V 电压表,其准确度应选哪一级?若选量程为 300V 和 500V 的电压表,其准确度又分别选哪一级?

解:由式(1-9)可得,绝对误差为

$$\Delta = \gamma_x \times A_x = 0.8\% \times 220 = 1.76V$$

当电压表量程为 250V 时,其准确度为

$$A_1 = \left|\frac{\Delta}{A_{m1}}\right| \times 100\% = \left|\frac{1.76}{250}\right| \times 100\% = 7.04\%$$

当电压表量程为 300V 时,其准确度为

$$A_2 = \left|\frac{\Delta}{A_{m2}}\right| \times 100\% = \left|\frac{1.76}{300}\right| \times 100\% \approx 5.87\%$$

当电压表量程为 500V 时,其准确度为

$$A_3 = \left|\frac{\Delta}{A_{m3}}\right| \times 100\% = \left|\frac{1.76}{500}\right| \times 100\% = 3.52\%$$

所以量程为 250V 选 0.5 级;量程为 300V 选 0.5 级;量程为 500V 选 0.2 级。

例 1-4 已知待测拉力 80N,现在有两只测力仪表,一只 0.5 级测量范围为 0～300N;另一只为 1.0 级测量范围为 0～100N,问选哪一只测力仪表较好?为什么?

解:由式(1-12)可得

(1) 0.5 级测量范围为 0～300N 的测力仪表最大绝对误差为

$$\Delta_{m1} = \frac{S \times A_{m1}}{100} = \frac{0.5 \times 300}{100} = 1.5N$$

最大示值相对误差是

$$\gamma_{x1} = \frac{\Delta_{m1}}{A_x} \times 100\% = \frac{1.5}{80} \times 100\% \approx 1.88\%$$

(2) 1.0 级测量范围为 0～100N 的测力仪表最大绝对误差为

$$\Delta_{m2} = \frac{S_2 \times A_{m2}}{100} = \frac{1.0 \times 100}{100} = 1N$$

最大示值相对误差是

$$\gamma_{x2} = \frac{\Delta_{m2}}{A_x} \times 100\% = \frac{1}{80} \times 100\% \approx 1.25\%$$

计算表明用 0.5 级表的示值相对误差比用 1.0 级表的示值相对误差大,所以选 1.0 级较好。由例 1-4 可知,选用仪表时应兼顾准确度等级和量程,通常希望示值落在仪表满度值的 2/3 以上。

1.1.4 测量误差分类

1. 按误差性质分类

1) 粗大误差

测量结果明显偏离真值的误差称为粗大误差,又称为疏失误差。含有粗大误差的测量值称为坏值。粗大误差主要是由于测量人员的粗心大意及电子测量仪器受到突然而强大的干扰所引起的。如由于测错、读错、记错、外界过电压尖峰干扰等造成的误差。正确的测量结果中不应包含粗大误差。

实际测量时必须根据一定的准则判断测量结果中是否包含坏值,并在数据记录中将所有的坏值都剔除。同时还可采取提高操作人员的工作责任心,以及对测量仪器进行经常性检查、维护、校验和修理等方法,减少或消除粗大误差。

2) 系统误差

在同一条件下,多次重复测量同一量时,误差的大小和符号保持不变或按一定规律变化叫系统误差,即无限次重复测量所得结果的平均值与被测量的真值之差。

$$系统误差 = 无限次测量的平均值 - 真值$$

(1) 系统误差包括恒值系统误差和变值系统误差。恒值系统误差是指一定条件下,在重复测量的过程中,大小和符号都保持不变的系统误差。变值系统误差是指在一定条件下,按某一确定规律变化的系统误差。根据变化规律分为 3 种情况:①累进性系统误差,指在整个测量过程中,随着测量次数或时间的增加,数值按照一定比例而不断增加(或减少)的系统误差,误差的数值向一个方向变化。②周期性系统误差,指在整个测量过程中,数值和符号循环交替、重复变化的系统误差,误差的数值呈周期性变化。③按复杂规律变化的系统误差是指既不随时间做线性变化,也不做周期性变化,而是按照复杂规律变化的系统误差,一般用表格或曲线表示。

(2) 系统误差的来源包括:①工具误差,它是由于所使用的测量工具结构上不完善,或零部件制造时的缺陷与偏差所造成的,例如仪器不良,刻度不准。②调整误差,它是由于测量前未能将仪器或待测件安装在正确位置(或状态)所造成的,例如使用未经校准零位的千分尺测量零件,使用零点调不准的电器仪表作检测工作等。③习惯误差,它是由于测量者的习惯所造成的系统误差。例如用肉眼在刻度上估读时习惯偏向一个方向,或者凭听觉鉴别时,在时间判断上习惯地提前或者错后等。④条件误差,是由于测量过程中条件的改变所造成的,例如测量工作开始与结束时的一些条件按一定规律发生变化(如温度、气压、湿度、气流、振动等)后带来的系统误差。⑤方法误差,它是由于所采用的测量方法或数学处理方法不完善而产生的,例如在长度测量中采用了不符合阿贝原则的测量方法,或者在计算时采用了近似计算方法等。

(3) 系统误差的减小和消除方法包括：①替代法，在测量条件不变的基础上，用标准量替代被测量，实现相同的测量效果，从而用标准量确定被测量，此法能有效地消除检测装置的系统误差。②零位式测量法，测量时将被测量 x 与其已知的标准量 A 进行比较，调节标准量，使两者的效应相抵消，系统达到平衡时，被测量等于标准量。③补偿法，在传感器的结构设计中，常选用在同一干扰变量作用下所产生的误差数值相等而符号相反的零部件或元器件作为补偿元件，例如热电偶冷端温度补偿器的铜电阻。④修正法，仪表的修正值已知时，将测量结果的指示值加上修正值，就可以得到被测量的实际值，此法可削弱测量中的系统误差。⑤对称观测法（交叉读数法），许多复杂变化的系统误差，在短时间内可近似看作线性系统误差。在测量过程中，合理设计测量步骤以获取对称的数据，配以相应的数据处理程序，从而得到与该影响无关的测量结果。这是消除线性系统误差的有效方法。⑥半周期偶数观测法，周期性系统误差的特点是每隔半个周期所产生的误差大小相等、符号相反。

3) 随机误差

在一定测量条件下的多次重复测量，误差出现的数值和正负号没有明显的规律。这叫随机误差。这类误差是由许多复杂因素微小变化的总和引起的，分析较困难，对于某一次具体测量，不能在测量过程中设法把它去除，但是根据随机误差本身客观存在的规律，即它在多次重复测量中出现的规律，在一定的条件下，人们可以用增加测量次数的方法加以控制，从而减小对测量结果的影响。之所以要密切重视随机误差，是因为它的存在决定了测量工作中的精密度，查明测量中随机误差的大小，就能确定该测量结果的可靠度。

对随机误差的某个单值来说，是没有规律、不可预料的，但从多次测量的总体上看，随机误差又服从一定的统计规律，大多数服从正态分布规律，即

$$f(\Delta x) = \frac{1}{\sigma\sqrt{2\pi}} e^{\frac{-(\Delta x)^2}{2\sigma^2}} \tag{1-13}$$

式中：Δx——测量值的绝对误差；

σ——分布函数的标准误差。

图 1-1 展示出了相应的正态分布曲线。因此可以用概率论和数理统计的方法，从理论上估计其对测量结果的影响。

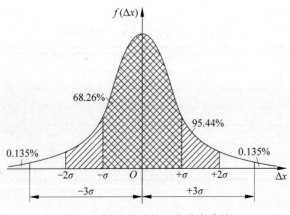

图 1-1 随机误差的正态分布曲线

测量结果符合正态分布曲线的例子非常多,例如,考试成绩的分布,交流电源电压的波动等。由式(1-13)和图 1-1 不难看出,具有正态分布的随机误差具有以下 4 个特征。

(1) 对称性。绝对值相等的正、负误差出现的概率大致相等。随机误差大致对称分布在 $f(\Delta x)$ 两侧。

(2) 单峰性。绝对值越小的误差在测量中出现的概率越大,即大量的测量值集中分布在算术平均值附近。

(3) 有界性。在一定的测量条件下,随机误差的绝对值不会超过一定的界限。

(4) 抵偿性。在相同的测量条件下,当测量次数增加时,随机误差的算术平均值趋向于零。

应该指出,在任何一次测量中,系统误差和随机误差一般都是同时存在的,而且两者之间并不存在绝对的界限。

随机误差主要是由以下 3 方面原因造成的。

(1) 由测量工具带来的误差。由于所使用的测量仪器结构上不完善或零部件制造不精密,会给测量结果带来随机误差。例如,由于轴和轴承之间存在间隙,润滑油在一定的条件下所形成的油膜不均匀就会给圆珠笔分度测量带来随机误差。

(2) 由测量方法带来的误差。测量方法的不完善或不合理会给测量带来随机误差,例如,在用目镜瞄准被测物,因瞄准的不精密造成的读数误差等。

(3) 由测量条件带来的误差。由于测量环境或条件不稳定等无法控制的因素(如温度的微小波动,湿度与气压的微小变化等)会给测量带来随机误差。例如在恒温标准温度 20℃ 的条件下,由于允许温度在 ±0.5℃ 范围内有微小的波动,便会给测量带来一定的随机误差。

存在有随机误差的测量结果中,虽然单个测量值误差的出现是随机的,但多数随机误差都服从正态分布规律。就误差的整体而言,服从一定的统计规律。因此可以通过增加测量次数,利用概率论的一些理论和统计学的一些方法,掌握看似毫无规律的随机误差的分布特性,并进行测量结果的数据统计处理。

例 1-5 用核辐射式测厚仪对钢板的厚度进行 6 次等精度测量,所得数据如表 1-2 所示,请指出哪几个数值为粗大误差?在剔除粗大误差后,用算术平均值 $\bar{x}$ 公式求出钢板厚度。

表 1-2 钢板测量结果的数据列表

n	x_i/mm
1	8.04
2	8.02
3	7.96
4	5.99
5	9.33
6	7.98

解:第 4、5 个数值为粗大误差。

$$\bar{x} = \frac{1}{n}\sum_{i=1}^{n} x_i = \frac{x_1 + x_2 + x_3 + \cdots + x_n}{n} = \frac{8.04 + 8.02 + 7.96 + 7.98}{4} = 8$$

所以钢板的厚度为 8mm。

4) 缓变误差

数值随时间而缓慢变化的误差称为缓变误差。缓变误差主要是由测量仪表零件的老化、失效、变形等原因造成的。这种误差在短时间内不易察觉,但在较长的时间后会显露出来。通常可以采用定期校验的方法及时修正缓变误差。

2. 按被测量与时间的关系来分类

1) 静态误差

测量值不随时间变化所产生的误差称为静态误差。前面讨论的误差多属于静态误差。

一个测量系统一般由若干个单元组成,这些单元在系统中称为环节,为了确定整个系统的静态误差,需要将每一个环节的误差综合起来,称为误差合成。

由 n 个环节串联组成的开环系统如图 1-2 所示。输入量为 x,输出量 $y_n = f(x)$。若第 i 个环节的满度相对误差为 γ_i 时,则输出端的满度相对误差 γ_m 与 γ_i 之间的关系可用以下两种方法来确定。

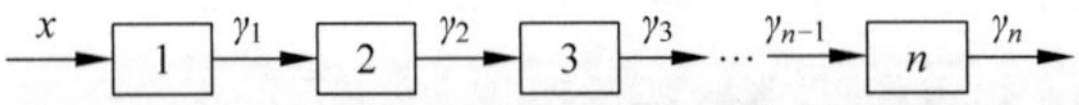

图 1-2 由 n 个环节串联组成的开环系统

(1) 绝对值合成法是从最不利的情况出发的合成方法,即认为在 n 个分项 γ_i 中有可能同时出现正值或同时出现负值,则总的合成误差为各环节误差 γ_i 的绝对值之和

$$\gamma_m = \sum_{i=1}^{n} \gamma_i = \pm(|\gamma_1| + |\gamma_2| + \cdots + |\gamma_n|) \tag{1-14}$$

这种合成法对误差的估计是偏大的,因为每一个环节的误差实际上不可能同时出现最大值,精确的方法必须考虑各个环节误差可能出现的概率。

(2) 方均根合成法。当系统误差的大小和方向都不能确定时,可以仿照处理随机误差的方法来处理系统误差。

$$\gamma_m = \pm\sqrt{\gamma_1^2 + \gamma_2^2 + \cdots + \gamma_n^2} \tag{1-15}$$

例 1-6 用测厚仪测钢板厚度,已知 PIN 型 γ 射线二极管的测量误差为 $\pm 5\%$,微电流放大器误差为 $\pm 2\%$,指针表误差为 $\pm 1\%$,求测量的总误差。

解:(1) 用绝对值合成法计算测量误差

$$\gamma_m = \pm(|\gamma_1| + |\gamma_2| + \cdots + |\gamma_n|) = \pm(5\% + 2\% + 1\%) = \pm 8\%$$

(2) 用方均根合成法计算测量误差

$$\gamma_m = \pm\sqrt{(5\%)^2 + (2\%)^2 + (1\%)^2} \approx 5.5\%$$

结论:测量系统中的一个或几个环节的精度特别高,对提高整个测量系统总的精度意义不大,反而提高了测量系统的成本,造成了资源浪费。

2) 动态误差

当被测量随时间速度变化时,系统的输出量在时间上不能与被测量的变化精确吻合,这种误差称为动态误差。例如,被测水温突然上升到 100℃,玻璃水银温度计(属于一阶系统)的水银柱不可能立即上升到 100℃。

例 1-7 用万用表交流电压挡(频率上限仅为 5kHz)测量频率高达 500kHz、10V 左右的高频电压,发现示值还不到 2V,该误差属于什么?用该表直流电压挡测量 5 号干电池电压,发现每次示值均为 1.8V,该误差属于什么?

解:粗大误差;系统误差。

3. 测量的精度

精度是反映测量结果与真值接近程度的量,主要包括以下 3 点。

(1) 准确度。描述仪表指示值有规律地偏离真值的程度。它反映测量结果中系统误差的影响程度。

(2) 精密度。描述测量仪表指示值不一致的程度。它反映测量结果中随机误差的影响程度。

(3) 精确度。精确度是精密度和准确度两者之和,它反映测量结果中系统误差和随机误差综合的影响程度,其定量特征可用测量的不确定度(或极限误差)来表示。对于具体的测量,精密度高的准确度不一定高,准确度高的精密度也不一定高,但精确度高的,则精密度与准确度都高。

1.2 传感器的定义及组成

1.2.1 自动检测系统

一般自动检测系统原理如图 1-3 所示,其各部分介绍如下。

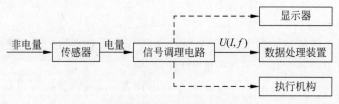

图 1-3 自动检测系统原理

(1) 传感器是一个能将被测的非电量变换成电量的器件。

(2) 信号调理电路包括放大(或衰减)电路、滤波电路、隔离电路等。

(3) 目前常用的显示器有模拟显示、数字显示、图像显示及记录仪等 4 类。

(4) 数据处理装置用来对测试所得的实验数据进行处理、运算、逻辑判断、线性变换,对动态测试结果作频谱分析(幅值谱分析、功率谱分析)、相关分析等,完成这些工作必须采用计算机技术。

(5) 执行机构通常是指各种继电器、电磁铁、电磁阀门、电磁调节阀、伺服电动机等,它们是在电路中起通断、控制、调节、保护等作用的电器设备。

自动检测系统的主要功能就是代替人的作用,人体接收信息并作出反应的过程与自动检测系统的过程相似,如图 1-4 所示。

而人的五官对应的各种传感器如表 1-3 所示。

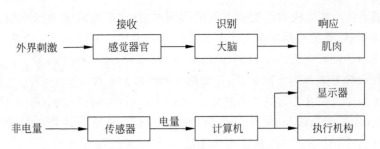

图 1-4 人体接收信息过程框图与自动检测系统框图比较

表 1-3 人的五官对应的各种传感器

感　觉	传 感 器	效　　　应
视觉	光敏	物理效应
听觉	声敏	物理效应
触觉	热敏	物理效应
嗅觉	气敏	化学、生物效应
味觉	味敏	化学、生物效应

1.2.2 传感器的定义

从广义来说,传感器是一种能把物理量、化学量或生物量等按照一定规律转换为与之有确定对应关系的、便于应用的某种物理量的器件或装置。它包含以下几层意思。

(1) 传感器是测量器件或装置,能完成一定的检测任务。

(2) 它的输入量是某一被测量,可能是物理量,也可能是化学量、生物量等。

(3) 它的输出量是某种物理量,这种量要便于传输、转换、处理、显示等,这种量可以是气、光、电量等,一般情况下是电量。

(4) 输入输出有对应关系,且应有一定的精确度。

我国国家标准 GB/T 7665—2005《传感器通用术语》中对传感器的定义是"能感受规定的被测量并按照一定的规律将其转换成可用输出信号的器件或装置,通常由敏感元件和转换元件组成"。

1.2.3 传感器的组成

通常传感器由敏感元件、转换元件及信号调理电路三部分组成。有时还需要加辅助电源,如图 1-5 所示。

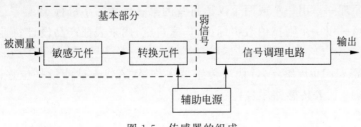

图 1-5 传感器的组成

（1）敏感元件。在完成非电量到电量的转换时，并非所有的非电量都能利用现有的手段直接变换为电量，而往往是将被测非电量预先变换为另一种易于变换成电量的非电量，然后再变换成电量。能够完成预变换的器件称为敏感元件，又称预变换器。如在传感器中各种类型的弹性元件常被称为敏感元件，并统称为弹性敏感元件。

（2）转换元件。将感受到的非电量直接转换为电量的器件称为转换元件，例如压电材料、热电偶等。需要指出的是，并非所有的传感器都包括敏感元件和转换元件。如热敏电阻、光电元件等。而另外一些传感器，其敏感元件和转换元件可合二为一，如固态压阻式压力传感器等。

（3）信号调理电路。将转换元件输出的电量变成便于显示、记录、控制和处理的有用电信号的电路称为信号调理电路。信号调理电路的类型视转换元件的分类而定，经常采用的有电桥电路及其他特殊电路，如高阻抗输入电路、脉冲调宽电路、振荡回路等。

1.3 传感器的分类及基本特性

据国家标准 GB/T 7666—2005《传感器命名法及代号》规定，一种传感器产品的全称由"主题词＋四级修饰语"构成。

（1）主题词——传感器。
（2）一级修饰语——被测量，包括修饰被测量的定语。
（3）二级修饰语——转换原理，一般可后缀以"式"字。
（4）三级修饰语——特征描述，指必须强调的传感器结构、性能、材料特征、敏感元件及其他必要的性能特征，一般可后缀以"型"字。
（5）四级修饰语——主要技术指标（如量程、精度、灵敏度等）。

据国家标准 GB/T 7666—2005 规定，如图 1-6 所示，传感器的代号应包括 4 个部分。

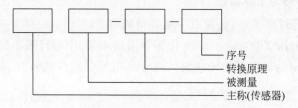

图 1-6 传感器的命名

（1）主称——传感器，代号 C。
（2）被测量——用一个或两个汉语拼音的第一个大写字母标记。
（3）转换原理——用一个或两个汉语拼音的第一个大写字母标记。
（4）序号——用一个阿拉伯数字标记，厂家自定，用来表征产品设计特性、性能参数、产品系列等。

例如 CWY-YB-10 传感器，C 代表传感器主称，WY 代表被测量是位移；YB 代表转换原理是应变式，10 代表传感器序号。

1.3.1 传感器的分类

传感器的种类很多,分类也不尽相同,一般常采用的分类方法有以下几种。

1. 根据传感器的工作机理

(1) 基于物理效应,如光、电、声、磁、热等效应,进行工作的物理传感器。

(2) 基于化学效应,如化学吸附、离子化学效应等,进行工作的化学传感器。

(3) 基于酶、抗体、激素等分子识别功能的生物传感器。

2. 根据传感器的构成原理

(1) 结构型传感器主要基于物理学中场的定律,包括动力场的运动定律,电磁场的电磁定律等。物理学中的定律一般是以方程式给出的。特点是传感器的工作原理是以传感器中元件相对位置变化引起场的变化为基础,而不是以材料特性变化为基础。

(2) 物性型传感器主要基于物质定律,如虎克定律、欧姆定律等。定律、法则大多数是以物质本身的常数形式给出。这些常数的大小,决定了传感器的主要性能。

3. 按输出信号的性质分类

根据传感器输出信号的性质,可将其分为模拟传感器和数字传感器两大类。前者输出模拟信号,如果要与计算机连接,则需要引入模-数转换环节,而后者则不需要。数字传感器一般将被测量转换成脉冲、频率或二进制码输出,抗干扰能力强。

4. 根据传感器的能量转换情况

(1) 能量控制型是指其变换的能量是由外部电源供给的,而外界的变化(即传感器输入量的变化)只起到控制的作用。如应变效应、磁阻效应、热阻效应等。

(2) 能量转换型是传感器输入量的变化直接引起能量的变化。如热电效应中热电偶、光电池等。

5. 按被测物理量分类

按被测物理量可分为温度、压力、流量、物位、位移、加速度、磁场、光通量等传感器。这种分类方法明确表明了传感器的用途,便于使用者选用,如压力传感器用于测量压力信号。

6. 按传感器转换能量供给形式分类

按转换能量供给形式分为能量变换型(发电型)和能量控制型(参量型)两种。能量变换型传感器在进行信号转换时不需另外提供能量,就可将输入信号能量变换为另一种形式的能量输出,例如,热电偶传感器、压电式传感器等。能量控制型传感器工作时必须有外加电源,如电阻、电感、电容、霍尔式传感器等。

7. 按传感器工作原理分类

按工作原理可分为电阻传感器、热敏传感器、光敏传感器、电容传感器、电感传感器、磁电传感器等,这种方法表明了传感器的工作原理,有利于传感器的设计和应用。例如,电容传感器就是将被测量转换成电容值的变化。表 1-4 列出了这种分类方法中各类传感器的名称及典型应用。

习惯上常把工作原理和用途结合起来命名传感器,如电容式压力传感器、电感式位移传感器等。

表 1-4 传感器分类表

传感器分类		转换原理	传感器名称	典型应用
转换	中间			
电参数	电阻	移动电位器触点改变电阻	电位器传感器	位移
		改变电阻丝或片的尺寸	电阻丝应变传感器、半导体应变传感器	微应变、力、负荷
		利用电阻的温度效应(电阻温度系数)	热丝传感器	气流速度、液体流量
			电阻温度传感器	温度、辐射热
			热敏电阻传感器	温度
		利用电阻的光敏效应	光敏电阻传感器	光强
		利用电阻的湿度效应	湿敏电阻	湿度
	电容	改变电容的几何尺寸	电容传感器	力、压力、负荷、位移
		改变电容的介电常数		液位、厚度、含水量
	电感	改变磁路几何尺寸、导磁体位置	电感传感器	位移
		涡流去磁效应	涡流传感器	位移、厚度、硬度
		利用压磁效应	压磁传感器	力、压力
		改变互感	差动变压器	位移
			自整角机	位移
			旋转变压器	位移
	频率	改变谐振回路中的固有参数	振弦式传感器	压力、力
			振筒式传感器	气压
			石英谐振传感器	力、温度等
	计数	利用莫尔条纹	光栅	大角位移、大直线位移
		改变互感	感应同步器	
		利用数字编码	角度编码器	
	数字	利用数字编码	角度编码器	大角位移
电量	电动势	温差电动势	热电偶	温度、热流
		霍尔效应	霍尔传感器	磁通、电流
		电磁感应	磁电传感器	速度、加速度
		光电效应	光电池	光强
	电荷	辐射电离	电离式传感器	离子计数、放射性强度
		压电效应	压电传感器	动态力、加速度

1.3.2 传感器的基本特性

传感器的基本特性是指传感器的输入-输出关系特性,是传感器的内部结构参数作用关系的外部特性表现。不同的传感器有不同的内部结构参数,决定了它们具有不同的外部特性。

传感器所测量的物理量基本上有两种特性,静态特性和动态特性。静态特性的信号不随时间变化(或变化很缓慢);动态特性的信号是随时间变化而变化的。

1. 传感器的静态特性

静态特性是指被测物理量不随时间变化或随时间变化极其缓慢(在所观察的时间间隔

内,其随时间的变化可忽略不计)时,传感器输出与其输入之间的关系。在静态测试中,这种关系一般是一一对应的,通常可将其描述为

$$y = \sum_{i=0}^{n} a_i x^i = a_0 + a_1 x + a_2 x^2 + \cdots + a_n x^n \tag{1-16}$$

式中：x——传感器的输入；
  y——传感器的输出；
  a_i——传感器的特性参数。

当式(1-16)可写成式(1-17)时,传感器的输出输入关系为一条直线,该传感器称为线性传感器。

$$y = a_0 + a_1 x \tag{1-17}$$

式中：a_0——传感器的零位输出；
  a_1——传感器的静态增益(灵敏度)。

对于线性传感器,若通过零位补偿使 $a_0 = 0$,则传感器有理想的线性输出输入关系

$$y = a_1 x \tag{1-18}$$

2. 传感器静态特性指标

1) 测量范围

传感器所能测量到的最小输入量 $y_{\min}$ 与最大输入量 $y_{\max}$ 之间的范围称为传感器的测量范围。

$$y_{FS} = y_{\max} - y_{\min} \tag{1-19}$$

2) 灵敏度

传感器的灵敏度是输出变化量与相应的输入变化量之比,或者说是单位输入下所得到的输出。此处,输入量的变化必须很慢且不致引起输出量的动态响应。如果有动态响应则必须采用达到稳态后的输出量,灵敏度表示静态特性曲线上相应点的斜率,如图1-7所示。

$$K = \frac{\Delta y}{\Delta x} \tag{1-20}$$

线性传感器的灵敏度为常数,非线性传感器的灵敏度是变量。灵敏度是重要的性能指标,可根据测量范围、抗干扰能力等进行选择。

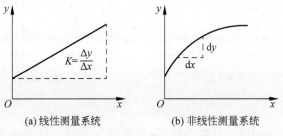

(a) 线性测量系统   (b) 非线性测量系统

图 1-7 传感器灵敏度的定义

3) 精确度

精确度是反映测量系统中系统误差和随机误差的综合评定指标。与精确度有关的指标有精密度、准确度和精确度。

精密度反映测量结果中随机误差的影响程度。

准确度是系统误差大小的标志,准确度高则系统误差小。

精确度是准确度与精密度两者的总和,常用仪表的基本误差表示。

图 1-8 中的射击例子有助于对准确度、精密度和精确度 3 个概念的理解。图 1-8(a)表示准确度高而精密度低;图 1-8(b)表示精密度高而准确度低;图 1-8(c)表示准确度和精密度都高,即它的精确度高。

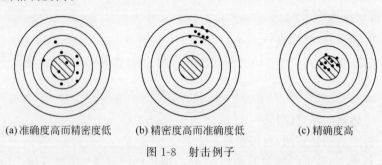

(a) 准确度高而精密度低　　(b) 精密度高而准确度低　　(c) 精确度高

图 1-8　射击例子

4) 线性度

传感器的线性度是指传感器的输出量与输入量之间的关系曲线偏离理想直线的程度。在非线性误差不太大的情况下,通常采用直线拟合的方法来线性化。这样,线性度就用输入-输出关系曲线与拟合直线之间最大偏差与满量程输出的百分比表示

$$y_L = \frac{\Delta L_{\max}}{y_{FS}} \times 100\% \tag{1-21}$$

式中:$\Delta L_{\max}$——非线性最大误差(最大偏差);

y_{FS}——满量程输出值。

常用的直线拟合方法有理论拟合、端点拟合,对应的示意图如图 1-9 所示。采用不同的方法选取拟合直线,可以得到不同的线性度。

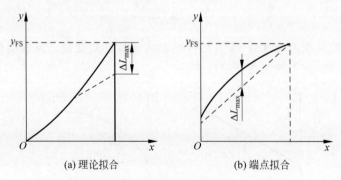

(a) 理论拟合　　　　　　(b) 端点拟合

图 1-9　直线拟合方法

实际上,人们总是希望线性度越小越好,即传感器的静态特性接近于拟合直线,这时传感器的刻度是均匀的,读数方便且不易引起误差,容易标定。检测系统的非线性误差多采用计算机来纠正。

5) 分辨力与分辨率

分辨力是指传感器能检测到的最小的输入增量。有些传感器,当输入量连续变化时,输出量只作阶梯变化,则分辨力就是输出量的每个"阶梯"所代表的输入量的大小。分辨力用

绝对值表示，其与满量程的百分比表示时称为分辨率。

6）阈值

传感器输入从零增加到传感器给出可分辨输出量称为阈值。

7）迟滞

传感器在正（输入量增大）反（输入量减小）行程期间其输出-输入特性曲线不重合的现象称为迟滞，如图 1-10 所示。也就是说，对于同一大小的输入信号，传感器的正反行程输出信号大小不相等。各种材料的物理性质是产生迟滞现象的原因。如把应力加于某弹性材料时，弹性材料产生变形，应力虽然取消了但材料不能完全恢复原状；又如，铁磁体、铁电体在外加磁场、电场作用下均有这种现象。迟滞也反映了传感器机械部分不可避免的缺陷，如轴承摩擦、间隙、螺丝松动、电路元件老化、工作点漂移等。迟滞会引起分辨力变差或造成测量盲区，因此一般希望迟滞越小越好。迟滞大小通常由实验确定。迟滞误差 γ_H 用正、反行程输出值间的最大差值 h_{max} 与满量程输出 y_{FS} 的百分比表示，即

$$\gamma_H = \pm \frac{1}{2} \cdot \frac{\Delta h_{max}}{y_{FS}} \times 100\% \tag{1-22}$$

8）重复性

重复性是指在同一个工作条件下，输入量按同一方向在全测量范围内连续变动多次所得特性曲线的不一致性。如图 1-11 所示，在数值上用各测量值正、反行程标准偏差最大值的两倍或三倍与满量程 y_{FS} 的百分比表示，即

$$\gamma_R = \pm \frac{(2 \sim 3)\sigma}{y_{FS}} \times 100\% \tag{1-23}$$

式中：γ_R——重复性；

σ——标准偏差。

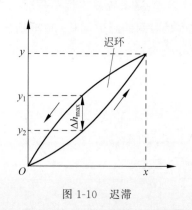

图 1-10 迟滞

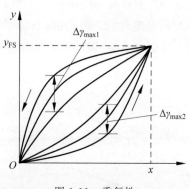

图 1-11 重复性

9）稳定性

稳定性表示传感器在较长的时间内保持其性能参数的能力。稳定性一般以温室条件下经过一段时间后，传感器的输出与起始标定时的输出之间的差异米表示，称为稳定性误差。稳定性误差可用相对误差表示，也可用绝对误差表示。传感器的稳定性常用稳定度和影响系数表示。

（1）稳定度是指在规定工作条件范围和规定时间内，传感器性能保持不变的能力。传

感器在工作时,内部随机变动的因素有很多,例如发生周期性变动、漂移或机械部分的摩擦等都会引起输出值的变化。稳定度一般用重复性的数值和观测时间的长短表示。例如,某电流传感器输出电流值每小时变化 0.5mA,可写成稳定度为 0.5mA/h。

(2) 影响系数是指由于外界环境变化引起传感器输出值变化的量。一般传感器都有给定的标准工作条件,如环境温度 50℃、相对湿度 40%、大气压力 102.35kPa、电源电压 220V 等。而实际工作时的条件通常会偏离标准工作条件,这时传感器的输出也会发生变化。影响系数常用输出值的变化量与影响量变化的比值表示,如某压力表的温度影响系数为 60Pa/℃,即表示环境温度每变化 1℃,压力表的示值变化 60Pa。

10) 漂移

传感器的漂移是指在外界的干扰下,在一定时间间隔内,传感器输出量发生与输入量无关的或不需要的变化。漂移包括零点漂移和灵敏度漂移等,传感器的漂移示意图如图 1-12 所示。

11) 可靠性

可靠性是指传感器或检测系统在规定的工作条件和规定的时间内,具有正常工作性能的能力。它是一种综合性的质量指标,包括可靠度、平均无故障工作时间、平均修复时间和失效率。

(1) 可靠度是指传感器在规定的使用条件和工作周期内,达到所规定性能的概率。

(2) 平均无故障工作时间(Mean Time Between Failure,MTBF)是指相邻两次故障期间传感器正常工作时间的平均值。

(3) 平均修复时间(Mean Time To Repair,MTTR)是指排除故障所花费时间的平均值。

(4) 失效率是指在规定的条件下工作到某个时刻,检测系统在连续单位时间内发生失效的概率。对可修复性的产品,又叫故障率。失效率是时间的函数,如图 1-13 所示,一般分为 3 个阶段:早期失效期、偶然失效期和衰老失效期。

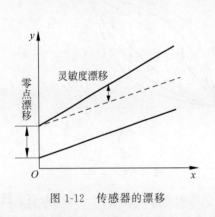

图 1-12 传感器的漂移

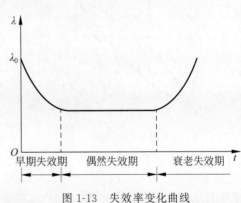

图 1-13 失效率变化曲线

3. 传感器的动态特性

传感器的动态特性是指传感器对动态激励(输入)的响应(输出)特性,即其输出对随时间变化的输入量的响应特性。一个动态特性好的传感器,其输出随时间变化的规律(输出变化曲线),将能再现输入随时间变化的规律(输入变化曲线),即输出-输入具有相同的时间函数。但实际上由于制作传感器的敏感材料对不同的变化会表现出一定程度的惯性(如温度测量中的热惯性),因此输出信号与输入信号并不具有完全相同的时间函数,这种输入与输出间的差异称为动态误差,动态误差反映的是惯性延迟所引起的附加误差。

传感器的动态特性可以从时域和频域两个方面分别采用瞬态响应法和频率响应法来分析。在时域内研究传感器的响应特性时,一般采用阶跃函数;在频域内研究动态特性一般是采用正弦函数。对应的传感器动态特性指标分为两类,即与阶跃响应有关的指标和与频率响应特性有关的指标。在采用阶跃输入研究传感器的时域动态特性时,常用延迟时间、上升时间、响应时间、超调量等来表征传感器的动态特性。在采用正弦输入信号研究传感器的频域动态特性时,常用幅频特性和相频特性来描述传感器的动态特性。

1) 传感器的数学模型

通常可以用线性式不变系统理论来描述传感器的动态特性。从数学上可以用常系数线性微分方程(线性定常系统)表示传感器输出量 $y(t)$ 与输入量 $x(t)$ 的关系

$$a_n \frac{d^n y}{dt^n} + a_{n-1} \frac{d^{n-1} y}{dt^{n-1}} + \cdots + a_1 \frac{dy}{dt} + a_0 y = b_m \frac{d^m x}{dt^m} + b_{m-1} \frac{d^{m-1} x}{dt^{m-1}} + \cdots + b_1 \frac{dx}{dt} + b_0 x \tag{1-24}$$

式中:$a_n, \cdots, a_0, b_m, \cdots, b_0$——与系统结构参数有关的常数。

2) 传递函数

对式(1-24)作拉氏变换,并认为输入 $x(t)$ 和输出 $y(t)$ 及它们的各阶时间导数的初始值($t=0$ 时)为 0,则得

$$H(s) = \frac{L[y(t)]}{L[x(t)]} = \frac{Y(s)}{X(s)} = \frac{b_m s^m + b_{m-1} s^{m-1} + \cdots + b_1 s + b_0}{a_n s^n + a_{n-1} s^{n-1} + \cdots + a_1 s + a_0} \tag{1-25}$$

式中:$S = \beta + jw$。

式(1-25)的右边是一个与输入 $x(t)$ 无关的表达式,它只与系统结构参数有关,传感器的输入-输出关系特性是传感器内部结构参数作用关系的外部特性表现。

3) 传感器的动态特性分析

一般可以将大多数传感器简化为一阶或二阶系统。

(1) 一阶传感器的频率响应。一阶传感器的微分方程为

$$a_1 \frac{dy(t)}{dt} + a_0 y(t) = b_0 x(t) \tag{1-26}$$

它可改写为

$$\tau \frac{dy(t)}{dt} + y(t) = S \cdot x(t) \tag{1-27}$$

式中:τ——传感器的时间常数(具有时间量纲)。这类传感器的幅频特性、相频特性分别为

$$A(w) = 1/\sqrt{1+(w\tau)^2} \tag{1-28}$$

$$\varphi(w) = -\arctan(w\tau) \tag{1-29}$$

(2) 二阶传感器的频率响应。典型的二阶传感器的微分方程为

$$a_2 \frac{d^2 y(t)}{dt^2} + a_1 \frac{dy(t)}{dt} + a_0 y(t) = a_0 x(t) \tag{1-30}$$

幅频特性为

$$A(w) = \left\{ \left[1 - \left(\frac{w}{w_n} \right)^2 \right]^2 + 4\zeta^2 \left(\frac{w}{w_n} \right)^2 \right\}^{-\frac{1}{2}} \tag{1-31}$$

相频特性为

$$\varphi(w) = -\arctan \frac{2\zeta \left(\frac{w}{w_n} \right)}{1 - \left(\frac{w}{w_n} \right)^2} \tag{1-32}$$

式中：$w_n = \sqrt{a_0/a_2}$——传感器的固有角频率；

$\zeta = \dfrac{a_1}{2\sqrt{a_0 a_2}}$——传感器的阻尼系数。

通过上面的分析,可得出结论,为了使测试结果能精确地再现被测信号的波形,在传感器设计时,必须使其阻尼系数 $\zeta < 1$,固有角频率 w_n 至少应大于被测信号频率 w 的 3~5 倍,即 $w_n \geq (3\sim5)w$。在实际测试中,被测量为非周期信号时,选用和设计传感器时,保证传感器固有角频率 w_n 不低于被测信号基频 w 的 10 倍即可。

(3) 一阶、二阶传感器的动态特性参数。一阶、二阶传感器单位阶跃响应的时域动态特性分别如图 1-14 和图 1-15 所示($S=1, A_0=1$)。其时域动态特性参数描述如下：①时间常数 τ 是一阶传感器输出上升到稳态值的 63.2% 时所需的时间。②延迟时间 t_d 是传感器输出达到稳态值的 50% 时所需的时间。③上升时间 t_r 是传感器的输出达到稳态值的 90% 时所需的时间。④峰值时间 t_p 是二阶传感器输出响应曲线达到第一个峰值时所需的时间。⑤响应时间 t_s 是二阶传感器从输入量开始起作用到输出指示值进入稳态值所规定的范围内所需要的时间。⑥超调量 σ 是二阶传感器输出第一次达到稳定值后又超出稳定值而出现的最大偏差,即二阶传感器输出超过稳定值的最大值。

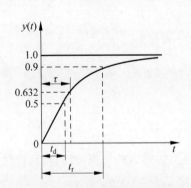
图 1-14 一阶传感器的时域动态特性

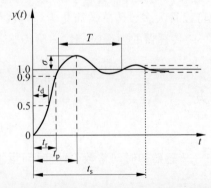
图 1-15 二阶传感器($\zeta < 1$)的时域动态特性

1.4 传感器的地位与作用

1.4.1 传感技术的特点

1. 学科特点

传感技术机理各异,涉及多门学科与技术,包括测量学、微电子学、物理学、光学、机械学、材料学、计算机科学等。在理论上以物理学中的"效应""现象",化学中的"反应",生物学中的"机理"作为基础。在技术上涉及电子、机械制造、化学工程、生物工程等学科的技术。传感器是多种高技术的集合产物,在设计、制造和应用过程中技术的多样性、边缘性、综合性和技艺性呈现出传感器技术密集的特性。

2. 产品、产业分散,涉及面广

自然界中各种信息(如光、声、热、湿、气等)千差万别,传感器品种繁多,被测参数包括热工量、电工量、化学量、物理量、机械量、生物量、状态量等。应用领域广泛,无论是高新技术,还是传统产业,乃至日常生活,都需要应用大量的传感器。

3. 性能稳定、测试精确

传感器应具有高稳定性、高可靠性、高重复性、低迟滞、快响应和良好的环境适应性。

4. 功能、工艺要求复杂

传感器具有各种作用,既可代替人类五官感觉的功能,也能检测人类五官不能感觉的信息,称得上是人类五官功能的扩展。

应用要求千差万别,有的量大面广,有的专业性很强;有的要求高精度,有的要求高稳定性,有的要求高可靠性;有的要求耐热、耐振动,有的要求防爆、防磁,等等。面对复杂的功能要求,设计制造工艺复杂。

5. 基础、应用两头依附产品、市场相互促进

基础依附是指传感器技术的发展依附于敏感机理、敏感材料、工艺装备和计(量)测(试)技术这4块基石。

应用依附是指传感器技术基本上属于应用技术,其开发多依赖于制成检测装置和自动控制系统,这才能真正体现出它的高附加效益并形成现实市场;只有按照市场需求,不断调整产业结构和产品结构,才能实现传感器产业的全面、协调、持续发展。

1.4.2 传感技术的地位与作用

中国仪器仪表学会根据国际发展的潮流和我国的现状,把仪器仪表概括为以下6类。

(1) 工业自动化仪表、控制系统及相关测控技术。
(2) 科学仪器及相关测控技术。
(3) 医疗仪器及相关测控技术。
(4) 信息技术电测、计量仪器及相关测控技术。
(5) 各类专用仪器仪表及相关测控技术。
(6) 相关传感器、元器件、制造工艺和材料及其基础科学技术。

这里的传感器与本书一样是狭义的,若从信息获取的概念出发,整个仪器仪表都可以认为属于传感技术范畴,只不过有的仪器不单是信息的获取,还包含信息的处理、传输和显示。

1. 感受外界信息的电五官，信息技术的源头

人们往往把传感器与人类五官相比，把计算机誉为人的大脑，把通信技术比作人的经络。因此通过感官来获取信息（传感器），由大脑（计算机）发出指令，由经络（通信技术）进行传输，现代信息技术缺一不可。信息技术包括信息获取、信息处理、信息传输三部分内容。传感技术在信息技术的三大支柱中，起着源头的作用。没有传感器获取信息，或信息获取不准确，那么信息的存储、处理、传输都是毫无意义的。因而，信息获取是信息技术的基础，是信息处理、信息传输的源头，也是信息技术中的关键技术。

2. 获取人类感官无法获得的大量信息

在科学研究和基础研究中，传感器能获取人类感官无法获得的信息，从而源源不断地向人类提供宏观与微观世界的种种信息，成为人们认识自然、改造自然的有力工具。由于传感器在感知某一种特定信息方面比人类灵敏，所以传感器可以帮助人类获取人类感官无法获得的大量信息。例如，一艘宇宙飞船可以看作是一个高性能传感器的集合体，可以捕捉和收集宇宙之中的各种信息；一辆汽车所用的传感器多达百余种，利用传感器可以测量油温、水温、水压、流量、排气量、车速、姿态等。

3. 传感器应用无处不在

传感器已渗透到诸如工农业生产、航空航天、宇宙开发、海洋探测、环境保护、资源调查、医学诊断、生物工程、文物保护，甚至日常生活等极其广泛的领域。从茫茫的太空到浩瀚的海洋，以至各种复杂的工程系统，几乎每一个现代化项目，都离不开各种各样的传感器。著名科学家王大珩院士对仪器仪表的地位作了非常精辟的论述："当今世界已进入信息时代，信息技术成为推动科学技术和国民经济发展的关键技术。测量控制与仪器仪表作为对物质世界的信息进行采集、处理、控制的基础手段和设备，是信息产业的源头和重要组成部分。仪器仪表是工业生产的'倍增器'，科学研究的'先行官'，军事上的'战斗力'，国民活动中的'物化法官'，应用无所不在"。

4. 没有传感器就没有现代科学技术

计算机技术革命被认为是 20 世纪最伟大的科学技术成就，而没有传感技术，计算机将只是一种计算能力很强的计算器，也就没有现代科学技术的辉煌。以传感器为核心的检测系统就像神经和感官一样，把外界信息采集、转换为数字信息传输给计算机，使计算机有了智能，从而发挥出无比的威力。著名科学家钱学森明确指出："发展高新技术信息技术是关键，信息技术包括测量技术、计算机技术和通信技术。测量技术是关键和基础。"传感技术是多学科相互交叉、新技术密集型学科。传感技术始终以各种高新技术作为发展动力，利用新原理、新概念、新技术、新材料和新工艺等最新科学技术，是对高新技术最敏感的学科，具有鲜明的边缘学科属性和多技术集成的特点。"科学是从测量开始的。"著名科学家门捷列夫这样说。而如今，作为测量系统最前端的传感器已发展成一门较为完整的传感技术学科。任何科学发现和新理论的创立，都是在大量科学实验基础上完成的。所谓科学实验从本质来说需要在受控条件下对某些变量进行测量。诺贝尔奖设立至今，在物理学奖和化学奖中大约有 1/4 是属于测试方法和仪器创新的。众多获奖者都是借助于先进的仪器才获得重要的科学发现，甚至许多科学家直接因为发明科学仪器而获奖。

5. 发展现代传感技术已成为国家的一项战略措施

现代传感技术的发展水平，反映出国家的文明程度，是国家科技水平和综合国力的重要体现。自20世纪80年代以来,许多国家纷纷投入大量的人力与物力,把发展包括传感技术在内的高新技术列为国家发展战略的重要组成部分。世界各国都高度重视和支持仪器仪表的发展,美、日、欧等发达国家和地区早已制定各自的发展战略并锁定目标,有专项的投入,以加速原创性传感技术的发明、发展、转化和产业化进程。传感技术的发展,已从自发状态转入到有意识、有目标的政府行为上来。

1.5 传感器的发展趋势

1.5.1 改善传感器性能的技术途径

1. 差动技术

差动技术是传感器中普遍采用的技术。它的应用可显著地减小温度变化、电源波动、外界干扰等对传感器精度的影响,抵消共模误差,减小非线性误差等。不少传感器由于采用了差动技术,还可增大灵敏度。

2. 平均技术

在传感器中普遍采用平均技术产生平均效应,其原理是利用若干个传感单元同时感受被测量,其输出则是这些单元输出的平均值,若将每个单元可能带来的误差均看作随机误差且服从正态分布,根据误差理论,总的误差将减小为

$$\delta \sum = \pm \delta / \sqrt{n} \tag{1-33}$$

式中:n——传感单元数。

可见,在传感器中利用平均技术不仅可使传感器误差减小,还可以增大信号量,即增大传感器灵敏度。

3. 补偿与修正技术

补偿与修正技术的运用大致针对两种情况:一种是传感器本身特性;另一种是传感器的工作条件或外界环境。

对于传感器特性,找出误差的变化规律,或者测出其大小和方向,采用适当的方法加以补偿或修正。

针对传感器工作条件或外界环境进行误差补偿,也是提高传感器精度的有力技术措施。不少传感器对温度敏感,由于温度变化引起的误差十分可观。为了解决这个问题,必要时可采用恒温装置控制温度,但此措施往往费用太高或使用现场不允许,所以产生了在传感器内引入温度误差补偿的技术。这时应找出温度对测量值影响的规律,然后引入温度补偿措施。

4. 屏蔽、隔离与干扰抑制

传感器大都要在现场工作,现场的条件往往是难以充分预料的,有时是极其恶劣的。各种外界因素会影响传感器的精度和有关性能。为了减小测量误差,保证其原有性能,应设法削弱或消除外界因素对传感器的影响。常采用的方法有减小对传感器灵敏度的影响因素和降低外界因素对传感器实际作用的程度。

对于电磁干扰,可以采用屏蔽、隔离措施,也可用滤波等方法抑制。对于如温度、湿度、机械振动、气压、声压、辐射,甚至气流等,可采用相应的隔离措施,如隔热、密封、隔振等,或者在变换为电量后对干扰信号进行分离或抑制,减小其影响。

5. 稳定性处理

传感器作为长期测量或反复使用的器件，其稳定性显得特别重要，其重要性甚至胜过精度指标，尤其是对那些很难或无法定期标定的场合。

造成传感器性能不稳定的原因是随着时间的推移和环境条件的变化，构成传感器的各种材料与元器件性能将发生变化。

提高传感器性能的稳定性措施是对材料、元器件或传感器整体进行必要的稳定性处理。如永磁材料的时间老化、温度老化、机械老化及交流稳磁处理、电气元件的老化筛选等。

在使用传感器时，若测量要求较高，必要时也应对附加的调整元件、后续电路的关键元器件进行老化处理。

1.5.2 现代传感技术的发展现状

1. 现代传感器研发呈现的特点

当今世界各国对传感器技术发展极为重视，视为涉及国家安全、经济发展和科技进步的关键技术之一，并将其列入国家科技发展战略计划之中。因此，近年来传感技术迅速发展，传感器新原理、新材料和新技术的研究更加深入、广泛，传感器新品种、新结构、新应用不断涌现、层出不穷。

目前普遍采用电子设计自动化(Electronic Design Automation，EDA)、计算机辅助制造(Computer Aided Manufacturing，CAM)、计算机辅助测试(Computer Aided Test，CAT)、数字信号处理(Digital Signal Process，DSP)、专用集成电路(Application Specific Integrated Circuit，ASIC)及表面组装技术(Surface Mounted Technology，SMT)等技术。

随着集成微光、机、电系统技术的迅速发展以及光导、光纤、超导、纳米技术、智能材料等新技术的应用，进一步实现信息的采集与传输、处理集成化、智能化，更多的新型传感器将具有自检自校、量程转换、定标和数据处理等功能，传感器功能将得到进一步增强和完善，性能进一步提高，更加灵敏、可靠。

2. 新型传感器开发加快

(1) 基于微机电系统(Micro Electro Mechanical System，MEMS)技术的新型微传感器。微传感器(尺寸从几微米到几毫米的传感器总称)特别是以 MEMS 技术为基础的传感器目前已逐步实用化，这是今后发展的重点之一。微机械设想早在 1959 年就被提出，之后逐渐显示出采用 MEMS 技术制造各种新型微传感器、执行器和微系统的巨大潜力。这项研发在工业、农业、国防、航空航天、航海、医学、生物工程、交通、家庭服务等各个领域都有着巨大的应用前景。MEMS 技术近十年来的发展令人瞩目，多种新型微传感器已经实用化，MEMS 研究已处于突破时期，创新的空间很大，已成为竞争研究开发的重点领域。随着 MEMS 的日趋成熟，传感器制作技术进入了一个崭新阶段。微电子技术和微机械技术相结合，器件结构从二维到三维，实现进一步微型化、微功耗，并有研究把传感器送入人体，进入血管，研究分子的质量和 DNA 基因突变等。

(2) 生物、医学研究急需的新型传感器。21 世纪是生命科学世纪，特别是对人类基因的研究极大地促进了对生物学、医学、卫生、食物等学科的研究以及对各种新型传感器的研究开发。不仅需要多种生物量传感器，如酶、免疫、微生物、细胞、DNA、RNA、蛋白质、嗅觉、味觉和体液组分等传感器，也需要诸如血压、血流量、脉搏等生理量传感器；还要进一步实现这些功能的集成化、微型化,研制出微分析芯片,使许多不连续的分析过程连续化、自动化,完成实时、在位分析,实现高效率、快速度、低功耗、低成本、无污染、大批量生产的目标。

（3）新型环保化学传感器。保护环境和生态平衡是我国的基本国策之一,实现这一目标就需要测量污水的流量、自动比例采样 pH 值、电导、浊度、COD、BOD、TP、TN 以及矿物油、氰化物、氨氮、总氮、总磷含量和重金属离子浓度等,而这些参量检测的多数传感器目前尚不能实用化,甚至尚未研制。

3. 与国外的差距

我国传感器产业经过多年的发展,近年来取得了长足的进步,已经形成了一定的产业基础和发展规模,建立了"传感技术国家重点实验室""微米/纳米国家重点实验室""国家传感技术工程中心"等研究开发基地;初步建立了敏感元件与传感器产业。我国从事传感器研究和生产的单位约几千家,其中从事 MEMS 研制生产的传感器企业居世界第一。中国传感器的四大应用领域是工业及汽车电子产品、通信电子产品、消费电子产品、专用设备。由于企业分散、实力不强、市场开拓不力,真正形成一定规模的企业却寥寥无几。多数企业是低水平的重复,处在生产的初级阶段。传感研究方面科研投资强度偏低,科研设备落后,加之科研成果的转化较差,造成了我国传感器产品综合实力较低,阻碍了传感器产业的发展。

1.5.3 传感器的发展方向

1. 开发新型传感器

新型传感器是指采用新原理、新技术填补传感器领域空白,是传感器发展的重要方向。

传感器的工作机理是基于各种效应和定律的,由此启发人们进一步探索具有新效应的敏感功能材料,并以此研制出具有新原理的新型物性型传感器件,这是发展高性能、多功能、低成本和小型化传感器的重要途径。结构型传感器发展得较早,目前日趋成熟。结构型传感器,一般说它的结构复杂,体积偏大,价格偏高。物性型传感器大致与之相反,具有不少诱人的优点,加之过去发展也不够。世界各国都在物性型传感器方面投入大量人力、物力以加强研究,从而使它成为一个值得注意的发展方向。

2. 开发新材料

传感器材料是传感器技术的重要基础,由于材料科学的进步,人们在制造时,可任意控制它们的成分,从而设计制造出用于各种传感器的功能材料。用复杂材料来制造性能更加良好的传感器是今后的发展方向之一。目前,备受关注的传感器新材料包括半导体敏感材料、陶瓷材料、磁性材料、智能材料等。

例如,半导体氧化物可以制造各种气体传感器,而陶瓷传感器工作温度远高于半导体,光导纤维的应用是传感器材料的重大突破,用它研制的传感器与传统的传感器相比有突出的特点。有机材料作为传感器材料的研究,引起了国内外学者的极大兴趣。

3. 新工艺的采用

在发展新型传感器中,离不开新工艺的采用。新工艺的含义范围很广,这里主要指与发展新型传感器联系特别密切的微细加工技术。该技术又称微机械加工技术,是近年来随着集成电路工艺发展起来的,它是离子束、电子束、分子束、激光束和化学刻蚀等用于微电子加工的技术,目前已越来越多地用于传感器领域。

例如利用半导体技术制造出压阻式传感器,利用薄膜工艺制造出快速响应的气敏、湿敏传感器,日本横河公司利用各向异性腐蚀技术进行高精度三维加工,在硅片上构成孔、沟棱锥、半球等各种开头,制作出全硅谐振式压力传感器。

4. 向高精度发展

随着自动化生产程度的不断提高,对传感器的要求也在不断提高,必须研制出灵敏度高、精确度高、响应速度快、互换性好的新型传感器以确保生产自动化的可靠性。

目前能生产相对精度在万分之一以上的传感器的厂家为数不多,其产量也远远不能满足需求。

5. 向高可靠性、宽温度范围发展

传感器的可靠性直接影响到电子设备的抗干扰等性能,研制高可靠性、宽温度范围的传感器将是永久性的研究方向。

提高温度范围历来是大课题,大部分传感器其工作范围都在 $-20 \sim 70℃$,在军用系统中要求工作温度在 $-40 \sim 85℃$,而汽车锅炉等场合要求传感器工作在 $-20 \sim 120℃$,在冶炼、焦化等方面对传感器的温度要求更高,因此发展新兴材料(如陶瓷)的传感器将很有前景。

6. 向微功耗及无源化发展

传感器一般都是由非电量向电量进行转化,工作时离不开电源,在野外现场或远离电网的地方,往往是用电池供电或用太阳能供电,开发微功耗的传感器和无源传感器是必然的发展方向,这样既可以节省能源又可以提高系统寿命。目前,低功耗的芯片发展很快,如TI2702运算放大器,静态功耗只有 1.5mA,而工作电压只需 $2\sim5V$。

7. 集成化、多功能化

为了同时测量几种不同被测参数,可将几种不同的传感器元件复合在一起,做成集成块。例如一种温、气、湿三功能陶瓷传感器已经研制成功。把多个功能不同的传感元件集成在一起,除了可以同时进行多种参数的测量外,还可对这些参数的测量结果进行综合处理和评价,反映出被测系统的整体状态。同一功能的多元件并列化,即将同一类型的单个传感元件用集成工艺在同一平面上排列起来,如 CCD 图像传感器。多功能一体化,即将传感器与放大、运算以及温度补偿等环节一体化,组装成一个器件。

8. 智能化

智能传感器是对外界信息具有检测、数据处理、逻辑判断、自诊断和自适应能力的集成多功能传感器,具有与主机互相对话的功能,可以自行选择最佳方案,能将已获得的大量数据进行分割处理,实现远距离、高速度、高精度传输等。智能传感器是传感器技术与大规模集成电路技术相结合的产物,它的实现取决于传感技术与半导体集成化工艺水平的提高与发展。这类传感器具有多功能、高性能、体积小、适宜大批量生产和使用方便等优点,是传感器重要的发展方向之一。

9. 多传感器的集成与融合

由于单传感器不可避免地存在不确定性或偶然不确定性,缺乏全面性,所以偶然的故障就会导致系统失效。多传感器集成与融合技术正是解决这些问题的良方。多个传感器不仅可以描述同一环境特征的多个冗余的信息,而且可以描述不同的环境特征。它的特点是冗余性、互补性、及时性和低成本性。

10. 多学科交叉融合,实现无线网络化

无线传感器网络是由大量无处不在的、无线通信与计算能力的微小传感器节点构成的

自组织分布式网络系统,能根据环境自主完成指定任务的智能系统。

当前技术水平下的传感器系统正向着微小型化、智能化、多功能化和网络化的方向发展。今后,随着 CAD 技术、MEMS 技术、材料技术、信息理论及数据分析算法的继续向前发展,未来的传感器系统必将变得更加微型化、综合化、多功能化、智能化和系统化。在各种新兴科学技术呈辐射状广泛渗透的当今社会,作为现代科学"耳目"的传感器系统,作为人们快速获取、分析和利用有效信息的基础,必将进一步得到社会各界的普遍关注。

小结

本章主要介绍测量的基本概念。测量从不同的角度出发,有不同的分类方法,各有所长,测量者可根据实际情况来选择测量方法。测量误差的表示方法是需要读者重点理解的,但绝对误差和相对误差又有主次之分。绝对误差不足以反映测量值偏离真值的程度大小,所以相对误差是主要测量项。相对误差主要有示值相对误差和满度相对误差。

本章还介绍了传感器的基本概念,传感器的组成框图。传感器可以将非电量转换成电量,有些是直接将非电量转换成电信号,而有的要经过中间环节,读者要理解这些基本原理。接着就是了解传感器的分类,包括按被测量分类、按测量原理分类、按结构型和物性型分类、按输出信号的性质分类。

随后介绍了传感器的基本特性,包括动态特性和静态特性。传感器的动态特性指的是输入信号随时间变化时的输出与输入之间的关系。传感器的静态特性是指输入信号不随时间变化时的输出与输入之间的关系。对灵敏度、线性度、重复性、迟滞现象、精确度、分辨力、稳定性和漂移等静态特性指标要着重理解。

最后介绍了传感器技术的地位与作用、传感器的发展趋势以及传感器在物联网中的应用。

习题

1. 测量的分类方法有哪几种?
2. 真值的定义是什么?
3. 简述传感器的定义及组成。
4. 传感器的分类方法有哪些?
5. 什么是传感器的静态特性?它有哪些技术指标?
6. 某电压仪表厂生产的电压表满度相对误差控制在 $0.4\%\sim0.6\%$,该压力表的精确度等级应定为哪一级?另一仪器厂需要购买电压表,希望电压表的满度相对误差小于 0.9%,应购买哪一级的电压表?
7. 某压力表精度等级为 1.5 级,量程为 $0\sim2\mathrm{MPa}$。测量结果为 $0.9\mathrm{MPa}$,求:
 (1) 最大绝对误差为多少?
 (2) 最大示值相对误差为多少?
8. 现有 0.2 级量程为 220V 和 1.6 级量程为 100V 的电压表,要测 60V 的电压,问哪一个电压表较好?

9. 一台精度等级为 0.5 级、量程范围 600～1200℃的温度传感器,它的最大允许绝对误差是多少? 校验时某点最大绝对误差是 4℃,问此温度传感器是否合格?

10. 用一台 $3\frac{1}{2}$ 位(俗称 3 位半)、准确度为 0.5 级(已包含最后一位的 ±1 误差)的数字式电子温度计,测量汽轮机高压蒸汽的温度,数字面板上显示出如图 1-16 所示的数值。假设其最后一位即为分辨力,求:
(1) 该仪表的分辨力、分辨率及最大显示值。
(2) 该仪表的可能产生的最大满度相对误差和绝对误差。
(3) 该仪表的被测温度的示值。
(4) 该仪表的示值相对误差。
(5) 该仪表的被测温度实际值的上下限(提示:该 3 位半数字表的量程上限为 199.9℃,下限为 0℃)。

图 1-16 习题 10 数字式电子温度计面板示意图

第 2 章　电阻式传感器的原理与应用
CHAPTER 2

电阻式传感器是一种能把非电量(如力、压力、位移、扭矩等)转换成与之有对应关系的电阻值,再经过测量电桥把电阻值转换成便于传送和记录的电压(电流)信号的装置。电阻式传感器的种类很多,主要有电位器式和电阻应变式等。电位器式传感器主要用于非电量变化较大的测量场合;电阻应变式传感器主要用于测量变化量相对较小的场合。电阻应变式传感器和压阻式传感器采用弹性敏感元件作为传递信号的敏感元件,这些弹性敏感元件主要有弹性圆柱、悬臂梁、弹簧管、弹性膜片等。

2.1　电阻应变式传感器

电阻应变片式传感器的核心元件是金属应变片,它可将应变片上的应变变化转换成电阻变化。电阻应变式传感器也是应用最广泛的传感器,可用于应变力、压力、转矩、位移、加速度。测量范围小到肌肉纤维(5×10^{-5}N),大到登月火箭(5×10^{7}N);精确度在 $0.01\%\sim 0.1\%$,有 10 年以上的校准稳定性。

1. 应变片式传感器优点

(1) 精度高,测量范围广。

(2) 频率响应特性较好。

(3) 结构简单,尺寸小,质量轻。

(4) 可在高(低)温、高速、高压、强烈振动、强磁场及核辐射和化学腐蚀等恶劣条件下正常工作。

(5) 易于实现小型化、固态化。

(6) 价格低廉,品种多样,便于选择。

2. 应变片式传感器缺点

(1) 具有非线性,输出信号微弱,抗干扰能力较差,因此信号线需要采取屏蔽措施;只能测量一点或应变范围内的平均应变,不能显示应力场中应力梯度的变化;电阻、半导体会随温度变化,不能用于温度过高场合的测量。

(2) 电阻应变式传感器是将被测的非电量转换成电阻值的变化,再经转换电路变换成电量(电流、电压)输出。

2.1.1　应变效应

导体或半导体材料在外界力的作用下,会产生机械变形,其电阻值也将随之发生变化,这种现象称为应变效应。

设有一长度为 l、截面积为 A、半径为 r、电阻率为 ρ 的金属单丝,它的电阻值 R 表示为

$$R = \rho \frac{l}{A} = \rho \frac{l}{\pi r^2} \tag{2-1}$$

图 2-1 电阻丝应变效应

当电阻丝受到拉力作用时,长度伸长 Δl,横截面收缩 ΔA,电阻率也将变化为 $\Delta \rho$,如图 2-1 所示,此时电阻值产生 ΔR 变化。

将式(2-1)求全微分可得

$$dR = \frac{l}{A} d\rho + \frac{\rho}{A} dl - \frac{\rho l}{A^2} dA \tag{2-2}$$

电阻相对变化量是

$$\frac{dR}{R} = \frac{dl}{l} - \frac{dA}{A} + \frac{d\rho}{\rho} \tag{2-3}$$

式中:dl/l——长度相对变化量,用应变 ε 表示

$$\varepsilon = \frac{dl}{l} \tag{2-4}$$

在材料力学中,$\varepsilon_x = \Delta l/l$ 称为电阻丝的轴向应变,也称纵向应变,是量纲为 1 的数。ε_x 通常很小,常用 10^{-6} 表示。例如,当 ε_x 为 0.000 001 时,在工程中常表示为 1×10^{-6} 或 $1\mu m/m$。在应变测量中,也常将之称为微应变(ε_x)。对金属材料而言,当它受力之后所产生的轴向应变最好不要大于 1×10^{-3},即 $1000\mu m/m$,否则有可能超过材料的极限强度而产生非线性误差或导致断裂。

dA/A 表示圆形电阻丝的截面积相对变化量,设 A 为电阻丝的横截面积,r 为电阻丝的半径,有 $A = \pi r^2$,微分后可得 $dA = 2\pi r dr$,则

$$\frac{dA}{A} = 2\frac{dr}{r} \tag{2-5}$$

$\varepsilon_y = \Delta r/r$ 称为电阻丝的横向应变,也称径向应变,由材料力学可知,在弹性范围内,金属丝受拉力时,沿轴向伸长,沿径向缩短,轴向应变和径向应变的关系可表示为

$$\varepsilon_y = \frac{dr}{r} = -\mu \frac{dl}{l} = -\mu \varepsilon_x \tag{2-6}$$

式中:μ——电阻丝材料的泊松比,负号表示应变方向相反。

把式(2-4)~式(2-6)代入式(2-3)可得

$$\frac{dR}{R} = (1 + 2\mu)\varepsilon_x + \frac{d\rho}{\rho} \tag{2-7}$$

通常把单位应变能引起的电阻值变化称为电阻丝的灵敏度系数。其物理意义是单位应变所引起的电阻相对变化量,其表达式为

$$K = \frac{\frac{dR}{R}}{\varepsilon_x} = 1 + 2\mu + \frac{d\rho}{\rho \varepsilon_x} \tag{2-8}$$

灵敏度系数 K 由两部分组成,一部分是 $(1+2\mu)$,是由材料几何尺寸的变化引起的;另一部分是 $d\rho/d\varepsilon_x$,表示受力后材料的电阻率发生的变化。

对于金属材料电阻丝,灵敏度系数表达式中$(1+2\mu)$的值要比$\mathrm{d}\rho/\rho\varepsilon$大得多,大量实验证明,在电阻丝拉伸极限内,电阻的相对变化与应变成正比,即K为常数

$$K = 1 + 2\mu = 常数 \tag{2-9}$$

通常金属电阻丝的灵敏度K为$1.7\sim3.6$。对半导体材料而言,由于其感受到应变时,电阻率ρ会产生很大的变化,半导体材料电阻丝的$\mathrm{d}\rho/\rho\varepsilon$项的值比$(1+2\mu)$大得多。所以灵敏度比金属材料大几十倍。半导体应变片是用半导体材料制成的,其工作原理是基于半导体材料的压阻效应。压阻效应是指半导体材料当某一轴向受外力作用时,其电阻率发生变化的现象。

当半导体应变片受轴向力作用时,其电阻相对变化见式(2-10)。其中$\mathrm{d}\rho/\rho$为半导体应变片的电阻率相对变化量,其值与半导体敏感元件在轴向所受的应变力有关

$$\frac{\mathrm{d}\rho}{\rho} = \pi\sigma = \pi E\varepsilon \tag{2-10}$$

式中:π——半导体材料的压阻系数;
$\quad\sigma$——半导体材料的所受应变力;
$\quad E$——半导体材料的弹性模量;
$\quad\varepsilon$——半导体材料的应变。

将式(2-10)代入式(2-7)可得

$$\frac{\mathrm{d}R}{R} = (1 + 2\mu + \pi E)\varepsilon \tag{2-11}$$

对于半导体材料,πE比$1+2\mu$大上百倍,所以忽略$1+2\mu$,于是式(2-11)可写成

$$\frac{\mathrm{d}R}{R} = \pi E\varepsilon \tag{2-12}$$

因此,半导体应变片的灵敏系数为

$$k = \frac{\dfrac{\mathrm{d}R}{R}}{\varepsilon} = \pi E \tag{2-13}$$

可见,当半导体应变片受到外界应力的作用时,其电阻(率)的变化与受到应力的大小成正比,这就是压阻式传感器的工作原理。

一般半导体应变片是沿所需的晶向将硅单晶体切成条形薄片,厚度为$0.05\sim0.08\mathrm{mm}$,在硅条两端先真空镀膜蒸发一层黄金,再用细金丝分别与两电极焊接。硅条是感压部分,基底起支撑和绝缘作用,采用胶膜材料,电极一般用铜箔,外引线用镀银线。

压阻式传感器的优点包括以下几点。

(1) 灵敏度非常高,有时传感器的输出不需放大可直接用于测量。
(2) 分辨率高,例如测量压力时可测出$10\sim20\mathrm{Pa}$的微压。
(3) 测量元件的有效面积可做得很小,故频率响应高。
(4) 应变的横向效应和机械滞后极小。
(5) 可测量低频加速度和直线加速度。

压阻式传感器的主要不足包括以下两点。

(1) 温度稳定性差（电阻值随温度变化）。

(2) 灵敏度的非线性较大，可造成测量体具有±(3%～5%)的误差。因此压阻式传感器在使用时需采用温度补偿和非线性补偿等措施。

金属材料的应变特性是设计应变式传感器的基础，部分常用的金属材料的性能参数如表 2-1 所示。

表 2-1 常用金属电阻丝材料的性能参数

材料	成分		灵敏系数 K_0	电阻率 /(μΩ·mm) (20℃)	电阻温度系数×10^{-6}/℃ (0～100℃)	最高使用温度/℃	对铜的热电势 /(μV/℃)	线膨胀系数 ×10^{-6}/℃
	元素	%						
康铜	Ni Cu	45 55	1.9～2.1	0.45～0.25	±20	300（静态） 400（动态）	43	15
镍铬合金	Ni Cr	80 20	2.1～2.3	0.9～1.1	110～130	450（静态） 800（动态）	3.8	14
镍铬铝合金 （6J22，卡马合金）	Ni Cr Al Fe	74 20 3 3	2.4～2.6	1.24～1.42	±20	450（静态） 800（动态）	3	13.3
镍铬铝合金 （6J23）	Ni Cr Al Cu	75 20 3 2	2.4～2.6	1.24～1.42	±20	450（静态） 800（动态）	3	
铁镍铝合金	Fe Cr Al	70 25 5	2.8	1.3～1.5	30～40	700（静态） 1000（动态）	2～3	14
铂	Pt	100	4～6	0.09～0.11	3900	800（静态）	7.6	8.9
铂钨合金	Pt W	92 8	3.5	0.68	227	100（动态）	6.1	8.3～9.2

2.1.2 应变片的测量原理

用应变片测量应变或应力时，是将应变片粘贴于被测对象上的。在外力作用下，被测对象表面产生微小机械变形，粘贴在其表面上的应变片亦随其发生相同的变化，因此应变片的电阻也发生相应的变化。应力与应变的关系为

$$\sigma = E\varepsilon \tag{2-14}$$

式中：σ——被测试件的应力；

E——被测试件的材料弹性模量。

应力 σ 与力 F 和受力面积 A 的关系可表示为

$$\sigma = \frac{F}{A} \tag{2-15}$$

由式(2-14)和式(2-15)可得应力值 F 为

$$F = AE\varepsilon \tag{2-16}$$

通过弹性敏感元件转换作用,将位移、力、力矩、加速度、压力等参数转换为应变,因此可以将应变片由测量应变扩展到测量上述参数,从而形成各种电阻应变式传感器。

例 2-1 某一电阻应变片的灵敏度 $K=2$,沿纵向粘贴于半径为 0.05m 的圆形钢柱表面,钢材的弹性模量 $E=1\times10^{11}$ N/m^2,$\mu=0.4$。求钢柱受 5t 拉力作用时,应变片电阻的相对变化量。若应变片沿钢柱圆周方向粘贴,受同样拉力作用时,应变片电阻的相对变化量为多少?

解:圆形钢柱的横截面积为
$$A=\pi r^2=3.14\times(0.05)^2=0.00785\mathrm{m}^2$$
当钢柱受到 5t 拉力时的横向应变为
$$\varepsilon_x=\frac{F}{AE}=\frac{5\times9.8\times10^3}{0.00785\times1\times10^{11}}=6.2\times10^{-5}$$
由式(2-6)可得纵向应变为
$$\varepsilon_y=-\mu\varepsilon_x=-0.4\times6.2\times10^{-5}=-2.48\times10^{-5}$$
由式(2-8)可得应变片电阻的相对变化量为
$$\frac{\Delta R}{R}=K\varepsilon_x=2\times6.2\times10^{-5}=1.24\times10^{-4}$$
当应变片沿钢柱圆周方向粘贴时,应变片电阻的相对变化量为
$$\frac{\Delta R}{R}=K\varepsilon_x=2\times(-2.48\times10^{-5})=-4.96\times10^{-5}$$

2.1.3 应变片的类型

应变片可分为金属应变片及半导体应变片两大类。前者可分成金属丝式、金属箔式、薄膜式三种,如图 2-2 所示。

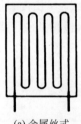
(a) 金属丝式
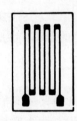
(b) 金属箔式

(c) 薄膜式

图 2-2 金属应变片

金属丝式应变片使用最早,有纸基、胶基之分。由于金属丝式应变片蠕动较大,金属丝易脱胶,有逐渐被箔式所取代的趋势。但其价格便宜,多用于要求不高的应变、应力的大批量及一次性试验。

金属箔式应变片中的箔栅是金属箔通过光刻、腐蚀等工艺制成的。箔的材料多为电阻率高、热稳定定性好的铜镍合金(康铜)。箔的厚度一般为 0.001～0.005mm,箔栅的尺寸、形状可以按使用者的需要制作。由于金属箔式应变片与片基的接触面积比丝式大得多,所以散热条件较好,可以流过较大的电流,而且在长时间测量时的蠕动也较小。箔式应变片的一致性较好,适合大批量生产,目前广泛用于各种应变式传感器的制造过程中。

金属薄膜式应变片主要是采用真空蒸镀技术,在薄的绝缘基片上蒸镀上金属材料薄膜,最后加保护层形成,它是近年来薄膜技术发展的产物。

表 2-2 列出了一些应变片的主要技术指标,仅供参考。其中 PZ 型为纸基丝式应变片,PJ 型为胶基丝式应变片,BA、BB、BX 型为箔式应变片,PBD 型为半导体应变片。

表 2-2 应变片主要技术指标

参数名称	电阻值/Ω	灵敏度	电阻温度系数/℃$^{-1}$	极限工作温度/℃	最大工作电流/mA
PZ-120 型	120	1.9~2.1	20×10^{-6}	-10~40	20
PJ-120 型	120	1.9~2.1	20×10^{-6}	-10~40	20
BX-200 型	200	1.9~2.2	—①	-30~60	25
BA-120 型	120	1.9~2.2	—	-30~200	25
BB-350 型	350	1.9~2.2	—	-30~170	25
PBD-1K 型	1000±10%	140±5%	<0.4%	<40	15
PBD-120 型	120±10%	120±5%	<0.2%	<40	20

① 可根据被粘贴材料的膨胀系数进行自补偿加工,以下相同。

2.1.4 应变片的结构与材料

应变片是由基底、敏感栅、盖片和引线等组成,如图 2-3 所示。这些部分所选的材料不同将直接影响应变片的性能,所以要根据要求进行合理的选择。

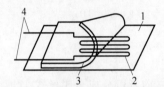

1—基底;2—敏感栅;3—盖片;4—引线。

图 2-3 金属电阻丝应变片的基本结构

1. 敏感栅

敏感栅是应变片的重要组成部分,由某种金属细丝绕成栅形。栅丝直径一般为 0.015~0.05mm。敏感栅在纵轴上的线称应变片轴线,其长度就是栅长。在与应变片轴线垂直的方向上,敏感栅外侧之间的距离称为栅宽。根据用途不同,栅长可为 0.2~200mm。电阻应变片的电阻值有 60Ω、120Ω、200Ω 等各种规格,以 120Ω 最为常用。

对敏感栅的材料要求如下。

(1) 应有较大的应变灵敏系数,并在所侧应变范围内保持为常数。

(2) 具有高而稳定的电阻率,以便于制造小栅长的应变片。

(3) 电阻温度系数要小。

(4) 抗氧化能力高,耐腐蚀性强。

(5) 在工作温度范围内能保持足够的抗拉强度。

(6) 加工性能良好,易于拉制成丝或轧压成箔材。

(7) 易于焊接,对引线材料的热电势小。

2. 基底和盖片

基底用于保持敏感栅、引线的几何形状和相对位置;盖片既保持敏感栅、引线的几何形状和相对位置,还可保护敏感栅。最早的基底和盖片多用专门的薄纸制成。基底厚度一般为 0.02~0.04mm,基底的全长称为基底长,其宽度称为基底宽。

3. 黏结剂

用于将敏感栅固定于基底上,并将盖片与基底粘贴在一起。使用金属应变片时,也需要黏结剂将应变片基底粘贴在构件表面某个方向和位置上。以便将构件受力后的表面应变传递给应变计的基底和敏感栅。

常用的黏结剂分为有机和无机两大类。有机黏结剂用于低温、常温和中温,常用的有聚丙烯酸酯、酚醛树脂、有机硅树脂及聚酰亚胺等。无机黏结剂用于高温,常用的有磷酸盐、硅酸盐、硼酸盐等。

4. 引线

引线是从应变片的敏感栅中引出的细金属丝。常用直径约 $0.1\sim0.15\text{mm}$ 的镀锡铜线,或扁带形的其他金属材料制成。对引线材料的性能要求为电阻率低、电阻温度系数小、抗氧化性能好、易于焊接。大多数敏感栅材料都可制作引线。

2.2 电阻应变片的测量电路

在应变式电阻传感器中最常用的转换电路是电桥电路,其作用是将应变片电阻的变化转换为电压的变化。按电源的性质不同,电桥电路可分为交流电桥和直流电桥两类。在大多数情况下,采用的是直流电桥电路。

2.2.1 直流电桥电路

直流电桥如图 2-4 所示,电桥的一个对角节点 A、C 接入电源 E,另一个对角节点 B、D 为输出电压 U_o,R_1、R_2、R_3 及 R_4 为桥臂电阻,R_L 为负载电阻。

当电桥输入电压为 E,$R_L \to \infty$ 时,以电源的负极为参考点,电阻 R_1 两端的电压 $U_1 = \dfrac{R_1}{R_1+R_2}E$;电阻 R_3 两端的电压 $U_3 = \dfrac{R_3}{R_3+R_4}E$,电桥输出电压为 $U_o = U_1 - U_3$,则有

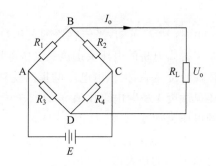

图 2-4 直流电桥电路

$$U_o = \left(\frac{R_1}{R_1+R_2} - \frac{R_3}{R_3+R_4}\right)E = \frac{R_1R_4 - R_2R_3}{(R_1+R_2)(R_3+R_4)}E \tag{2-17}$$

1. 电桥平衡

当电桥输出电压 $U_o = 0$ 时,电桥处于平衡状态。由式(2-17)可知欲使电桥平衡,令 $R_1R_4 - R_2R_3 = 0$,可得 $R_1R_4 = R_2R_3$,或者其相邻两臂电阻的比值 $R_1/R_2 = R_3/R_4$。4 个桥臂中只要任意 1 个(或 2 个、3 个以至 4 个)的电阻发生变化,都会使电桥的平衡条件不成立,输出电压 $U_o \neq 0$。此时的输出电压 U_o 就反映了桥臂的电阻变化。假设电桥各臂均有相应的电阻值变化 ΔR_1、ΔR_2、ΔR_3、ΔR_4 时,由式(2-17)得输出电压

$$U_o = \frac{(R_1+\Delta R_1)(R_4+\Delta R_4) - (R_2+\Delta R_2)(R_3+\Delta R_3)}{(R_1+\Delta R_1+R_2+\Delta R_2)(R_3+\Delta R_3+R_4+\Delta R_4)}E \tag{2-18}$$

2. 电压灵敏度

应变片工作时,其电阻值变化很小,电桥相应输出电压也很小,一般需要加入放大器进行放大。由于放大器的输入阻抗比桥路输出阻抗高很多,所以此时仍视电桥为开路情况。当受应变时,若应变片电阻 R_1 变化为 ΔR,其他桥臂固定不变,电桥输出电压 $U_o \neq 0$,则电桥不平衡,输出电压为

$$U_o = \left(\frac{R_1 + \Delta R_1}{R_1 + \Delta R_1 + R_2} - \frac{R_3}{R_3 + R_4} \right) E$$

$$= \frac{\Delta R_1 R_4}{(R_1 + \Delta R_1 + R_2)(R_3 + R_4)} E$$

$$= \frac{\dfrac{R_4}{R_3} \dfrac{\Delta R_1}{R_1}}{\left(1 + \dfrac{\Delta R_1}{R_1} + \dfrac{R_2}{R_1}\right)\left(1 + \dfrac{R_4}{R_3}\right)} E \tag{2-19}$$

设桥臂比 $n = R_2/R_1$,由于 $\Delta R_1 \ll R_1$,分母中 $\Delta R_1/R_1$ 可忽略,并考虑到平衡条件 $R_1/R_2 = R_3/R_4$,可知 $R_2/R_1 = R_4/R_3$ 则式(2-19)可写为

$$U_o = \frac{n}{(1+n)^2} \frac{\Delta R_1}{R_1} E \tag{2-20}$$

电桥电压灵敏度定义为

$$K_U = \frac{U_o}{\Delta R_1 / R_1} = \frac{n}{(1+n)^2} E \tag{2-21}$$

由式(2-21)可知,当传感器的灵敏度选定后,可以通过适当调节源电压 E 或调节桥臂比 n 来提高电桥的电压灵敏度;电桥电压灵敏度正比于电桥供电电压,供电电压越高,电桥电压灵敏度越高,但供电电压的提高受到应变片允许功耗的限制,所以要作适当选择;电桥电压灵敏度是桥臂电阻比值 n 的二次函数,要恰当地选择桥臂比 n 的值,保证电桥具有较高的电压灵敏度。

当 E 值确定后,n 取何值时才能使 K_U 最高。根据二次函数的性质可知,当 $dK_U/dn = 0$,可求 K_U 的最大值。

$$\frac{dK_U}{dn} = \frac{1 - n^2}{(1+n)^4} = 0 \tag{2-22}$$

求得 $n = 1$ 时,K_U 为最大值。这就是说,在电源电压 E 确定后,当 $R_1 = R_2 = R_3 = R_4$ 时,电桥电压灵敏度最高,此时有

$$U_o = \frac{E}{4} \frac{\Delta R_1}{R_1}, \quad K_U = \frac{E}{4} \tag{2-23}$$

从上述可知,当电源电压 E 和电阻相对变化量 $\Delta R_1/R_1$ 一定时,电桥的输出电压及其灵敏度也是定值,且与各桥臂电阻阻值大小无关。

3. 电桥的工作方式

在设计时常使 $R_1 = R_2 = R_3 = R_4 = R$ 在未施加作用力时,应变为零,此时电桥平衡输出为零。当被测量发生变化时,无论哪个桥臂电阻受被测信号的影响发生变化,电桥平衡被打破,电桥电路的输出电压也将随之发生变化。输出的电压与被测量的变化成比例。由

式(2-17),当 4 个桥臂电阻都发生变化时,电桥的输出电压为

$$U_o = \frac{E}{4}\left(\frac{\Delta R_1}{R_1} - \frac{\Delta R_2}{R_2} + \frac{\Delta R_3}{R_3} - \frac{\Delta R_4}{R_4}\right) \tag{2-24}$$

考虑到

$$\frac{\Delta R}{R} \approx K\frac{\Delta L}{L} \approx K\varepsilon_x \tag{2-25}$$

且各个电阻应变片的灵敏度相同,则式(2-24)可写成

$$U_o = \frac{E}{4}K(\varepsilon_1 - \varepsilon_2 + \varepsilon_3 - \varepsilon_4) \tag{2-26}$$

根据可变电阻在电桥电路中的分布方式,电桥分为单臂电桥、双臂电桥和全桥 3 种形式。

(1) 单臂半桥形式电桥电路。R_1 为应变片,R_2、R_3、R_4 为普通电阻,则 ΔR_2、ΔR_3、ΔR_4 均为零,由式(2-24)可知输出电压 U_o 表示为

$$U_o = \frac{E}{4} \cdot \frac{\Delta R_1}{R_1} = \frac{E}{4} \cdot K\varepsilon_1 \tag{2-27}$$

(2) 双臂半桥形式电桥电路。R_1、R_2 为应变片,R_3、R_4 为普通电阻。R_1、R_2 两个相同应变片,一个感受拉应变、一个感受压应变,接在电桥的相邻两个臂,如图 2-5(a)半桥差动电路所示,桥臂 R_1 的阻值变化量为 ΔR_1,而桥臂 R_2 的阻值变化量为 $-\Delta R_2$,且 $R_1 = R_2 = R_3 = R_4 = R$,则电桥的输出电压为

$$U_o = \frac{E}{4}\left(\frac{\Delta R_1}{R_1} - \frac{\Delta R_2}{R_2}\right) = \frac{E}{4}K(\varepsilon_1 + \varepsilon_2) = \frac{E}{2}K\varepsilon \tag{2-28}$$

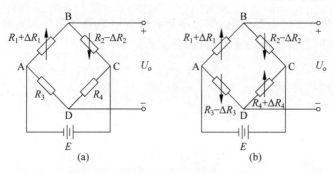

图 2-5 差动电桥

(3) 全桥式电桥电路。R_1、R_2、R_3、R_4 均为相同的应变片。如图 2-5(b)全桥差动电路所示,R_1、R_3 感受拉应变,R_2、R_4 感受压应变,桥臂 R_1、R_3 的阻值变化量为 ΔR_1、ΔR_3,而桥臂 R_2、R_4 的阻值变化量为 $-\Delta R_2$、$-\Delta R_4$,则电桥的输出电压为

$$U_o = \frac{E}{4}\left(\frac{\Delta R_1}{R_1} - \frac{\Delta R_2}{R_2} + \frac{\Delta R_3}{R_3} - \frac{\Delta R_4}{R_4}\right) = \frac{E}{4}K(\varepsilon_1 + \varepsilon_2 + \varepsilon_3 + \varepsilon_4) = EK\varepsilon \tag{2-29}$$

综上所述,对于同一个输入量,电桥 3 种不同工作方式的输出电压 U_o 值是不一样的,根据传感器灵敏度的定义可知,四臂全桥工作方式的灵敏度最高,是双臂半桥的 2 倍,是单臂半桥的 4 倍,也是最常用的一种形式。

例 2-2 如图 2-4 所示,R_1、R_2 为电阻应变片,灵敏度系数为 K,其中 R_1 受拉应变,应变绝对值为 ε_1。R_2 受压应变,应变绝对值为 ε_2。$R_1 = R_2 = R_3 = R_4$,R_3、R_4 是常值电阻。

若 R_1、R_2 为电阻应变片,其对应的应变的绝对值为 $\varepsilon_1=\varepsilon_2=0.00035$,应变灵敏度系数 $K=2$,应变片的阻值为 120Ω,电源电压为 5V,计算等臂电桥的输出电压 U_o。

解:如图 2-4 工作方式为双臂电桥,由式(2-28)可得输出电压 U_o 为

$$U_o = \frac{E}{4}K(\varepsilon_1+\varepsilon_2) = \frac{E}{2}K\varepsilon = \frac{5}{2}\times 2 \times 0.00035 = 1.75\text{mV}$$

例 2-3 等强度梁测力系统,R_1 为电阻应变片,其灵敏系数 $K=2.05$,未受应变时 $R_1=120\Omega$。当梁受力 F 时,应变片承受的平均应变 $\varepsilon=0.0008$,求:

(1) 应变片电阻相对变化量 $\Delta R_1/R_1$ 和电阻变化量 ΔR_1。

(2) 将电阻应变片 R_1 置于单臂测量电桥,电桥的电源电压为 3V 的直流电压,求受力后电桥的输出电压。

解:(1) 电阻的相对变化量

$$\frac{\Delta R_1}{R_1} = K\varepsilon = 2.05\times 8\times 10^{-4} = 1.64\times 10^{-3}$$

电阻变化量

$$\Delta R_1 = \frac{\Delta R_1}{R_1}\times R_1 = 1.64\times 10^{-3}\times 120 = 0.1968\Omega$$

(2) 受力后,电桥工作的单臂方式,由式(2-27)可得,电桥输出电压为

$$U_o = \frac{E}{4}\cdot\frac{\Delta R_1}{R_1} = \frac{3}{4}\times 1.64\times 10^{-3} = 1.23\text{mV}$$

2.2.2 交流电桥

交流电桥由单频交流电源供电,交流电桥各臂的电阻要考虑分布电容的影响,这时桥臂不再是纯电阻了,可将桥臂视为复阻抗,分别为

$$Z_1 = r_1 + jx_1 = Z_1 e^{j\phi_1}$$
$$Z_2 = r_2 + jx_2 = Z_2 e^{j\phi_2}$$
$$Z_3 = r_3 + jx_3 = Z_3 e^{j\phi_3}$$
$$Z_4 = r_4 + jx_4 = Z_4 e^{j\phi_4} \tag{2-30}$$

r_1、r_2、r_3、r_4 和 x_1、x_2、x_3、x_4 为相应各桥臂的电阻和电抗,而 Z_1、Z_2、Z_3、Z_4 和 ϕ_1、ϕ_2、ϕ_3、ϕ_4 为复阻抗的模和幅角,如图 2-6 所示。

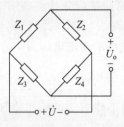
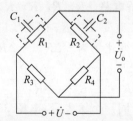

图 2-6 交流电桥

得到交流电桥的平衡条件为

$$Z_1 Z_4 = Z_2 Z_3, \quad \phi_1+\phi_3 = \phi_2+\phi_4 \tag{2-31}$$

交流平衡要满足两个条件,即相对两臂复阻抗的模之积相等,并且幅角之和相等。交流电桥输出特征方程为

$$U_o = U \frac{Z_1 Z_4 - Z_2 Z_3}{(Z_1 + Z_2)(Z_3 + Z_4)} \tag{2-32}$$

2.2.3 直流电桥、交流电桥比较

直流电桥的优点是电源稳定、平衡电路简单,仍是主要测量电路;缺点是直流放大器较复杂,存在零漂和工频干扰。

交流电桥的优点是放大电路简单无零漂,不受干扰,为特定传感器带来方便;缺点是需专用测量仪器或电路,不易取得高精度。

交流电桥由于引线分布参数的影响以及平衡调节、后续放大的影响与直流电桥有明显的差别。

2.3 测量电路的温度误差及补偿

2.3.1 应变片的温度误差

由于测量现场环境温度的改变而给测量带来的附加误差,称为应变片的温度误差,产生应变片温度误差的主要因素有以下两个方面。

1. 电阻温度系数的影响

敏感栅的电阻丝阻值随温度变化的关系可用式(2-33)表示

$$R_t = R_0(1 + \alpha_0 \Delta t) \tag{2-33}$$

式中:R_t——温度为 t 时的电阻值;
$\quad R_0$——温度为 t_0 时的电阻值;
$\quad \alpha_0$——温度为 t_0 时金属丝的电阻温度系数;
$\quad \Delta t$——温度变化值,$\Delta t = t - t_0$。当温度变化 Δt 时,电阻丝电阻的变化值为

$$\Delta R_\alpha = R_t - R_0 = R_0 \alpha_0 \Delta t \tag{2-34}$$

2. 试件材料和电阻丝材料的线膨胀系数的影响

当试件与电阻丝材料的线膨胀系数相同时,不论环境温度如何变化,电阻丝的变形仍和自由状态一样,不会产生附加变形;当试件与电阻丝材料的线膨胀系数不同时,由于环境温度的变化,电阻丝会产生附加变形,从而产生附加电阻变化。

设电阻丝和试件在温度为 0℃ 时的长度均为 l_0,它们的线膨胀系数分别为 β_s 和 β_g,若两者不粘贴,则它们的长度分别为

$$l_s = l_0(1 + \beta_s \Delta t) \tag{2-35}$$

$$l_g = l_0(1 + \beta_g \Delta t) \tag{2-36}$$

当两者粘贴在一起时,电阻丝产生的附加变形 Δl、附加应变 ε_β 和附加电阻变化 ΔR_β 分别为

$$\Delta l = l_g - l_s = (\beta_g - \beta_s) l_0 \Delta t \tag{2-37}$$

$$\varepsilon_\beta = \frac{\Delta l}{l_0} = (\beta_g - \beta_s) \Delta t \tag{2-38}$$

$$\Delta R_\beta = K_0 R_0 \varepsilon_\beta = K_0 R_0 (\beta_g - \beta_s) \Delta t \tag{2-39}$$

式中：K_0——金属丝的灵敏度。

由式(2-34)和式(2-39)可得由于温度变化而引起的应变片总电阻相对变化量为

$$\frac{\Delta R_t}{R_0} = \frac{\Delta R_\alpha + \Delta R_\beta}{R_0}$$
$$= \alpha_0 \Delta t + K_0 (\beta_g - \beta_s) \Delta t$$
$$= [\alpha_0 + K_0 (\beta_g - \beta_s)] \Delta t \tag{2-40}$$

由式(2-40)可知，因环境温度变化而引起的附加电阻的相对变化量，除了与环境温度有关外，还与应变片自身的性能参数 K_0、α_0、β_s 以及被测试件线膨胀系数 β_g 有关。

2.3.2 温度补偿方法

进行温度补偿的实质就是消除虚假应变对测量应变的干扰，应变片的温度补偿方法包括自补偿、电桥补偿和调零电路。

1. 自补偿

自补偿包括以下 3 种方法。

(1) 单丝自补偿法。从式(2-40)可以看出，对于给定的试件膨胀系数 β_g 一定，适当选取栅丝的温度系数 α_0 及膨胀系数 β_s，使 $\alpha_0 = -K_0(\beta_g - \beta_s)$，可补偿温度误差。

(2) 组合式自补偿法。应变片敏感栅丝由两种不同温度系数的金属丝串接组成，选用两者具有不同符号的电阻温度系数，通过试验与计算，调整 R_1 与 R_2 的比例，使温度变化时产生的电阻变化满足

$$(\Delta R_1)_t = -(\Delta R_2)_t \tag{2-41}$$

经变换得

$$R_1/R_2 = -\frac{(\Delta R_2/R_2)}{(\Delta R_1/R_1)} \tag{2-42}$$

(3) 利用自身具有补偿作用的应变片（称为温度自补偿应变片）补偿。这种自补偿应变片制造简单，成本较低，但必须在特定的构件材料上才能使用，不同材料试件必须用不同的应变片。其最大的缺点是局限性很大。

2. 电桥补偿

电桥补偿是最常用且效果较好的电阻片温度误差补偿方法。电桥补偿法如图 2-7 所示。

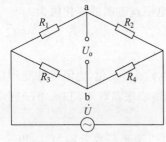

图 2-7 电桥补偿电路

图 2-7 中，R_1 为工作片，R_2 为补偿应变片，R_3、R_4 为固定电阻。工作片 R_1 粘贴在被测试件上需要测量应变的地方，补偿片 R_2 粘贴在补偿块上，与被测试件温度相同，但不承受应变。

电桥输出电压 U_o 与桥臂参数的关系为

$$U_o = \left(\frac{R_1}{R_1 + R_2} - \frac{R_3}{R_3 + R_4}\right) E = \frac{R_1 R_4 - R_2 R_3}{(R_1 + R_2)(R_3 + R_4)} E \tag{2-43}$$

$$U_o = A(R_1 R_4 - R_2 R_3) \tag{2-44}$$

$$A = \frac{U_o}{R_1R_4 - R_2R_3} \quad (2\text{-}45)$$

A 为由桥臂电阻和电源电压决定的常数。

由式(2-45)可知,当 R_3 和 R_4 为常数时,R_1 和 R_2 对电桥输出电压 U_o 的作用方向相反。利用这一基本关系可实现对温度的补偿。

当被测试件不承受应变时,R_1 和 R_2 又处于同一环境温度为 t 的温度场中,调整电桥参数使之达到平衡,此时有

$$U_o = A(R_1R_4 - R_2R_3) = 0 \quad (2\text{-}46)$$

温度补偿的实现。当温度升高或降低 $\Delta t = t - t_0$ 时,两个应变片因温度而引起的电阻变化量相等,电桥仍处于平衡状态,即

$$U_o = A[(R_1 + \Delta R_1)R_4 - (R_2 + \Delta R_2)R_3] = 0 \quad (2\text{-}47)$$

应变的测量。被测试件有应变 ε 的作用,则工作应变片电阻 R_1 又有新的增量 $\Delta R_1' = R_1 K \varepsilon$,而补偿片因不承受应变,故不产生新的增量,此时电桥输出电压为

$$U_o = A[(R_1 + \Delta R_1')R_4 - R_2R_3] = A\Delta R_1' R_4 = AR_1 K \varepsilon R_4 \quad (2\text{-}48)$$

可见,电桥的输出电压 U_o 仅与被测试件的应变 ε 有关,而与环境温度无关。

电桥补偿的条件包括以下 3 个。

(1) R_1 和 R_2 两个应变片应具有相同的电阻温度系数 α、线膨胀系数 β、应变灵敏度系数 K 和初始电阻值 R_0,而且在应变片工作过程中,保证 $R_3 = R_4$。

(2) 粘贴补偿片的补偿块材料和粘贴工作片的被测试件材料必须一样,两者线膨胀系数相同。

(3) 两应变片应处于同一温度场。

例 2-4 如图 2-8 所示动圈式仪表表头的补偿电路中,被补偿元件的动圈电阻 R_c 从 20℃上升到 70℃,电阻升高 20Ω,热敏电阻 R_t 在 20℃时阻值为 80Ω,在 70℃时阻值为 10Ω,求 R_B(要求 20℃、70℃两点完全补偿)。

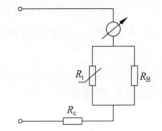

图 2-8 动圈式仪表表头的补偿电路

解:若要在 20℃、70℃两点实现完全补偿,必须使得 20℃、70℃时电路两端的电阻值相等,则有

$$R_c + R_{t20} // R_B = R_c + 20 + R_{t70} // R_B$$

$$\frac{80 \times R_B}{80 + R_B} = 20 + \frac{10 \times R_B}{10 + R_B}$$

$$R_B = 43.38\Omega$$

3. 调零电路

实际应用时,R_1、R_2、R_3、R_4 不可能严格成比例关系,所以即使在未受力时,桥路输出也不一定为零,因此一般测量电路都设有调零装置,如图 2-9 所示。调节 R_P 可使 R_1 与 $(R_P/2 + R_5)$、R_2 与 $(R_P/2 + R_5)$ 的并联结果之比 R_1'/R_2' 等于 R_3/R_4,电桥趋于平衡,U_o 被预调到零位。图 2-9 中的 R_5 是用于减小调节范围的限流电阻。上述的调零方法在电子秤等仪器中被广泛应用。

例 2-5 如图 2-9 所示的应变片电桥测量电路,其中 R_1 为应变片,R_2、R_3 和 R_4 为普通

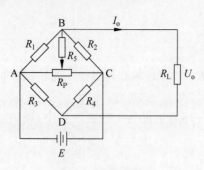

图 2-9 调零电路

精密电阻。应变片在0℃时电阻值为100Ω,$R_2=R_3=R_4=100\Omega$。已知应变片的灵敏度为2.0,电源电压为10V。

(1) 如果将应变片R_1贴在弹性试件上,试件横截面积$A=0.4\times10^{-4}\text{m}^2$,弹性模量$E=3\times10^{11}\text{N/m}^2$,若受到$6\times10^4\text{N}$拉力的作用,求测量电路的输出电压$U_o$。

(2) 在应变片不受力的情况下,假设该测量电路工作了10min,且应变片R_1消耗的功率全转换为温升(设每1J能量导致应变片0.1℃的温升),不考虑R_2、R_3和R_4的温升,应变片电阻温度特性为$R_t=R_0(1+\alpha t)$,$\alpha=4.28\times10^{-3}/℃$。试求此时测量电桥的输出电压$U_o$,并分析减小温度误差的方法。

解:(1) 根据题意,应力为

$$\sigma = F/A = 6\times10^4 \div (0.4\times10^{-4}) = 1.5\times10^9 \text{N/m}^2$$

应变为

$$\varepsilon = \sigma/E = 1.5\times10^9 \div (3\times10^{11}) = 0.005$$

应变导致的电阻变化

$$\Delta R = K\varepsilon R = 2.0\times0.005\times100 = 1\Omega$$

因此,输出电压为

$$U_o = E\times\left(\frac{R_1+\Delta R}{R_1+\Delta R+R_2}-\frac{R_3}{R_3+R_4}\right) = 10\times\left(\frac{101}{201}-\frac{100}{200}\right) = 0.0249\text{V}$$

(2) 根据题意,通过R_1的电流为

$$I = \frac{E}{R_1+R_2} = \frac{10}{100+100} = 0.05\text{A}$$

则R_1上消耗的功率

$$P = I^2R = 0.05^2\times100 = 0.25\text{W}$$

R_1上消耗的能量

$$W = Pt = 0.25\times10\times60 = 150\text{J}$$

那么,温升$\Delta t = 150\times0.1 = 15℃$。此时,电阻$R_1$将变化为

$$R_t = R_0(1+\alpha t) = 100\times(1+4.28\times10^{-3}\times15) = 106.42\Omega$$

因此,对应的测量电桥输出电压为

$$U_o = E\times\left(\frac{R_t}{R_t+R_2}-\frac{R_3}{R_3+R_4}\right) = 10\times\left(\frac{106.42}{206.42}-\frac{100}{200}\right) = 0.1555\text{V}$$

由于此时应变片并未承受应变,由此可见温度变化对测量结果的输出会带来较大的影响。要减小温度误差,可考虑采用的方法包括不要长时间测量、对电阻R_1实施恒温措施、对电阻R_2做温度误差补偿,即采用补偿应变片。

2.4 应变式传感器的应用

2.4.1 测力传感器

被测物理量为荷重或力的应变电阻式传感器统称为应变电阻式力传感器。对荷重和力的测量在工业测量中用得较多,其中采用电阻应变片测量的应变电阻式力传感器占有主导地位,传感器的量程一般从几克到几百吨。

应变电阻式力传感器的弹性元件有柱(筒)式、环式、悬臂梁式等数种。

1. 柱(筒)式力传感器

柱(筒)式力传感器的弹性元件如图 2-10 所示。

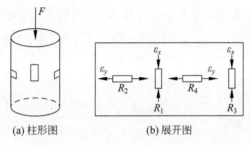

图 2-10 应变片粘贴在柱形弹性元件上

设圆柱的有效截面积为 S、泊松比为 μ、弹性模量为 E,4 片相同特性的应变片贴在圆筒的外表面,再接成全桥形式。如外加荷重为 F,R_1、R_3 受压应力,R_2、R_4 受拉应力,则传感器的输出为

$$U_o = \frac{E}{4} K(-\varepsilon_x + \varepsilon_y - \varepsilon_x + \varepsilon_y) \tag{2-49}$$

$$U_o = \frac{E}{2} K(1+\mu)\varepsilon_x \tag{2-50}$$

由此可见,输出 U_o 正比于荷重 F,有

$$\frac{U_o}{U_{om}} = \frac{F}{F_m} \tag{2-51}$$

$$U_o = \frac{F}{F_m} U_{om} = K_f \frac{E}{F_m} F \tag{2-52}$$

式中:U_{om}——满量程时的输出电压;

K_f——荷重传感器的灵敏度(mV/V),$K_f = \dfrac{U_{om}}{E}$;

F_m——荷重传感器满量程时的值。

2. 环式力传感器

环式力传感器的结构和应力分布如图 2-11 所示。与柱式相比,它的应力分布更复杂,变化较大,且有方向上的区分。由应力分布图还可看出,C 位置电阻应变片的应变为 0,即它起温度补偿作用。

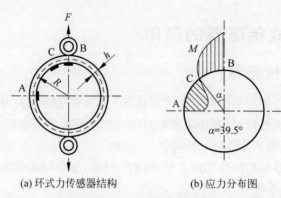

(a) 环式力传感器结构　　(b) 应力分布图

图 2-11　环式力传感器

A、B 两点处如果内、外均贴上电阻应变片,则 A 点所在位置的应变为

$$\varepsilon_A = \pm \frac{3F[R-(h/2)]}{bh^2 E}\left(1-\frac{2}{\pi}\right) \tag{2-53}$$

式中：h——圆环的厚度；
　　　b——圆环的宽度；
　　　E——材料弹性模量；
　　　F——载荷。

在如图 2-12 所示方向的拉力作用下,内贴片取"＋",外贴片取"－"。

B 点所在位置的应变为

$$\varepsilon_B = \pm \frac{3F[R-(h/2)]}{bh^2 E}\frac{2}{\pi} \tag{2-54}$$

在如图 2-12 所示方向的拉力作用下,内贴片取"－",外贴片取"＋"。对 $R/h>5$ 的小曲率圆环,可以忽略式(2-54)中的 $h/2$。

3. 悬臂梁式力传感器

悬臂梁是一端固定另一端自由的弹性敏感元件,其特点是结构简单、加工方便,在较小力的测量中应用普遍。根据梁的截面形状不同可分为变截面梁(等强度梁)和等截面梁。

图 2-12 所示为一种等强度梁式力传感器,R_1 为电阻应变片,将其粘贴在一端固定的悬臂梁上,另一端的三角形顶点上(保证等应变性)如果受到载荷 F 的作用,梁内各断面产生的应力是相等的。等强度梁各点的应变值为

$$\varepsilon = \frac{6Fl}{bh^2 E} \tag{2-55}$$

式中：l——梁的长度；
　　　b——梁的固定端宽度；
　　　h——梁的厚度；
　　　E——材料的弹性模量。

等截面矩形结构的悬臂梁如图 2-13 所示。等截面梁距梁固定端为 x 处的应变值为

$$\varepsilon_x = \frac{6F(l-x)}{bh^2 E} = \frac{6F(l-x)}{AhE} \tag{2-56}$$

式中：x——距梁固定端的距离；
A——梁的截面积。

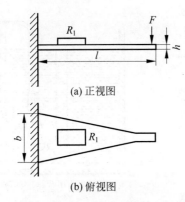

图 2-12　等强度梁式力传感器

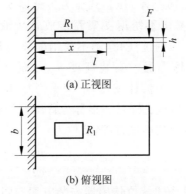

图 2-13　等截面梁式力传感器

2.4.2　压阻式传感器的压力测量

压阻式压力传感器由外壳、硅杯和引线组成，如图 2-14 所示，其核心部分是一块方形的硅膜片。在硅膜片上，利用集成电路工艺制作了 4 个阻值相等的电阻。图中虚线圆内是承受压力区域。根据前述原理可知，R_2、R_4 所感受的是正应变（拉应变），R_1、R_3 所感受的是负应变（压应变），4 个电阻之间用面积较大，阻值较小的扩散电阻引线连接，构成全桥。硅片的表面用 SiO_2 薄膜加以保护，并用铝质导线做全桥的引线。因为硅膜片底部被加工成中间薄（用于产生应变）、周边厚（起支承作用），所以又称为硅杯。硅杯在高温下用玻璃黏结剂贴在热胀冷缩系数相近的玻璃基板上。将硅杯和玻璃基板紧密地安装到壳体中，就制成了压阻式压力传感器。

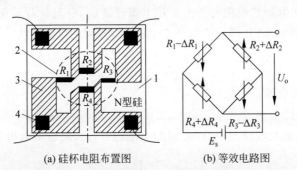

1—单晶硅膜片；2—扩散型应变片；3—扩散电阻引线；4—电极及引线。

图 2-14　压阻式压力传感器

当硅杯两侧存在压力差时，硅膜片产生变形，4 个应变电阻在应力作用下，阻值发生变化，电桥失去平衡，按照电桥的工作方式，输出电压 U_o 与膜片两侧的压差 p 成正比，即

$$U_\text{o} = K(p_1 - p_2) = K\Delta p \tag{2-57}$$

2.4.3 液位测量

如图 2-15 所示,压阻式压力传感器安装在不锈钢壳体内,并由不锈钢支架固定放置于液体底部。传感器的高压侧进气孔(用不锈钢隔离膜片及硅油隔离)与液体相通。安装高度 h_0 处的水压 $p_1 = gh_1$,其中,h_1 为液体密度,g 为重力加速度。传感器的低压侧进气孔通过一根称为背压管的管子与外界的仪表接口相连接,被测液位为

$$H = h_0 + h_1 = h_0 + \frac{p_1}{\rho g} \qquad (2\text{-}58)$$

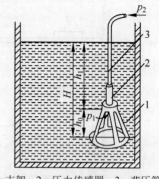

1—支架;2—压力传感器;3—背压管。
图 2-15 压阻式压力传感器外形图

这种投入式液位传感器安装方便,适用于几米到几十米混有大量污物、杂质的水或其他液体的液位测量。

2.5 电位器的原理与应用

2.5.1 电位器式传感器的工作原理

电位器是一种可调电子元件,电位器式电阻传感器一般由电阻丝、骨架及电刷(滑臂)等组成,电刷相对于电阻丝的运动可以是直线运动、转动或螺旋运动。通过电刷触点在电阻元件上产生移动,该触点与电阻元件间的电阻值就会发生变化,从而获得与电位器输入电压和动触点位移(或转角)成一定关系的电压输出。当电位器的两端加上电源后,电位器就组成分压比电路,它的输出量是与位移成一定关系的电压 U_o。

如图 2-16 所示,变阻器的电阻元件由金属电阻丝绕成,电阻丝截面积相等,电阻值沿长度变化均匀。当滑臂由 A 到 B 移动位移 x 后,A 到滑臂间的电阻值为

$$R_x = \frac{x}{x_{\max}} R_{\max} \qquad (2\text{-}59)$$

式中:$x_{\max}$——电位器全长;
$R_{\max}$——总电阻。

作为分压器用,设加在电位器 A、B 之间的电压为 $U_{\max}$,则输出电压为

$$U_x = \frac{x}{x_{\max}} U_{\max} \qquad (2\text{-}60)$$

式中:$x_{\max}$——电位器全长;
$U_{\max}$——总电压。

图 2-17 所示为线性角位移式电位器传感器的原理图。若作为变阻器使用,则电阻值与角度的关系为

$$R_\alpha = \frac{\alpha}{\alpha_{\max}} R_{\max} \qquad (2\text{-}61)$$

式中:$\alpha_{\max}$——电位器全长;

R_{max}——总电阻。

若作分压器使用,则有

$$U_\alpha = \frac{\alpha}{\alpha_{max}} U_{max} \tag{2-62}$$

式中:α_{max}——电位器全长;
$\quad\quad U_{max}$——总电压。

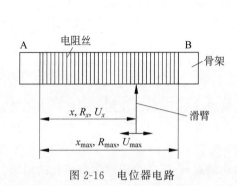

图 2-16 电位器电路

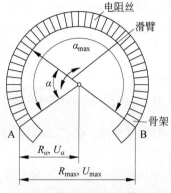

图 2-17 线性角位移式电位器

2.5.2 电位器的分类

电位器式传感器种类较多,根据结构的不同,电位器式电阻传感器可分为线绕电位器和非线绕电位器两种。

1. 线绕电位器

线绕电位器是将电阻丝绕在金属、陶瓷和塑料骨架上作为电阻元件,具有电阻温度系数低、电阻值稳定性好、功率负荷性大、工作寿命长等优点。但线绕电阻元件的主要缺陷是分辨力有一定阶梯性,同时多圈的电阻元件的感抗会呈现随频率增加而增加,因此高频性能差。此外,还存在总阻值范围窄等缺点。

2. 非线绕电位器

非线绕电位器有合成膜电位器、玻璃釉电位器、导电塑料电位器等。

(1)合成膜电位器。合成膜电位器是将炭黑、石墨和有机黏结剂、填充料等混合制成的浆料,采用多种方法(如丝网印刷)涂覆在基体上,再经固化而制成的电阻膜作为电阻体。合成碳膜电位器能大规模生产,价格便宜,调节时噪声较小,具有优越的高频性能,还具有较小的电感量和分布容量,且工作寿命长,很少突然发生严重损坏,总阻值范围广。线路设计人员总是首先想到选用碳膜电位器来作为在电子线路中改变电阻的经济方法。但合成碳膜电位器的总电阻值随时间和温度变化较大,抗潮湿的能力较差,碳膜电阻元件的接触电阻较大。

(2)玻璃釉电位器。玻璃釉电位器是将金属(或其氧化物)粉、玻璃釉等混合而成的浆料采用丝网印刷等方法涂覆在陶瓷基体上,经烘干、高温烧结而成的电阻膜作为电阻体。其优点是总电阻值范围广且有很高的分辨力和良好的稳定性,噪声小,频率响应非常好(远远超过 100MHz),电阻温度系数较小,电阻元件表面坚硬而耐磨,工作寿命长。玻璃釉电阻元件越来越广泛地应用于预调电位器中。

（3）导电塑料电位器。导电塑料电位器是将炭黑、石墨和超细金属粉、DAP 树脂和交联剂等混合而成的浆料采用丝网印刷等方法涂覆在陶瓷或特制塑料基体上而成的电阻膜作为电阻体。优点是接触电阻变化小，工作寿命很长。因为表面特别光滑，所以分辨力非常高，即使动触点在电阻体上循环运动数百万次后，仍不会产生明显的摩擦力和磨损。对电阻元件加以修刻，可使其线性度达 0.001 的水平。动态噪声非常小，有良好的高频工作性能，适用于高增益伺服系统中。但导电塑料电位器耐潮湿性能较差，稳定性不如玻璃釉电位器，动触点额定电流小，温度系数介于线绕电位器和玻璃釉电位器之间。

另外，非线绕电位器还有金属膜电位器、金属体（箔）电位器、有机实芯电位器、无机实芯电位器等。

2.5.3　使用时的注意事项

在使用时，应使电位器工作于额定功率范围内。由于设计、使用不当使功率耗散超过额定值时，会造成电位器内部过热而损坏。注意环境温度对电位器的影响，特别是在高温情况下，负荷应根据产品标准规定的降功率曲线设计。

在使用中，当允许直流电流通过电位器的动触点时，可能会出现阳极氧化的问题。这种情况下，最好用负端连接元件，用正端连接动触点。

在使用电位器时，应控制动触点电流小于动触点极限电流。除了保证线路设计正确外，还不能随意加大负载电流。在进行电位器检测时，如测量终端电阻或检测电位器输出时，切勿使用普通三用表。因为三用表中的电源会形成 300～400mA 的电流流过动触点。该电流很可能会烧毁电阻元件。检测电位器一定要用数字欧姆表。

在设计线路时，对于预调电位器，应尽量使其动触点处于总电气行程的中段位置使用。应绝对避免在接近两终端位置使用。最好避开前后终端 30°转角进行设计。在线路设计中，往往需要设计一个串联电阻，改变此电阻阻值，即可改变电位器动触点的工作位置。当然应以合理选择电位器的总阻值为前提。

在设计线路时，应设计成电位器调节到某些位置时不能造成电路中电流过大的线路，以免烧毁电位器或其他元件。

在电位器焊接时，注意选用适当的温度。并非温度越高，焊接速度越快，质量就越好。仅需达到良好焊接所需的热量即可。在波峰焊接时采用能保证良好的焊点的通过速度。加热时间过长，热量过多，有可能造成电阻元件与引出端之间连接损坏或电阻值漂移。另外，一定要注意焊剂用量适中，以免焊料浸入电位器，造成额外噪声甚至接触不良。因此应考虑适当的保护措施，在波峰焊接前让助焊剂充分干燥。

应尽量避免在含有有害物质的气氛中使用电位器（如 SO_2、NH_3、碱溶液、油脂等），以免引起电阻元件、塑料或金属材料的腐蚀。在安装电位器时，应安装在水平面上。对轴施加的力、引出端的强度、终端止挡强度、螺母扭紧力矩等安装要求都应符合电位器厂家的规定。

为了能获得更好的品质，应尽量按电位器的技术标准选择。

2.5.4　电位器传感器的应用

电位器传感器多用于直线行程、角度控制、张力测量以及在各种伺服系统中作为位置反馈元件。

在纺织、印染、塑料薄膜、纸张等生产过程中,均需要测量它们在卷取过程中的张力并加以控制。图 2-18 是布料张力测量及控制的原理示意图。

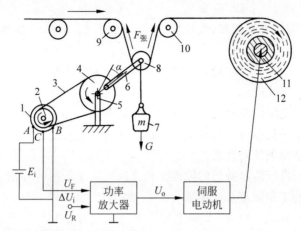

1—电位器角位移传感器;2—从动轮;3—同步齿形带;4—摆动轮;5—支架;
6—摆动杆;7—砝码;8—张力辊;9、10—传动辊;11—卷取辊;12—布料。

图 2-18 布料张力测量及控制原理

卷取辊在伺服电动机的驱动下,将成品(例如布料)顺时针卷成筒状。如果卷取力(张力)太大或太小(与卷取速度有关)均影响成品质量。在图 2-18 中,张力辊由于受到砝码重力,而将棉织品往下拉伸,向下的拉力与张力 F 成正比。当张力变化时,张力辊将上下移动,摆动杆带动摆动轮产生角位移 α,带动圆盘式电位器的转轴旋转。电位器的输出电压 U_F 与 α 及棉织品的张力 F 成正比。U_F 控制驱动卷取辊的伺服电动机,使卷取辊的旋转速度满足恒张力的要求。电位器传感器在这个闭环系统中起负反馈的作用。

小结

本章主要介绍电阻式传感器的工作原理。金属电阻应变片主要是由于导体的长度和半径发生改变而引起电阻变化,半导体电阻应变片是由于其电阻率发生变化而引起电阻变化(即压阻效应)。熟悉电阻应变片测量电路、了解应变片的结构与材料以及测量电路的温度误差及补偿。

电阻应变式传感器采用桥式测量转换电路,一般采用全桥形式,全桥的灵敏度最高,全桥形式具有温度自补偿功能。

电位器式传感器是把机械量转换为电信号的转换元件,一般用于静态和缓变量的检测。根据电位器的结构特点,可分为线绕电位器和非线绕电位器。另外介绍了电位器的原理及应用。

习题

1. 电子秤中所使用的应变片应选择_____应变片;为提高集成度,测量气体压力应选择_____;一次性、几百个应力试验测点应选择_____应变片。

  A. 金属丝式   B. 金属箔式
  C. 电阻应变仪   D. 固态压阻式传感器

2. 金属丝应变片传感器，主要用来测量_____。

  A. 温度   B. 应变   C. 湿度   D. 磁通

3. 应变测量中，希望灵敏度高、线性好、有温度自补偿功能，应选择_____测量转换电路。

  A. 单臂半桥   B. 双臂半桥   C. 四臂全桥   D. 独臂

4. 简述什么是应变效应。

5. 试列举金属丝电阻应变片与半导体应变片的相同点和不同点。

6. 电位器根据结构特点可分为几类？

7. 直流电桥的平衡条件是什么？

8. 应变式传感器进行温度补偿的原因是什么？可以采取哪些补偿方法？

9. 简述电位器的工作原理及应用场合。

10. 如图 2-19 所示，R_1 和 R_2 为同型号的电阻应变片已粘贴在梁的上下表面，其初始电阻均为 100Ω，供电电源电动势 $E=3\text{V}$，$R_3=R_4=100\Omega$，灵敏度系数 $K=2.0$。两只应变片分别粘贴于等强度梁同一截面的正反两面。设等强度梁在受力后产生的应变为 0.005，求此时电桥输出端电压 U_o。

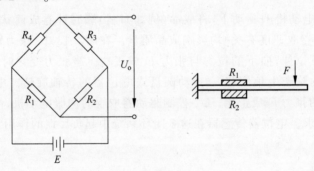

图 2-19   习题 10 图

第 3 章 电容传感器的原理与应用

CHAPTER 3

电容器是电子技术的 3 大类无源元件(电阻、电感和电容)之一,利用电容器的原理,将非电量转换成电容量,进而实现非电量到电量的转换的器件或装置,称为电容传感器,它实质上是一个具有可变参数的电容器。电容传感器是将被测量的变化转换为电容量变化的一种传感器。它具有结构简单、分辨率高、抗过载能力大、动态特性好的优点,且能在高温、辐射和强烈振动等恶劣条件下工作。电容传感器可用于测量压力、位移、振动、液位。

电容器的优点是测量范围大、灵敏度高、结构简单、适应性强、动态响应时间短、易实现非接触测量等。

由于材料、工艺,特别是测量电路及半导体集成技术等已达到了相当高的水平,因此寄生电容的影响得到较好的解决,使电容传感器的优点得以充分发挥。

传统电容传感器主要用于位移、角度、振动、加速度等机械量精密测量。现代电容传感器逐渐应用于压力、厚度、液位、物位、湿度和成分含量等测量。

3.1 电容传感器的工作原理及类型

如图 3-1 所示为用两块金属平板作电极可构成电容器,当忽略边缘效应时,平板电容器的电容量为

$$C = \frac{\varepsilon A}{d} = \frac{\varepsilon_0 \varepsilon_r A}{d} \tag{3-1}$$

式中:A——两极板相互遮盖的有效面积;

d——两极板间的距离,也称为极距;

ε——两极板间介质的介电常数;

ε_r——两极板间介质的相对介电常数;

ε_0——真空的介电常数,$\varepsilon_0 = 8.85 \times 10^{-12}$ F/m。

分析式(3-1)可以得出,在 A、d、ε 三个参量中,改变其中任意一个量,均可使电容量 C 改变。也就是说,电容量 C 是 A、d、ε 的函数,固定三个参量中的两个,可以做成变面积式、变极距式、变介电常数式三种类型的电容传感器。

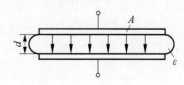

图 3-1 平板电容器

3.1.1 变面积式电容传感器

1. 平板形直线位移式

如图 3-2(a)是平板形直线位移式变面积型电容传感器,极板尺寸如图 3-2(b)所示。动极板做直线运动,改变了两极板的相对面积,引起了电容量的变化。当动极板随被测物体产生位移 Δx 后。此时的电容量 C_x 为

$$C_x = \frac{\varepsilon b(a-\Delta x)}{d} = C_0 - \frac{\varepsilon b}{d}\Delta x \tag{3-2}$$

电容的变化量为

$$\Delta C = C_x - C_0 = -\frac{\varepsilon b}{d}\Delta x$$

电容传感器的灵敏度为

$$K = \frac{\Delta C}{\Delta x} = -\frac{\varepsilon b}{d} \tag{3-3}$$

式中:b——极板的宽度;
a——极板的长度;
Δx——在 a 方向上的位移。

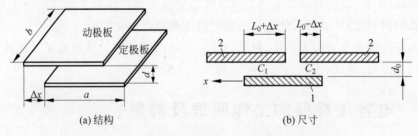

图 3-2 平板形直线位移式电容传感器的结构及尺寸

如图 3-2(b)所示中,动极板向左位移了 Δx 时,动极板与两块定极板的极距 d_0 保持不变,但与左边一块定极板的投影长度增加到 $L_0 + \Delta x$,两者之间的投影面积增大,电容 C_1 也随之增大。与此同时,动极板与右边定极板之间的电容 C_2 减小,构成差动关系。数显卡尺就是利用这种差动变面积式电容传感器的基本原理制作的。

2. 半圆形角位移式

如图 3-3(a)为半圆形角位移式变面积式电容传感器,动极板可围绕定极板旋转形成角位移。设两极板初始重叠角度为 π,初始重叠面积为 A_0,动极板随被测物体带动产生一个角位移 θ,两个极板的重叠面积 A 为

$$A = A_0\left(1 - \frac{\theta}{\pi}\right) \tag{3-4}$$

因而电容量随之减小。此时的电容量 C_x 为

$$C_x = \frac{\varepsilon A_0(1-\theta/\pi)}{d} = \frac{\varepsilon A_0}{d}\left(1 - \frac{\theta}{\pi}\right) \tag{3-5}$$

由上面的分析可知,变面积式电容传感器的电容改变与位移量的变化(x、θ)呈线性关系。与变极距型相比,适用于较大角位移及直线位移的测量。

在实际应用中,采用差动结构可以提高灵敏度。角位移测量用的差动结构如图 3-3(b)所示。

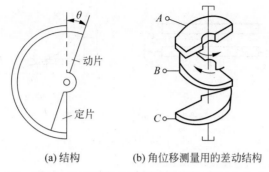

(a) 结构　　(b) 角位移测量用的差动结构

图 3-3　半圆形角位移式电容传感器原理图

3. 同心圆筒式电容传感器

图 3-4 是同心圆筒式变面积式电容传感器,外圆筒不动,内圆筒在外圆筒内做上、下直线运动。设内、外圆筒的半径分别为 R、r,内、外圆筒原来的重叠长度为 h_0。圆筒式变面积式传感器的初始电容 C_0 为

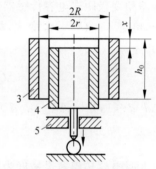

$$C_0 = \frac{2\pi\varepsilon h_0}{\ln(R/r)} \tag{3-6}$$

当内筒向下产生位移 x 后,两个同心圆筒的重叠面积减小,引起了电容量随之减小。此时的电容量 C_x 为

图 3-4　同心圆筒式变面积式传感器

$$C_x = \frac{2\pi\varepsilon(h_0-x)}{\ln(R/r)} = C_0\left(1-\frac{x}{h_0}\right) \tag{3-7}$$

这类传感器具有很好的线性,平板形结构对极距变化特别敏感,测量准确度受到影响。而圆柱形结构受极板径向变化的影响很小,成为实际中最常采用的结构。

3.1.2　变极距式电容传感器

变极距式电容传感器结构如图 3-5(a)所示,特性曲线如图 3-5(b)所示。图中 1 为定极板,2 为动极板。当动极板受被测物体作用而上下位移时,改变了两极板之间的距离 d,从而使电容量发生变化。

电容的变化量为

$$\Delta C = C_x - C_0 = \frac{\varepsilon A}{d-\Delta d} - \frac{\varepsilon A}{d} = C_0 \frac{\Delta d}{d-\Delta d} = C_0 \frac{\Delta d/d}{1-\Delta d/d} \tag{3-8}$$

当 $\Delta d/d \ll 1$,分母忽略 $\Delta d/d$ 项,可得

$$\Delta C = C_0 \frac{\Delta d}{d} \tag{3-9}$$

此时 ΔC 与 $\Delta d/d$ 近似呈线性关系,所以变极距式电容传感器只有在 $\Delta d/d$ 很小时,才有近似的线性输出。

此时电容传感器灵敏度为

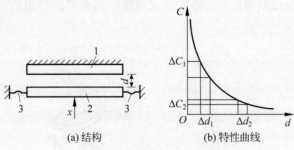

(a) 结构　　　　(b) 特性曲线

1—定极板；2—动极板；3—弹性膜片。

图 3-5　变极距式电容传感器

$$K = \frac{\Delta C}{\Delta d} = \frac{\varepsilon A}{d^2} \tag{3-10}$$

差动变极距式电容传感器如图 3-6 所示，中间的极板为动极板，在动极板上下移动的过程中，电容 C_1、C_2 一个变大，另一个变小，形成差动形式，由式(3-8)可得总的电容的变化量为

$$\Delta C = \Delta C_1 + \Delta C_2 = 2C_0 \frac{\Delta d/d}{1 - \Delta d/d} \tag{3-11}$$

若 $\Delta d/d \ll 1$，分母忽略 $\Delta d/d$ 项，可得

$$\Delta C = 2C_0 \frac{\Delta d}{d} \tag{3-12}$$

此时电容传感器灵敏度为

$$K = \frac{\Delta C}{\Delta d} = 2\frac{\varepsilon A}{d^2} \tag{3-13}$$

灵敏度与 d^2 成反比，极距越小，灵敏度越高。为减小非线性误差，该类传感器通常只用于微小位移的测量，如 0.005～0.01mm。与基本结构间隙式传感器相比，差动式传感器如图 3-6 所示的非线性误差减少了一个数量级，而且提高了测量灵敏度，所以在实际应用中被较多采用。

另外，在 d 较小时，对于同样的 Δd 变化所引起的 ΔC 比较大，从而使传感器灵敏度提高。但 d 过小，容易引起电容器击穿或短路。为此，极板

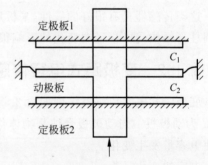

图 3-6　差动变极距式电容传感器

间可采用高介电常数的材料（云母、塑料膜等）作介质，云母片的相对介电常数是空气的 7 倍，其击穿电压不小于 1000kV/mm，而空气的击穿电压仅为 3kV/mm。因此有了云母片，极板间起始距离可大大减小。

一般差动变极距式电容传感器的起始电容在 20～100pF，极距在 25～200μm，最大位移应小于间距的 1/10，故在微位移测量中应用最广。

例 3-1　电容测微仪的电容器极板面积 $A = 28\text{cm}^2$，极距 $d = 1.1\text{mm}$，相对介电常数 $\varepsilon_0 = 1$，$\varepsilon_r = 8.84 \times 10^{-12}\text{F/m}$。求：

(1) 电容器电容量?
(2) 若极距减少 0.12mm,电容量又为多少?

解:(1) $C_0 = (\varepsilon_0 \varepsilon_r A)/d = (1 \times 8.84 \times 10^{-12} \times 28 \times 10^{-4})/(1.1 \times 10^{-3})$
$= 2.25 \times 10^{-11} F$

(2) $C_x = (\varepsilon_0 \varepsilon_r A)/(d - \Delta d)$
$= (1 \times 8.84 \times 10^{-12} \times 28 \times 10^{-4})/(1.1 - 0.12) \times 10^{-3}$
$= 2.53 \times 10^{-11} F$

例 3-2 电容传感器初始极板极距 $d_0 = 1.2$mm,电容量为 117.1pF,外力作用使极距减少 0.03mm。求:

(1) 该测微仪测得的电容量为多少?
(2) 若原初始电容传感器在外力作用后,引起间隙变化,测得电容量为 96pF,则极距变化了多少?变化方向又是如何?

解:(1) 由式(3-8)和式(3-9)可得
$$C_x = C_0 + \Delta C = C_0 \left(1 + \frac{\Delta d}{d_0}\right) = 117.1 \times \left(1 + \frac{0.03}{1.2}\right) = 120 \text{pF}$$

(2) 由 C_0 从 117.1→96 可知极距 d 增加了
$$C_x = C_0 - \Delta C$$
$$96 = C_0 \left(1 - \frac{\Delta d}{d}\right) = 117.1 \times \left(1 - \frac{\Delta d}{1.2}\right)$$
$$\Delta d = 1.2 \times \left(1 - \frac{96}{117.1}\right) = 0.216 \text{mm}$$

即极距增加了 0.216mm。

3.1.3 变介电常数式电容传感器

因为各种介质的相对介电常数不同,所以在电容器两极板间插入不同介质时,电容器的电容量也就不同。利用这种原理制作的电容传感器称为变介电常数式电容传感器,它们常用来检测片状材料的厚度、性质、颗粒状物体的含水量以及测量液体的液位等。表 3-1 列出了几种常用气体、液体、固体介质的相对介电常数。

表 3-1 几种介质的相对介电常数

介质名称	相对介电常数 ε_r	介质名称	相对介电常数 ε_r
真空	1	玻璃釉	3~5
空气	略大于 1	SiO_2	3~8
其他气体	1~1.2①	云母	5~8
变压器油	2~4	干的纸	2~4
硅油	2~3.5	干的谷物	3~5
聚丙烯	2~2.2	环氧树脂	3~10
聚苯乙烯	2.4~2.6	高频陶瓷	10~160
聚四氟乙烯	2.0	低频陶瓷、压电陶瓷	1000~10000
聚偏二氟乙烯	3~5	纯净的水	80

① 气体的相对介电常数由其化学成分不同,而略有变化。

1. 平板结构

平板结构变介电常数式电容传感器如图 3-7 所示,由于在两极板之间所加介质的分布位置不同,可分为串联和并联两种情况。

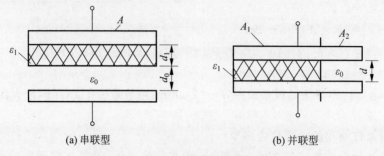

(a) 串联型　　　　　　　(b) 并联型

图 3-7　变介电常数式电容传感器

(1) 串联结构。对于串联型结构,可认为是上下两个不同介质(ε_1、ε_0)电容式传感器的串联,此时

$$C_1 = \frac{\varepsilon_0 \varepsilon_1 A}{d_1} \tag{3-14}$$

$$C_2 = \frac{\varepsilon_0 A}{d_0} \tag{3-15}$$

总的电容值为

$$C = \frac{C_1 C_2}{C_1 + C_2} = \frac{\varepsilon_0 \varepsilon_1 A}{\varepsilon_1 d_0 + d_1} \tag{3-16}$$

当未加入介质 ε_1 时的初始电容为

$$C_0 = \frac{\varepsilon_0 A}{d_0 + d_1} \tag{3-17}$$

介质改变后的电容增量为

$$\Delta C = C - C_0 = C_0 \cdot \frac{\varepsilon_1 - 1}{\varepsilon_1 \dfrac{d_0}{d_1} + 1} \tag{3-18}$$

可见,介质改变后的电容增量与所加介质的介电常数 ε_1 呈非线性关系。

(2) 并联结构。对于并联结构,可认为是左右两个不同介质(ε_1、ε_0)电容式传感器的并联,此时

$$C_1 = \frac{\varepsilon_0 \varepsilon_1 A_1}{d} \tag{3-19}$$

$$C_2 = \frac{\varepsilon_0 A_2}{d} \tag{3-20}$$

总的电容值为

$$C = C_1 + C_2 = \frac{\varepsilon_0 \varepsilon_1 A_1 + \varepsilon_0 A_2}{d} \tag{3-21}$$

当未加入介质 ε_1 时的初始电容为

$$C_0 = \frac{\varepsilon_0(A_1 + A_2)}{d} \tag{3-22}$$

介质改变后的电容增量为

$$\Delta C = C - C_0 = \frac{\varepsilon_0 A_1(\varepsilon_1 - 1)}{d} \tag{3-23}$$

可见,介质改变后的电容增量与所加介质的介电常数 ε_1 呈线性关系。

例 3-3 一个用于位移测量的电容式传感器,如图 3-7(b)所示,两个极板是边长为 5cm 的正方形,间距为 1mm,气隙中恰好放置一个边长为 5cm、厚度为 1mm、相对介电常数为 4 的正方形介质板,该介质板可在气隙中自由滑动。试计算当输入位移(即介质板向某一方向移出极板相互覆盖部分的距离)分别为 0.0cm、2.5cm、5.0cm 时,该传感器的输出电容值各为多少?

解:由题意可知,可以看成是两个电容传感器并联,其中,真空介电常数 $\varepsilon_0 = 8.85 \times 10^{-12}$ F/m。

(1) 输入位移为 0cm,两极板之间有两个介电常数 ε_1、ε_0,由式(3-1)可得此时的电容值为

$$C = \frac{\varepsilon_0 \varepsilon_1 A}{d} = \frac{8.85 \times 10^{-12} \times 4 \times 5^2 \times 10^{-4}}{1 \times 10^{-3}} = 88.4 \text{pF}$$

(2) 输入位移为 2.5cm 时,此时电容量可以看成是两个电容传感器并联,由式(3-21)可得

$$C = C_1 + C_2 = \frac{\varepsilon_0 \varepsilon_1 A_1}{d} + \frac{\varepsilon_0 A_2}{d}$$

$$= \frac{8.85 \times 10^{-12} \times 4 \times (2.5 \times 5) \times 10^{-4}}{1 \times 10^{-3}} + \frac{8.85 \times 10^{-12} \times (2.5 \times 5) \times 10^{-4}}{1 \times 10^{-3}}$$

$$= 11.1 + 44.3 = 55.4 \text{pF}$$

(3) 输入位移为 5cm 时,介质板完全离开电容传感器的两个极板,此时两极板之间的介电常数为 ε_0,电容量为

$$C_1 = \frac{\varepsilon_0 A}{d} = \frac{8.85 \times 10^{-12} \times 5^2 \times 10^{-4}}{1 \times 10^{-3}} = 22.1 \text{pF}$$

2. 圆筒结构

图 3-8 为圆筒变介电常数式电容传感器用于测量液位高低的结构原理图。

设被测介质的相对介电常数为 ε_1,液面高度为 h,变换器总高度为 H,内筒外径为 d,外筒内径为 D,此时相当于两个电容器的并联,对于筒式电容器,如果不考虑端部的边缘效应,当未注入液体时的初始电容为

$$C_0 = \frac{2\pi\varepsilon_0 H}{\ln\dfrac{D}{d}} \tag{3-24}$$

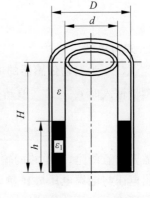

图 3-8 圆筒变介电常数电容传感器原理图

总电容量为

$$C=C_1-C_2=\frac{2\pi\varepsilon_0(H-h)}{\ln\frac{D}{d}}+\frac{2\pi\varepsilon_0\varepsilon_1 H}{\ln\frac{D}{d}}=\frac{2\pi\varepsilon_0 H}{\ln\frac{D}{d}}+\frac{2\pi\varepsilon_0 H}{\ln\frac{D}{d}}=C_0+\frac{2\pi\varepsilon_0 h(\varepsilon_1-1)}{\ln\frac{D}{d}}$$

(3-25)

加入介质后的电容变化量为

$$\Delta C=C-C_0=\frac{2\pi h(\varepsilon_1-1)}{\ln\frac{D}{d}}$$

(3-26)

由式(3-26)可知,电容变化量与所加介质的介电常数呈线性关系。

3.2 电容传感器测量电路

电容传感器把被测物理量转换为电容变化后,还要经测量转换电路将电容量转换成电压或电流信号,以便记录、传输、显示、控制等。常见的电容传感器测量转换电路有桥式电路、调频电路、运算放大器电路等。

3.2.1 桥式电路

1. 单臂电桥

如图 3-9 所示,电容 C_1、C_2、C_3、C_x 构成电桥的四臂,设 C_x 的初始电容为 C_0,当电容传感器没有被测量输入时,$C_1=C_2=C_3=C_x$,C_x 为电容传感器,当 C_x 改变时,$U_o\neq 0$,有输出电压

$$U_o\approx\frac{1}{4}\frac{\Delta C}{C_0}U_i$$

(3-27)

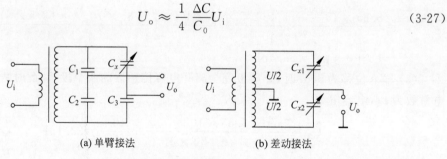

图 3-9 单臂电桥电路

2. 双臂电桥

C_{x1}、C_{x2} 为差动传感器的电容,与变压器的副边绕组形成双臂电桥。初始电容为 C_0,有被测量输入时 C_{x1}、C_{x2} 差动变化,$\Delta C_{x1}=\Delta C_{x2}=\Delta C$。电桥失去平衡。

$$\dot{U}_o=\pm\frac{\Delta C}{C_0}\times\frac{\dot{U}}{2}$$

(3-28)

需要注意的是,该电路的输出需经过相敏检波电路处理才能辨别位移的方向。由于电桥输出电压与电源电压成比例,因此要求电源电压波动极小,需要采用稳幅、稳频等措施。这样保证输出电压是传感器输出电容变化值 ΔC 的单值函数。

3.2.2 调频电路

将电容传感器接入高频振荡器的 LC 谐振回路中,作为回路的一部分,如图 3-10 所示。当被测量变化使传感器电容改变时,振荡器的振荡频率随之改变,即振荡器频率受电容所调制,因此称为调频电路。调频振荡器的振荡频率为

$$f_o = \frac{1}{2\pi\sqrt{LC}} \tag{3-29}$$

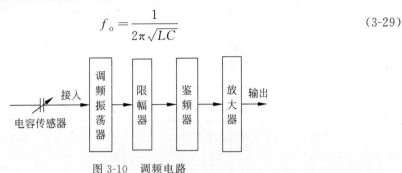

图 3-10 调频电路

这样一个受传感器电容变化所调制的调频波,其频率的变化在鉴频器中变换为电压幅度的变化,经放大器放大后可通过仪表显示或进行控制。同时,转换电路生成的频率信号,可远距离传输不受干扰。

3.2.3 运算放大式测量电路

运算放大电路的特点就是放大倍数很大,输入阻抗也很大。理想的运算放大器的放大倍数和输入阻抗都是无穷大的。利用运算放大器的这些特点就可作为电容式传感器的测量电路,来解决单个变极距式电容传感器的非线性问题。运算放大器式测量电路如图 3-11 所示。图中,C_x 是传感器电容;C 是固定电容;U_o 是输出电压信号,运放为理想运算放大器,其输出电压与输入电压之间的关系为

$$U_o = -U_i \frac{C_0}{C_x} \tag{3-30}$$

将 $C_x = \varepsilon A/d$ 代入式(3-30),可得

$$U_o = -U_i \frac{C_0}{\varepsilon A} d \tag{3-31}$$

由式(3-31)可见,采用基本运算放大器的最大特点是电路输出电压与电容传感器的极距成正比,使基本变极距式电容传感器的输出特性具有线性特性。在该运算放大电路中,选择输入阻抗和放大增益足够大的运算放大器,以及具有一定精度的输入电源、固定电容,则可使用基本变极距式电容传感器测出 $0.1\mu m$ 的微小位移。该运算放大器电路在初始状态时,若输出电压不为零,在测量中需要加入如图 3-12 所示的调零电路。

在上述运算放大器电路中,固定电容 C_0 在电容传感器的检测 C_x 过程中还起到了参比测量的作用。因而当 C_0 和 C_x 结构参数及材料完全相同时,环境温度对测量的影响可以得到补偿。

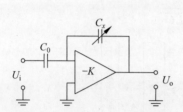
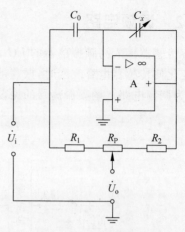

图 3-11　运算放大器式测量电路　　　图 3-12　调零电路

3.2.4　差动脉冲宽度调制电路

如图 3-13 所示为差动脉冲宽度调制电路。图 3-13 中,A_1、A_2 为理想运算放大器,组成比较器,F 为双稳态基本 RS 触发器,电阻与电容 R_1、C_1 和 R_2、C_2 分别构成充电回路。VD_1、C_1 和 VD_2、C_2 分别构成放电回路,U_r 为输入的标准电源,而将双稳态触发器的输出作为电路脉冲输出。

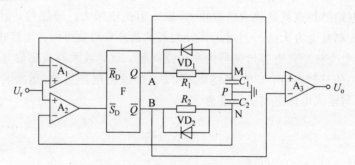

图 3-13　差动脉冲宽度调制电路

电路的工作原理是利用电容充放电,使电路输出脉冲的占空比随电容传感器的电容量变化而变化,再通过低频滤波器得到对应于被测量变化的直流信号。$Q=1,\bar{Q}=0$ 时,A 点通过 R_1 对 C_1 充电,同时电容 C_2 通过 VD_2 迅速放电,使 N 点电压钳位在低电平。在充电过程中,M 点对地电位不断升高,当 $U_M>U_r$ 时,A_1 输出为"-",即 $\bar{R}_D=0$,此时,双稳态触发器翻转,使 $Q=0,\bar{Q}=1$。

$Q=0,\bar{Q}=1$ 时,N 点通过 R_2 对 C_2 充电,同时电容 C_1 通过 VD_1 迅速放电,使 M 点电压钳位在低电平。在充电过程中,N 点对地电位不断升高,当 $U_N>U_r$ 时,A_2 输出为"-",即 $\bar{S}_D=0$,此时,双稳态触发器翻转,使 $Q=1,\bar{Q}=0$。此过程周而复始。电路输出脉冲由 A、B 两点电平决定,高电平电压为 U_H,低电平为 0。波形如图 3-14 所示。

当 $C_1=C_2,R_1=R_2$ 时,A 点脉冲与 B 点脉冲宽度相同,方向相反,波形如图 3-14(a)所

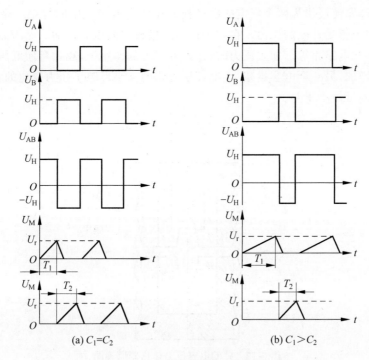

图 3-14 电路各点的充放电波形

示。当 C_1 增大,C_2 减小时,R_1、C_1 充电时间变长,$Q=1$ 的时间延长,U_A 的脉宽变宽;而 R_2、C_2 充电时间变短,$Q=0$ 的时间缩短,U_B 的脉宽变窄。把 A、B 接到低通滤波器,得到与电容变化相应的电压输出,即 U_o 脉冲变宽。波形如图 3-14(b)所示。当 C_1 减小,C_2 增大时,R_1、C_1 充电时间变短,$Q=1$ 的时间缩短,U_A 的脉宽变窄;而 R_2、C_2 充电时间变长,$Q=0$ 的时间延长,U_B 的脉宽变宽。同样,把 A、B 接到低通滤波器,得到与电容变化相应的电压输出,即 U_o 脉冲变窄。由以上分析可知,当 $C_1=C_2$ 时,两个电容充电时间常数相等,两个输出脉冲宽度相等,输出电压的平均值为零。当差动电容传感器处于工作状态,即 $C_1 \neq C_2$ 时,两个电容的充电时间常数发生变化,R_1、C_1 充电时间 T_1 正比于 C_1,而 R_2、C_2 充电时间 T_2 正比于 C_2,这时输出电压的平均值不等于零。输出电压为

$$U_o = \frac{T_1}{T_1+T_2}U_H - \frac{T_2}{T_1+T_2}U_H = \frac{T_1-T_2}{T_1+T_2}U_H \tag{3-32}$$

当电阻 $R_1=R_2=R$ 时,则有

$$U_o = \frac{C_1-C_2}{C_1+C_2}U_H \tag{3-33}$$

由此可知,差动脉冲宽度调制型电路,其输出电压与电容变化呈线性关系。

3.3 电容传感器的应用

3.3.1 电容压力传感器

图 3-15 所示为差动电容压力传感器原理图。把绝缘的玻璃或陶瓷材料内侧磨成球面,

在球面上镀上金属镀层作为两个固定的电极板。在两个电极板中间焊接一金属膜片,作为可动电极板,用于感受外界的压力。在动极板和定极板之间填充硅油。无压力时,膜片位于电极中间,上下两电路相等。加入压力时,在被测压力的作用下,膜片弯向低压的一边,从而使一个电容量增加,另一个电容量减少,电容量变化的大小反映了压力变化的大小。该压力传感器可用于测量微小压差。

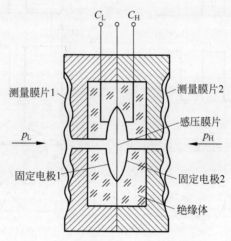

图 3-15 差动电容压力传感器原理图

3.3.2 电容位移传感器

图 3-16(a)是一种单电极的电容振动位移传感器。它的平面测端作为电容器的一个极板,通过电极座由引线接入电路,另一个极板由被测物表面构成。金属壳体与测端电极间有绝缘衬垫使彼此绝缘。工作时壳体被夹持在标准台架或其他支承上,壳体接大地可起屏蔽作用。当被测物因振动发生位移时,将导致电容器的两个极板间距发生变化,从而转换为电容器电容量的改变来实现测量。图 3-16(b)是电容振动位移传感器的一种应用示意图。

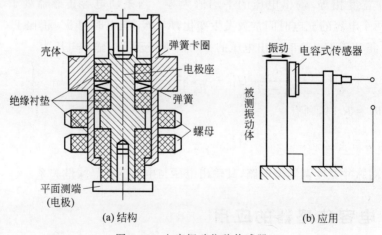

图 3-16 电容振动位移传感器

3.3.3 电容加速度传感器

图 3-17 为差动电容加速度传感器结构图。它有两个固定极板,中间质量块的两个端面作为动极板。当传感器壳体随被测对象在垂直方向作直线加速运动时,质量块因惯性相对静止,因此将导致固定电极与动极板间的距离发生变化,一个增加,另一个减小。

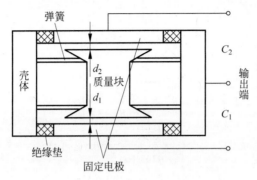

图 3-17 差动电容加速度传感器结构

经过推导可得到

$$\frac{\Delta C}{C_0} \approx 2\frac{\Delta d}{d_0} = \frac{at^2}{d_0} \tag{3-34}$$

由此可见,此电容增量正比于被测加速度。

3.3.4 电容厚度传感器

电容厚度传感器用于测量金属带材在轧制过程中的厚度,其原理如图 3-18 所示。在被测带材的上下两边各放一块面积相等、与带材中心等距离的极板,这样,极板与带材就构成两个电容器(带材也作为一个极板)。用导线将两个极板连接起来作为一个极板,带材作为电容器的另一极,此时,相当于两个电容并联,其总电容 $C=C_1+C_2$。

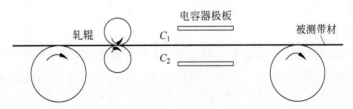

图 3-18 电容传感器测量厚度原理图

金属带材在轧制过程中不断前行,如果带材厚度有变化,将导致它与上下两个极板间的距离发生变化,从而引起电容量的变化。将总电容量作为交流电桥的一个臂,电容的变化将使得电桥产生不平衡输出,从而实现对带材厚度的检测。

3.3.5 电容液位传感器

图 3-19 所示为飞机上使用的一种油量表。它采用了自动平衡电桥电路,由油箱液位电容传感装置、交流放大器、两相伺服电动机、减速器和指针等部件组成。电容传感器作为固

定的标准电容接入电桥的一个臂,交流放大器为调整电桥平整的电位器,电刷与指针同轴连接。

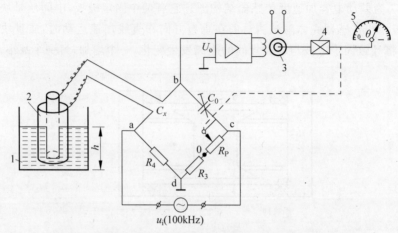

1—油箱；2—圆柱形电容器；3—伺服电动机；4—减速器；5—油量表。

图 3-19　电容式油量表

当油箱中无油时,电容传感器的电容量 $C_x=C_0$,调节匹配电容使 $C_x=C_0$, $R_4=R_3$；并使调零电位器 R_P 的滑动臂位于 0 点,即 R_P 的电阻值为 0。此时,电桥满足 $C_x/C_0=R_4/R_3$ 的平衡条件,电桥输出为零,伺服电动机不转动,油量表指针偏转角 $\theta=0$。

当油箱中注满油时,液位上升至 h 处,$C_x=C_{x0}+\Delta C_x$,而 ΔC_x 与 h 成正比,此时电桥失去平衡,电桥的输出电压 U_o 经放大后驱动伺服电动机,再由减速箱减速后带动指针顺时针偏转,同时带动 R_P 的滑动臂移动,从而使 R_P 阻值增大,$R_{cd}=R_3+R_P$ 也随之增大。当 R_P 阻值达到一定值时,电桥又达到新的平衡状态,$U_o=0$,于是伺服电动机停转,指针停留在转角为 θ 处。

由于指针及可变电阻的滑动臂同时为伺服电动机所带动,因此,R_P 的阻值与 θ 间存在着确定的对应关系,即 θ 正比于 R_P 的阻值,而 R_P 的阻值又正比于液位高度 h,因此可直接从刻度盘上读得液位高度 h。

当油箱中的油位降低时,伺服电动机反转,指针逆时针偏转(示值减小),同时带动 R_P 的滑动臂移动,使 R_P 阻值减小。当 R_P 阻值达到一定值时,电桥又达到新的平衡状态,$U_o=0$,于是伺服电动机再次停转,指针停留在与该液位相对应的转角 θ 处。

小结

本章主要介绍了电容传感器的工作原理、类型(变面积型、变极距式和变介电常数式等)及应用。

电容传感器是将外加力转变成传感器电容量的变化,然后再通过一定的测量转换电路将此电容的变化转换为电压、电流或频率等信号的输出,从而实现对力的测量。电容传感器的输出电容值一般十分微小,几乎都在几皮法至几十皮法之间,因而必须借助一些测量电路,将微小的电容值成比例地转换为电压、电流或频率信号。测量电路的种类很多,大致可归纳为三类：①调幅型电路，即将电容值转换为相应的幅值的电压，常见的有交流电桥电路和运算放大器式的电路；②脉宽调制型电路，即将电容值转换为相应宽度的脉冲；③调频型电路，即将电容值转换为相应的频率。因此选择测量电路时，可根据电容传感器的变化量，选择合适的电路。最后介绍了电容传感器的一些应用。

习题

1. 电容传感器有什么特点？试举出你所知道的电容传感器有哪些类型。
2. 试分析变面积式电容传感器和变间隙式电容传感器的灵敏度。为了提高传感器的灵敏度可采取什么措施？并应注意什么问题？
3. 电容传感器有哪几种类型？差动结构的电容传感器有什么优点？
4. 电容传感器有哪几种类型的测量电路？各有什么特点？
5. 粮食部门在收购、储存粮食时，需测定粮食的干燥程度，以防霉变。请你根据已学过的知识设计一个粮食水分含量测试仪（画出原理图、传感器简图，并简要说明它的工作原理及优缺点）。
6. 为什么说变极距式电容传感器特性是非线性的？采取什么措施可改善其非线性特征？
7. 电容传感器初始极板极距 $d_0 = 1.5 \text{mm}$，外力作用使极距减少 0.03mm，并测得电容量为 180pF。

求：(1) 初始电容量为多少？

(2) 若原初始电容传感器在外力作用后，引起极距变化，测得电容量为 170pF，则极距变化了多少？变化方向又是如何？

8. 电容测微仪的电容器极板面积 $A = 32 \text{cm}^2$，极距 $d = 1.2 \text{mm}$，相对介电常数 $\varepsilon_r = 1$，$\varepsilon_0 = 8.85 \times 10^{-12} \text{F/m}$。

(1) 求电容器电容量。

(2) 若极距减少 0.15mm，电容量又为多少？

第 4 章 电感传感器的原理与应用

CHAPTER 4

电感式传感器可用来测量位移、压力、流量、振动等非电量,其主要特点是结构简单、工作可靠、灵敏度高;测量精度高、输出功率较大;可实现信息的远距离传输、记录、显示和控制,在工业自动控制系统中被广泛应用;但灵敏度、线性度和测量范围相互制约,传感器自身频率响应低,不适应于快速动态测量。

电感式传感器建立在电磁感应的基础上,利用线圈自感或互感来实现非电量的检测。电感式传感器的种类很多,本章主要介绍利用自感原理的自感式传感器、利用互感原理的互感式传感器(通常称为差动变压传感器)。

4.1 自感式传感器

4.1.1 自感式传感器的原理及分类

自感式传感器由线圈、铁芯和衔铁三部分组成。铁芯和衔铁由导磁材料制成。自感式传感器把被测量的变化换成自感 L 的变化,通过一定的转换电路转换成电压和电流输出。

自感式传感器种类繁多,目前常见的有变气隙式、变截面式和螺线管式 3 种。

1. 变气隙式电感传感器

变气隙式电感传感器的结构示意图如图 4-1 所示。

在铁芯和衔铁之间有气隙,传感器的运动部分与衔铁相连。当衔铁移动时,气隙厚度 δ 发生改变,引起磁路中磁阻变化,从而导致电感线圈的电感值变化,因此只要能测出这种电感量的变化,就能确定衔铁位移量的大小和方向。

根据电磁学的有关知识可知,线圈的电感为

$$L = \frac{\psi}{I} = \frac{N\phi}{I} \quad (4\text{-}1)$$

式中:ψ——线圈总磁链;
I——通过线圈的电流;
N——线圈的匝数;
ϕ——穿过线圈的磁通。

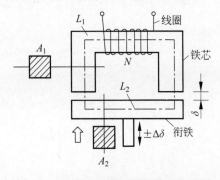

图 4-1 变气隙式电感传感器机构示意图

由磁路欧姆定律,得

$$\phi = \frac{NI}{R_m} \tag{4-2}$$

把式(4-2)代入式(4-1)

$$L = \frac{N \cdot \frac{NI}{R_m}}{I} = \frac{N^2}{R_m} \tag{4-3}$$

因为气隙较小为 $0.1 \sim 1$mm,所以可以认为气隙磁场是均匀的,若忽略磁路铁损,则磁路总磁阻为

$$R_m = \frac{L_1}{\mu_1 A_1} + \frac{L_2}{\mu_2 A_2} + \frac{2\delta}{\mu_0 A_0} \tag{4-4}$$

式中：μ_1——铁芯材料的磁导率；

μ_2——衔铁材料的磁导率；

L_1——磁通通过铁芯的长度；

L_2——磁通通过衔铁的长度；

A_1——铁芯的截面积；

A_2——衔铁的截面积；

μ_0——空气的磁导率；

A_0——气隙的截面积；

δ——气隙的厚度。

通常气隙磁阻远大于铁芯和衔铁的磁阻,即

$$\frac{2\delta}{\mu_0 A_0} \gg \frac{L_1}{\mu_1 A_1} \tag{4-5}$$

$$\frac{2\delta}{\mu_0 A_0} \gg \frac{L_2}{\mu_2 A_2} \tag{4-6}$$

所以磁路总磁阻可以近似为

$$R_m \approx \frac{2\delta}{\mu_0 A_0} \tag{4-7}$$

由式(4-3)和式(4-7)可得电感线圈的电感量为

$$L \approx \frac{N^2 \mu_0 A}{2\delta} \tag{4-8}$$

由式(4-8)可知,当线圈匝数为常数时,电感 L 仅仅是磁路中磁阻 R_m 的函数,只要改变 δ 或 A 均可导致电感变化,因此变磁阻式传感器又可分为变气隙厚度电感传感器和变气隙面积电感传感器。使用最广泛的是变气隙厚度电感传感器。

这样,只要被测量能引起面积和气隙的变化,都可用电感传感器进行测量。若保持 A 为常量,则电感 L 是气隙 δ 的函数,且 L 与气隙厚度成反比,故输入与输出为非线性关系。

其灵敏度为

$$K = \frac{dL}{d\delta} = \frac{N^2 \mu_0 A}{2\delta^2} \tag{4-9}$$

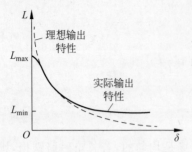

图 4-2 变气隙式电感传感器特性曲线

由式(4-9)可知,其灵敏度不是常数,δ 越小灵敏度越高。为提高灵敏度并保证一定的线性度,变气隙式电感传感器只能工作在很小的区域,因而只能用于微小位移的测量,如图 4-2 所示。

由于线圈中有交流励磁电流,因而衔铁始终承受电磁吸力,而且易受电源电压、频率波动以及温度变化等外界干扰的影响,输出易产生误差,非线性也较严重,因此不适合精密测量。在实际工作中常采用差动式结构,不仅可以提高传感器的灵敏度,而且可以减小测量误差。

例 4-1 如图 4-1 所示为变气隙式电感传感器,衔铁横截面积 $A=4\times4\text{mm}^2$,气隙总长度 $2\delta=0.8\text{mm}$,衔铁最大位移 $\Delta\delta=\pm0.08\text{mm}$,激励线圈匝数 $N=2500$ 匝,导线直径 $d=0.06\text{mm}$,电阻率 $\rho=1.75\times10^{-6}\Omega\cdot\text{cm}$,当激励源频率 $f=4000\text{Hz}$ 时,忽略漏磁和铁损,求:

(1) 线圈的电感值。

(2) 线圈电感的最大变化量。

解:(1) 线圈的电感值

$$L=\frac{N^2\mu_0 A_0}{2\delta}=\frac{2500^2\times 4\pi\times 10^{-7}\times 4\times 4\times 10^{-6}}{0.8\times 10^{-3}}=0.157\text{H}=157\text{mH}$$

(2) 衔铁最大位移 $\Delta\delta=0.08\text{mm}$ 时,其电感值为

$$L_1=\frac{N^2\mu_0 A_0}{2\delta+2\Delta\delta}=\frac{2500^2\times 4\pi\times 10^{-7}\times 4\times 4\times 10^{-6}}{(0.8+2\times 0.08)10^{-3}}=0.131\text{H}=131\text{mH}$$

衔铁最大位移 $\Delta\delta=-0.08\text{mm}$ 时,其电感值为

$$L_2=\frac{N^2\mu_0 A_0}{2\delta-2\Delta\delta}=\frac{2500^2\times 4\pi\times 10^{-7}\times 4\times 4\times 10^{-6}}{(0.8-2\times 0.08)10^{-3}}=0.196\text{H}=196\text{mH}$$

所以,电感最大变化量为 $\Delta L=L_2-L_1=196-131=65\text{mH}$。

差动式变气隙传感器结构如图 4-3 所示。两个完全相同的单个线圈的电感传感器共用一根活动衔铁就构成了差动式变气隙传感器。要求上、下两个导磁体几何尺寸、形状、材料完全相同;上、下两个的线圈电气参数(R、L、N)完全相同。

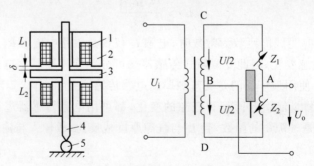

图 4-3 差动式变气隙传感器结构和电路图

当衔铁位移为零时,衔铁处于中间位置,两个线圈的电感 $L_1=L_2$,两个线圈的阻抗 $Z_1=Z_2$。属于平衡位置,测量电路的输出电压应为零。当衔铁随被测量移动而偏离中间位置时,两个线圈的电感一个增加,一个减少,形成差动式形式,因此 L_1、L_2 不再相等,Z_1 不等于 Z_2,经测量电路转换成一定的输出电压值。衔铁移动方向不同,输出电压的极性也不同。

假设衔铁上移为 $\Delta\delta$,则差动电感总的电感变化量为

$$\Delta L = L_1 - L_2 = \frac{N^2 \mu_0 A}{2(\delta - \Delta\delta)} - \frac{N^2 \mu_0 A}{2(\delta + \Delta\delta)} = \frac{N^2 \mu_0 A}{2} \times \frac{2\Delta\delta}{\delta^2 - \Delta\delta^2} \tag{4-10}$$

当 $\Delta\delta$ 的变化很小时,即满足 $\Delta\delta$ 远小于 δ 时,其中的 $\Delta\delta^2$ 可以忽略不计

$$\Delta L \approx \frac{N^2 \mu_0 A}{\delta^2} \Delta\delta \tag{4-11}$$

其灵敏度为

$$K \approx \frac{\Delta L}{\Delta\delta} = \frac{N^2 \mu_0 A}{\delta^2} \tag{4-12}$$

比较式(4-9)和式(4-12)可知,差动式电感传感器的灵敏度为非差动式电感传感器的 2 倍,且差动连接后,输出特性的线性度也得到了改善。

2. 变截面式电感传感器

变截面式电感传感器结构如图 4-4 所示。

磁路气隙的截面积变化,使传感器的电感发生相应变化。若保持气隙厚度 δ 为常数,则电感 L 是气隙截面积 A 的函数,故称这种传感器为变截面式电感传感器。这种传感器输入 A 与输出 L 之间是线性关系。其灵敏度为

$$K = \frac{\mathrm{d}L}{\mathrm{d}A} = \frac{N^2 \mu_0}{2\delta} \tag{4-13}$$

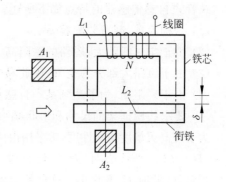

图 4-4 变截面式电感传感器的结构

由式(4-13)可知,灵敏度是一个常数。但是由于漏感等原因,变截面式电感传感器在 $A=0$ 时仍有一定的电感,所以其线性区较小。该类传感器与变气隙式电感传感器相比,灵敏度较低,为了提高灵敏度,需 δ 较小。因此,这种类型传感器由于结构的限制,被测位移量很小,在工业中应用较少。

3. 螺线管式电感传感器

螺线管式电感传感器的主要元件为一只螺管线圈和一根圆柱形铁芯,如图 4-5 所示。传感器工作时,铁芯在线圈中伸入长度的变化引起螺管线圈自感值的变化。当用恒流源激励时,线圈的输出电压与铁芯的位移量有关。

设螺线管长为 l,内径为 r,线圈总匝数为 N,线圈总电流强度为 I。根据磁路结构,磁路磁通主要由主磁通和漏磁通(或称侧磁通)两部分组成。为研究方便,设 $r \ll l$,且认为线圈磁路上磁感应强度 B 为均匀分布。当线圈空心时,其电感值可近似为

$$L_0 = \frac{\mu_0 N^2 r^2 \pi}{l} \tag{4-14}$$

当半径为 r_c、磁导率为 μ_m 的铁芯插入螺管线圈时,插入部分(长度为 $l_c \ll l$)的磁阻下降,磁感应强度增大,从而使电感值增加。最后,螺管总的自感量为

$$L = L_0 + \Delta L = \frac{\mu_0 N^2 \pi}{l^2}(r^2 l + r_c^2 \mu_m l_c) \tag{4-15}$$

铁芯在开始插入($x=0$)或几乎离开线圈时的灵敏度,比铁芯插入线圈 1/2 长度时的灵敏度小得多。这说明只有在线圈中段才有可能获得较高的灵敏度,并且有较好的线性特性,如图 4-6 所示。

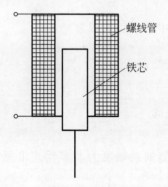

图 4-5 螺线管式电感传感器的结构

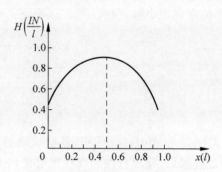

图 4-6 螺线管线圈内磁场分布曲线

螺管式自感传感器的特点如下所述。
(1) 结构简单,制造装配容易。
(2) 由于空气间隙大,磁路的磁阻高,因此灵敏度低,但线性范围大。
(3) 由于磁路大部分为空气,因此易受外部磁场干扰。
(4) 由于磁阻高,为了达到某一自感量,需要的线圈匝数多,因而线圈分布电容大。
(5) 要求线圈框架的尺寸和形状必须稳定,否则会影响其线性和稳定性。

为了提高灵敏度与线性度,常采用由两个线圈组成的差动螺管式自感传感器,如图 4-7(b) 所示,$H = f(x)$ 曲线表明,为了得到较好的线性,当铁芯长度取 $0.6l$ 时,铁芯工作在 H 曲线的拐弯处,此时 H 变化小。这种差动螺管式自感传感器的测量范围为 5~50mm,非线性误差在 0.5% 左右。

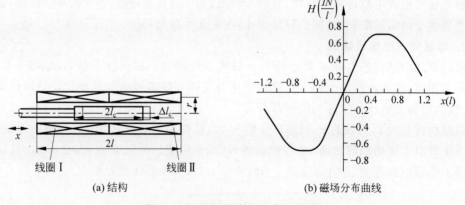

图 4-7 差动螺旋管式自感传感器

4.1.2 自感式电感传感器的测量电路

被测量变化转变为自感变化后,需在转换电路中进行处理。转换电路把自感变化转换成电压(或电流)变化。转换电路的功能如图 4-8 所示。

图 4-8 转换电路的功能

把传感器自感接入转换电路后,原则上可将自感变化转换成电压(电流)的幅值、频率和相位的变化,分别称调幅、调频和调相。

1. 调幅电路

调幅电路的主要形式是交流电桥,如图 4-9 所示为交流电桥的一般形式。桥臂 Z_i 可以是电阻、电抗或阻抗元件。电源电压为 U,当负载端空载时,输出电压为开路电压 U_o。

输出电压 U_o 为

$$\dot{U}_o = \frac{Z_1 Z_4 - Z_2 Z_3}{(Z_1+Z_2)(Z_3+Z_4)} \dot{U} \quad (4-16)$$

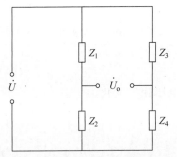

图 4-9 调幅电路的交流电桥

在实际应用中,交流电桥常和差动式自感传感器配用,传感器的两个电感线圈作为电桥的两个工作臂,电桥的平衡臂可以是纯电阻,也可以是变压器的两个二次侧线圈,如图 4-10 所示。

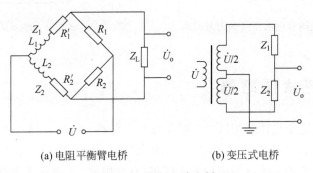

(a) 电阻平衡臂电桥　　　　(b) 变压式电桥

图 4-10 调幅电路电桥

2. 调频电路

其基本原理是传感器自感 L 变化会引起输出电压频率 f 的变化。一般是把传感器自感 L 和一个固定电容 C 接入一个振荡回路中,如图 4-11 所示。图中 G 表示振荡回路,其振荡频率 $f = \dfrac{1}{2\pi\sqrt{LC}}$。当 L 变化时,振荡频率随之变化,根据 f 的大小即可得到被测量的 ΔL。

3. 调相电路

调相电路是利用传感器电感 L 的变化引起输出电压相位的变化进行测量的,如图 4-12 所示。

设电感线圈具有高品质因数,忽略其损耗电阻,则线圈与固定电阻上的压降 U_L 和 U_R 的向量关系如图 4-13 所示。

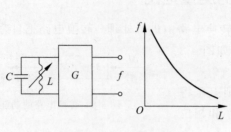 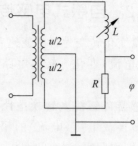

图 4-11　LC 振荡回路　　　　　图 4-12　调相电路

当电感 L 变化时,输出电压幅值不变,相位角 φ 随之变化,φ 和 L 的关系如图 4-14 所示,关系式为

$$\varphi = 2\arctan(\omega L/R) \tag{4-17}$$

式中:ω——电源角频率。当 L 有微小变化 ΔL 时,输出电压相位变化为

$$\Delta\varphi = \frac{2(\omega L/R)}{1+(\omega L/R)^2}\frac{\Delta L}{L} \tag{4-18}$$

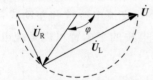 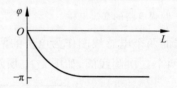

图 4-13　线圈和电阻压降的向量关系　　　图 4-14　φ 和 L 的关系曲线图

4.2　互感式传感器

把被测的非电量变化转换为线圈互感量变化的传感器称为互感式传感器。这种传感器是根据变压器的基本原理制成的,并且二次绕组都用差动形式连接,故也称为差动变压器式传感器。差动变压器式传感器的结构形式较多,有变隙式、变截面式和螺线管式等,但其工作原理基本一样。在非电量测量中,应用最多的是螺线管式差动变压器,其基本元件有衔铁、初级线圈、次级线圈和线圈框架等,可以测量 1～100mm 的机械位移,并具有测量精度高、灵敏度高、结构简单、性能可靠等优点。初级线圈作为差动变压器激励,相当于变压器的原边,而次级线圈由结构尺寸和参数相同的两个线圈反相串接而成,相当于变压器的副边。目前应用最广泛的是螺线管差动变压器式传感器,其结构示意如图 4-15 所示。

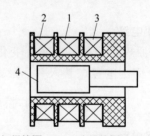

1—初级线圈;2,3—次级线圈;4—衔铁。

图 4-15　螺线管式差动变压器式传感器

4.2.1 差动变压器的工作原理

差动变压器等效电路如图 4-16 所示,差动变压器的等效电路初级线圈 L_1,次级线圈 L_{2a}、L_{2b} 反相连接,保证差动形式。

如果线圈完全对称,则根据电磁感应定律,次级感应电动势与互感关系分别为

$$E_{2a} = -j\omega M_a I_1, \quad E_{2b} = -j\omega M_b I_1 \quad (4-19)$$

此时输出电压

$$U_o = E_{2a} - E_{2b} = -j\omega(M_a - M_b)I_1 \quad (4-20)$$

其中,初级线圈中的电流

$$I_1 = \frac{U_i}{r_1 + j\omega L_1} \quad (4-21)$$

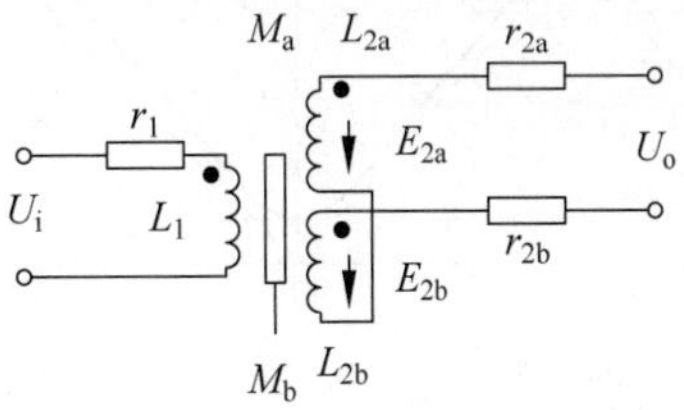

图 4-16 差动变压器的等效电路

由此得到差动变压器输出电压有效值为

$$U_o = \frac{\omega(M_a - M_b)}{\sqrt{r_1 + (\omega L_1)^2}} U_i \quad (4-22)$$

铁芯处于中间位置时两线圈互感系数相等,即 $M_a = M_b$,并且两线圈电动势相等,即 $E_{2a} = E_{2b}$,此时差动输出电压 $U_o = E_{2a} - E_{2b} = 0$。

当铁芯上下移动时,输出电压的大小、极性随铁芯位移变化。当铁芯上移时,$M_a > M_b$,$E_{2a} > E_{2b}$,则有

$$U_o = \frac{\omega(M_a - M_b)}{\sqrt{r_1 + (\omega L_1)^2}} U_i = \frac{2\omega \Delta M}{\sqrt{r_1 + (\omega L_1)^2}} U_i \quad (4-23)$$

输出电压和输入电压相位相同。当铁芯下移时,$M_a < M_b$,$E_{2a} < E_{2b}$,则有

$$U_o = \frac{\omega(M_a - M_b)}{\sqrt{r_1 + (\omega L_1)^2}} U_i = -\frac{2\omega \Delta M}{\sqrt{r_1 + (\omega L_1)^2}} U_i \quad (4-24)$$

输出电压和输入电压相位相反。

综上可得,差动变压器输出电压幅值取决于互感 ΔM,即铁芯在线圈中移动的距离 x,U_o 与 U_i 的相位决定铁芯的移动方向。

4.2.2 误差分析

1. 激励电源电压幅值与频率的影响

激励电源电压幅值的波动,会使线圈激励磁场的磁通发生变化,直接影响输出电势。差动变压器激励频率至少要大于衔铁运动频率的 10 倍,即可测信号频率取决于激励频率,一般在 2kHz 以内,另外还受测量系统机械负载效应的限制。

2. 温度变化的影响

在周围环境温度变化时,会引起差动变压器线圈电阻及导磁体磁导率的变化,从而导致输出电压、灵敏度、线性度和相位的变化。当线圈品质因数较低时,这种影响更为严重。在这方面采用恒流源激励比恒压源激励有利。适当提高线圈品质因数并采用差动电桥可以减少温度的影响。

3. 零点残余电压

当差动变压器的衔铁处于中间位置时,由于对称的两个次级线圈反向串接,理论上其输

出电压为零。但实际上,当使用桥式电路时,差动输出电压并不为零,总会有零点几毫伏到数十毫伏的微小电压存在,不论怎样调整都难以消除,我们把零位移时差动变压器输出的电压称为零点残余电压。零点残余电压使得传感器输出出现偏差。

如图4-17所示为扩大了的零点残余电压的输出特性。零点残余电压的存在导致零点附近出现不灵敏区。零点残余电压输入放大器内会使放大器末级趋向饱和,影响电路正常工作。

如图4-18所示,e_1为差动变压器初级的激励电压,e_{20}包含基波同相成分、基波正交成分、

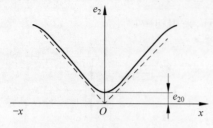

图4-17 零点残余电压的输出特性

二次及三次谐波和幅值较小的电磁干扰等。

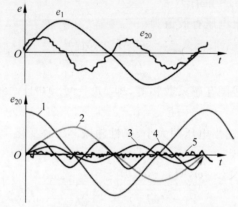

1—基波正交分量;2—基波同相分量;3—二次谐波;4—三次谐波;5—电磁干扰。

图4-18 零点残余电压波形

1) 零点残余电压产生的原因

(1) 基波分量。由于差动变压器两个次级绕组不可能完全一致,因此它的等效电路参数(互感M、自感L及损耗电阻R)不可能相同,从而使两个次级绕组的感应电势数值不等。同时,初级线圈中还存在铜损电阻、导磁材料材质不均匀及线圈匝间电容等因素,造成激励电流与所产生的磁通相位不同,因此,无论衔铁如何移动都不可能使合成电势为零。

(2) 高次谐波。高次谐波分量主要由导磁材料磁化曲线的非线性引起。磁滞损耗和铁磁饱和的影响,使得激励电流与磁通波形不一致产生了非正弦(主要是三次谐波)磁通,从而在次级绕组感应出非正弦电势。另外,激励电流波形失真,因其内含高次谐波分量,这样也将导致零点残余电压中有高次谐波成分。

2) 消除零点残余电压方法

(1) 从设计和工艺上保证结构的对称性。为保证线圈和磁路的对称性,首先,要求提高衔铁等重要零件的加工精度,两个次级线圈绕法要完全一致,必要时对两个次级线圈进行选配,把电感和电阻值十分接近的两个线圈配对使用。其次,应选高磁导率、低矫顽力、低剩磁感应的导磁材料,并应经过热处理,消除残余应力,以提高磁性能的均匀性和稳定性。由高次谐波产生的因素可知,磁路工作点应选在磁化曲线的线性段,结构上可采用磁路调节机构结构,以提高磁路的对称性。

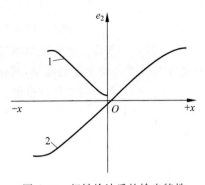

图 4-19 相敏检波后的输出特性

(2) 选用合适的测量线路。采用相敏检波电路不仅可鉴别衔铁的移动方向,而且可以消除衔铁在中间位置时因高次谐波引起的零点残余电压。如图 4-19 所示,采用相敏检波后,衔铁反行程时的特性曲线由 1 变到 2,从而消除了零点残余电压。

(3) 采用补偿线路。由于两个次级线圈感应电压相位不同,因此,并联电容可改变其中一个的相位,也可将电容 C 改为电阻,如图 4-20(a)所示。R 的分流作用使流入传感器线圈的电流发生了变化,从而改变了磁化曲线的工作点,减小了高次谐波所产生的残余电压。在图 4-20(b)中,串联电阻 R 可以调整次级线圈的电阻分量。

并联电位器 W 可以改变两个次级线圈输出电压的相位,如图 4-21 所示。电容 $C(0.02\mu F)$ 可在调整电位器时防止零点移动,进而实现调零。

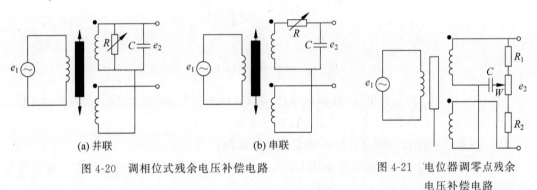

(a) 并联　　　　　　　　(b) 串联

图 4-20 调相位式残余电压补偿电路　　　图 4-21 电位器调零点残余电压补偿电路

接入 R_0(几百千欧)或补偿线圈 L_0(几百匝),可以减小绕在差动变压器的初级线圈的负载电压,避免由于负载不是纯电阻而引起较大的零点残余电压,电路如图 4-22 所示。

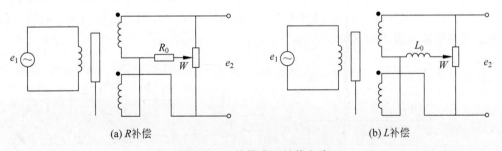

(a) R 补偿　　　　　　　　(b) L 补偿

图 4-22 R 补偿或 L 补偿电路

4.2.3 测量电路

差动变压器的输出电压为交流电压,它与衔铁的位移成正比。用交流电压表测量其输出值只能反映衔铁位移的大小,不能反映移动的方向。为此,在测量中常采用差动相敏检波电路和差动整流电路。

1. 差动相敏检波电路

差动相敏检波电路不但有鉴相作用,而且有频率选择功能,抗干扰性能很强,且可检测被测量的变化大小及方向,故在测控电路中应用很广。相敏检波电路实质为平衡调幅波的同步解调电路。在测控技术中,常用的信号检测电路为交流电桥或差动变压器电路,其输出可看成受被测量调制的平衡调幅信号,为解调出被测量的变化,必须采用同步解调电路。差动相敏检波电路如图 4-23 所示。

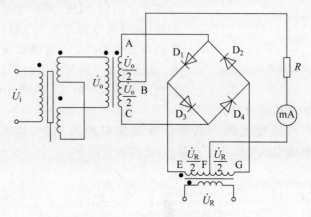

图 4-23 差动相敏检波电路

图 4-23 中,U_R 为参考电压,其频率与 U_o 相同,相位与 U_o 同相或反相,并且 $U_R \gg U_o$,即二极管的导通与否取决于 U_R,工作原理如下所述。

(1) 衔铁在中间位置时,$U_o = 0$,电流表中无读数。

(2) 若衔铁向上移动,则信号电压 U_o 上正下负为正半周,假定参考电压 U_R 极性为左正右负,此时 D_1、D_2 截止,D_3、D_4 导通。

(3) 当被测量方向变化使衔铁下移时,输出电压 U_o 的相位与衔铁上移时相反。

2. 差动整流电路

差动整流电路是差动变压器常用的测量电路,把差动变压器两个输出线圈的侧电压分别整流后,以它们的差作为输出,这样侧电压上的零点残余电压就不会影响测量结果。常见的差动整流电路如图 4-24 所示。

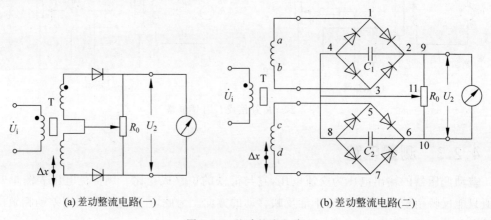

(a) 差动整流电路(一)　　　　　　(b) 差动整流电路(二)

图 4-24 差动整流电路

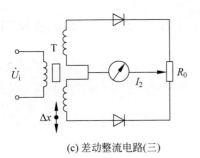
(c) 差动整流电路(三)

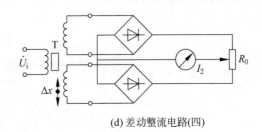
(d) 差动整流电路(四)

图 4-24 （续）

4.3 电感传感器的应用

4.3.1 差动压力传感器

电感传感器的应用很广泛，它不仅可直接用于测量位移，还可以用于测量转换成位移量变化的参数，例如，压力、力、压差、加速度、振动、应变、流量、厚度、液位等都可以用电感式传感器来进行测量。

如图 4-25 所示，传感器的敏感元件为波纹膜盒，差动变压器的衔铁与膜盒相连。当被测压力 P_1 输入膜盒中时，膜盒的自由端面便产生一个与压力 P_1 成正比的位移，此位移带动衔铁上下移动，从而使差动变压器有正比于被测压力的电压输出。

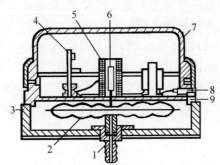

1—接头；2—膜盒；3—底座；4—线路板；5—差动变压器线圈；
6—衔铁；7—罩壳；8—插头；9—通孔。

图 4-25 微压力传感器示意图

这种变压器可分档测量 $-5 \times 10^5 \sim 6 \times 10^5 \text{N/m}^2$ 的压力，输出信号电压为 $0 \sim 50 \text{mV}$，精度为 1.5 级。该传感器的信号输出处理电路与传感器组合在一个壳体内，输出信号可以是电压，也可以是电流。由于电流信号不易受干扰，且便于远距离传输，所以在使用中多采用电流输出型。

4.3.2 加速度测量

图 4-26 所示为测量加速度的电感传感器结构图。受加速度的作用，衔铁使悬臂弹簧受力变形，与悬臂相连的衔铁产生相对线圈的位移，从而使变压器的输出改变。而位移的大小反映了加速度的大小。用于测定振动物体的频率和振幅时，其激磁频率必须是振动频率的

10倍以上，这样才能得到精确的测量结果。可测量的振幅为 0.1～5mm，振动频率为 0～150Hz。

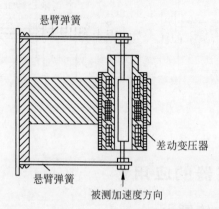

图 4-26 差动变压器式加速度传感器原理图

小结

本章主要介绍了自感式(电感式)、互感式(差动变压器式)的结构、原理、测量电路及应用。要求读者重点掌握传感器的原理和实际应用。

自感式传感器把被测量的变化转换成自感 L 的变化，通过一定的转换电路转换成电压和电流输出。自感式传感器目前常见的有变气隙式、变截面式和螺线管式三种，自感式电感传感器的测量电路有调幅电路和调频电路。

同时，还介绍了差动变压器的工作原理，零点残余电压产生原因是基波分量和高次谐波。消除零点残余电压的方法是从设计和工艺上保证结构的对称性或选用合适的测量线路。差动变压器传感器的测量电路常采用差动相敏检波电路和差动整流电路。还介绍了电感传感器在测量压力、力、压差、加速度、振动、应变、流量、厚度、液位等方面的应用。

习题

1. 差动变压器是把被测位移转换为传感器线圈的_____的变化量。
2. 电感传感器的测量转换电路，利用相敏整流的交流电桥电路，使输出信号既能反映位移大小又能反映位移的_____。
3. 差动变压器是把被测位移量转换为一次线圈与二次线圈间的_____的变化的装置。
4. 差动变压器式位移传感器是将被测位移量的变化转换成线圈互感量的变化，两个次级线圈要求_____串接。
5. 变气隙式自感传感器是利用_____随气隙而改变的原理制成的。
6. 差动自感传感器的灵敏度比非差动式自感传感器的灵敏度_____(高/低)。
7. 电感式传感器有几大类？各有何特点？
8. 什么叫零点残余电压？产生的原因是什么？消除的方法是什么？
9. 差动变压器的测量电路有几种类型？
10. 试述差动变压器测量位移的原理。

第 5 章 电涡流传感器的原理与应用
CHAPTER 5

电涡流传感器是 20 世纪 70 年代以来得到迅速发展的一种传感器,它是利用电涡流效应进行工作的。由于其结构简单、灵敏度高、频响范围宽、不受油污等介质的影响、能进行非接触测量、适用范围广,因此一问世就受到各国的重视。目前这种传感器已广泛用来测量位移、振动、厚度、转速、温度、硬度等参数,还被用于无损探伤领域。

5.1 电涡流传感器的工作原理

5.1.1 高频反射式电涡流传感器

电涡流传感器结构比较简单,主要是一个安置在框架上的线圈,线圈可以绕成一个扁平圆形黏贴于框架上,也可以在框架上开一条槽,导线绕制在槽内形成一个线圈。如图 5-1 所示是高频反射式电涡流传感器的结构图。

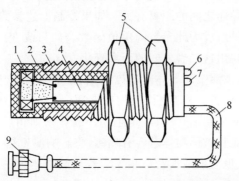

1—电涡流线圈; 2—探头壳体; 3—壳体上的位置调节螺纹; 4—印制电路板;
5—夹持螺母; 6—电源指示灯; 7—阈值指示灯; 8—输出屏蔽电缆线; 9—电缆插头。
图 5-1 电涡流传感器结构

根据法拉第电磁感应定律,将金属导体置于变化的磁场中,导体表面就会有感应电流产生。电流的流线在金属体内自行闭合,这种由电磁感应原理产生的旋涡状感应电流称为电涡流,这种现象称为电涡流效应。形成电涡流必须具备两个条件,一是存在交变磁场,二是导电体处于交变磁场中。电涡流只集中在金属导体的表面,这一现象称为趋肤效应。当传感器线圈通以正弦交变电流 I_1 时,线圈周围空间必然产生正弦交变磁场 H_1,使置于此磁场中的金属导体中产生感应电涡流 I_2,I_2 又产生新的交变磁场 H_2。根据楞次定律,H_2 的作用将反馈给原磁场 H_1,由于磁场 H_2 的作用,涡流要消耗一部分能量,导致传感器线圈的等效阻抗发生变化。线圈阻抗的变化完全取决于被测金属导体的电涡流效应。

当电涡流线圈与金属板的距离减小时,电涡流线圈的等效电感 L 减小,等效电阻 R 增大,流过电涡流线圈的电流 I_1 增大,如图 5-2 所示。

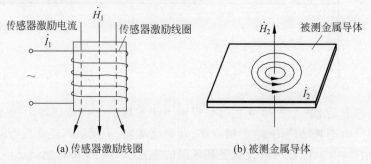

(a) 传感器激励线圈　　　　(b) 被测金属导体

图 5-2　电涡流传感器的工作原理

磁场变化频率越高,涡流的穿透深度越小,其穿透深度 h 可表示为

$$h = 5030\sqrt{\frac{\rho}{\mu_r f}}\,\text{cm} \tag{5-1}$$

式中:ρ——导体电阻率,单位为 $\Omega\cdot\text{cm}$;
　　　μ_r——导体相对磁导率;
　　　f——交变磁场频率。

一般地,线圈电感量的变化与导体的电导率、磁导率、几何形状,线圈的几何参数、激励电流频率,以及线圈与被测导体之间的距离有关。如果控制上述参数中的一个参数改变,而其余参数恒定不变,则电感量就成为此参数的单值函数。如只改变线圈与金属导体间的距离,则电感量的变化即可反映出这二者之间的距离变化。

电涡流传感器的线圈与被测金属导体间是磁性耦合,电涡流传感器就是利用这种耦合程度的变化来进行测量的。因此,被测物体的物理性质、尺寸和形状都与总的测量装置有关。一般地,被测物体的电导率越高,灵敏度也越高。磁导率则相反,当被测物体为磁性体时,灵敏度较非磁性体低。而且被测物体若含有剩磁,将影响测量结果,因此应予消磁。

被测物体的大小和形状也与灵敏度密切相关。若被测物体为平面,则被测物体的直径应不小于线圈直径的 1.8 倍。当被测物体的直径为线圈直径的一半时,灵敏度将减小一半;若直径更小时,灵敏度下降得更严重。若被测物体表面有镀层,镀层的性质和厚度不均匀也将影响测量精度。当测量转动或移动的被测物体时,这种不均匀将形成干扰信号。尤其当激励频率较高、电涡流的贯穿深度减小时,这种不均匀干扰的影响更加突出。当被测物体为圆柱形时,只有圆柱形的直径为线圈直径的 3.5 倍以上,才不影响测量结果;两者相等时,灵敏度会降低为 70% 左右。同样,对被测物体厚度也有一定的要求,一般厚度大于 0.2mm,即不影响测量结果(视激励频率而定),铜铝等材料的厚度更可减薄到 $70\mu\text{m}$。

5.1.2　低频透射式电涡流传感器

根据电路理论,由于趋肤效应,金属导体产生的电涡流的贯穿深度与传感器线圈激磁电流的频率有关。频率越低,电涡流的贯穿深度越厚。利用此原理制成的低频透射涡流传感器适合测量金属材料的厚度。

图 5-3 所示为透射式电涡流厚度传感器的结构原理。在被测金属的上方设有发射传感器线圈 L_1,在被测金属板下方设有接收传感器线圈 L_2。当在 L_1 上加低频电压 U_1 时,L_1 上产生交变磁通 Φ_1,若两线圈间无金属板,则交变磁场直接耦合至 L_2 中,L_2 产生感应电压 U_2。如果将被测金属板放入两线圈之间,则 L_1 线圈产生的磁通将导致在金属板中产生电涡流。在 L_1 与 L_2 之间放置一金属板后,L_1 产生的磁力线经过金属板,且在金属板中产生涡流,该涡流削弱了 L_1 产生的磁力线,使达到接收线圈的磁力线减少,从而使 L_2 两端的感应电势 E 减小。金属板中产生涡流的大小与金属板的厚度有关,金属板越厚,则板内产生的涡流越大,削弱的磁力线越多,接收线圈中产生的电势也越小。因此,可根据接收线圈输出电压的大小,确定金属板的厚度。透射式电涡流厚度传感器检测范围可达 1~100mm,分辨率为 0.1μm,线性度为 1%。

金属板中电涡流的大小除了受金属板厚度影响外,还与其电阻率有关,而电阻率与温度有关。因此在温度变化的情况下,根据电势判断金属板的厚度会产生误差。为此,在用涡流法测量金属板厚度时,要求被测材料温度恒定。为了较好地进行厚度测量,激励频率应选得较低,通常选 1kHz 左右。频率太高,贯穿深度小于被测厚度,不利于进行厚度测量。

一般地,测薄金属板时,频率应略高些,测厚金属板时,频率应低些。在测量电阻率较小的材料时,应选 500Hz 左右的较低频率;测量电阻率较大的材料时,则应选用 2kHz 左右的较高频率。这样,可保证在测量不同材料时能得到较好的线性度和灵敏度。

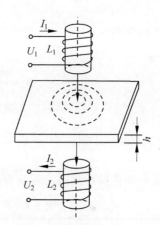

图 5-3 透射式涡流厚度传感器的结构原理

5.1.3 电涡流传感器的等效电路

若把导体等效成一个短路线圈,则可画出电涡流传感器的等效电路,如图 5-4 所示。根据基尔霍夫定律,可列出方程为

$$\begin{cases} R_1 \dot{I}_1 + j\omega L_1 \dot{I}_1 - j\omega M \dot{I}_2 = \dot{U}_1 \\ R_2 \dot{I}_2 + j\omega L_2 \dot{I}_2 - j\omega M \dot{I}_1 = 0 \end{cases} \quad (5-2)$$

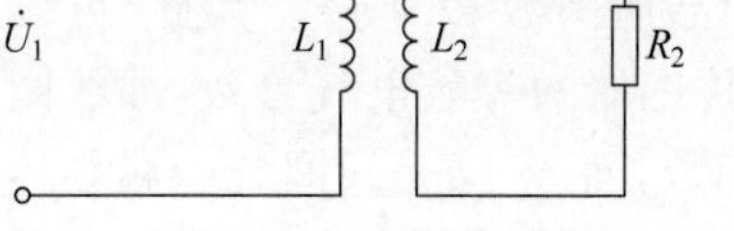

解此方程组可得电涡流传感器的等效阻抗为

$$Z = \frac{\dot{U}_1}{\dot{I}_1} = R_1 + \frac{\omega^2 M^2}{R_2^2 + \omega^2 L_2^2} R_2 + j\omega \left(L_1 - \frac{\omega^2 M^2}{R_2^2 + \omega^2 L_2^2} L_2 \right)$$

$$= R_{eq} + j\omega L_{eq} \quad (5-3)$$

图 5-4 电涡流传感器的等效电路

式中：ω——线圈激磁电流角频率；

R_1——线圈电阻；

L_1——线圈电感；

L_2——短路环等效电感；

R_2——短路环等效电阻；

M——互感系数；

R_{eq}、L_{eq}——线圈受电涡流影响后的等效电阻和等效电感。

由式(5-3)可以看出，有导体影响后，线圈阻抗的实部有效电阻增加，而虚部等效电感减小，这样使线圈阻抗发生了改变，这种作用称为反射阻抗作用。

为了同时研究阻抗实部、虚部两部分的作用，常使用品质因数 Q。根据品质因数的定义，当无金属导体影响时，线圈的品质因数

$$Q_1 = \frac{\omega L_1}{R_1} \tag{5-4}$$

有金属导体影响时，线圈的品质因数变为

$$Q = \frac{\omega L_{eq}}{R_{eq}} = \frac{L_1 - \dfrac{\omega^2 M^2}{R_2^2 + \omega^2 L_2^2} L_2}{R_1 + \dfrac{\omega^2 M^2}{R_2^2 + \omega^2 L_2^2} R_2} \tag{5-5}$$

其中，

$$Z = \sqrt{R_2^2 + \omega^2 L_2^2} \tag{5-6}$$

产生电涡流前后线圈的特征参数对比见表 5-1。

表 5-1 产生电涡流前后线圈的特征参数对比

对 比 量	电 阻 值	电 感 量	品 质 因 数
产生电涡流前	R_1	L_1	$Q_1 = \dfrac{\omega L_1}{R_1}$
产生电涡流后	$R_{eq} = R_1 + \dfrac{\omega^2 M^2}{R_2^2 + \omega^2 L_2^2} R_2$	$L_{eq} = L_1 - \dfrac{\omega^2 M^2}{R_2^2 + \omega^2 L_2^2} L_2$	$Q = \dfrac{\omega L_{eq}}{R_{eq}} = \dfrac{L_1 - \dfrac{\omega^2 M^2}{R_2^2 + \omega^2 L_2^2} L_2}{R_1 + \dfrac{\omega^2 M^2}{R_2^2 + \omega^2 L_2^2} R_2}$

电涡流线圈受电涡流影响时的等效阻抗 Z 与金属导体的 f、μ、σ 有关，与电涡流线圈的激励源频率 $f(f=\omega/2\pi)$ 等有关，还与金属导体的形状、表面因素（粗糙度、沟痕、裂纹等）r 有关，更重要的是与线圈到金属导体的间距(距离)x 有关。等效阻抗 Z 可表示为

$$Z = R + j\omega L = f(\rho, \mu, x, f) \tag{5-7}$$

Z 为金属导体中产生涡流的圆环部分的阻抗，称涡流环流阻抗。可见，由于涡流的影响，线圈复阻抗的实数部分增大，虚数部分减小，线圈的品质因数 Q 下降。因此，可以通过测量 Q 值的变化来间接判断电涡流的大小。电涡流式传感器的等效电气参数，如线圈阻抗 Z、线圈电感 L_{eq} 和品质因数 Q 值都是互感系数 M 的函数，而 M 又是线圈与金属导体之间的距离 x 的非线性函数。由于 H、R_2、L_2 和 M 的大小取决于金属导体的电阻率 ρ、金属导体的磁导率 μ 以及线圈激磁频率 f，因此，高频透射式传感器的阻抗 Z、电感 L_{eq} 和品质因

数 Q 都是由 $\rho、\mu、x、f$ 等多个参数决定的多元函数,若只改变其中一个参数,其余参数保持不变,便可测定该可变参数。例如,若被测材料的情况不变,线圈激磁频率 f 不变,而 $Z = f(\rho,\mu,x,f)$,则阻抗 Z 就成为距离 x 的单值函数,由此可制成涡流位移传感器。

此外,电涡流式传感器还可利用导体电阻率随温度变换的特性实现温度测量;利用磁导率与硬度有关的特性实现非接触式硬度连续测量;利用裂纹引起导体电阻率、磁导率等变换的综合影响,进行金属表面裂纹及焊缝的无损检测等。

5.1.4 电涡流的强度和分布

1. 电涡流的分布

因为金属存在趋肤效应,电涡流只存在于金属导体的表面薄层内,因此存在一个涡流区,涡流区内各处的涡流密度不同,存在径向分布和轴向分布。

1) 电涡流的径向分布

导体系统产生的电涡流密度既是线圈与导体间距离 x 的函数,又是沿线圈半径方向 r 的函数。当 x 一定时,电涡流密度 J 与半径 r 的关系曲线如图 5-5 所示。

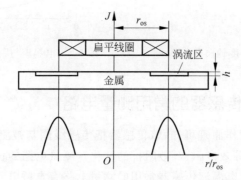

图 5-5 电涡流密度 J 与半径 r 的关系曲线

图 5-5 中 J 为金属导体在线圈外径处的电涡流密度。J_r 为半径 r 处的金属导体表面的电涡流密度,由图 5-5 可知以下 3 点。

(1) 电涡流径向形成的范围大约是传感器线圈外径 r_{os} 的 $0.8 \sim 2.5$ 倍,且分布不均匀。

(2) 电涡流密度在短路环半径 $r=0$ 处为零,在 $r < 0.4 r_{os}$ 处(以内)基本没有涡流。

(3) 电涡流的最大值在 $r = r_{os}$ 附近的一个狭窄区域内,当 $r = r_{os}$ 时,金属涡流密度最大,当 $r = 1.8 r_{os}$ 时,涡流密度衰减到最大值的 5%。

2) 电涡流的轴向分布

电涡流密度轴向分布曲线如图 5-6 所示,电涡流密度主要分布在表面附近。由于趋肤效应,涡流只在表面薄层内存在,沿磁场方向(轴向)也是分布不均匀的。在距离金属表面 Z 处,涡流按指数规律衰减,即

$$J_z = J_0 e^{-z/h} \tag{5-8}$$

式中:Z——金属导体中某一点至表面的距离;

J_z——金属表面距离 Z 处的涡流;

J_0——金属导体表面的电涡流密度,即电涡流密度最大值;

h——电涡流轴向贯穿深度(趋肤深度)。

2. 电涡流的强度

当线圈与被测体距离改变时,电涡流密度发生变化,强度也要变化。根据线圈—导体系统,金属表面电涡流强度 I_2 与距离 x 呈非线性关系,如图 5-7 所示,I_2/I_1 随 x/r_{os} 上升而下降。

$$I_2 = I_1 \left[1 - \frac{x}{\sqrt{x^2 + r_{os}^2}} \right] \tag{5-9}$$

其中,I_1 为线圈激励电流,I_2 为金属导体中的等效电流(涡流),$x=0$ 时,$I_2=I_1$;$x/r_{os}=1$ 时,$I_2=0.3I_1$;只有在 $x/r_{os} \ll 1$ 时 I_2 才有较好的线性和灵敏度(测微位移);$x > r_{os}$ 时,电涡流很弱,所以测大位移时线圈直径要大。要增加测量范围就需加大线圈直径,使传感器体积增大,这是电涡流传感器应用的局限性。

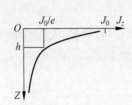
图 5-6 电涡流密度轴向分布曲线

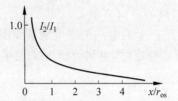
图 5-7 电涡流与距离的关系曲线

5.1.5 电涡流传感器的常用测量电路

由电涡流传感器的工作原理可知,该传感器把传感线圈与被测体之间的位移 x 的变化转换为线圈的等效电感、等效电阻、等效阻抗的变化。测量电路的任务就是将这些变化量转换为电压或电流的变化。电涡流传感器常用的测量电路有电桥电路、谐振电路等。

1. 电桥测量电路

在具有两个电涡流线圈的差动式传感器中,常采用如图 5-8 所示的电桥测量电路,L_1、L_2 分别为传感器的两个差动线圈,它们与电容 C_1、C_2 和电阻 R_1、R_2 组成电桥的四个桥臂。初始状态时,电桥处于平衡状态。当有被测金属导体接近时,线圈的阻抗发生变化,电桥失去平衡,其输出端输出的信号经线性放大、检波后,就可以得到与被测量(距离)成比例的输出信号。

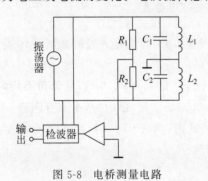
图 5-8 电桥测量电路

2. 谐振测量电路

这种方法是利用传感器的等效电感与电容组成并联谐振电路,当电涡流使传感器线圈电感发生变化时,谐振电路的阻抗 Z 和谐振频率 f_0 随之变化,测出 Z 和 f_0 的变化就可以反映出被测量的大小。相应的测量电路有调频式和调幅式两种。下面以调幅式电路为例说明此测量方法。

如图 5-9 所示,石英晶体振荡器相当于一个恒流源,经电阻 R 向 LC 并联谐振回路提供一个稳频(f_0=常数)、稳幅(I_0=常数)的高频激磁信号,电阻 R 用来降低传感器对振荡器工作状态的影响。

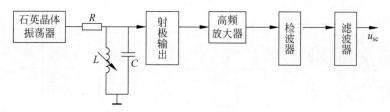

图 5-9 定频调幅式测量电路原理框图

LC 回路的阻抗越大,回路的输出电压也越大,其谐振频率为

$$f = \frac{1}{2\pi\sqrt{LC}} \tag{5-10}$$

当被测体远离线圈($x \to \infty$)时,$L = L_1$,$f = f_0$,则有

$$f_0 = \frac{1}{2\pi\sqrt{LC}} \tag{5-11}$$

此时振荡回路的品质因数 Q 值最高,阻抗最大,经放大、检波、滤波后的输出电压最高。

当传感器接近被测导体时,线圈的等效电感 L_1 发生变化,品质因数 Q 值下降,阻抗减小,振荡器输出电压下降,回路的谐振峰值将向左右移动,如图 5-10(a)所示。

若被测体为非磁性材料或硬磁性材料,则传感器线圈的等效电感 L_1 减小,回路的谐振频率提高,谐振峰值逐渐右移,输出电压将由 u 降低为 u_1' 或 u_2';而对于磁性材料的被测体,由于磁路的磁导率增大而使传感器线圈的电感 L_1 增大,回路的谐振频率降低,谐振峰值逐渐左移,输出电压将由 u 降低为 u_1 或 u_2,因此可以用输出电压的变化表示传感器与被测导体间距离的变化,如图 5-10(b)所示。

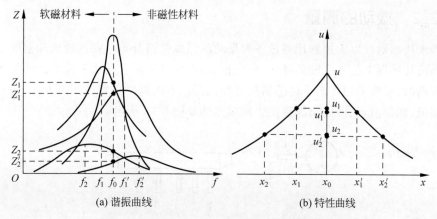

(a) 谐振曲线   (b) 特性曲线

图 5-10 调幅式电路的谐振曲线和特性曲线

5.2 电涡流传感器的应用

5.2.1 电涡流转速传感器

如图 5-11 所示为电涡流转速传感器工作原理图。在软磁材料制成的输入轴上加工一

个键槽,在距输入表面 d_0 处设置电涡流传感器,输入轴与被测旋转轴相连。

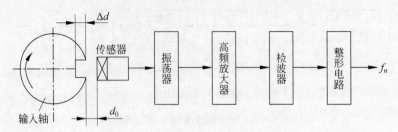

图 5-11　电涡流转速传感器工作原理

当被测旋转轴转动时,输出轴的距离发生 $d_0+\Delta d$ 的变化。由于电涡流效应,这种变化将导致振荡谐振回路的品质因素变化,使传感器线圈电感随 Δd 的变化而变化,它们将直接影响振荡器的电压幅值和振荡频率。因此,随着输入轴的旋转,从振荡器输出的信号中含有与转数成正比的脉冲频率信号。该信号经检波器检出电压幅值的变化量,然后经整形电路输出脉冲频率信号 f_n。该信号经电路处理便可得到被测转速。

这种转速传感器可实现非接触式测量,抗污染能力很强,可安装在旋转轴旁长期对被测转速进行监视。最高测量转速可达 600 000 r/min。

若做成齿状,如图 5-12 所示,转轴上开 Z 个槽,频率计的读数为 f(单位为 Hz),则转轴的转速 n(单位为 r/min)为

$$n = \frac{60f}{Z} \qquad (5-12)$$

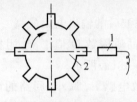

1—传感器;2—被测体。

图 5-12　转速测量

5.2.2　振动的测量

电涡流传感器可以无接触地测量各种振动的振幅频谱分布。在汽轮机和空气压缩机中常用电涡流传感器来监控主轴的径向、轴向振动,也可以测量发动机涡流叶片的振幅。在研究机器振动时,常常采用将多个传感器放置在机器的不同部位进行检测的方法,得到各个位置的振幅值、相位值,从而画出振形图。测量方法如图 5-13 所示。

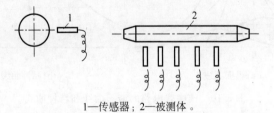

1—传感器;2—被测体。

图 5-13　振幅测量

5.2.3　电涡流探伤

利用电涡流传感器可以检查金属表面裂纹、热处理裂纹,以及焊接的缺陷等。在探伤时,传感器与被测物体的距离保持不变。检测时,裂陷的出现会引起导体电导率、磁导率的

变化,从而引起输出电压的突变。

1. 钢管电涡流探伤的原理

电涡流探伤是以电磁感应理论作为基础的,一个简单的电涡流探伤系统包括一个交变电压发生器、一个检测线圈和一个指示器。交变电压发生器供给检测线圈以激励电流,从而在钢管及其周围形成一个激励磁场,这个磁场在钢管中感应出的旋涡状电流,称为涡流,钢管中的涡流又产生自己的磁场,涡流磁场的作用是削弱和抵消激励磁场,削弱和抵消的程度视被检钢管的材质以及涡流流经的路径上是否存在缺陷等因素而定。钢管中电涡流流动的方向也随交变磁场的变化而变化,其变化的频率与激励电压频率相同。由此可知,在电涡流磁场中包含了被检钢管好坏的信息,而检测线圈可以检测出钢管中电涡流磁场的变化,也就是检测出钢管质量好坏的信息,这些信息经过仪器处理后可用指示器指示出来。

2. 电涡流探伤方法的特点

(1) 电涡流探伤不需要耦合剂。电涡流探伤的传播介质是电磁波,电磁波不仅具有波动性,而且是一种粒子流,探头和被检材料之间不用耦合剂电磁波便可传播,电涡流探伤可以非接触地进行。

(2) 电涡流探伤速度快,能够实现在线生产。电涡流探伤设备的探伤速度可以达到3m/s,正常生产时速度为2m/s,完全能够适应自动生产线的要求,另外,调整和更换规格时间短,一般10~20min就可以完成设备的调整。

(3) 能够用于高温金属的探伤。电涡流探伤能够非接触进行,高温下导电试件仍有导电的性质,检测线圈不受材料居里温度的影响,电涡流可以对高温的钢管进行探伤。

(4) 探伤结果可靠性高。电涡流探伤设备能够将被探钢管的信号情况由屏幕显示出来,分选装置自动将合格品和不合格品进行分选,自动打标装置能比较准确地标记出不合格品的缺陷位置,以便于人工确定缺陷的位置和类型。

3. 电涡流探伤设备对钢管的探伤

电涡流探伤可以很容易地检测出钢管外表面和近表面的缺陷,电涡流探伤方法不是一种自然伤的绝对测量方法,而是一种相对测量方法,就是将自然伤与人为加工的"人工伤"相比较的一种探伤方法。用样管对电涡流探伤设备进行校准后,就可以对钢管进行无损探伤。

(1) 样管的选取及制作。探伤用样管应与被探钢管的公称尺寸相同,化学成分、表面状态、热处理状态相似,并且样管平直,无影响探伤的自然缺陷。一般采用穿过式涡流探伤方法,样管的人工伤采用钻孔作为校准人工伤,样管上有5个孔,5个孔分布为头、尾各1个,中间3个,中间3个孔的轴向距离大于200mm。

(2) 设备调整。在电涡流探伤前要用样管对电涡流探伤设备进行校准,调整后的设备参数要使设备的性能指标达到标准要求。

(3) 缺陷的处理。钢管电涡流探伤后,系统自动将合格品和不合格品分开,若不合格品的缺陷位置在管端则可以将缺陷切除,若不合格品的缺陷位置在钢管的中部且修磨后钢管的壁厚仍在公差范围内则可以进行修磨,对于无法挽救的不合格品只能降级。

电涡流探伤技术在钢管生产中的应用对严格把握钢管的产品质量是至关重要的。无缝钢管厂中电涡流探伤设备的使用,完善了生产工艺,为其产品达到国际标准要求提供了保证。

电涡流传感器可以用于检查金属的表面裂纹、热处理裂纹,以及用于焊接部位的探伤

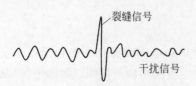

图 5-14 用涡流探伤时的测试信号

等，如图 5-14 所示。即使传感器与被测体距离不变，如果有裂纹出现，也会引起金属电阻率、磁导率的变化。裂纹处也可以解释为有位移值的变化。综合参数 x 的变化将引起传感器参数的变化，导致输出波形发生变化，通过测量传感器参数的变化即可达到探伤的目的。

5.2.4 位移的测量

电涡流传感器可用来测量各种形状的金属导体试件的位移量。如汽轮机主轴的轴向位移，磨床换向阀、先导阀的位移和金属试件的热膨胀系数等。测量位移范围从 0～1mm 到 0～30mm，分辨率为满量程的 0.1%。

目前，电涡流位移传感器的分辨力最高已达到 0.05m（量程 0～15m）。凡是可转换为位移量的参数，都可用电涡流传感器测量，如机器转轴的轴向窜动、金属材料的热膨胀系数、钢水液位、纱线张力、流体压力等。

电涡流传感器构成的液位监控系统如图 5-15 所示，通过浮子与杠杆带动涡流板上下移动，由电涡流传感器探头发出信号控制电动泵的开启从而使液位保持一定。

图 5-15 液位监控系统

图 5-16 所示为用于测量汽轮机主轴轴向位移的工作原理图，电涡流传感器的探头靠近主轴，当主轴轴向移动时，电涡流传感器的输出电感发生变化。

5.2.5 温度测量

在较小的温度范围内，导体的电阻率与温度的关系为

$$\rho_1 = \rho_0 [1 + \alpha(t_1 - t_0)] \quad (5-13)$$

式中：ρ_1——温度 t_1 时的电阻率；

ρ_0——温度 t_0 时的电阻率；

α——在给定温度范围内的电阻温度系数。

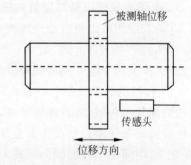

图 5-16 主轴轴向位移测量原理图

若保持电涡流传感器的其他各参数不变，使传感器的输出只随被测导体电阻率变化，则可测得温度的变化。上述原理可用于测量液体、气体介质温度或金属材料的表面温度，适合低温到常温的测量。

如图 5-17 所示为一种测量液体或气体介质温度的电涡流传感器。它具有不受金属表面涂料、油、水等介质的影响，可实现非接触式测量，反应快等优点。目前已制成热惯性时间常数仅为 1ms 的电涡流温度计。除了上述应用外，电涡流传感器还可利用磁导率与硬度有

关的特性实现非接触式硬度连续测量,并可用作接近开关以及用于尺寸检测等。

5.2.6 电涡流安全通道检查门

安检门的内部设置有发射线圈和接收线圈,如图 5-18 所示。当有金属物体通过时,交变磁场就会在该金属导体表面产生电涡流,并在接收线圈中感应出电压,计算机根据感应电压的大小、相位来判定金属物体的大小。在安检门的上、中、下部安装多个电涡流线圈,当有金属穿过时,对应位置将报警。还在一侧安装一台"软 x 光"扫描仪,它能显示衣服内物体的形状和密度,对人体、胶卷无害。

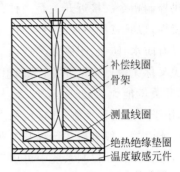

图 5-17 测温的电涡流传感器

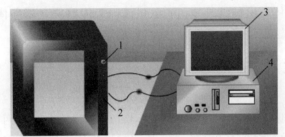

1—报警指示灯;2—电涡流线圈;3—显示器;4—图像处理系统。

图 5-18 电涡流式通道安全检查门简图

电涡流式通道安全检查门电路原理框图如图 5-19 所示,L_{11}、L_{12} 为发射线圈,L_{21}、L_{22} 为接收线圈,密封在门框内。晶振产生的音频信号通过 L_{11}、L_{12} 在线圈周围产生同频率的交变磁场。因为 L_{11}、L_{12} 与 L_{21}、L_{22} 相互垂直,呈电气正交状态,无磁路交链,$U_o=0$。当有金属物体通过 L_{11}、L_{12} 形成的交变磁场 H_1 时,交变磁场就会在该金属导体表面产生电涡流。电涡流也将产生一个新的微弱磁场 H_2,但与 L_{21}、L_{22} 不再正交,因此可以在 L_{21}、L_{22} 中感应出电压。计算机根据感应电压的大小确定金属物体的大小。

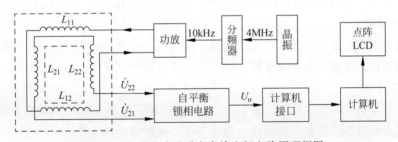

图 5-19 电涡流式通道安全检查门电路原理框图

5.3 接近开关及应用

接近开关无须与运动部件进行机械接触就可以控制位置开关,当物体接近开关感应面时,不需要机械接触及施加任何压力即可使开关动作,驱动交流或直流电器或给计算机装置提供控制指令。接近开关是一种开关型传感器(即无触点开关),它既有行程开关、微动开关的特性,也具有传感性能,且动作可靠,性能稳定,频率响应快,应用寿命长,抗干扰能力强,并具有防水、防振、耐腐蚀等特点。其产品有电感式、电容式、霍尔式、交流型、直流型。接近开关又称无触点接近开关,是理想的电子开关量传感器。当金属检测体接近开关感应区域时,开关就能无接触、无压力、无火花地迅速发出电气指令,准确反映出运动机构位置和行程,用于一般行程控制,其定位精度、操作频率、使用寿命、安装调整方便性和对恶劣环境的适应能力是一般机械式行程开关所不能比的。它广泛应用于机床、冶金、化工、轻纺和印刷等行业。在自动控制系统中可用于限位、计数、定位控制和自动保护。接近开关具有使用寿命长、工作可靠、重复定位精度高、无机械磨损、无火花、无噪声、抗振能力强等特点。到目前为止,接近开关的应用范围日益广泛,其自身发展和创新也极其迅速。

接近开关的核心部分是感辨头,它对正在接近的物体有很高的感辨能力。在生物界,眼镜蛇的尾部能感辨人体发出的红外线;而电涡流探头能感辨金属导体的靠近。应变片、电位器之类的传感器无法用于接近开关,因为它们属于接触式测量。

5.3.1　接近开关的主要功能

1. 检验距离

检测电梯和升降设备的停止、启动、位置;检测车辆位置,防止两物体相撞;检测工作机械设定位置,移动机器或部件极限位置;检测回转体停止位置,阀门开或关位置;检测气缸或液压缸内活塞的移动位置。

2. 尺寸控制

金属板冲剪尺寸控制装置;自动选择、鉴别金属件的长度;检测自动装卸时堆物的高度;检测物品的长、宽、高和体积。

3. 转速与速度控制

控制传送带的速度;控制旋转机械转速;与各种脉冲发生器一起控制转速和转数。

4. 计数及控制

检测生产线上流过的产品数;高速旋转轴或盘转数计量;零部件计数。

5. 检测异常

检测瓶盖有无;判断产品合格与不合格;检测包装盒内的金属制品是否缺乏;区分金属与非金属零件;检测产品有无标牌;起重机危险区报警;自动启停安全扶梯。

6. 计量控制

自动计量产品或零件;检测计量器、仪表指针范围;检测浮标控制测面高度、流量;检测不锈钢桶中铁浮标;控制仪表量程上限或下限;控制流量和水平面。

5.3.2　接近开关分类及结构

接近开关的作用是当某物体与接近开关接近并达到一定距离时发出信号。它不需要外力施加,是一种无触点式主令电器。它的用途已远远超出行程开关所具备的行程控制及限位保护。接近开关可用于高速计数、检测金属体、测速、液位控制、检测零件尺寸,以及用作无触点式按钮等。接近开关按工作原理可以分为以下几种类型。

1. 电涡流式接近开关

电涡流式接近开关有时也叫电感式接近开关。它利用的是导体在接近能产生电磁场的接近开关时,其表面会产生涡流。这个涡流反作用到接近开关,使开关内部电路参数发生变化,由此识别出有无导电物体接近,进而控制开关的通断。这种接近开关所能检测的物体必须是导体。

2. 电容式接近开关

电容式接近开关的测量通常利用设备构成电容器的一个极板,而另一个极板是开关的外壳。这个外壳在测量过程中通常接地或与设备的机壳相连接。当有物体移向接近开关时,不论它是否为导体,都会使电容的介电常数发生变化,从而使电容量发生变化,使得和测量头相连的电路状态也随之发生变化,由此便可控制开关的接通或断开。这种接近开关检测的对象不限于导体,也可以是绝缘的液体或粉状物等。

3. 霍尔式接近开关

霍尔元件是一种磁敏元件。利用霍尔元件做成的开关,称为霍尔式接近开关。当磁性物件接近霍尔式接近开关时,开关检测面上的霍尔元件会产生霍尔效应,从而使开关内部电路状态发生变化,由此识别出附近有磁性物体存在,进而控制开关的通断。这种接近开关的检测对象必须是磁性物体。

4. 光电式接近开关

利用光电效应做成的开关称为光电式接近开关。它将发光器件与光电器件按一定方向装在同一个检测头内,当有反光面(被检测物体)接近时,光电器件接收到反射光后便输出信号,由此便可检测出有物体接近。

5. 热释电式接近开关

用能感知温度变化的元件做成的开关称为热释电式接近开关。这种开关是将热释电器件安装在开关的检测面上,当有与环境温度不同的物体接近时,热释电器件的输出便变化,由此便可检测出有物体接近。

6. 其他形式的接近开关

当观察者或系统与波源的距离发生改变时,其接收到的波的频率会发生偏移,这种现象称为多普勒效应。声呐和雷达就是利用这个效应的原理制成的。利用多普勒效应可制成超声波接近开关、微波接近开关等。当有物体接近时,接近开关接收到的反射信号会产生多普勒频移,由此可以识别出有物体接近。

接近开关按供电方式可分为直流式和交流式,按输出形式又可分为直流两线制、直流三线制、直流四线制、交流两线制和交流三线制。

两线制接近开关安装简单,接线方便,应用比较广泛,但却存在残余电压和漏电流大的缺点。直流三线式接近开关输出有 NPN 和 PNP 两种,20 世纪 70 年代,日本的产品绝大多数是 NPN 输出,西欧各国 NPN、PNP 两种输出都有。PNP 输出开关多用于控制 PLC 或计算机控制指令,NPN 输出开关多用于控制直流继电器,在实际应用中要控制电路特性以选择其输出形式。

5.3.3 接近开关选型

针对不同材质的检测体和不同的检测距离,应选用不同类型的接近开关,以使其系统具有高性能性价比，为此选型时应遵循以下原则。

（1）当检测体为金属材料时，应选用高频振荡式接近开关，该类型接近开关对铁镍、A3钢类检测体的检测最灵敏。对于铝、黄铜和不锈钢类的检测体，其检测灵敏度较低。

（2）当检测体为非金属材料时，如木材、纸张、塑料、玻璃和水等，应选用电容式接近开关。

（3）金属体和非金属要进行远距离检测和控制时，应选用光电式接近开关或超声波式接近开关。

（4）当检测体为金属时，若检测灵敏度要求不高，则可选用价格低廉的磁性接近开关或霍尔式接近开关。

5.3.4 接近开关的特点及性能指标

与机械开关相比，接近开关具有如下特点。

（1）非接触检测，不影响被测物的运行工况，不需施加机械力。

（2）不产生机械磨损和疲劳损伤，工作寿命长。

（3）响应时间可小于几毫秒。

（4）采用全密封结构，防潮、防尘性能较好，故障率低。

（5）动作时，无触点、无火花，适用于要求防爆的场合。接近开关的缺点是触点容量较小，输出短路时易烧毁。

接近开关的主要性能指标如表5-2所示。

表5-2 接近开关的主要性能指标

参　数	定　义
动作距离	标准检测体从轴向靠近接近开关，在接近开关动作时，从接近开关壳体到检测体的距离（单位为mm，下同）
设定距离	接近开关在实际使用中被设定的安装距离。在此距离内，接近开关不会因温度变化、电源波动、机械抖动等外界干扰而产生误动作
复位距离	检测体远离接近开关，在接近开关的输出电平复归时，从接近开关壳体到检测体的距离
动作滞差	动作距离与复位距离之差。动作滞差越大，准确度就越低，但对抗被测物抖动干扰的能力就越强
动作频率	被测物体允许每秒连续不断地进入接近开关的动作距离后又离开的最高次数

接进开关的主要结构形式如图5-20所示，可根据不同的用途选择不同的型号。图5-20(a)的形式便于调整与被测物体的间距；图5-20(b)和图5-20(c)的形式可用于板材的检测；图5-20(d)和图5-20(e)可用于线材的检测。

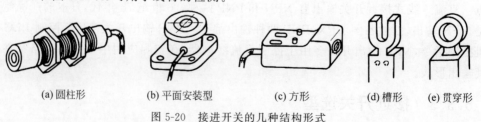

(a) 圆柱形　　(b) 平面安装型　　(c) 方形　　(d) 槽形　　(e) 贯穿形

图5-20 接进开关的几种结构形式

5.3.5 接近开关的规格及接线方法

接近开关有常开、常闭之分,还要区分继电器输出型和 OC 门输出型。OC 门又有 PNP 和 NPN 之分。一种较为常见的三线制、NPN 常开输出型接近开关如图 5-21 所示。棕色引线为正电源(18～35V);蓝色接地(电源负极);黑色为输出端。

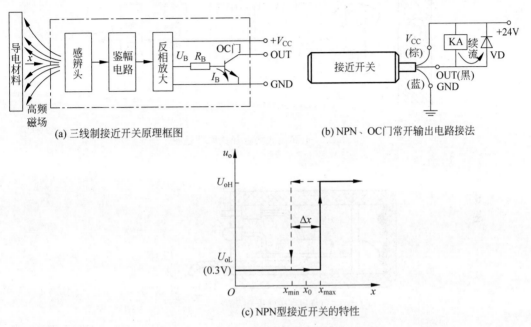

图 5-21 三线制、NPN 常开输出型接近开关

当被测物体未靠近接近开关时,OC 门的基极电流 $I_B = 0$,OC 门截止,OUT 端为高阻态(接入负载后为高电平,此时测量 OUT 端的电压接近电源电压);当被测物体靠近,到达动作距离($x_{\min}$)时,OC 门的输出端对地导通,OUT 端对地为低电平(约 0.3V)。将该接近开关所控制的中间继电器 KA 跨接在 V_{CC} 与 OUT 端上时,KA 就处于得电(吸合)状态。当被测物体远离该接近开关,到达复位距离 $x_{\max}$ 时,OC 门再次截止,KA 处于失电(释放)状态。

5.3.6 接近开关的应用

1. 电涡流式接近开关

电涡流式接近开关由高频振荡电路、检波电路、放大电路、整形电路及输出电路组成,如图 5-22 所示。使用敏感元件作为检测线圈,它是振荡电路的一个组成部分。

当检测线圈通交流电时,在检测线圈的周围就产生一个交变的磁场,当金属物体接近检测线圈时,金属物体就会产生电涡流而吸收磁场能量,使检测线圈的电感 L 发生变化,从而使振荡电路的振荡频率减小,以至停振。振荡和停振这两个信号由电路转换成开关信号,经输出电路放大后送给后续电路。

2. 电容接近开关

电容接近开关的核心是以电容极板作为检测端的 LC 振荡器,电容接近开关的结构及原理框图如图 5-23 所示。两块检测极板设置在接近开关的最前端,测量转换电路安装在接近开关壳体内,棕色引线为正电源(18~35V);蓝色接地(电源负极);黑色为输出端。

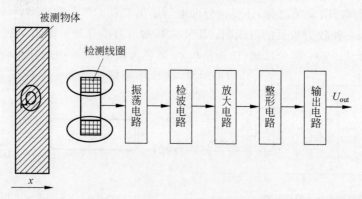

图 5-22　电涡流式接近开关原理框图

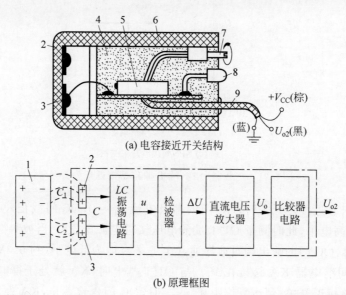

1—被测物;2—上检测极板;3—下检测极板;4—充填树脂;5—测量转换电路板;
6—塑料外壳;7—灵敏度调节电位器;8—工作指示灯;9—三线电缆。

图 5-23　圆柱形电容接近开关的结构及原理框图

当没有物体靠近检测极板时,上、下检测极板之间的电容量 C 非常小,它与电感 L(在测量转换电路板 5 中)构成高品质因数的 LC 振荡电路。

当被检测物体为导电体时,上、下检测极板经过与导电体之间的耦合作用,形成变极距电容 C_1、C_2。电容量比未靠近导电体时增大了许多,引起 LC 回路的 Q 值下降,输出电压 U_o 随之下降,当 Q 值下降到一定程度时振荡器停振。

可以将电容接近开关安装在饲料加工料斗上方。当谷物高度达到电容接近开关的底部时,电容接近开关就产生报警信号,关闭输送管道的阀门。也可以将它安装在一些水箱的玻璃连通器外壁上,用于测量和控制水位。

小结

电涡流传感器的工作原理是电涡流效应，根据法拉第电磁感应定律，将金属导体置于变化的磁场中，导体表面就会有感应电流产生。电流的流线在金属体内自行闭合，这种由电磁感应原理产生的旋涡状感应电流称为电涡流，这种现象称为电涡流效应。电涡流传感器的测量电路是电桥测量电路和谐振测量电路。

电涡流传感器的应用主要有电涡流转速传感器、高频反射式涡流厚度传感器、低频透射式涡流厚度传感器、振动的测量、电涡流探伤、位移的测量。

电涡流传感器具有结构简单、频率响应宽、灵敏度高、测量范围大、抗干扰能力强等优点，特别是电涡流传感器可以实现非接触式测量，因此在工业生产和科学技术的各个领域中得到了广泛的应用。应用电涡流传感器可实现多种物理量的测量，也可用于无损探伤。

本章还介绍了接近开关的定义、分类及应用。接近开关被广泛应用于机床、冶金、化工、轻纺和印刷等行业。接近开关具有使用寿命长、工作可靠、重复定位精度高、无机械磨损、无火花、无噪声、抗振能力强等特点。到目前为止，接近开关应用范围日益广泛，其自身发展和创新也极其迅速。

习题

1. 电涡流传感器检测导电物体的各种物理参数，利用的物理效应是＿＿＿＿。
   A. 应变效应   B. 热电效应   C. 电涡流效应   D. 霍尔效应
2. 电涡流式接近开关可以检测出下列哪个物体的靠近程度＿＿＿＿。
   A. 塑料零件   B. 水泥制件   C. 人体   D. 金属零件
3. 不能用电涡流传感器进行测量的是＿＿＿＿。
   A. 位移   B. 材质鉴别   C. 探伤   D. 非金属材料
4. 电涡流传感器在金属体上产生的涡流，由于电涡流的趋肤效应，其渗透深度与传感器的激励电流的频率成＿＿＿＿。
5. 接近开关复位距离与动作距离之差称为＿＿＿＿。
6. 接近开关有哪几种类型？
7. 电涡流传感器的线圈机械品质因数在测量时会发生什么变化？为什么？
8. 接近开关的主要功能有哪些？
9. 电涡流传感器的测量转换电路有哪几种？
10. 接近开关有哪几种接线方式？

第 6 章 磁电感应式传感器的原理与应用

CHAPTER 6

6.1 磁电感应式传感器

磁电感应式传感器又称磁电式传感器,是利用电磁感应原理将被测量(如振动、位移、转速等)转换成电信号的一种传感器。当导体和磁场发生相对运动时,在导体两端有感应电动势输出,磁电感应式传感器工作时不需要外加电源,可直接将被测物体的机械能转换为电量输出,是有源传感器,如图 6-1 所示。由于它输出功率大且性能稳定,具有一定的工作带宽(10~1000Hz),所以得到普遍应用。

图 6-1 磁电感应式传感器能量转换图

6.1.1 磁电感应式传感器的工作原理

根据法拉第电磁感应定律可知,当导体在磁场中运动切割磁力线,或者通过闭合线圈的磁通发生变化时,在导体两端或线圈内将产生感应电动势,电动势的大小与穿过线圈的磁通变化率有关。当导体在均匀磁场中,沿垂直磁场方向运动时,导体内产生的感应电动势为

$$e = -\frac{d\phi}{dt} = -Bl\frac{dx}{dt} = -Blv \tag{6-1}$$

式中:B——稳恒均匀磁场的磁感应强度;
l——导体有效长度;
v——导体相对磁场的运动速度;
ϕ——穿过线圈的磁通。

当一个 N 匝线圈相对静止地处于随时间变化的磁场中时,设穿过线圈的磁通为 ϕ,则线圈内的感应电势 e 与磁通变化率 $d\phi/dt$ 有如下关系

$$e = -N\frac{d\phi}{dt} = -NBlv \tag{6-2}$$

由式(6-2)可知,感应电势 e 由磁通变化率 $d\phi/dt$ 决定,当 N、B、l 一定时,对于结构确定的磁电式传感器,输出感应电势 e 和振动速度 v 成正比,即

$$e = -NBlv = kv \tag{6-3}$$

其中，$k = -NBl$。但是，在实际测量过程中，磁电感应式传感器输出特性（灵敏度）是非线性的，实际特性曲线和理想特性曲线如图6-2所示。偏离的原因有如下几个。

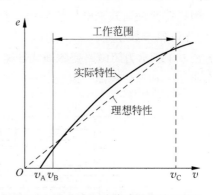

图6-2 磁电式振动传感器的输出特性

(1) 当振动速度很小时（$v < v_A$），惯性力不足以克服传感器活动部件的静摩擦力，线圈与磁铁不存在相对运动，因此无输出。

(2) 当 $v > v_A$，超过 v_B 时，惯性力克服静摩擦力，线圈与磁铁有相对运动，但摩擦阻尼使输出特性是非线性。

(3) 当速度超过 v_B 到达 v_C 时，惯性太大，超过弹性形变范围，输出饱和。

这种传感器的输出在很小和很大情况下是非线性的，但实际的工作范围较大，实用性较强。

6.1.2 磁电感应式传感器的分类

根据磁电式传感器的工作原理，可分为两种结构：变磁通式和恒磁通式。其中恒磁通式是恒定磁场，运动部件是线圈也可以是磁铁。变磁通式是线圈、磁铁静止不动，转动物体引起磁阻、磁通变化。

1. 变磁通式磁电传感器

变磁通式磁电传感器又称为磁阻式磁电传感器。根据磁路系统的结构不同又分为开磁路和闭磁路两种。

1) 开磁路磁阻式磁电传感器

开磁路磁阻式磁电传感器，线圈、磁铁静止不动，测量齿轮安装在被测旋转体上，随之一起转动，用来测量旋转物体的角速度。图6-3所示为开磁路变磁通式转速传感器，其中感应线圈3和永久磁铁5静止不动，测量齿轮2安装在被测旋转体1上，随其一起转动。每转动一个齿，齿的凹凸引起磁路磁阻变化一次，磁通也就变化一次，线圈3中产生感应电势，其变化频率等于被测转速与测量齿轮2上齿数的乘积。

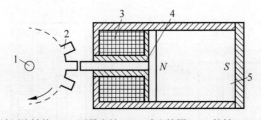

1—被测旋转体；2—测量齿轮；3—感应线圈；4—软铁；5—永久磁铁。

图6-3 开磁路变磁通式转速传感器

这种传感器结构简单，但输出信号较小，且因高速轴上加装齿轮较危险而不宜测量高转速的场合。当被测轴振动较大时，传感器输出波形失真较大。

2) 闭磁路变磁通式磁电传感器

闭磁路变磁通式磁电传感器由装在转轴上的内齿轮、外齿轮、永久磁铁和感应线圈组成，内外齿轮齿数相同。

图 6-4 所示为闭磁路变磁通式转速传感器，它由装在转轴 3 上的内齿轮 4 和外齿轮 5、永久磁铁 1 和感应线圈 2 组成，内外齿轮的齿数相同。

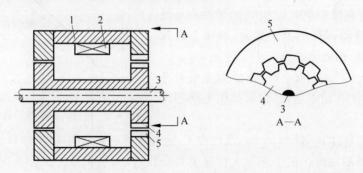

1—永久磁铁；2—感应线圈；3—转轴；4—内齿轮；5—外齿轮。

图 6-4 闭磁路变磁通式转速传感器

当转轴 3 连接到被测转轴上时，外齿轮 5 不动，内齿轮 4 随被测轴而转动，内、外齿轮的相对转动使气隙磁阻产生周期性变化，从而引起磁路中磁通的变化，使线圈内产生周期性变化的感生电动势，感应电势的频率与被测转速成正比。

变磁通式传感器对环境条件要求不高，能在 -150～90℃ 的温度下工作，不影响测量精度，也能在油、水雾、灰尘等条件下工作。但它的工作频率下限较高，约为 50Hz，上限可达 100kHz。

2. 恒定磁通式磁电传感器

磁路系统产生恒定的直流磁场，磁路中的工作气隙固定不变，因而气隙中磁通也是恒定不变的。其运动部件可以是线圈（动圈式），也可以是磁铁（动铁式），恒磁通式磁电传感器也分为两种：动圈式恒磁通磁电传感器和动铁式恒磁通磁电传感器。图 6-5(a) 所示的动圈式和图 6-5(b) 所示的动铁式的工作原理是完全相同的。

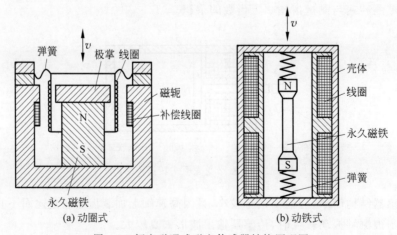

图 6-5 恒定磁通式磁电传感器结构原理图

当壳体随被测振动体一起振动时,弹簧较软,运动部件质量相对较大,当振动频率足够高(远大于传感器固有频率)时,运动部件惯性很大,来不及随振动体一起振动,近乎静止不动,振动能量几乎全被弹簧吸收,永久磁铁与线圈之间的相对运动速度接近振动体的振动速度,磁铁与线圈的相对运动切割磁力线,从而产生感应电势。

6.1.3 磁电感应式传感器的测量电路

磁电感应式传感器可直接输出感应电势,而且具有较高的灵敏度,对测量电路无特殊要求。用于测量振动速度时,能量全被弹簧吸收,磁铁与线圈之间相对运动速度接近于振动速度,磁路间隙中的线圈切割磁力线时,产生正比于振动速度的感应电动势,直接输出速度信号。如果要进一步获得振动位移、振动加速度等,可分别接入积分电路或微分电路,将速度信号转换成与位移或加速度有关的电信号输出,如图 6-6 所示。

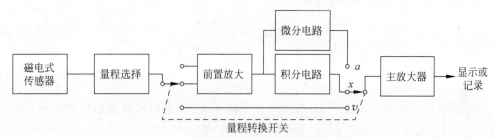

图 6-6 磁电感应式传感器的测量电路

1. 积分电路

已知速度与位移、时间的关系为 $x = vt$,或者 $dx = v dt$,设传感器输出电压为积分放大器输入电压 $U_i = e = kv$,图 6-7 所示积分电路的输出电压为

$$U_o(t) = -\frac{1}{C}\int \frac{U_i}{R} dt = -\frac{1}{RC}\int U_i dt \tag{6-4}$$

其中 RC 为积分时间常数,式(6-4)结果表示积分电路的输出电压 U_o 正比于输入信号 U_i 对时间的积分值,即正比于位移 x 的大小。速度经时间积分,可测量位移。

2. 微分电路

传感器输出电压为微分放大器输入电压,$U_i = e = kv$,通过微电路(见图 6-8)的输出电压为

$$U_o(t) = -Ri = -RC \frac{dU_i(t)}{dt} \tag{6-5}$$

其结果表示微分电路的输出电压 U_o 正比于输入信号 U_i 对时间的微分值,即正比于加速度 a。

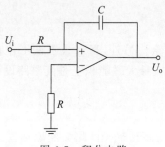

图 6-7 积分电路

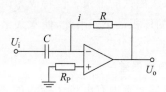

图 6-8 微分电路

6.1.4 磁电感应式传感器的基本特性

1. 误差特性

磁电式传感器在使用时,其后要接入测量电路。设测量电路的输入电阻为 R_f,传感器的内阻为 R,则磁电式传感器的输出电流 $I_\circ$ 为

$$I_\circ = \frac{e}{R+R_f} = \frac{NBlv}{R+R_f} \tag{6-6}$$

传感器的电流灵敏度为

$$K_I = \frac{I}{v} = \frac{NBl}{R+R_f} \tag{6-7}$$

而传感器的输出电压和电压灵敏度分别为

$$U_\circ = I_\circ R_f = \frac{NBlvR_f}{R+R_f} \tag{6-8}$$

$$K_U = \frac{U_\circ}{v} = \frac{NBlR_f}{R+R_f} \tag{6-9}$$

当传感器的工作温度发生变化,或受到外界磁场干扰、受到机械振动或冲击时,其灵敏度将发生变化,从而产生测量误差。相对误差的表达式为

$$\gamma = \frac{dB}{B} + \frac{dl}{l} = \frac{-dR}{R} \tag{6-10}$$

当温度变化时,式(6-10)中后三项都不为零。一般情况下,温度每变化 1℃,铜线的长度和电阻变化分别为 $dR/R \approx 0.43 \times 10^{-2}$,$dl/l \approx 0.167 \times 10^{-4}$,而 dB/B 的变化取决于磁性材料,对于铝镍钴永磁合金,$dB/B = -0.02 \times 10^{-2}$,这样由式(6-10)可得由温度引起的误差为 $\gamma_t = 0.45\%$。

这一数值显然不能忽略,所以需要进行温度补偿,补偿通常采用热磁分流器。热磁分流器采用具有很大负温度系数的特殊磁性材料做成。它搭在传感器的两个极靴上,在正常工作温度下已将空气隙磁通分流掉一小部分。当温度升高时,热磁分流器的磁导率显著下降,经它分流掉的磁通占总磁通的比例与正常工作温度下相比显著降低,从而保持空气隙的工作磁通不随温度变化,维持传感器灵敏度为常数,起到温度补偿作用。

永久磁铁的不稳定误差。由式(6-9)可知,当 $R_f \gg R$ 时,电压灵敏度 K_U 为

$$K_U = NBl \tag{6-11}$$

于是有

$$\gamma = \frac{dB}{B} + \frac{dl}{l} \tag{6-12}$$

此时永久磁铁的不稳定性将成为误差的决定性因素。另外,当永久磁铁工作在最大磁能积时,它的体积最小。因此,使永久磁铁尽可能工作在最大磁能积上是其磁路设计中的一个重要原则。

2. 非线性误差

当传感器线圈内有电流 I 流过时,将产生一定的交变磁通 ϕ_I,此交变磁通叠加在永久磁铁所产生的工作磁通上,使恒定的气隙磁通发生变化。当传感器线圈相对于永久磁铁磁

场的运动速度增大时,将产生较大的感生电势 E 和较大的电流 I。由此而产生的附加磁场方向与原工作磁场方向相反,减弱了工作磁场的作用。从而使得传感器的灵敏度随被测速度的增大而降低。

为补偿上述附加磁场的干扰,可在传感器中加入补偿线圈。将补偿线圈通以电流,并适当选择补偿线圈参数,可使其产生的交变磁通与传感线圈本身所产生的交变磁通互相抵消,从而达到补偿的目的。

6.1.5 磁电感应式传感器的应用

1. 动圈式振动速度传感器

图 6-9 所示是动圈式振动速度传感器的结构原理图。其结构主要由钢制圆形外壳制成,里面用铝支架将圆柱形永久磁铁与外壳固定成一体,永久磁铁中间有一个小孔,穿过小孔的芯轴两端架起线圈和阻尼环,芯轴两端通过圆形弹簧片支撑架空且与外壳相连。工作时,传感器与被测物体刚性连接,当物体振动时,传感器外壳和永久磁铁随之振动,而架空的芯轴、线圈和阻尼环因惯性而不随之振动。因而,磁路空气隙中的线圈切割磁力线而产生正比于振动速度的感应电动势,线圈的输出通过引线输出到测量电路。该传感器测量的是振动速度参数,若在测量电路中接入积分电路,则输出电势与位移成正比;若在测量电路中接入微分电路,则其输出与加速度成正比。

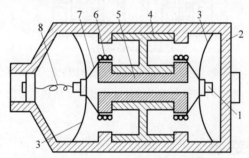

1—芯轴;2—外壳;3—弹簧片;4—铝支架;
5—永久磁铁;6—线圈;7—阻尼环;8—引线。

图 6-9 磁电式振动传感器的结构原理图

2. 磁电式扭矩传感器

图 6-10 所示是磁电式扭矩传感器的工作原理图。在扭转轴的两侧装有齿形圆盘。在圆盘旁边装有两个相应的磁电传感器。传感器的检测元件部分由永久磁铁、感应线圈和铁芯组成。永久磁铁产生的磁力线与齿形圆盘交链。当齿形圆盘旋转时,圆盘齿凸凹引起磁路气隙变化,于是磁通量也发生变化,在线圈中感应出交流电压,其频率在数值上等于圆盘上齿数与转数的乘积。当扭矩作用在扭转轴上时,两个磁电传感器输出的感应电压 u_1 和 u_2 存在相位差。这个相位差与扭转轴的扭转角成正比。这样传感器就可以把扭矩引起的扭转角转换成相位差的电信号。

3. 磁电感应式转速传感器

图 6-11 所示是一种磁电感应式转速传感器的结构原理图。测量转速时,传感器的转轴与被测物体转轴相连接,因而带动转子转动。当转子的齿与定子的齿相对时,气隙最小,磁

路系统中的磁通最大。而齿与槽相对时,气隙最大,磁通最小。因此当转子转动时,磁通就周期性地变化,从而在线圈中感应出近似正弦波的电压信号,其频率与转速成正比。

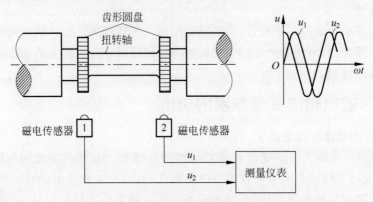

图 6-10 磁电式扭矩传感器的工作原理图

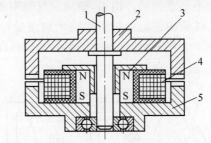

1—转轴;2—转子;3—永久磁铁;4—线圈;5—定子。

图 6-11 磁电感应式转速传感器的结构原理图

6.2 霍尔传感器

霍尔传感器是目前国内外应用最为广泛的一种磁敏传感器,它利用磁场作为媒介,可以用来检测很多物理量,如微位移、加速度、转速、流量、角度等,也可用于制作高斯计、电流表、功率计、乘法器、接近开关和无刷直流电机等。它可以实现非接触测量,而且在很多情况下,可采用永久磁铁来产生磁场,不需附加能源。因此,这种传感器广泛应用于自动控制、电磁检测等。霍尔传感器属于半导体磁敏元件,磁敏元件也是基于磁电转换原理,把磁学物理量转换成电信号的传感器。

霍尔传感器有霍尔元件和霍尔集成电路两种类型。目前,霍尔传感器已从分立型结构发展到集成电路阶段。霍尔集成电路是把霍尔元件、放大器、温度补偿电路及稳压电源等部件集成在一个芯片上的集成电路型结构。与前者相比,霍尔集成电路具有微型化、可靠性高、寿命长、功耗低以及负载能力强等优点,且越来越受到人们的重视,应用日益广泛。

6.2.1 霍尔效应

如图 6-12 所示将金属或半导体薄片垂直放置于磁场中,并通以控制电流 I,那么,在垂直于电流和磁场的方向上将产生电势U_H,这种现象称为霍尔效应。产生的电动势U_H称为霍尔电势,金属或半导体薄片称霍尔元件。该效应是由霍尔(E. Hall)于1879年发现的。

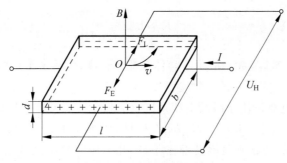

图 6-12 霍尔效应原理图

霍尔效应的产生是由于运动电荷受到磁场中洛伦兹力作用,霍尔元件中的电流是金属中自由电子在电场作用下的定向运动,此时,每个电子受洛伦兹力F_L的作用,F_L大小为

$$F_L = eBv \tag{6-13}$$

式中:e——电子电荷;
$\quad\quad v$——电子运动平均速度;
$\quad\quad B$——磁场的磁感应强度。

如图 6-12 所示,电子除了沿电流反方向作定向运动外,还在F_L的作用下漂移,结果使金属导电板内侧面积累电子带负电,而外侧面失去电子带正电,从而形成了附加内电场E_H,称为霍尔电场,该电场强度为

$$E_H = \frac{U_H}{b} \tag{6-14}$$

式中:U_H——霍尔电势。

霍尔电场的出现,使定向运动的电子除了受洛伦兹力F_L作用外,还受到霍尔电场力F_E的作用,其力的大小为

$$F_E = eE_H \tag{6-15}$$

F_E阻止电荷继续在两个侧面积累。随着内、外侧面积累电荷的增加,霍尔电场增大,电子受到的霍尔电场力也增大,当电子所受洛伦兹力与霍尔电场作用力大小相等方向相反时,即$F_L = F_E$,$eBv = eE_H$时,可得

$$E_H = Bv \tag{6-16}$$

此时电荷不再向两个侧面积累,而是达到平衡状态。设金属导电板单位体积内电子数(即电子浓度)为n,电子定向运动平均速度为v,则根据电流的定义,激励电流$I = nevbd$,可得

$$v = \frac{I}{nebd} \tag{6-17}$$

把式(6-17)代入式(6-16)可得

$$E_H = \frac{IB}{nebd} \tag{6-18}$$

把式(6-18)代入式(6-14)可得

$$U_H = \frac{IB}{ned} \tag{6-19}$$

令 $R_H = 1/ne$，则

$$U_H = \frac{R_H IB}{d} = K_H IB \tag{6-20}$$

式中：R_H——霍尔系数，其大小取决于导体载流子密度，反映了霍尔电势的强弱；

$K_H = R_H/d$——霍尔片的灵敏度。

由此可见，霍尔电势正比于激励电流及磁感应强度。其灵敏度与霍尔系数 R_H 成正比，而与霍尔片厚度 d 成反比。K_H 与霍尔元件材料的性质和几何尺寸有关。由于金属的电子浓度高，所以它的霍尔系数或灵敏度都很小，因此不适宜制作霍尔元件；元件的厚度 d 越小，灵敏度越高，因而制作霍尔元件时可采取减小 d 的方法来增加灵敏度。但是不能认为 d 越小越好，因为这会导致元件的输入和输出电阻增加。为了提高灵敏度，霍尔元件常制成薄片形状。

如果磁场与薄片法线有一定夹角 $\theta(0°\sim 90°)$，则霍尔电势的值会减小，变化关系为

$$U_H = K_H IB \cos\theta \tag{6-21}$$

由于霍尔元件载流体的电阻率为

$$\rho = \frac{1}{ne\mu} \tag{6-22}$$

式中：μ——载流子的迁移率。因此

$$R_H = \frac{1}{ne} = \rho\mu \tag{6-23}$$

由式(6-23)可知，R_H 等于霍尔元件载流体的电阻率与电子迁移率 μ 的乘积。若要霍尔效应强，则须要有较大的霍尔系数 R_H，因此要求霍尔片材料有较大的电阻率和载流子迁移率。

一般金属材料载流子迁移率很高，但电阻率很小；而绝缘材料电阻率极高，但载流子迁移率极低，一般采用霍尔系数或灵敏度比较大的 N 型半导体材料做霍尔元件。

6.2.2 霍尔元件的材料及结构

霍尔元件采用的材料有锗(Ge)、硅(si)、锑化铟(1nSb)、砷化铟(1nAs)和砷化镓(GaAs)等。锑化铟元件的输出较大，TY211、TY311 锑化铟霍尔元件分别在恒压、恒流作用下的磁电转换特性如图 6-13 所示，恒温特性稍差；砷化铟元件及锗元件的输出不如锑化铟大，但温度系数小，并且线性度也好；采用砷化镓的元件温度特性好，但价格较贵。

霍尔元件的结构很简单，它由霍尔片、引线和壳体组成。霍尔元件是一种四端型器件，如图 6-14 所示。

霍尔片是一块矩形半导体单晶薄片，尺寸一般为 $4mm \times 2mm \times 0.1mm$。通常的两个引

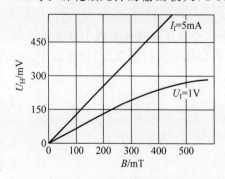

图 6-13 霍尔元件磁电转换特性图

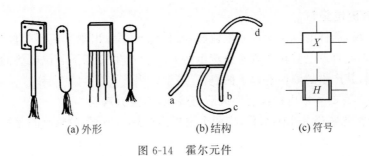

图 6-14 霍尔元件

线 a、b 为控制电流输入线,c、d 两个引线为霍尔电势输出线。霍尔元件的壳体是用非导磁金属、陶瓷或环氧树脂封装的。在电路中,霍尔元件一般可用两种符号表示。

6.2.3 霍尔元件的主要技术参数

1. 输入电阻 R_{in} 和输出电阻 R_{out}

R_{in} 为霍尔器件两个电流电极(控制电极)之间的电阻,霍尔电极输出电势对电路外部来说相当于一个电压源,其电源内阻即为输出电阻 R_{out}。以上电阻值是在磁感应强度为零,且环境温度在 20℃±5℃时所确定的。R_{in} 和 R_{out} 是纯电阻,可用直流电桥或欧姆表直接测量。R_{in} 和 R_{out} 均随温度的改变而改变,一般为几欧姆到几百欧姆。

2. 额定控制电流 I_c 和最大允许激励电流 I_{max}

霍尔器件通电后会发热,使在空气中的霍尔器件产生允许温升 10℃时的控制电流称为额定控制电流 I_c。当控制电流超过 I_c 时,器件温升将大于允许的温升,器件特性将变坏,以元件允许的最大温升为限制,所对应的激励电流称为最大允许激励电流 I_{max}。因霍尔电势随激励电流增加而线性增加,所以使用中选用尽可能大的激励电流,因而需要知道元件的最大允许激励电流。改善霍尔元件的散热条件,可以使激励电流增加。但激励电流增大,霍尔元件的功耗增大,元件的温度升高,从而引起霍尔电势的温漂增大,因此每种型号的元件均规定了相应的最大允许激励电流,它的数值从几毫安到几十毫安。

3. 不等位电势 U_0

当霍尔元件的激励电流为 I 时,元件所处位置的磁感应强度为零,外加磁场为零,则它的霍尔电势应该也为零,但实际不为零,此时测得霍尔元件输出端之间的开路电压称为不等位电势,也称为非平衡电压或残留电压,产生的原因有以下 3 点。

(1) 由于 4 个电极的几何尺寸不对称或不在同一等电位面引起的。

(2) 半导体材料不均匀造成了电阻率不均匀或几何尺寸不均匀。

(3) 激励电极接触不良造成激励电流不均匀分布。

使用时多采用电桥法来补偿不等位电势引起的误差。

4. 灵敏度

灵敏度包括霍尔灵敏度 K_H 和磁灵敏度 S_B。霍尔灵敏度又称乘积灵敏度,也可用 S_H 表示,它是指霍尔元件在单位控制电流和单位磁感应强度作用下输出极开路时的霍尔电压,单位为 V/(T·A)。磁感应强度有两个单位,国际单位是特斯拉,符号为 T,另一个单位是高斯,符号为 Gs,它反映了霍尔元件本身所具有的磁电转换能力,一般希望它越大越好。

5. 寄生直流电势 U_{OD}

当不加磁场,器件通以交流控制电流时,器件输出端除出现交流不等位电势外,如果还有直流电势,则此直流电势称为寄生直流电势 U_{OD}。产生交流不等位电势的原因与直流不等位电势相同,其产生的原因有以下两点。

(1) 器件本身的 4 个电极没有形成欧姆接触,有整流效应。

(2) 两个霍尔电极大小不对称,则两个电极点的热容不同,散热状态不同而形成极间温差电势。

寄生直流电势一般在 1mV 以下,它是影响霍尔片温漂的原因之一。

6. 霍尔电势温度系数 α

在磁感应强度及控制电流一定的情况下,温度变化 1℃ 时相应的霍尔电势变化的百分数。它与霍尔元件的材料有关,一般为 0.1%/℃ 左右。在要求较高的场合,应选择低温漂的霍尔元件。表 6-1 列举了几种典型霍尔元件的主要参数。

表 6-1 典型霍尔元件主要参数

参数名称	符号	单位	HZ-1 型	HZ-2 型	HZ-3 型	HZ-4 型	HT-1 型	HT-2 型	HS-1 型
			材料(N 型)						
			Ge(111)	Ge(111)	Ge(111)	Ge(100)	InSb	InSb	InAs
电阻率		$\Omega \cdot cm$	0.8~1.2	0.8~1.2	0.8~1.2	0.4~0.5	0.003~0.01	0.003~0.05	0.01
几何尺寸	$L \times l \times d$	mm	8×4×0.2	4×2×0.2	8×4×0.2	8×4×0.2	6×3×0.2	8×4×0.2	8×4×0.2
输入电阻	R_{in}	Ω	110±20%	110±20%	110±20%	45±20%	0.8±20%	0.8±20%	1.2±20%
输出电阻	R_{out}	Ω	100±20%	100±20%	100±20%	40±20%	0.5±20%	0.5±20%	1±20%
灵敏度	K_H	mV/(mA·T)	>12	>12	>12	>4	1.8±20%	1.8±20%	1±20%
不等位电阻	R_M	Ω	<0.07	<0.05	<0.07	<0.02	<0.05	<0.05	<0.03
寄生直流电势	U_{OD}	μV	<150	<200	<150	<100	—	—	—
额定控制电流	I_c	mA	20	15	25	50	250	300	200
霍尔电势温度系数	α	1/℃	0.04%	0.04%	0.04%	0.03%	−1.5%	−1.5%	—
输出电阻温度系数	β	1/℃	0.5%	0.5%	0.5%	0.3%	−0.5%	−0.5%	—
热阻	R_Q	℃/mW	0.4	0.25	0.2	0.1	—	—	—
工作温度		℃	−40~45	−40~45	−40~45	−40~75	0~40	0~40	−40~60

6.2.4 霍尔元件的测量、补偿电路

1. 霍尔元件测量电路

霍尔元件的基本测量电路如图 6-15 所示。在图示电路中,激励电流由电源 E 供给,调节可变电阻可以改变激励电流 I,R_L 为输出的霍尔电势的负载电阻,它一般是显示仪表、记录装置、放大器电路的输入电阻。由于霍尔电势建立所需要的时间极短,约为 $10^{-14} \sim 10^{-12}$ s,因此其频率响应范围较宽,可达 10^9 Hz 以上。

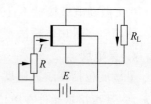

图 6-15 霍尔元件的测量电路

2. 霍尔元件补偿电路

霍尔元件测量的关键是霍尔效应,而霍尔元件是采用半导体材料制成的,半导体对温度很敏感,许多参数都具有较大的温度系数,温度的变化对霍尔元件的输入输出电阻以及霍尔电势都有明显的影响。当温度变化时,霍尔元件的载流子浓度、迁移率、电阻率及霍尔系数都将发生变化,使霍尔元件的特性参数(如霍尔电势和输入、输出电阻等)成为温度的函数,从而使霍尔元件产生温度误差。由不同材料制成的霍尔元件的内阻(输入/输出电阻)与温度变化的关系如图 6-16 所示。由图示关系可知,锑化铟材料的霍尔元件对温度最敏感,其温度系数最大,特别在低温范围内更明显,并且是负的温度系数;其次是硅材料的霍尔元件;再次是锗材料的霍尔元件,其中 Ge(Hz-1.2.3)在 80℃ 左右有个转折点,它从正温度系数转为负温度系数,而 Ge(Hz-4)转折点在 120℃ 左右。而砷化铟的温度系数最小,所以它的温度特性最好。

各种材料的霍尔元件的输出电势与温度变化的关系如图 6-17 所示。由图示关系可知,锑化铟材料的霍尔元件的输出电势对温度变化的敏感最显著,且是负温度系数;砷化铟材料的霍尔元件比锗材料的霍尔元件受温度变化影响大,但它们都有一个转折点,到了转折点就从正温度系数转变成负温度系数,转折点的温度就是霍尔元件的上限工作温度,考虑到元件工作时的温升,其上限工作温度应适当地降低一些;硅材料的霍尔元件的温度电势特性较好。

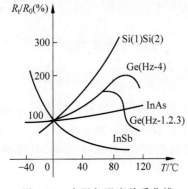

图 6-16　内阻与温度关系曲线

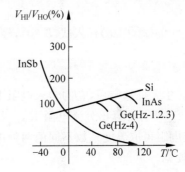

图 6-17　输出电势与温度关系曲线

为了减小霍尔元件的温度误差,需要对基本测量电路进行温度补偿的改进,可以采取以下措施。

1) 霍尔元件分流补偿电路

霍尔元件的灵敏系数 K_H 也是温度的函数,它随温度变化,进而引起霍尔电势的变化。霍尔元件的灵敏系数与温度的关系可写成

$$K_H = K_{H0}(1 + \alpha \Delta T) \tag{6-24}$$

式中:K_{H0}——温度 T_0 时的 K_H 值;

ΔT——温度的变化量,$\Delta T = T - T_0$,其中 T_0 为初始温度;

α——霍尔电势的温度系数。

大多数霍尔元件的温度系数是正值,它们的霍尔电势随温度升高而增加 $\alpha \Delta T$ 倍。但如果同时让激励电流 I_S 相应地减小,并能保持 K_H 与 I_S 的乘积不变,也就抵消了灵敏系数 K_H 增加所产生的影响。图 6-18 就是按此思路设计的一个既简单、补偿效果又较好的补偿

电路。

在如图 6-18 所示的温度补偿电路中,设初始温度为 T_0,霍尔元件输入电阻为 R_{i0},灵敏系数为 K_{H0},分流电阻为 R_{P0},根据分流概念得

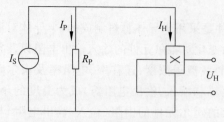

图 6-18 温度补偿电路

$$I_{H0} = \frac{R_{P0} I_S}{R_{P0} + R_{i0}} \tag{6-25}$$

当温度升至 T 时,电路中各参数变为

$$R_i = R_{i0}(1 + \delta \Delta T) \tag{6-26}$$

$$R_P = R_{P0}(1 + \beta \Delta T) \tag{6-27}$$

式中:δ——霍尔元件输入电阻温度系数;

β——分流电阻温度系数。于是有

$$I_H = \frac{R_P I_S}{R_P + R_i} = \frac{R_{P0}(1 + \beta \Delta T) I_S}{R_{P0}(1 + \beta \Delta T) + R_{i0}(1 + \delta \Delta T)} \tag{6-28}$$

虽然温度升高了 ΔT,为使霍尔电势不变,补偿电路必须满足温升前、后的霍尔电势不变,即 $U_{H0} = U_H$ 则

$$K_{H0} I_{H0} B = K_H I_H B \tag{6-29}$$

$$K_{H0} I_{H0} = K_H I_H \tag{6-30}$$

将式(6-24)~式(6-28)代入式(6-30),经整理并略去 α、β、ΔT 高次项后得

$$R_{P0} = \frac{(\delta - \beta - \alpha) R_{i0}}{\alpha} \tag{6-31}$$

当霍尔元件选定后,它的输入电阻 R_{i0} 和温度系数 δ 及霍尔电势温度系数 α 是确定值。由式(6-31)便可计算出分流电阻 R_{P0} 及所需的温度系数 β 值。为了满足 R_{P0} 和 β 两个条件,分流电阻可取温度系数不同的两种电阻的串、并联组合,这样虽然麻烦,但效果很好,应用范围较宽。

2) 恒流源补偿法

温度的变化会引起内阻的变化,而内阻的变化又使激励电流发生变化以致影响到霍尔电势的输出,采用恒流源可以补偿这种影响,其电路如图 6-19 所示。

在如图 6-19 所示电路中,只要三极管 T 的输入偏置固定,放大倍数固定,则 T 的集电极电流(即霍尔元件的激励电流)不受集电极电阻变化的影响,则可以忽略温度对霍尔元件输入电阻变化的影响,减小了温漂。

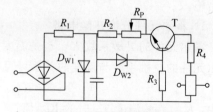

图 6-19 恒流源补偿电路

3) 选择合理的负载电阻进行补偿

在图 6-19 所示的电路中,当温度为 T 时,负载电阻 R_L 上的电压为

$$U_L = U_H \frac{R_L}{R_L + R_{out}} \tag{6-32}$$

当温度由 T 变为 $T + \Delta T$ 时,则 R_L 上的电压变为

$$U_L + \Delta U_L = U_H(1+\alpha\Delta T)\frac{R_L}{R_L+R_{out}(1+\beta\Delta T)} \tag{6-33}$$

要使 U_L 不受温度变化的影响，只要合理选择 R_L，使温度为 T 时的 R_L 上的电压 U_L 与温度为 $T+\Delta T$ 时 R_L 上的电压相等，即

$$U_L = U_L + \Delta U_L$$

$$U_H \frac{R_L}{R_L+R_{out}} = U_H(1+\alpha\Delta T)\frac{R_L}{R_L+R_{out}(1+\beta\Delta T)} \tag{6-34}$$

将式(6-34)进行化简整理后，得

$$R_L = R_{out}\frac{\beta-\alpha}{\alpha} \tag{6-35}$$

对一个确定的霍尔元件，可查表 6-1 得到 α、β 和 R_{out} 值，再求得 R_L 值，这样就可在输出回路实现对温度误差的补偿了。

4) 利用霍尔元件输入回路的串联电阻或并联电阻进行补偿的方法

霍尔元件在输入回路中采用恒压源供电工作，并使霍尔电势输出端处于开路工作状态。此时可以利用在输入回路中串入电阻的方式进行温度补偿，如图 6-20 所示。

经分析可知，当串联电阻取 $R=\frac{\beta-\alpha}{\alpha}R_{i0}$ 时，可以补偿因温度变化而带来的霍尔电势变化，其中 R_{i0} 为霍尔元件在 0℃ 时的输入电阻。

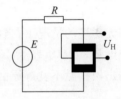

图 6-20　串联输入电阻补偿原理

例 6-1　已知 HZ-4 型霍尔元件的灵敏度 $K_H = 23\text{mV/mA}\cdot\text{T}$，其元件电阻 $R_{i0}=50\Omega$，将该霍尔元件与阻值为 1150Ω 的电阻 R 串联，穿过霍尔元件的磁场 $B=2\text{T}$，如图 6-20 所示。

(1) 接入电压为 12V 的恒压源磁场方向与元件平面成 $90°$，试计算霍尔电势 U_H。

(2) 若电源电压变成 6V 磁场方向与元件平面成 $30°$，试计算霍尔电势 U_H。

解：(1) 控制电流为

$$I = 12\,000\text{mV}/(50+1150)\Omega = 10\text{mA}$$

霍尔电势为

$$U_H = K_H IB\cos\theta = 23\times2\times10\times1 = 460\text{mV}$$

(2) 控制电流为

$$I = 6000\text{mV}/(50+1150)\Omega = 5\text{mA}$$

霍尔电势为

$$U_H = K_H IB\cos\theta = 23\times5\times2\times0.5 = 115\text{mV}$$

霍尔元件在输入回路中采用恒流源供电工作，并使霍尔电势输出端处于开路工作状态，此时可以利用在输入回路中并入电阻的方式进行温度补偿，具体如图 6-21 所示。经分析可知，当并联电阻 $R=\frac{\beta-\alpha}{\alpha}R_{i0}$ 时，可以补偿因温度变化而带来的霍尔电势变化。

5) 热敏电阻补偿法

采用热敏电阻对霍尔元件的温度特性进行补偿，具体如图 6-22 所示。由图示电路可

知,当输出的霍尔电势随温度增加而减小时,R_{t1} 应采用负温度系数的热敏电阻,它随温度的升高而阻值减小,从而增加了激励电流,使输出的霍尔电势增加从而起到补偿作用;而 R_{t2} 也应采用负温度系数的热敏电阻,因它随温升而阻值减小,使负载上的霍尔电势输出增加,同样能起到补偿作用。在使用热敏电阻进行温度补偿时,要求热敏电阻和霍尔元件封装在一起,或者使两者之间的位置靠得很近,这样才能使补偿效果显著。

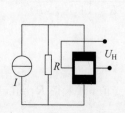
图 6-21　并联输入电阻补偿原理

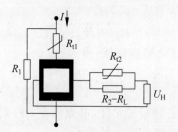
图 6-22　热敏电阻温度补偿电路

6) 不等位电势的补偿

在无磁场的情况下,当霍尔元件通过一定的控制电流 I 时,在两输出端产生的电压称为不等位电势,用 U_M 表示。不等位电势是由于元件输出极焊接不对称,或厚薄不均匀,以及两个输出极接触不良等原因造成的,可以通过桥路平衡的原理加以补偿。如图 6-23 所示为一种常见的具有温度补偿的不等位电势补偿电路。该补偿电路本身也接成桥式电路,其工作电压由霍尔元件的控制电压提供。其中一个桥臂为热敏电阻 R_t,且 R_t 与霍尔元件的等效电阻的温度特性相同。在该电桥的负载电阻 R_{P2} 上取出电桥的部分输出电压(称为补偿电压),与霍尔元件的输出电压反接。在磁感应强度 B 为零时,调节 R_{P1} 和 R_{P2},使补偿电压抵消霍尔元件此时输出的不等位电势,从而使 $B=0$ 时的总输出电压为零。

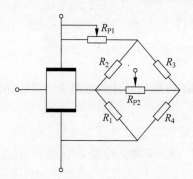
图 6-23　不等位电势的桥式补偿电路

在霍尔元件的工作温度为下限 T_1 时,热敏电阻的阻值为 $R_t(T_1)$。电位器 R_{P2} 保持在某一确定位置,通过调节电位器 R_{P1} 调节补偿电桥的工作电压,使补偿电压抵消此时的不等位电势 U_M,此时的补偿电压称为恒定补偿电压。

当工作温度由 T_1 升高到 $T_1+\Delta T$ 时,热敏电阻的阻值为 R_t。R_{P1} 保持不变,通过调节 R_{P2},使补偿电压抵消此时的不等位电势 $U_M+\Delta U_M$。此时的补偿电压实际上包含了两个分量,一个是抵消工作温度为 T_1 时的不等位电势 U_M 的恒定补偿电压分量;另一个是抵消工作温度升高 T 时不等位电势的变化量 ΔU_M 的变化补偿电压分量。

根据上述讨论可知,采用桥式补偿电路,在霍尔元件的整个工作温度范围内都可以对不等位电势进行良好的补偿,并且对不等位电势的恒定部分和变化部分的补偿可相互独立地进行调节,所以可达到相当高的补偿精度。

7) 霍尔元件输出回路串联电阻补偿电路

在输入控制电流恒定的情况下,如果输出电阻随温度增加而增大,霍尔电势增加;若在输出端并联一个补偿电阻 R_L,如图 6-24 所示,则通过霍尔元件的电流减小,使霍尔电势不变。

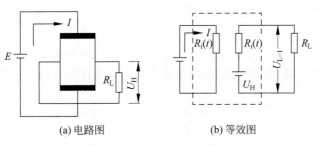

(a) 电路图　　　　　　　(b) 等效图

图 6-24　霍尔元件串联电阻补偿电路

如图 6-25 所示，在输出端串联一个温度补偿电桥，电桥的桥臂 R_1、R_2、R_3、R_4 为等值电阻，此时电桥处于平衡状态，在 R_3 两端并联一个热敏电阻 R_t，当温度变化时，热敏电阻 R_t 的阻值也发生变化，通过调节 W_2、W_3 抵消温度变化对霍尔电动势的影响。

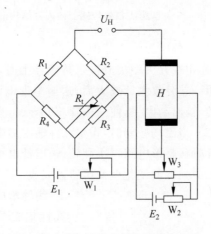

图 6-25　霍尔元件串联电桥补偿电路

6.2.5　霍尔集成电路

集成霍尔传感器是利用霍尔效应与集成电路技术，将霍尔元件、放大器、温度补偿电路、稳压电源及输出电路等集成在一个芯片上而制成的一个简化的和比较完善的磁敏传感器，由于其外形与集成电路相同，故也称为霍尔集成电路。集成霍尔传感器尺寸紧凑，输出信号明快，传送过程中无抖动现象，且功耗低、温度特性好（带有补偿电路），能适应恶劣环境。

集成霍尔传感器的霍尔材料仍以半导体硅作为主要材料，按其输出信号的形式可分为开关型和线性型两种。

1. 开关型集成霍尔传感器

开关型集成霍尔传感器输出的是高低电平数字式信号，因此，可与数字电路直接配合使用，来控制系统、设备、仪表的开关。在开关应用中，又分为单极、双极、锁存等三种工作模式。单极开关型霍尔传感器只需要一个单极磁铁（S）即可动作，将 S 拿走，就可释放。双极开关型霍尔传感器在工作时需要一个 S 来动作，一个 N 来释放。如果除去磁场，其输出状态不能确定。锁存开关型霍尔传感器在使用时需要足够强度的 N 或 S 来激活开关。如果除去磁场，输出状态将不改变。要改变输出状态，必须加相反极性的磁场。

为减小线路成本,两线应用霍尔开关得到大量使用,应用时只需要两根线(电源线和接地线,接地端通过电阻连接到地),其接口逻辑信号为两个电流电平,代替开路集电极开路输出信号。

图 6-26 所示为一种单极开关型集成霍尔传感器的结构框图,它主要由稳压电路、霍尔电压发生器、差分放大器、施密特触发器(整形电路)、集电极开路的输出级等部分组成。

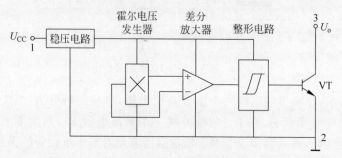

图 6-26 开关型集成霍尔传感器的内部结构框图

稳压电路可使传感器在较宽的电源电压范围内工作,集电极开路输出便于传感器与各种逻辑电路接口。当有磁场作用在开关型集成霍尔传感器上时,霍尔电压发生器将磁信号转变成电压信号输出,该电压经差分放大器放大后,送至整形电路,当放大后的霍尔电压大于开启阈值时,整形电路翻转,输出高电平,使三极管 VT 导通,具有灌电流(吸收负载电流)的能力,整个电路处于开状态。当磁场减弱时,霍尔元件输出的电压很小,经放大器放大后,其值仍小于整形电路的关闭阈值,整形电路再次翻转,输出低电平,使三极管 VT 截止,电路处于关状态。这样,一次磁感应强度的变化就使传感器完成了一次开关动作。

2. 线性集成霍尔传感器

线性集成霍尔传感器的输出为模拟电压信号,并且与外加磁场呈线性关系。从输出形式来看,线性集成霍尔传感器可分为单端输出型和双端输出(差分输出)型两种。

(1) 单端输出型。典型的单端输出型线性霍尔传感器由稳压电路、霍尔电压发生器、线性放大器和射极跟随器组成,其简

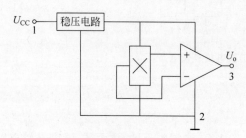

图 6-27 单端输出型霍尔传感器简化框图

化结构如图 6-27 所示。

(2) 双端输出型。典型的双端输出型集成霍尔传感器主要由稳压电路、霍尔信号发生器、差分放大器、差分射极跟随器输出级等组成。如图 6-28 所示为双端输出型霍尔传感器。

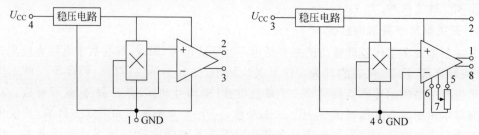

图 6-28 双端输出型霍尔传感器

6.3 霍尔传感器的应用

霍尔电势是 I、B、θ 三个变量的函数,即 $E_H = K_H I B \cos\theta$,人们利用这个关系形成若干组合。可以使其中两个量不变,将第 3 个量作为变量;或者固定其中一个量,将其余两个量都作为变量。3 个变量的多种组合使得霍尔传感器具有非常广阔的应用领域。归纳起来,霍尔传感器主要有以下 3 个用途。

(1) 当控制电流保持不变时,使传感器处于非均匀磁场中,则传感器的输出正比于磁感应强度。这方面的应用有测量磁场、测量磁场中的微位移,以及转速表、霍尔测力器等。

(2) 当控制电流与磁感应强度都为变量时,传感器的输出正比于这两个变量的乘积。这方面的应用有乘法器、功率计、混频器、调制器等。

(3) 当磁感应强度保持不变时,传感器的输出正比于控制电流。这方面的应用有回转器、隔离器等。

6.3.1 霍尔转速表

利用霍尔开关可以制成霍尔转速表,原理如图 6-29 所示。在被测物的转轴上安装一个齿盘,也可选取机械系统中的一个齿轮,将霍尔器件及磁路系统靠近齿盘。齿盘的转动使磁路的磁阻随气隙的改变而周期性地变化,霍尔器件输出的微小脉冲信号经隔直、放大、整形后就可以确定被测物的转速。转速计算公式为

$$n = 60 \frac{f}{z} \qquad (6-36)$$

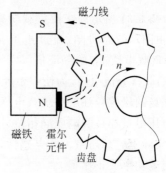

图 6-29 霍尔转速测量原理图

式中:f——输出脉冲数;
  z——齿盘的齿数;
  n——转速。

6.3.2 霍尔式无触点点火装置

传统的汽车汽缸点火装置使用机械式的分电器,存在着点火时间不准确、触点易磨损等缺点。采用霍尔开关无触点晶体管点火装置可以克服上述缺点,并能提高燃烧效率。四汽缸汽车点火装置如图 6-30 所示,图中的磁轮鼓代替了传统的凸轮及白金触点。发动机主轴带动磁轮鼓转动时,霍尔器件感受到的磁场的极性发生交替改变,它输出一连串与汽缸活塞运动同步的脉动信号去触发晶体管功率开关,点火线圈两侧产生很高的感应电压,火花塞产生火花放电,完成汽缸点火过程。

6.3.3 霍尔式功率计

这是一种采用霍尔传感器进行负载功率测量的仪器,其工作原理如图 6-31 所示。
由于负载功率等于负载电压和负载电流的乘积,使用霍尔元件时,分别使负载电压与磁

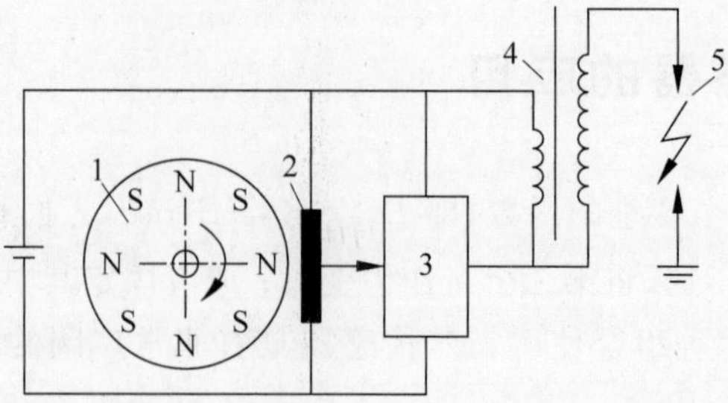

1—磁轮鼓；2—开关型集成霍尔元件；3—晶体管功率开关；
4—点火线圈；5—火花塞。

图 6-30 霍尔点火装置示意图

感应强度成比例,负载电流与控制电流成比例,显然负载功率就正比于霍尔元件的霍尔电势。由此可见,利用霍尔元件输出的霍尔电势为输入控制电流与驱动磁感应强度的乘积函数关系,即可测量出负载功率的大小。

图 6-31 所示为交流负载功率的测量线路,由图示线路可知,流过霍尔元件的电流 I 是负载电流 I_L 的分流值, R_f 为负载电流

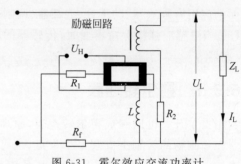

图 6-31 霍尔效应交流功率计

I_L 的取样分流电阻,为使霍尔元件电流 I 能模拟负载电流 I_L,要求 $R_1 \ll Z_L$(负载阻抗),外加磁场的磁感应强度是负载电压 U_L 的分压值, R_2 为负载电压 U_L 的取样分压电阻,为使激磁电压尽量与负载电压同相位,励磁回路中的 R_2 要取得很大,使励磁回路阻抗接近于电阻性,实际上它总略带一些电感性,因此采用电感 L 用于相位补偿,则霍尔电势就与负载的交流有效功率成正比了。

6.3.4 霍尔式无刷直流电机

霍尔式无刷直流电机是采用霍尔传感器驱动的无触点直流电动机,它的基本原理如图 6-32 所示。转子是长度为 L 的圆桶形永久磁铁,并且以径向极化,定子线圈分成 4 组呈环形放入铁芯内侧槽内。当转子处于如图 6-32(a)中所示位置时,霍尔元件 H_1 感应到转子磁场,便有霍尔电势输出,其经 T_4 管放大后便使 L_{x2} 通电,对应定子铁芯产生一个与转子呈 90°的超前激励磁场,它吸引转子逆时针旋转;当转子旋转 90°以后,霍尔元件 H_2 感应到转子磁场,便有霍尔电势输出,其经 T_2 管放大后便使 L_{y2} 通电,于是产生一个超前 90°的激励磁场,它再吸引转子逆时针旋转。这样线圈依次通电,由于有一个超前 90°的逆时针旋转磁场吸引着转子,电机便连续运转起来,其运转顺序如下,N 对 $H_1 \to T_4$ 导通 $\to L_{x2}$ 通电,S 对 $H_2 \to T_2$ 导通 $\to L_{y2}$ 通电,S 对 $H_1 \to T_3$ 导通 $\to L_{x1}$ 通电,N 对 $H_2 \to T_1$ 导通 $\to L_{y1}$ 通电。霍尔式直流无刷电机在实际使用中,一般需要采用速度负反馈的形式来达到电机稳定和调速的目的。

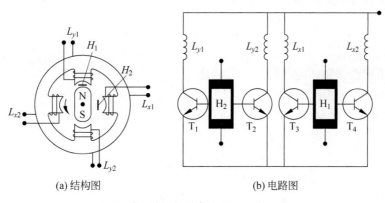

(a) 结构图　　　　　　　　　　(b) 电路图

图 6-32　霍尔无刷直流电机基本原理

6.3.5　钳型电流表

由霍尔元件构成的电流传感器具有非接触、测量精度高、不必切断电路电流、测量的频率范围广(从零到几千赫兹)、本身几乎不消耗电路功率等特点。

根据安培定律,在载流导体周围将产生正比于该电流的磁场。用霍尔元件来测量这一磁场,可得到正比于该磁场的霍尔电动势。通过测量霍尔电动势的大小来间接测量电流的大小,这就是霍尔钳形电流表的基本测量原理,其基本原理如图 6-33 所示。

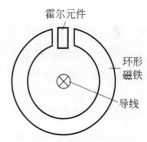

图 6-33　霍尔钳形电流表的基本测量原理图

小结

本章主要介绍了磁电感应式传感器及霍尔式传感器的结构、原理、测量电路及应用。

通过磁电效应,磁感应强度的变化可转换为电信号。磁电感应式传感器就是把磁学物理量转换成电信号的传感器,它应用极其广泛。由于磁场对运动电荷具有洛伦兹力作用,通以电流的半导体受到磁场作用会产生电势 U_H,此即霍尔效应。霍尔电势 $U_H = K_H I B$,其中 K_H 为霍尔常数,其大小与霍尔片的材料和尺寸有关。以此为基础制造含有霍尔元件和霍尔集成电路两种类型的霍尔传感器。霍尔元件输出电压一般较小,在许多方面应用不便。在实际使用中,霍尔电势会受到温度变化的影响,一般用霍尔电势温度系数 α 来表征。为了减小 α,需要对基本测量电路进行温度补偿的改进。

霍尔集成电路是把霍尔元件、放大器、温度补偿电路及稳压电源等做在一个芯片上的集成电路,与霍尔元件相比,霍尔集成电路使用方便,更具有微型化、可靠性高、寿命长、功耗低以及负载能力强等优点。按输出信号的形式不同,集成霍尔传感器可分为开关型和线性两种。开关型霍尔传感器根据检测的磁感应强度大小输出高低两个电压电平,线性霍尔传感器输出一个与检测的磁感应强度信号成正比的电压信号。

习题

1. 下列不能改变霍尔电动势的方向的是_____。
   A. 只改变控制电流方向　　　　　　B. 只改变磁场的方向
   C. 同时改变控制电流和磁场方向　　D. 改变控制电流大小和方向
2. 下列属于四端元件的是_____。
   A. 电阻应变片　　B. 光敏二极管　　C. 铂电阻丝　　D. 霍尔元件
3. 电动自行车的直流电动机的电枢线圈可采用_____传感器控制激励电流的换向。
   A. 热敏　　B. 霍尔　　C. 电感　　D. 压电
4. 半导体薄片置于磁感应强度为 B 的磁场中,磁场方向垂直于薄片,作用在半导体薄片上的磁场强度 B 和激励电流 I 越大,霍尔电势也就_____。
   A. 等于零　　B. 越低　　C. 越高　　D. 不变
5. 霍尔元件中当控制电流和磁场方向同时反向,霍尔电势大小_____。
6. 霍尔元件采用恒流源激励是为了_____。
7. 霍尔电势的方向与控制电流和磁场方向有关。当电流和磁场方向同时改变时,霍尔电势方向_____。
8. 什么是霍尔元件的不等位电动势?产生不等位电动势的原因有哪些?
9. 试述霍尔效应。
10. 磁电式传感器有哪几种类型?
11. 磁电感应式传感器的基本特性有哪些?
12. HZ-4 型霍尔元件的灵敏度 $K_H = 13\text{mV/mA} \cdot \text{T}$,其元件电阻 $R_0 = 50\Omega$,将该霍尔元件与阻值为 50Ω 的电阻 R_C 串联,再与阻值为 400Ω 的电阻 R_B 并联后,接入电流为 20mA 的恒流源供电电路,如图 6-34 所示。如穿过霍尔元件的磁场 $B=2\text{T}$,方向与元件平面成 $90°$ 角,试计算霍尔电势 U_H;若由于温度的影响假设元件电阻变为 $R_{i0} = 60\Omega$,试再计算霍尔电势 U_H。

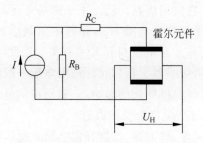

图 6-34　习题 12 的霍尔元件电路图

第 7 章 压电式传感器的原理与应用

CHAPTER 7

压电式传感器是以某些电介质的压电效应为基础,在外力作用下,电介质的表面上会产生电荷,从而实现非电量的测量。

压电式传感元件是力敏感元件,所以它能测量最终能变换为力的那些物理量,例如力、压力、加速度等。

压电式传感器具有响应频带宽、灵敏度高、信噪比大、结构简单、工作可靠、质量轻等优点。近年来,由于电子技术的飞速发展,随着与之配套的二次仪表以及低噪声、小电容、高绝缘电阻电缆的出现,使压电式传感器的使用更为方便。因此,在工程力学、生物医学、石油勘探、声波测井、电声学等许多技术领域中得到了广泛的应用。

7.1 压电效应

图 7-1(a)是在 x 轴方向受压力,图 7-1(b)是在 x 轴方向受拉力,图 7-1(c)是在 y 轴方向受压力,图 7-1(d)是在 y 轴方向受拉力。可以看出,改变压电材料的变形方向,可以改变其产生电荷的极性。

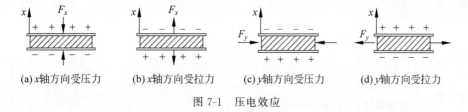

(a) x 轴方向受压力　(b) x 轴方向受拉力　(c) y 轴方向受压力　(d) y 轴方向受拉力

图 7-1　压电效应

实验证明,压电元件上产生的电荷量 Q 与施加的外力 F 成正比,即

$$Q = d \cdot F \tag{7-1}$$

式中:d——压电材料的压电系数;
　　　F——施加在压电材料上的外力。

正压电效应(顺压电效应)是当某些电介质,沿着一定方向对其施力而使它变形时,内部就产生极化现象,同时在它的表面上产生电荷,当外力去掉后,又重新恢复不带电状态的现象。当作用力方向改变时,电荷极性也随着改变。

逆压电效应(电致伸缩效应)是当在电介质的极化方向施加电场,这些电介质就在一定方向上产生机械变形或机械压力,当外加电场撤去时,这些变形或应力也随之消失的现象。压电效应的转换示意图如图 7-2 所示。

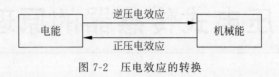

图 7-2 压电效应的转换

7.2 压电材料的分类

在自然界中大多数晶体具有压电效应,但压电效应十分微弱。随着对材料的深入研究,发现石英晶体、钛酸钡、锆钛酸铅等材料是性能优良的压电材料。常见的压电材料可分为三大类,压电晶体、压电陶瓷与新型高分子压电材料。压电材料的主要特性参数如下所述,常见压电材料特性参数见表 7-1。

表 7-1 常见压电材料主要特性参数

材 料	形 状	压 电 系 数	相对介电常数/ ($\times 10^{-12}$ C/N)	居里点/℃	密度/ ($\times 10^3$ kg/m^3)	机械耦合系数
石英 α-SiO$_2$	单晶	$d_{11}=2.31$ $d_{14}=0.727$	4.6	573	2.65	10^5
钛酸钡 BaTiO$_3$	陶瓷	$d_{33}=190$ $d_{31}=-78$	1700	−120	5.7	300
锆钛酸铅 PZT	陶瓷	$d_{33}=71\sim590$ $d_{31}=-100\sim-230$	460~3400	180~350	7.5~7.6	65~1300
硫化镉 CdS	单晶	$d_{33}=10.3$ $d_{31}=-5.2$ $d_{15}=-14$	10.3 9.35		4.82	
氧化锌 ZnO	单晶	$d_{33}=12.4$ $d_{31}=-5.0$ $d_{15}=-8.3$	11.0 9.26		5.68	
聚二氟乙烯 PVF$_2$	延伸薄膜	$d_{31}=6.7$	5	−120	1.8	
复合材料 PVF$_2$-PZT	薄膜	$d_{31}=15\sim25$	100~120		5.5~6	

(1) 压电系数。压电系数是衡量材料压电效应强弱的参数,它直接关系到压电输出的灵敏度。

(2) 弹性系数。压电材料的弹性系数、刚度决定着压电器件的固有频率和动态特性。

(3) 介电常数。对于一定形状、尺寸的压电元件,其固有电容与介电常数有关;而固有电容又影响着压电传感器的频率下限。

(4) 机械耦合系数。在压电效应中,其值等于转换输出能量(如电能)与输入的能量(如机械能)之比的平方根；它是衡量压电材料机电能量转换效率的一个重要参数。

(5) 电阻。压电材料的绝缘电阻将减少电荷泄漏，从而改善压电传感器的低频特性。

(6) 居里点。压电材料开始丧失压电特性的温度称为居里点。

7.2.1 压电晶体

石英是一种具有良好压电特性的压电晶体，天然晶体、人工晶体都属于单晶体，化学式为 SiO_2，外形无论再小都呈六面体结构，石英晶体各个方向的特性是不同的。其介电常数和压电系数的温度稳定性相当好，在常温范围内这两个参数几乎不随温度变化，如图 7-3 和图 7-4 所示。

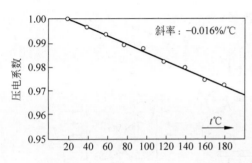

图 7-3 石英的压电系数相对于 20℃ 的温度变化特性　　图 7-4 石英在高温下相对介电常数的温度特性

石英晶体的突出优点是性能非常稳定，机械强度高，绝缘性能也相当好。但石英材料价格昂贵，且压电系数比压电陶瓷低得多。因此一般仅用于标准仪器或要求较高的传感器中。

因为石英是一种各向异性晶体，因此，按不同方向切割的晶片，其物理性质(如弹性、压电效应、温度特性等)相差很大。在设计石英传感器时，根据不同使用要求，正确地选择石英片的切型。如图 7-5 所示，其中，z 轴称为光轴，x 轴称为电轴，它经过六面体棱线并垂直于光轴。y 轴称为机械轴，它与 x 轴和 z 轴同时垂直。

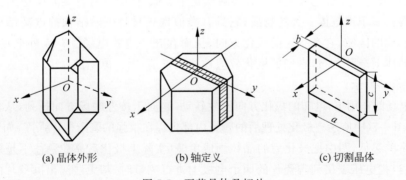

(a) 晶体外形　　(b) 轴定义　　(c) 切割晶体

图 7-5 石英晶体及切片

通常把沿电轴 x 方向的力作用下产生电荷的压电效应称为纵向压电效应。把沿机械轴 y 方向的力作用下产生电荷的压电效应称为横向压电效应。沿光轴 z 方向受力时不产生压电效应。

若从晶体上沿 y 方向切下一块晶片,当在晶体沿电轴方向施加作用力 f_x 时,如图 7-6(b) 所示,在与电轴 x 垂直的平面上将产生电荷,其大小为

$$q_x = d_{11} f_x \tag{7-2}$$

式中:d_{11}——x 方向受力的压电系数;

f_x——作用力。

如图 7-6(c)所示,若在同一切片上,沿机械轴 y 方向施加作用力 f_y,则仍在与 x 轴垂直的平面上产生电荷 q_y,其大小为

$$q_y = d_{12} f_y \tag{7-3}$$

式中:d_{12}——y 轴方向受力的压电系数,$d_{11} = -d_{12}$。

电荷 q_x 和 q_y 的符号由所受力的性质决定。

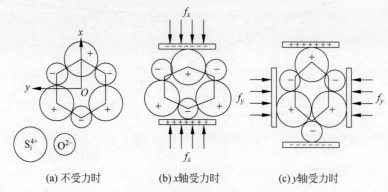

(a) 不受力时　　　(b) x 轴受力时　　　(c) y 轴受力时

图 7-6　石英晶体压电效应机理

7.2.2　压电陶瓷

压电陶瓷是人工制造的多晶体,是将各成分按照一定的比例混合均匀后在高温中烧结而成的。与石英晶体相比,其优点是压电陶瓷的压电系数高,制造成本低,因此实际使用的压电传感器,大都采用压电陶瓷材料;其缺点是熔点低,性能没有石英晶体稳定。

压电陶瓷属于铁电体一类的物质,它具有类似铁磁材料磁畴结构的电畴结构。电畴是分子自发形成的区域,它有一定的极化方向,从而存在一定的电场。在无外电场作用时,各个电畴在晶体上杂乱分布,它们的极化效应被相互抵消,因此原始的压电陶瓷内极化强度为零,如图 7-7(a)所示。

在外电场的作用下,电畴的极化方向发生转动,趋向于按外电场方向排列,从而使材料得到极化,如图 7-7(b)所示。极化处理后的陶瓷内部仍存在很强的剩余极化强度,如图 7-7(c)所示。为了简单起见,图中把极化后的晶粒画成单畴(实际上极化后晶粒往往不是单畴)。

但是,当把电压表接到陶瓷片的两个电极上进行测量时,却无法测出陶瓷片内部存在的极化强度。这是因为陶瓷片内的极化强度总是以电偶极矩的形式表现出来,即在陶瓷的一端出现正束缚电荷,另一端出现负束缚电荷。由于束缚电荷的作用,在陶瓷片的电极面上吸附了一层来自外界的自由电荷。这些自由电荷与陶瓷片内的束缚电荷符号相反而数量相等,它可以屏蔽和抵消陶瓷片内极化强度对外界的作用。所以电压表不能测出陶瓷片内的

极化程度,如图 7-8 所示。

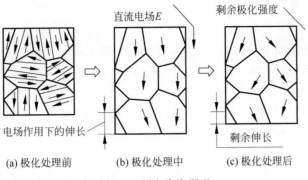

图 7-7　压电陶瓷原理

如果在陶瓷片上加一个与极化方向平行的压力 F,如图 7-9 所示,陶瓷片将产生压缩形变(图中虚线),片内的正、负束缚电荷之间的距离变小,极化强度也变小。因此,原来吸附在电极上的自由电荷,有一部分被释放,而出现放电现象。当压力撤销后,陶瓷片恢复原状(这是一个膨胀过程),片内的正、负电荷之间的距离变大,极化强度也变

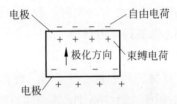

图 7-8　陶瓷片内束缚电荷与电极上
吸附的自由电荷示意图

大,因此电极上又吸附一部分自由电荷而出现充电现象。这种由机械效应转变为电效应,或者由机械能转变为电能的现象,就是正压电效应。

同样,若在陶瓷片上加一个与极化方向相同的电场,如图 7-10 所示,由于电场的方向与极化强度的方向相同,所以电场的作用使极化强度增大。这时,陶瓷片内的正负束缚电荷之间距离也增大,也就是说,陶瓷片沿极化方向产生伸长形变(图中虚线)。同理,如果外加电场的方向与极化方向相反,则陶瓷片沿极化方向产生缩短形变。这种由于电效应而转变为机械效应或者由电能转变为机械能的现象,就是逆压电效应。

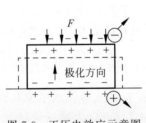

图 7-9　正压电效应示意图

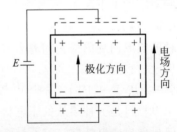

图 7-10　逆压电效应示意图

由此可见,压电陶瓷之所以具有压电效应,是由于陶瓷内部存在自发极化。这些自发极化经过极化工序处理而被迫取向排列后,陶瓷内即存在剩余极化强度。如果外界的作用(如压力或电场的作用)能使此极化强度发生变化,陶瓷就出现压电效应。此外,还可以看出,陶瓷内的极化电荷是束缚电荷,而不是自由电荷,这些束缚电荷不能自由移动。所以在陶瓷中产生的放电或充电现象,是通过陶瓷内部极化强度的变化,引起电极面上自由电荷的释放或补充的结果。

常用的压电陶瓷材料主要有以下几种。

1. 钛酸钡压电陶瓷

钛酸钡($BaTiO_3$)由$BaCO_2$和TiO_2在高温下合成,具有较高的压电系数$d_{11}=1700\times 10^{-12}$C/N和相对介电常数(1000~5000),但它的居里点较低(约为120℃),机械强度不如石英晶体,由于它的压电系数较高(约为石英的50倍),所以得到广泛应用。目前非铅系压电铁电陶瓷体系主要有$BaTiO_3$基无铅压电陶瓷、BNT基无铅压电陶瓷、铌酸盐基无铅压电陶瓷、钛酸铋钠钾无铅压电陶瓷和钛酸铋锶钙无铅压电陶瓷等,它们的各项性能多已超过含铅系列压电陶瓷,是今后压电陶瓷的发展方向。

2. 锆钛酸铅压系列电陶瓷

锆钛酸铅压电陶瓷(PZT)是由钛酸铅和锆酸铅材料组成的固熔体。它有较高的压电系数$d_{11}=(200\sim 500)\times 10^{-12}$C/N和居里点(300℃以上),工作温度可达250℃。锆钛酸铅压电陶瓷是目前经常采用的一种压电材料。

3. 铌系列压电陶瓷

铌系列是以铁电体铌酸钾($KNbO_3$)和铌酸铅($PbNbO_3$)为基础的,铌酸铅具有很高的居里点(570℃)和低介电系数。铌酸钾是通过热压过程制成的,它的居里点也较高(735℃),特别适用于10~70MHz的高频换能器。

4. 铌镁酸铅压电陶瓷(PMN)

铌镁酸铅具有较高的压电系数$d_{11}=(800\sim 900)\times 10^{-12}$C/N和居里点(260℃),它能在压力大至70MPa时正常工作,因此可作为高压下的压力传感器。

7.2.3 新型压电材料

目前已发现的压电系数最高、且已进行应用开发的压电高分子材料是聚偏氟乙烯(PVDF),其压电效应可采用类似铁电体的机理来解释。这种聚合物中碳原子的个数为奇数,经过机械滚压和拉伸制作成薄膜(压电薄膜)之后,带负电的氟离子和带正电的氢离子分别排列在薄膜对应的上下两边,形成微晶偶极矩结构,经过一定时间的外电场和温度联合作用后,晶体内部的偶极矩进一步旋转定向,形成垂直于薄膜平面的碳-氟偶极矩固定结构。正是由于这种固定取向后的极化和外力作用时的剩余极化的变化,引起了压电效应。

高分子压电材料有聚偏二氟乙烯(PVF2或PVDF)、聚氟乙烯(PVF)、改性聚氯乙烯(PVC)等,其中以PVF和PVDF的压电系数最高。

高分子压电材料是一种柔软的压电材料,可根据需要制成薄膜或电缆套管等形状。经极化处理后就显现出压电特性。它不易破碎,具有防水性,可以大量连续拉制,形成较大的面积或较长的尺度,因此价格便宜。

它的声阻抗约为0.02MPa/s,与空气的声阻抗匹配得较好,可以制成特大口径的壁挂式低音扬声器。

高分子压电材料的工作温度一般低于100℃。温度升高时,灵敏度会降低。它的机械强度不够高,耐紫外线能力较差,不宜暴晒,以免老化。

现在还开发出一种压电陶瓷-高聚物复合材料,它是无机压电陶瓷和有机高分子树脂构成的压电复合材料,兼备无机和有机压电材料的性能。可以根据需要,综合两种材料的优点,制作性能更好的换能器和传感器。它的接收灵敏度很高,更适合于制作水声换能器。

7.3 压电式传感器的测量电路

7.3.1 等效电路

当压电式传感器中的压电晶体受被测机械应力作用时,在它的两个极面上出现极性相反但电量相等的电荷。可把压电传感器看成一个静电发生器,如图 7-11(a)所示。也可把它视为两极板上聚集异性电荷,中间为绝缘体的电容器,如图 7-11(b)所示。

其电容量为

$$C_a = \frac{\varepsilon S}{\delta} = \frac{\varepsilon_r \varepsilon_0 S}{\delta} \qquad (7-4)$$

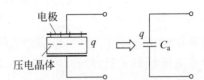

(a) 作为静电发生器 (b) 作为电容器

图 7-11 压电传感器的等效电路

式中:S——压电元件电极面面积;
δ——压电元件厚度;
ε——压电材料的介电常数;
ε_r——压电材料的相对介电常数;
ε_0——真空介电常数。

当两极板聚集异性电荷时,则两极板呈现一定的电压,其大小为

$$u_a = \frac{Q}{C_a} \qquad (7-5)$$

因此,压电传感器可等效为电压源 U_a 和一个电容器 C_a 的串联电路,如图 7-12(a)所示;也可等效为一个电荷源 q 和一个电容器 C_a 的并联电路,如图 7-12(b)所示。

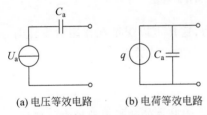

(a) 电压等效电路   (b) 电荷等效电路

图 7-12 压电传感器等效原理

当传感器内部信号电荷无漏损,外电路负载无穷大时,压电传感器受力后产生的电压或电荷才能长期保存,否则电路将以某时间常数按指数规律放电。这对于静态标定以及低频准静态测量极为不利,必然带来误差。事实上,传感器内部不可能没有泄漏,外电路负载也不可能无穷大,只有外力以较高频率不断作用,传感器的电荷才能得以补充,因此,压电晶体不适合于静态测量。

当用导线将压电传感器和测量仪器连接时,则应考虑连线的等效电容、前置放大器的输入电阻以及输入电容。

压电传感器的完整等效电路如图 7-13 所示,可见,压电传感器的绝缘电阻 R_a 与前置放大器的输入电阻 R_i 并联。为保证传感器和测试系统有一定的低频或准静态响应,要求压电传感器绝缘电阻应保持在 $10^{13}\Omega$ 以上,这样才能使内部电荷的泄漏减少到满足一般测试精度的要求。与上相适应,测试系统应有较大的时间常数,亦即前置放大器要有相当高的输入阻抗,否则传感器的信号电荷将通过输入电路泄漏,即产生测量误差。

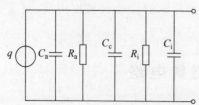

C_a 传感器的固有电容
C_i 前置放大器输入电容
C_c 连线电容
R_a 传感器的漏电阻
R_i 前置放大器输入电阻

图 7-13　压电传感器的完整等效电路

7.3.2　压电元件的串联与并联

在压电式传感器中,常将两片或多片压电元件组合在一起使用。由于压电材料是有极性的,因此接法也有两种,如图 7-14 所示。图 7-14(a)所示为串联接法,其输出电容 C' 为单片电容 C 的 $1/n$,即 $C'=C/n$,输出电荷量 Q' 与单片电荷量 Q 相等,即 $Q'=Q$,输出电压 U' 为单片电压 U 的 n 倍,即 $U'=nU$;图 7-14(b)所示为并联接法,其输出电容 C' 为单片电容 C 的 n 倍,即 $C'=nC$,输出电荷量 Q' 是单片电荷量 Q 的 n 倍,即 $Q'=nQ$,输出电压 U' 与单片电压 U 相等,即 $U'=U$。

在以上两种连接方式中,串联接法输出电压高,本身电容小,适用于以电压为输出量及测量电路输入阻抗很高的场合;并联接法输出电荷大,本身电容大,因此时间常数也大,适用于测量缓变信号,并以电荷量作为输出的场合。

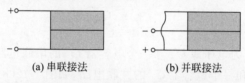

(a) 串联接法　　　　(b) 并联接法

图 7-14　压电元件的串联和并联接法

压电元件在压电传感器中,必须有一定的预应力,这样可以保证在作用力变化时,压电片始终受到压力,同时也保证了压电片的输出与作用力的线性关系。

7.3.3　测量电路

压电传感器本身的内阻抗很高,而输出能量较小,因此它的测量电路通常需要接入一个高输入阻抗的前置放大器,其作用是把压电式传感器的高输出阻抗变换成低阻抗输出,放大压电式传感器输出的弱信号。

压电传感器的输出可以是电压信号,也可以是电荷信号,因此前置放大器也有两种形式。

1. 电压放大器

电压放大器,其输出电压与输入电压(传感器的输出电压)成正比,如图 7-15 所示。

图 7-15(a)中,等效电阻 R 为

$$R = \frac{R_a R_i}{R_a + R_i} \tag{7-6}$$

等效电容为

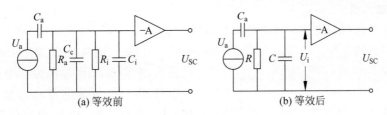

图 7-15 电压放大器

$$C = C_a + C_c + C_i \tag{7-7}$$

$$U_a = \frac{q}{C_a} \tag{7-8}$$

若压电元件受正弦力 $f = F_m \sin\omega t$ 的作用,则其电压为

$$u_a = \frac{dF_m}{C_a}\sin wt = U_m \sin wt \tag{7-9}$$

式中：U_m——压电元件输出电压的幅值,$U_m = dF_m/C_a$；
　　　d——压电系数。

由此可得放大器输入端电压 U_i,其复数形式为

$$u_i = \frac{R\dfrac{1}{j\omega c}}{\dfrac{1}{j\omega c_a} + \dfrac{R\dfrac{1}{j\omega c}}{R + \dfrac{1}{j\omega c}}} u_a = dF_m \frac{j\omega R}{1 + j\omega R(C_i + C_a)} \tag{7-10}$$

U_i 的幅值 U_{im} 为

$$U_{im} = \frac{dF_m wR}{\sqrt{1 + w^2 R^2 (C_a + C_c + C_i)}} \tag{7-11}$$

输入电压与作用力之间的相位差为

$$\phi = \frac{\pi}{2} - \arctan[w(C_a + C_c + C_i)] \tag{7-12}$$

在理想情况下,传感器的 R_a 值与前置放大器输入电阻 R_i 都为无限大,即 $R(C_a + C_c + C_i) \gg 1$,那么由式(7-11)可知,理想情况下输入电压的幅值 U_{im} 为

$$U_{im} = \frac{dF_m}{C_a + C_c + C_i} \tag{7-13}$$

式(7-13)表明,前置放大器输入电压 U_{im} 与频率无关。

当 $R^2(C_a + C_c + C_i) \gg 1$ 时,放大器输入电压 U_{im} 如式(7-13)所示。其中,C_c 为连接电缆电容,当电缆长度改变时,C_c 也将改变,因而 U_{im} 也随之改变。因此,压电传感器与前置放大器之间的连接电缆不能随意更换,否则将引入测量误差。

2. 电荷放大器

为解决压电传感器电缆分布电容对传感器灵敏度的影响和低频响应差的缺点,可将电荷放大器与传感器连接。电荷放大器是一种输出电压与输入电荷量 Q 成正比的电荷/电压转换器,电荷放大器常作为压电传感器的输入电路,由一个反馈电容和高增益运算放大器构成,当略去 R_a 和 R_i 并联电阻后,电荷放大器可用图 7-16 所示等效电路表示。由于它与压电传感器配套使用,可测量振动、冲击、压力等机械量,电荷放大器的输入端可配接长电缆,而不会受引线电缆分布电容的影响。

电荷放大器的输出电压是

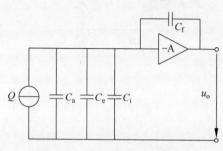

图 7-16 电荷放大器原理图

$$u_o = -\frac{AQ}{C_a + C_e + C_i + (1+A)C_f}$$

当 $(1+A)C_f \gg C_a + C_e + C_i$ 时,电荷放大器的输出电压的有效值为

$$u_o = -\frac{Q}{C_f} \tag{7-14}$$

式中:Q——压电传感器产生的电荷;

C_f——并联在放大器输入端和输出端之间的反馈电容。

由此可见,电荷放大器的输出电压 u_o 与电缆电容 C_c 无关,且与电荷 Q 成正比,这是电荷放大器的最大特点。采用电荷放大器时,即使连接电缆的长度在百米以上,其灵敏度也无明显变化,这是电荷放大器的突出优点。

例 7-1 某压电材料的灵敏度为 100pC/g(g 是重力加速度),测量加速度的电路中电荷放大器的灵敏度为 20mV/pC,请计算当输入 5g 的加速度时,电荷放大器的输出电压 u_o 和此时电荷放大器的反馈电容 C_f。

解:电荷放大器的输出电压为

$$u_o = 5 \times 100 \times 20 = 10\,000 \text{mV} = 10\text{V}$$

电荷放大器的反馈电容为

$$C_f = \frac{Q}{u_o} = \frac{5 \times 100}{10\,000} = 0.05\text{F}$$

7.4 压电式传感器的应用

7.4.1 玻璃打碎报警装置

压电式振动传感器是专门用于检测玻璃破碎的一种传感器。它适用于一些特殊场合的报警,比如银行、文物保管、贵重物品等单位的窗户玻璃。它利用压电元件对振动力敏感的特性来感知玻璃撞击和破碎时产生的振动波。传感器把振动波转换成电压信号输出,输出电压经放大、滤波、比较等处理后提供给报警系统。报警器原理如图 7-17 所示。

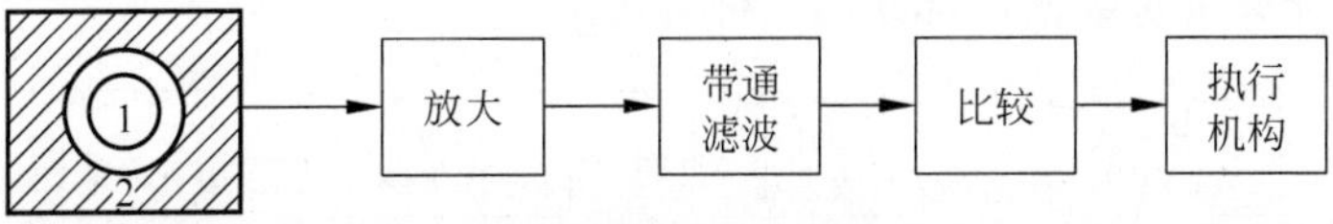

第7章 压电式传感器的原理与应用

![压电式玻璃破碎报警器方框图]

1—传感器；2—玻璃。

图 7-17 压电式玻璃破碎报警器方框图

压电式振动传感器主要由高分子薄膜组成，高分子薄膜厚约 0.2mm，用聚偏二氟乙烯（PVDF）薄膜制成，大小为 10mm×20mm。在它的正、反两面各喷涂透明的二氧化锡导电电极，也可以用热印制工艺制作铝薄膜电极再用超声波焊接上两根柔软的电极引线，并用保护膜覆盖，如图 7-18 所示。

使用时，用胶将其黏贴在玻璃上，当玻璃遭到暴力打碎时，压电薄膜感受到剧烈振动。在两个输出引脚之间产生窄脉冲信号，该信号经放大后，用电缆输送到集中报警装置，产生报警信号。

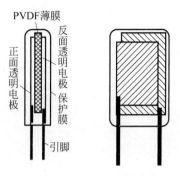

图 7-18 压电式振动传感器

7.4.2 压电式加速度计的原理与设计

压电式加速度传感器的结构如图 7-19 所示，主要由压电元件、质量块、预压弹簧、基座及外壳等组成。

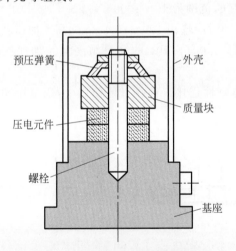

图 7-19 压电式加速度传感器的结构

当加速度传感器和被测物一起受到冲击振动时，压电元件受质量块的惯性作用，根据牛顿第二定律，此惯性力是加速度的函数，即

$$F = ma \tag{7-15}$$

式中：F——质量块产生的惯性力；

m——质量块的质量；

a——加速度。

同时惯性力作用在压电陶瓷片上产生的电荷为

$$q = d_{11}f = d_{11}ma \tag{7-16}$$

式(7-16)表明电荷量直接反映加速度大小。其灵敏度与压电材料压电系数和质量块质量有关。为了提高传感器灵敏度，一般选择压电系数大的压电陶瓷片。若增加质量块质量会影响被测物体振动，同时会降低振动系统的固有频率，因此一般不用增加质量的办法来提高传感器灵敏度。此外增加压电片数目和采用合理的连接方法也可提高传感器灵敏度。

压电式加速度测量系统组成电路结构如图 7-20 所示。压电加速度传感器将被测加速度的变化转换为电荷量的变化；电荷放大器将传感器输出的微弱信号放大；信号处理电路将信号转换为适合 A/D 转换电路的信号；处理后的电压信号通过 A/D 转换电路传送到单片机;最后通过计算机对数据进行处理分析再输出。

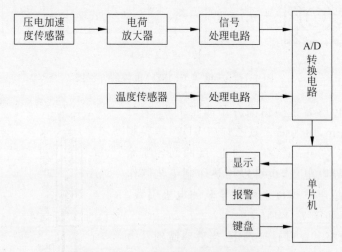

图 7-20 压电式加速度测量系统结构框图

压电式加速度传感器属于自发电型传感器,它的输出为电荷量,以 pC 为单位(1pC＝10^{-12}C)。而输入量为加速度,单位为 m/s^2,所以灵敏度以 pC/(m/s^2) 为单位。在振动测量中,多数测量振动的仪器都用重力加速度 g 作为加速度单位,并在仪器的面板上以及说明书中标出,灵敏度的范围约为 10～100pC/g。

目前许多压电式加速度传感器已将电荷放大器做在同一个壳体中,它的输出是电压,所以许多压电式加速度传感器的灵敏度单位为 mV/g,范围为 10～1000mV/g。

常用的动态范围为 0.1～100g。测量冲击振动时应选用 100～10 000g 的高频加速度传感器;而测量桥梁、地基等微弱振动往往要选择 0.001～10g 的高灵敏度低频加速度传感器。

理论上压电式加速度传感器应与被测振动体刚性连接。但在具体使用中,压电振动加速度传感器安装使用方法如图 7-21 所示。

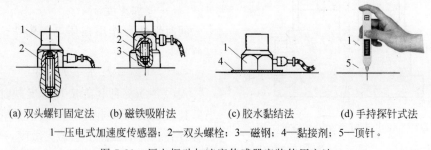

(a) 双头螺钉固定法　(b) 磁铁吸附法　(c) 胶水黏结法　(d) 手持探针式法

1—压电式加速度传感器;2—双头螺栓;3—磁钢;4—黏接剂;5—顶针。

图 7-21 压电振动加速度传感器安装使用方法

压电振动加速度传感器必须与被测振动加速度的机件紧固在一起。传感器受机械运动的振动加速度作用,压电晶片受到质量块惯性引起交变力($F=ma$),从而产生电荷。弹簧是给压电晶片施加预紧力的,以防损坏压电片。用于长期监测振动机械的压电加速度传感器应采用双头螺栓牢固地固定在监视点上,如图 7-21(a)所示。短时间监测低频微弱振动时,可用磁铁将钢质传感器底座吸附在监测点上,如图 7-21(b)所示。测量更微弱的振动时,可以用环氧树脂或瞬干胶将传感器胶接在监测点上,如图7-21(c)所示。在对许多测试点进行定期巡检时,也可采用手持探针式加速度传感器。使用时,用手握住探针,紧紧地抵触在监测点上,如图7-21(d)所示。

7.4.3 压电式传感器测表面粗糙程度

如图7-22所示,由驱动器拖动传感器触针在工件表面以恒速滑行,工件表面的起伏不平使触针上下移动,压电晶片产生变形,压电晶片表面就会出现电荷,由引线输出的电信号与触针上下移动量成正比。

7.4.4 压电式煤气灶电子点火装置

如图7-23所示为压电式煤气灶电子点火装置的原理图。当使用者将开关往下压时,打开气阀,再旋转开关,使弹簧往左压,这时弹簧有一个很大的力,撞击压电晶体,使压电晶体产生电荷,电荷经高压线引至燃烧盘产生高压放电,从而产生电火花,导致燃烧盘的煤气点火燃烧。

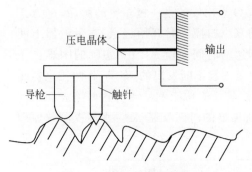

图 7-22 表面粗糙度测量

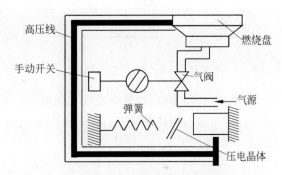

图 7-23 压电式煤气灶点火装置

7.4.5 压电式流量计

压电式流量计如图7-24所示,主要利用超声波在顺流方向和逆流方向的传播速度进行测量。其测量装置是在管外设置两个相隔一定距离的收发两用压电超声换能器,每隔一段时间(如1/100s),发射和接收互换一次。在顺流和逆流的情况下,发射和接收的相位差与流速成正比,根据这个关系,可精确测定流速。流速与管道横截面积的乘积等于流量。此流量计可测量各种液体的流速,中压和低压气体的流速,不受该流体的导电率、黏度、密度、腐蚀性以及成分的影响。根据发射和接收的相位差随海洋深度的变化,可以测量声速随深度的分布情况。

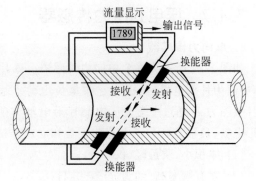

图 7-24 压电式流量计

7.4.6 压电式水漏探测仪

如果地面下有一条均匀的直管道某处 O 点为漏点,如图 7-25 所示,振动声音从 O 点向管道两端传播,传播速度为 v,在管道上 A、B 两点放两个传感器,A、B 距离为 L(L 已知或可测),两个传感器接收由 O 点传来的 t_0 时刻发出的振动信号所用时间分别为 $t_A(=L_A/v)$ 和 $t_B(=L_B/v)$,两者时间差为

$$\Delta t = t_A - t_B = (L_A - L_B)/v \tag{7-17}$$

$$L = L_A + L_B \tag{7-18}$$

因为管道埋设在地下,看不到 O 点,也不知道 L_A 和 L_B 的长度,已知的是 L 和 v,如果能设法求出 Δt,则联立式(7-17)+式(7-18)得

$$L_A = (L + v\Delta t)/2 \tag{7-19}$$

或者

$$L_B = (L - v\Delta t)/2 \tag{7-20}$$

图 7-25 水漏探测仪检测原理

关键是确定了 Δt,就可准确确定漏点 O。如果从 O 点出发的是一极短暂的脉冲,在 A、B 两点用双线扫描同时开始记录,在示波器上两脉冲到达的时间差就是 Δt。实际的困难在于漏水声是连续不断发出的,在 A、B 两传感器测得的是一片连续不断、幅度杂乱变化的噪声。相关检漏仪的功能就是要将这两路表面杂乱无章的信号找出规律来,把它们"对齐",对齐移动所需要的时间就是 Δt。水漏探测仪原理如图 7-26 所示。

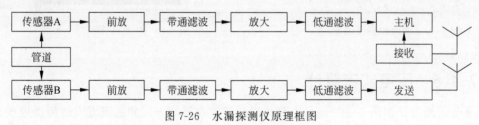

图 7-26 水漏探测仪原理框图

7.4.7 压电式压力传感器

1. 单向力传感器

如图 7-27 所示为一个单向力传感器。两片压电晶片沿电轴方向叠在一起,采用并联接法,中间为片形电极(负极),它收集负电荷。基座与传力盖形成正极,绝缘套使正、负极隔离。被测力 F 通过上盖使压电晶片沿电轴方向受压力作用,便使晶片产生电荷,负电荷由片形电极(负极)输出,正电荷与上盖和底座连接。这种压力传感器有以下特点。

(1) 体积小,质量轻(仅 10g);
(2) 固有频率高(约为 50~60kHz);
(3) 可检测高达 5000N(变化频率小于 20kHz)的动态力;
(4) 分辨率高(可达 10^{-3} N)。

除了以上介绍的单向力传感器,还有双向力传感器和三向力传感器。双向力传感器基本上有两种组合,一种是测量垂直分力和切向分力,即 F_z 与 F_x(或 F_y);另一种是测量互相垂直的两个切向分力,即 F_x 与 F_y。无论哪一种组合,传感器的结构形式相似。三向力传感器可以对空间任一个或三个力同时进行测量。

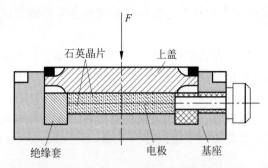

图 7-27　单向压电石英力传感器的结构

2. 压电式压力传感器测量冲床压力

如图 7-28 所示为冲床压力测量示意图。当测量压力较大时,可用两个传感器支承,或将几个传感器沿圆周均布支承,而后将分别测得的力值相加求出总力值 F(属平行力时)。因有时力的分布不均匀,各个传感器测得的力值有大有小,所以分别测力可以测得更准确些,同时还可通过各点的力值来了解力的分布情况。

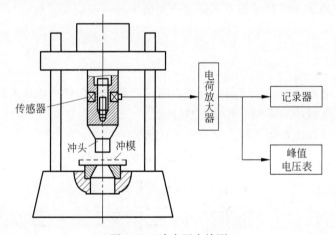

图 7-28　冲床压力检测

3. 压电式压力传感器测量金属加工切削力

如图 7-29 所示为利用压电式陶瓷传感器测量刀具切削力的示意图。由于压电陶瓷元件的自振频率高,特别适合测量变化剧烈的载荷。图中压力传感器位于车刀前部的下方,当进行切削加工时,切削力通过刀具传给压电传感器,压电传感器将切削力转换为电信号输出,记录下电信号的变化便测得切削力的变化。

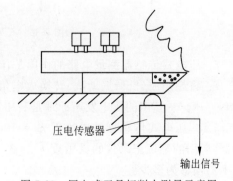

图 7-29　压电式刀具切削力测量示意图

小结

本章主要介绍了压电效应的基本概念、压电材料的种类、压电元件的结构与组成、压电式传感器的原理、压电式传感器的等效电路和压电式传感器的测量电路,并且举例说明了压电式传感器的应用。

当电介质沿一定方向受到外力的作用产生变形时,内部会产生极化现象,同时在其表面产生电荷,当外力去掉后,又重新回到不带电状态,这种现象称为压电效应。具有压电效应的材料称为压电材料,常见的压电材料有压电晶体、压电陶瓷和高分子压电材料。压电式传感器就是运用材料的压电效应这一性质,将被测量力转换成对表面电荷(电势)进行测量的。压电材料受力作用表面产生电荷这一过程较为复杂,并且各种压电材料构成压电效应的机理也不相同。

当压电元件表面产生电荷后,可以等效为一个电荷源与电容并联的电路,也可以等效为一个电压源和一个电容串联的电路。不论是并联等效电路,还是串联等效电路,要想保持电容上的电荷不变,则要求后续电路的输入阻抗为无穷大,但这是不可能的,因此压电式传感器不能用于静态测量。

压电式传感器输出信号非常微弱,且传感器的内阻极高,故测量时需要有一内阻非常高的放大器与之匹配,实际应用时大多采用电荷放大器作为压电式传感器的前置放大器。

最后,本章介绍了压电传感器在实际生产生活中的一些应用实例。

习题

1. 什么是压电效应?以石英晶体为例说明压电晶体是怎样产生压电效应的?
2. 常用的压电材料有哪些?各有哪些特点?
3. 压电式传感器能否用于静态测量?为什么?
4. 根据图 7-30 所示石英晶体切片上的受力方向,标出晶体切片上产生电荷的符号。

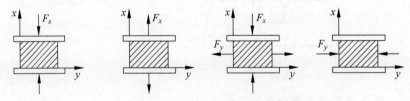

图 7-30 石英晶片的受力示意图

5. 压电式传感器测量电路的作用是什么?其核心是解决什么问题?
6. 将超声波(机械振动波)转换成电信号是利用压电材料的什么效应;蜂鸣器中发出"嘀……嘀……"声的压电发声原理是利用压电材料的什么效应?
7. 一压电式传感器的灵敏度 $k_1 = 10\text{pC/mPa}$,连接灵敏度 $k_2 = 0.008\text{V/pC}$ 的电荷放大器,所用的笔试记录仪的灵敏度 $k_3 = 25\text{mm/V}$。当压力变化 $\Delta p = 8\text{mPa}$,记录笔在记录纸上的偏移为多少?

8. 压电式传感器测量电路的作用是什么？其核心是解决什么问题？

9. 测量人的脉搏应采用灵敏度 K 约为_____的 PVDF 压电传感器；在用家用电器（已包装）做跌落试验，以检查是否符合国标准时，应采用灵敏度 K 为_____的压电传感器。

  A. 10V/g   B. 100mV/g   C. 0.001mV/g

第 8 章 声波传感器的原理与应用
CHAPTER 8

波是指某一物理量的扰动或振动在空间逐点传递时形成的运动。不同形式的波虽然在产生机制、传播方式和与物质的相互作用方面存在很大差别，但在传播时却表现出多方面的共性，可用相同的数学方法描述和处理。波传感器的定义范围非常广，只要是利用波动原理制作而成的传感器都可以叫作波传感器。在本章中将介绍主要的几种波传感器。

8.1 声波及其物理性质

8.1.1 声波的分类

声波是一种可在气体、液体、固体中传播的机械波。根据声波频率的范围，声波可分为次声波、声波和超声波。其中，频率在 20Hz～20kHz 时，可为人耳所感觉，称为声波；20Hz 以下的机械振动人耳听不到，称为次声波；频率高于 20kHz 的机械振动波称为超声波。声波的频率分布如图 8-1 所示。

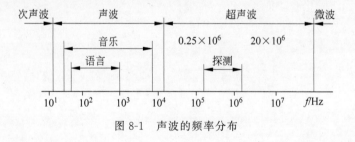

图 8-1 声波的频率分布

8.1.2 声波的波形

由于声源在介质中的施力方向与波在介质中的传播方向不同，超声波的波形也不同。通常可分为如下几种。

(1) 纵波是质点振动方向与波的传播方向一致的波，它能在固体、液体和气体中传播。

(2) 横波是质点振动方向垂直于波的传播方向的波，它只能在固体中传播。

(3) 表面波是质点的振动介于纵波和横波之间，沿着表面传播，振幅随深度增加而迅速衰减的波。表面波的轨迹是椭圆形，质点位移的长轴垂直于传播方向，质点位移的短轴平行于传播方向。由于表面波随深度增加而快速衰减，因此只能沿着固体的表面传播。

当声波以一定的入射角从一种介质传播到另一种介质的分界面上时，除有纵波的反射、折射以外,还会发生横波的反射和折射,在一定条件下还会产生表面波。各种波形均符合几何光学中的折射和反射定律。

8.1.3 声波的传播速度

声波的传播速度取决于介质的弹性系数及介质的密度。声波在气体和液体中传播时,由于不存在剪切应力,所以仅有纵波的传播,其传播速度 c 为

$$c = \sqrt{\frac{1}{\rho B_a}} \tag{8-1}$$

式中;ρ——介质的密度;

B_a——绝对压缩系数。

气体中声速为 344m/s,液体中声速为 900~1900m/s,当液体温度、压强、成分发生变化时,会引起声速的变化。在固体中,纵波、横波和表面波三者的声速成一定关系,通常认为横波声速为纵波声速的一半,表面波的声速约为横波声速的 90%。常用材料的密度、声阻抗与声速如表 8-1 所示。

表 8-1 常用材料的密度、声阻抗与声速(环境温度为 0℃)

材料	密度 $\rho/\times 10^3 \text{kg} \cdot \text{m}^{-1}$	声阻抗 $z/\times 10\text{MPa} \cdot \text{s}^{-1}$	纵波声速 $c_L/\text{km} \cdot \text{s}^{-1}$	横波声速 $c_S/\text{km} \cdot \text{s}^{-1}$
钢	7.8	46	5.9	3.23
铝	2.7	17	6.3	3.1
铜	8.9	42	4.7	2.1
有机玻璃	1.18	3.2	2.7	1.2
甘油	1.26	2.4	1.9	—
水(20℃)	1.0	1.48	1.48	—
油	0.9	1.28	1.4	—
空气	0.0012	0.0004	0.34	—

8.1.4 声波的特性

1. 声压

当声波传播时,某处的空气疏密地变化,使压强在大气压附近上下变化,相当于在原来的大气压强上叠加一个变化的压强,此压强就是声压。通常所说的声压,是指一段时间内瞬时声压的均方根值(即有效声压),故总是正值。对于正弦波,有效声压等于瞬时声压的最大值 P_{max} 除以 $\sqrt{2}$,即

$$P = P_{max}/\sqrt{2} \tag{8-2}$$

一般来说,如未加说明,声压指有效声压。

2. 声功率

声波是能量传播的一种形式,因此也常用能量的大小来表示声音的强弱。声源在单位时间内向外辐射的声能量叫作声功率,用符号 W 表示,单位为 W。

3. 声强

声强也是衡量声波在传播过程中声音强弱的物理量。它是指单位时间内(每秒),声波

通过垂直于声波传播方向的单位面积的声能量,用符号 I 表示,单位为 W/m^2。若声能通过的面积为 S,则声强为

$$I = W/S \tag{8-3}$$

在无反射声波的自由场中,点声源发出的球面波,均匀地向四周辐射声能,因此,距离声源中心为 r 的球面上的声强为

$$I = \frac{W}{4\pi r^2} \tag{8-4}$$

4. 声压级、声强级和声功率级

通常采用按对数方式分级的办法来表示声音大小,这就是声压级、声强级、声功率级。

(1) 声压级 L_p 指测量的声压 P 与参考声压 P_{ref} 的比值取常用对数,再乘以 20,单位为分贝(dB)

$$L_p = 20\lg \frac{P}{P_{ref}} (dB) \tag{8-5}$$

其中,参考声压 $P_{ref} = 2 \times 10^{-5} Pa$,为 1kHz 时的听阈。

(2) 声强级 L_I 是指测量的声强 I 与参考声强 I_{ref} 比值取常用对数,再乘以 10,单位为分贝(dB)

$$L_I = 10\lg \frac{I}{I_{ref}} \tag{8-6}$$

(3) 声功率级是指测量的声功率 W 与参考功率 W_{ref} 的比值取常用对数,再乘以 10,单位为分贝(dB)

$$L_W = 10\lg \frac{W}{W_{ref}} \tag{8-7}$$

其中,参考功率 $W_{ref} = 10^{-12}$,为 1Hz 时听阈声功率值。

由于在一定条件下,声压级、声强级、声功率级在数值上是相等的,因此,可将三者统一用声级表示。

8.1.5 超声波的反射和折射

当声波从一种介质传播到另一种介质时,在两介质的分界面上将发生反射和折射,如图 8-2 所示。

1. 反射定律

入射角 α 的正弦与反射角 α' 的正弦之比等于入射波与反射波的速度之比。当反射波与入射波同处于一种介质中时,因波速相同,则反射角 α' 等于入射角 α。

2. 折射定律

当波在界面上产生折射时,入射角 α 的正弦与折射角 β 的正弦之比等于入射波在第一种介质中的波速 C_1 与在第二种介质中的波速 C_2 之比,即

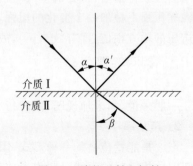

图 8-2 波的反射和折射

$$\frac{\sin\alpha}{\sin\beta} = \frac{C_1}{C_2} \tag{8-8}$$

8.1.6 超声波的衰减

超声波在介质中传播时,随着距离增加,超声波能量逐渐减弱的现象叫作超声波衰减。衰减的程度以衰减系数 ζ 来表示。在平面波的情况下,其声压和声强的衰减规律如下:

$$P = P_0 e^{-\zeta x} \tag{8-9}$$

$$I = I_0 e^{-2\zeta x} \tag{8-10}$$

式中:P, I ——平面波在 x 处的声压和声强;

P_0, I_0 ——平面波在 $x=0$ 处的声压和声强;

ζ ——衰减系数。

引起超声波衰减的主要原因是波束扩散、晶粒散射和介质吸收。

1. 扩散衰减

超声波在传播过程中,由于波束的扩散,使超声波的能量随距离增加而逐渐减弱的现象叫作扩散衰减。超声波的扩散衰减仅取决于波阵面的形状,与介质的性质无关。

2. 散射衰减

超声波在介质中传播时,遇到声阻抗不同的界面产生散乱反射引起衰减的现象,称为散射衰减。散射衰减与材质的晶粒密切相关,当材质晶粒粗大时,散射衰减严重,被散射的超声波沿着复杂的路径传播到探头,在屏上引起林状回波(又叫草波),使信噪比下降,严重时噪声会湮没缺陷波。

3. 吸收衰减

超声波在介质中传播时,由于介质中质点间的摩擦(即黏滞性)和热传导引起超声波的衰减,称为吸收衰减或黏滞衰减。通常所说的介质衰减是指吸收衰减与散射衰减,不包括扩散衰减。

8.1.7 声波的多普勒效应

当波源和观察者之间有相对运动时,观察者测得的频率与波源频率不同的现象叫作多普勒效应。频率由声源决定,实际频率并没有变化。

1. 多普勒效应的成因

声源完成一次全振动,向外发出一个波长的波,频率表示单位时间内完成的全振动的次数,因此波源的频率等于单位时间内波源发出的完全波的个数。观察者听到的声音的音调,是观察者接收到的频率,即单位时间内接收到的完全波的个数。由于相对运动,声源的频率没有变化,而是观察者接收到的频率发生了变化,波源和观察者的相对运动有以下几种情况。

(1)波源和观察者没有相对运动。单位时间内波源发出几个完全波,观察者在单位时间内就接收到几个完全波,故观察者接收到的频率等于波源的频率。

(2)观察者朝波源运动。观察者在单位时间内接收到的完全波的个数增多,即接收到的频率增大。

(3)观察者远离波源运动。观察者在单位时间内接收到的完全波的个数减少,即接收到的频率减少。

(4) 波源朝观察者运动。观察者感觉到波变得密集,即波长减小,接收到的频率增大。

(5) 波源远离观察者运动。观察者感到波变得稀疏,即波长增大,接收到的频率减少。

2. 多普勒效应中观测频率的计算

1) 波源不动,观察者相对波源运动

(1) 观察者朝波源运动

$$f_{测} = \frac{v_{波} + v_{人}}{\lambda_{波}} = \left(1 + \frac{v_{人}}{v_{波}}\right) f_{波} \tag{8-11}$$

(2) 观察者离波源运动

$$f_{测} = \frac{v_{波} - v_{人}}{\lambda_{波}} = \left(1 - \frac{v_{人}}{v_{波}}\right) f_{波} \tag{8-12}$$

2) 观察者不动,波源相对观察者运动

(1) 波源朝观察者运动

$$f_{测} = \frac{v_{波}}{\lambda_{波} - v_{源} T_{波}} = \frac{v_{波} f_{波}}{v_{波} - v_{源}} \tag{8-13}$$

(2) 波源离观察者运动

$$f_{测} = \frac{v_{波}}{\lambda_{波} + v_{源} T_{波}} = \frac{v_{波} f_{波}}{v_{波} + v_{源}} \tag{8-14}$$

例 8-1 以速度 $v=20\text{m/s}$ 奔驰的火车,鸣笛声频率为 275Hz,已知常温下空气中的声速 $v=340\text{m/s}$。

(1) 当火车驶来时,站在铁道旁的观察者听到的笛声频率是多少?

(2) 当火车驶去时,站在铁道旁的观察者听到的笛声频率是多少?

解:(1) 当火车驶来时,可由式(8-13)计算得到笛声频率为

$$f = \frac{v_{波} f_{波}}{v_{波} - v_{源}} = \frac{340 \times 275}{340 - 20} = 292\text{Hz}$$

(2) 当火车驶去时,可由式(8-14)计算得到笛声频率为

$$f = \frac{v_{波} f_{波}}{v_{波} + v_{源}} = \frac{340 \times 275}{340 + 20} = 260\text{Hz}$$

例 8-2 一个观察者在铁路附近,当火车驶近时,他听到的汽笛声频率为 $f_1=440\text{Hz}$,当火车驶远时,他听到的频率为 $f_2=392\text{Hz}$,在大气中声音速度为 330m/s,求火车的速度?

解:当火车驶近时,由式(8-13)可得

$$f = \frac{v_{波} f_{波}}{v_{波} - v_{源}}$$

$$440 = \frac{330 \times f_{波}}{330 - v}$$

当火车驶去时,由式(8-14)可得

$$f = \frac{v_{波} f_{波}}{v_{波} + v_{源}}$$

$$392 = \frac{330 \times f_{波}}{330 + v}$$

联立两式可得 $v=19\text{m/s}$。

8.1.8 超声波传感器

超声波传感器按其工作原理可分为压电式、磁致伸缩式、电磁式等,在检测技术中主要采用压电式。

压电式超声波传感器常用的材料是压电晶体和压电陶瓷,它利用压电材料的压电效应进行工作。逆压电效应将高频电振动转换成高频机械振动,从而产生超声波,可作为发射探头;在超声波技术中,除需要能产生一定频率及强度的超声波发生器以外,还需要能接收超声波的接收器。一般的超声波接收器是利用超声波发生器的逆效应而进行工作的。

当超声波作用于压电晶片时,晶片产生正压电效应而产生交变电荷,经电压放大器或电荷放大器放大,最后记录或显示结果。其结构和超声波发生器基本相同,将超声振动波转换成电信号,可用作接收探头。

由于压电材料较脆,为了绝缘、密封、防腐蚀、阻抗匹配及防止不良环境的影响,压电元件常常装在一个外壳内而构成探头。超声波探头按其结构可分为直探头、斜探头、双探头和液浸探头等。如图8-3所示为直探头的结构图,它主要是由压电晶片、吸收块(阻尼块)、保护膜等组成。压电晶片多为圆板型,厚度为δ,超声波频率f与其厚度δ成反比。压电晶片的两面镀有银层,作为导电的极板,底面接地,上面接至引出线。为了避免传感器与被测件直接接触而磨损压电晶片,在压电晶片下黏合一层保护膜(0.3mm厚的塑料膜、不锈钢片或陶瓷片)。阻尼块的作用是降低压电晶片的机械品质,吸收超声波的能量。如果没有阻尼块,当激励的电脉冲信号停止时,晶片会继续振荡,加长超声波的脉冲宽度,使分辨率变差。

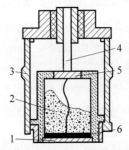

1—保护膜;2—吸收块;3—金属壳;
4—导电螺杆;5—接线片;6—压电晶片。

图8-3 压电式超声波传感器结构

1. 超声波传感器探头分类

根据其结构不同,超声波探头又分为直探头、斜探头、双探头、表面波探头、聚焦探头、冲水探头、水浸探头、空气传导探头以及其他专用探头等,如图8-4所示。

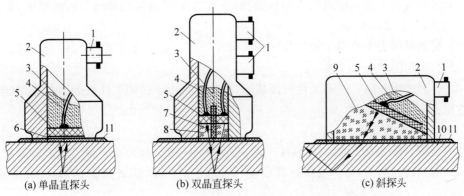

(a) 单晶直探头　　(b) 双晶直探头　　(c) 斜探头

1—接插件;2—外壳;3—阻尼吸收块;4—引线;5—压电晶体;6—保护膜;
7—隔离层;8—延迟块;9—有机玻璃斜楔块;10—试件;11—耦合剂。

图8-4 超声波探头结构示意图

(1) 单晶直探头。用于固体介质的单晶直探头（俗称直探头）的结构如图 8-4(a)所示。压电晶片采用 PZT 压电陶瓷材料制作，外壳用金属制作，保护膜用于防止压电晶片磨损。保护膜可以用三氧化二铝（钢玉）、碳化硼等硬度很高的耐磨材料制作。阻尼块用于吸收压电晶片背面的超声脉冲能量，防止杂乱反射波产生，从而提高分辨率。阻尼块用钨粉、环氧树脂等浇注。

(2) 双晶直探头。双晶直探头结构如图 8-4(b)所示。它是由两个单晶探头组合而成，装配在同一壳体内。其中一片晶片发射超声波，另一片晶片接收超声波。两晶片之间用一片吸声性能强、绝缘性能好的薄片加以隔离，使超声波的发射和接收互不干扰。

(3) 斜探头。有时为了使超声波能倾斜入射到被测介质中，可选用斜探头，如图 8-4(c)所示。压电晶片黏贴在与底面成一定角度（如 30°、45°等）的有机玻璃斜楔块上，压电晶片的上方用吸声性强的阻尼吸收块覆盖。

(4) 聚焦探头。由于超声波的波长很短（mm 数量级），所以它也像光波一样可以被聚焦成十分细的声束，其直径可小到 1mm 左右，可以分辨试件中细小的缺陷，这种探头称为聚焦探头，是一种很有发展前途的新型探头。

(5) 箔式探头。利用压电材料聚偏二氟乙烯（PVDF）高分子薄膜，制作出的薄膜式探头称为箔式探头，可以获得 0.2mm 直径的超细声束，用于医用 CT 诊断仪器可以获得很高清晰度的图像。

(6) 空气传导型探头。由于空气的声阻抗是固体声阻抗的几千分之一，所以空气超声探头的结构与固体传导探头有很大的差别。

2. 探头的选择

超声波探伤时，超声波的发射和接收都是通过探头来实现的。探头的种类很多，结构类型也不一样。探伤前应根据被检对象的形状、衰减和技术要求来选择探头，探头的选择包括探头类型、频率、晶片尺寸和斜探头 K 值的选择等。

1) 探头类型的选择

常用的探头型式有纵波直探头、横波斜探头、表面波探头、双晶探头、聚焦探头等。一般根据工件的形状和可能出现缺陷的部位、方向等条件来选择探头的类型，使声束轴线尽量与缺陷垂直。

(1) 纵波直探头波束轴线垂直于探测面，主要用于探测与探测面平行的缺陷，如锻件、钢板中的夹层、折叠等缺陷。

(2) 横波斜探头主要用于探测与探测面垂直可成一定角度的缺陷，如焊缝中未焊透、夹渣、未融合等缺陷。

(3) 表面波探头用于探测工件表面缺陷，双晶探头用于探测工件近表面缺陷，聚焦探头用于水浸探测管材或板材。

2) 探头频率的选择

超声波探伤频率为 0.5～10MHz，选择范围大。一般选择频率时应考虑以下因素。

(1) 由于波的绕射，超声波探伤灵敏度约为波长的一半，因此提高频率，有利于发现更小的缺陷。

(2) 频率高，脉冲宽度小，分辨力高，有利于区分相邻缺陷。

(3) 频率高，波长短，则半扩散角小，声束指向性好，能量集中，有利于发现缺陷并对缺陷定位。

(4) 频率高,波长短,近场区长度大,对探伤不利。

(5) 频率增加,衰减急剧增加。

由以上分析可知,频率的高低对探伤有较大的影响,频率高,灵敏度和分辨力就高,指向性好,对探伤有利。但近场区长度大,衰减大,又对探伤不利。实际探伤中要全面分析考虑各方面的因素,合理选择频率。一般在保证探伤灵敏度的前提下尽可能选用较低的频率。

对于晶粒较细的锻件、轧制件和焊接件等,一般选用 2.5～5MHz 的较高频率;对晶粒较粗大的铸件、奥氏体钢等宜选用 0.5～2.5MHz 的较低频率。如果频率过高,就会引起严重衰减,屏幕上出现林状回波,信噪比下降,甚至无法探伤。

3) 探头晶片尺寸的选择

晶片尺寸对探伤也有一定的影响,选择晶片尺寸要考虑以下因素。

(1) 晶片尺寸增加,半扩散角减少,波束指向性变好,超声波能量集中,对探伤有利。

(2) 晶片尺寸增加,近场区长度迅速增加,对探伤不利。

(3) 晶片尺寸大,辐射的超声波能量大,探头未扩散区扫查范围大,远距离扫查范围相对变小,发现远距离缺陷能力增强。

以上分析说明晶片大小对波束指向性、近场区长度、近距离扫查范围和远距离缺陷检出能力有较大的影响。实际探伤中,工件面积范围较大时,为了提高探伤效率宜选用大晶片探头;工件厚度较大时,为了有效地发现远距离的缺陷宜选用大晶片探头;工件比较小型时,为了提高缺陷定位定量精度宜选用小晶片探头;工件表面不太平整,曲率较低较大时,为了减少耦合损失宜选用小晶片探头。

4) 横波斜头 K 值的选择

在横波探伤中,探头的 K 值对探伤灵敏度、声束轴线的方向、一次波的声程(入射点至底面反射点的距离)有较大的影响。K 值越大,一次波的声程越大。因此在实际探伤中,当工件厚度较小时,应选用较大的 K 值,以便增加一次波的声程,避免近场区探伤;当工件厚度较大时,应选用较小的 K 值,以减少声程过大引起的衰减,便于发现深度较大处的缺陷。在焊缝探伤中,不要保证主声束能扫查整个焊缝截面;对于单面焊根未焊透,还要考虑端角反射问题,应使 $K=0.7～1.5$。当 $K<0.7$ 或 $K>1.5$ 时,端角反射很低,容易引起漏检。

3. 超声波传感器的主要性能指标

(1) 工作频率。工作频率就是压电晶片的共振频率。当加在探头两端的交流电压的频率和晶片的共振频率相等时,输出的能量大,灵敏度也高。

(2) 工作温度。由于压电材料的居里点一般比较高,特别是诊断用超声波探头使用功率较小,所以工作温度比较低,可以长时间地工作而不失效。医疗用的超声探头的温度比较高,需要单独的制冷设备。

(3) 灵敏度。主要取决于制造晶片本身,机电耦合系数大,灵敏度高;反之,灵敏度低。

8.2 超声波传感器的应用

8.2.1 超声波无损探伤

无损检测包括射线检测(RT)、超声检测(UT)、磁粉检测(MT)、渗透检测(PT)、和涡流检测(ET)等 5 种检测方法,主要应用于金属材料制造的机械、器件等的原材料、零部件和焊缝,也可用于玻璃等其他制品。

射线检测适用于碳素钢、低合金钢、铝及铝合金、钛及钛合金材料制机械、器件等的焊缝及钢管对接环缝。射线对人体不利,应尽量避免射线直接照射和散射线的影响。

超声检测是指用 A 型脉冲反射超声波探伤仪检测缺陷,适用于金属制品原材料、零部件和焊缝的超声检测以及超声测厚。

磁粉检测适用于铁磁性材料制品及其零部件表面、近表面缺陷的检测,包括干磁粉、湿磁粉、荧光和非荧光磁粉检测方法。

渗透检测适用于金属制品及其零部件表面开口缺陷的检测,包括荧光和着色渗透检测。

涡流检测适用于管材检测,如圆形无缝钢管及焊接钢管、铝及铝合金拉薄壁管等。磁粉、渗透和涡流统称为表面检测。

1. 超声波探伤方法按原理分类

(1) 脉冲反射法。脉冲反射法是超声波探头发射脉冲波到被检试件内,根据反射波的情况来检测试件缺陷的方法。测试时探头放于被测的工件上,并在工件上来回移动。探头发出的超声波以一定的速度向工件内部传播,如工件中没有缺陷,则超声波传到工件的底部才发生反射,在显示屏上只出现始脉冲 T 和底脉冲 B,如图 8-5 所示。

如工件中有缺陷,一部分声波在缺陷处产生反射,另一部分继续传播直到工件的底部才发生反射。在显示屏上除出现始脉冲 T 和底脉冲 B 外,还出现缺陷脉冲 F,如图 8-6 所示。

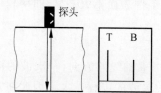
图 8-5 无缺陷时的脉冲波形

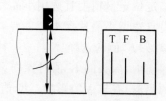
图 8-6 有缺陷时的脉冲波形

在实际测量中,由于工件表面不平整,探头与被测物体表面之间必然存在空气薄层,这会引起不同介质界面间强烈的杂乱反射波,对测量造成严重的干扰。因此经常使用一种被称为耦合剂的液体物质,使之充满在接触层中,起到排除空气传递超声波的作用。

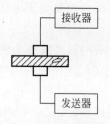
图 8-7 穿透法检测缺陷

(2) 穿透法。穿透法是依据脉冲波或连续波穿透试件之后的能量变化来判断缺陷情况的一种方法。穿透法常采用两个探头,一收一发,分别放置在试件的两侧进行探测。当材料内有缺陷时,材料内的不连续性成为超声波传输的障碍,超声波通过这种障碍时只能穿透一部分声能。只要有十分细小的细裂纹,在无损检测中就可以构成超声波不能透过的阻挡层。利用此原理即可构成缺陷的穿透检测法,如图 8-7 所示。

在检测时,把超声发射探头置于试件的一侧,而把接收探头置于试件的另一侧,并保证探头和试件之间有良好的声耦合,以及两个探头置于一条直线上,这样监测接收到的超声波强度就可获得材料内部缺陷的信息。在超声波束的通道中出现的任何缺陷都会使接收信号下降,甚至完全消失,这就表示试件中有缺陷存在。

（3）共振法。若声波（频率可调的连续波）在被检工件内传播，当试件的厚度为超声波的半波长的整数倍时，将引起共振，仪器显示出共振频率，当试件内存在缺陷或工件厚度发生变化时，将改变试件的共振频率，依据试件的共振频率特性，来判断缺陷情况和工件厚度变化情况的方法称为共振法。共振法常用于试件测厚。

2. 根据探伤采用的波形

（1）纵波法。使用直探头发射纵波进行探伤的方法，称为纵波法。此时波束垂直入射至试件探测面，以不变的波形和方向透入试件，所以又称为垂直入射法，简称垂直法。垂直法分为单晶探头反射法、双晶探头反射法和穿透法。常用的是单晶探头反射法。垂直法主要用于铸造、锻压、轧材及其制品的探伤，该方法检测与探测面平行的缺陷效果最佳。由于盲区和分辨力的限制，反射法只能发现试件内部离探测面一定距离以外的缺陷。在同一介质中传播时，纵波速度大于其他波形的速度，穿透能力强，晶界反射或散射的敏感性较差，所以可探测工件的厚度是所有波形中最大的，而且可用于粗晶材料的探伤。

（2）横波法。将纵波通过水等介质倾斜入射至试件探测面，利用波形转换得到横波进行探伤的方法，称为横波法。由于透入试件的横波束与探测面成锐角，所以又称斜射法。此方法主要用于管材、焊缝的探伤。其他试件探伤时，此方法可以作为一种有效的辅助手段，用以发现垂直法不易发现的缺陷。

（3）表面波法。使用表面波进行探伤的方法，称为表面波法。这种方法主要用于表面光滑的试件。表面波波长很短，衰减很大。同时，它仅沿表面传播，对于表面上的复层、油污、不光洁等，反应敏感，并会大量地衰减。利用此特点可通过手沾油在声束传播方向上进行触摸并观察缺陷回波高度的变化，对缺陷定位。

（4）板波法。使用板波进行探伤的方法称为板波法。主要用于薄板、薄壁管等形状简单的试件探伤。探伤时板波充塞于整个试件，可以发现内部和表面的缺陷。

3. 按探头数目分类

（1）单探头法。使用一个探头兼作发射和接收超声波的探伤方法称为单探头法，单探头法最常用。

（2）双探头法。使用两个探头（一个发射，一个接收）进行探伤的方法称为双探头法，主要用于发现单探头难以检出的缺陷。

（3）多探头法。使用两个以上的探头成对地组合在一起进行探伤的方法，称为多探头法。

4. 按探头接触方式分类

（1）直接接触法。探头与试件探测面之间，涂有很薄的耦合剂层，因此可以看作是两者直接接触，此法称为直接接触法。此法操作方便，探伤图形较简单，容易判断，检出缺陷灵敏度高，是实际探伤中用得最多的方法。但对被测试件探测面的粗糙度要求较高。

（2）液浸法。将探头和工件浸于液体中以液体作耦合剂进行探伤的方法，称为液浸法。耦合剂可以是油，也可以是水。液浸法适用于表面粗糙的试件，探头也不易磨损，耦合稳定，探测结果重复性好，便于实现自动化探伤。液浸法分为全浸没式和局部浸没式。

8.2.2 超声波传感器的应用

1. 超声波测深度

超声波由超声换能器从水面垂直向下发射(称为垂直声呐),如图 8-8 所示,发射超声脉冲时会在示波管上出现发射脉冲的迹线,当发射的超声波(或声波)向下遇到海底时发生反射,该回波将被超声波传感器所接收,在示波管上出现接收波脉冲的迹线。若从发射波开始到接收波出现的时间间隔为 T,海水中的声速为 v,则水深 h 为

$$h = \frac{1}{2}vt \tag{8-15}$$

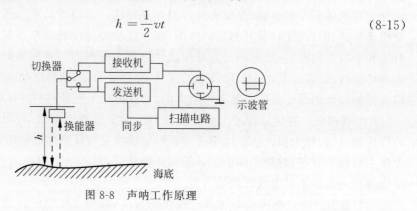

图 8-8 声呐工作原理

2. 超声波测厚

超声波测量厚度常采用脉冲回波法。图 8-9 为脉冲回波法检测厚度的工作原理。

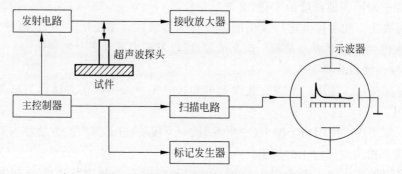

图 8-9 脉冲回波法检测厚度工作原理

在用脉冲回波法测量试件厚度时,超声波探头与被测试件某一表面相接触。由主控器产生一定频率的脉冲信号,送往发射电路,经电流放大后加在超声波探头上,从而激励超声波探头产生重复的超声波脉冲。脉冲波传到被测试件另一表面后反射回来,被同一探头接收。若已知超声波在被测试件中的传播速度 v,设试件厚度为 d,脉冲波从发射到接收的时间间隔 Δt 可以测量,因此可求出被测试件厚度为

$$d = \frac{v \Delta t}{2} \tag{8-16}$$

为测量时间间隔 Δt,可采用图 8-9 所示的方法,将发射脉冲和回波反射脉冲加在示波器垂直偏转板上。标记发生器输出的已知时间间隔的脉冲,也加在示波器垂直偏转板上。线性扫描电压加在水平偏转板上。因此可以直接在示波器屏幕上观察到发射脉冲和回波反

射脉冲,从而求出两者的时间间隔 Δt。当然,也可用稳频晶振产生的时间标准信号来测量时间间隔 Δt,从而做成厚度数字显示仪表。

3. 超声波测物位

将存于各种容器内的液体表面高度及所在的位置称为液位;固体颗粒、粉料、块料的高度或表面所在位置称为料位,两者统称为物位。

超声波测量物位是根据超声波在两种介质的分界面上的反射特性而工作的。图 8-10 为几种超声波检测物位的工作原理图。

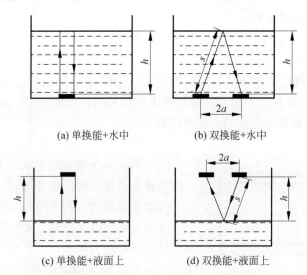

图 8-10 超声波物位检测的工作原理

根据发射和接收换能器的功能,超声波物位传感器可分为单换能器和双换能器两种。单换能器在发射和接收超声波时均使用一个换能器,如图 8-10(a)和图 8-10(c)所示,而双换能器对超声波的发射和接收各由一个换能器担任,如图 8-10(b)和图 8-10(d)所示。超声波传感器可放置于水中,如图 8-10(a)和图 8-10(b)所示,让超声波在液体中传播。由于超声波在液体中衰减比较小,所以即使产生的超声波脉冲幅度较小也可以传播。超声波传感器也可以安装在液面的上方,如图 8-10(c)和图 8-10(d)所示,让超声波在空气中传播。这种方式便于安装和维修,但超声波在空气中的衰减比较厉害。超声波传感器还可安装在容器的外壁,此时超声波需要穿透器壁,遇到液面后再反射(注意,为了超声波最大限度地穿过器壁,需满足的条件是器壁厚度应为四分之一波长的奇数倍)。如果已知从发射超声波脉冲开始,到接收换能器接收到反射波为止的这个时间间隔,就可以求出分界面的位置,利用这种方法可以实现对物位的测量。

对于单换能器来说,超声波从发射到液面,又从液面反射回换能器的时间间隔为

$$\Delta t = \frac{2h}{v} \tag{8-17}$$

则

$$h = \frac{v\Delta t}{2} \tag{8-18}$$

式中:h——换能器距液面的距离;

v——超声波在介质中的传播速度。

对于双换能器来说,超声波从发射到被接收经过的路程为 $2s$,而

$$s = \frac{v \Delta t}{2} \tag{8-19}$$

因此,液位高度为

$$h = \sqrt{s^2 - a^2} \tag{8-20}$$

式中:s——超声波反射点到换能器的距离;
a——两换能器间距的 1/2。

从式(8-17)~式(8-20)中可以看出,只要测得从发射到接收超声波脉冲的时间间隔 Δt,便可以求得待测的物位。

4. 超声波测流量

超声波测量流体流量是利用超声波在流体中传输时,在静止流体和流动流体中的传播速度不同的特点,从而求得流体的流速和流量。

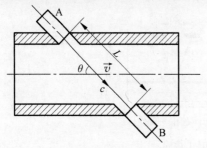

图 8-11 超声波测流体流量工作原理

图 8-11 为超声波测流体流量的工作原理图。图中 v 为被测流体的平均流速,c 为超声波在静止流体中的传播速度,θ 为超声波传播方向与流体流动方向的夹角(θ 必须不等于 90°),A、B 为两个超声波换能器,L 为两者之间距离。以下是以时差法为例。

当 A 为发射换能器,B 为接收换能器时,超声波为顺流方向传播,传播速度为 $c + v\cos\theta$,所以顺流传播时间 t_1 为

$$t_1 = \frac{L}{c + v\cos\theta} \tag{8-21}$$

当 B 为发射换能器,A 为接收换能器时,超声波为逆流方向传播,传播速度为 $c - v\cos\theta$,所以逆流传播时间 t_2 为

$$t_2 = \frac{L}{c - v\cos\theta} \tag{8-22}$$

因此超声波顺、逆流传播时间差为

$$\Delta t = t_2 - t_1 = \frac{L}{c - v\cos\theta} - \frac{L}{c + v\cos\theta} = \frac{2Lv\cos\theta}{c^2 - v^2\cos^2\theta} \tag{8-23}$$

一般来说,超声波在流体中的传播速度远大于流体的流速,即 $c \gg v$,所以式(8-23)可近似为

$$\Delta t \approx \frac{2Lv\cos\theta}{c^2} \tag{8-24}$$

因此被测流体的平均流速为

$$v \approx \frac{c^2}{2L\cos\theta} \Delta t \tag{8-25}$$

测得流体流速 v 后,再根据管道流体的截面积,即可求得被测流体的流量。

8.3 微波传感器

微波是波长为 1mm～1m 的电磁波,可以细分为分米波、厘米波、毫米波三个波段。既具有电磁波的性质,又与普通的无线电波及光波不同,是一种相对波长较长的电磁波。它遇到各种障碍物易于反射,传输特性好,传输过程中受烟、火焰、灰尘、强光等的影响很小。此外介质对微波的吸收与介质的介电常数成比例。因此它被广泛用于液位、物位、厚度及含水量的测量中。

8.3.1 微波传感器的原理

1. 微波传感器的原理

微波传感器是利用微波特性来检测某些物理量的器件或装置。发射天线发出的微波遇到被测物体时将被吸收或反射,使微波功率发生变化。若利用接收天线,接收到通过被测物体或由被测物体反射回来的微波,并将它转换为电信号,再经过信号调理电路,即可以显示出被测量,实现了微波检测。

2. 微波传感器的分类

(1) 反射式传感器。这种微波传感器通过检测被测物反射回来的微波功率或经过的时间间隔实现测量。一般它可以测量物体的位置、位移、厚度等参数。

(2) 遮断式传感器。这种微波传感器通过检测接收天线收到的微波功率判断发射天线与接收天线之间有无被测物体或被测物体的位置、被测物中的含水量等参数。

3. 微波传感器的组成

微波传感器是由微波发生器、微波天线和微波检测器三部分组成。

(1) 微波发生器。微波发生器是产生微波的装置。由于微波波长很短,即频率很高(300MHz～300GHz),振荡回路中只能有非常微小的电感与电容,因此不能用普通的电子管与晶体管构成微波振荡器。构成微波振荡器的器件有调速管、磁控管或某些固态器件,小型微波振荡器也可以采用体效应管。

(2) 微波天线。由微波振荡器产生的振荡信号通过天线发射出去。为了使发射的微波具有尖锐的方向性,天线要具有特殊的结构。常用的天线如图 8-12 所示,有喇叭形、抛物面形、介质天线与隙缝天线等。喇叭形天线结构简单,制造方便,可以看作是波导管的延续。喇叭形天线在波导管与空间之间起匹配作用,可以获得最大能量输出。抛物面天线使微波发射方向性得到改善。

(a) 扇形喇叭天线　　(b) 圆锥形喇叭天线　　(c) 旋转抛物面天线　　(d) 抛物柱面天线

图 8-12　常用的微波天线

(3) 微波检测器。电磁波作为空间的微小电场变动而传播,所以要选择使用具有非线性电流-电压特性的电子元件作为敏感探头。与其他传感器相比,敏感探头在其工作频率范围内必须有足够快的响应速度。作为非线性的电子元件,在几兆赫兹以下的频率通常可用半导体 PN 结,而对于频率比较高的可使用肖特基结。在灵敏度特性要求特别高的情况下可使用超导材料的约瑟夫逊结检测器、SIS(Safety-Instrumented System)检测器等超导隧道结元件,而在接近光的频率区域可使用由金属-氧化物-金属构成的隧道结元件。

4. 微波传感器的特点

微波传感器是一种新型的非接触传感器,具有如下特点。

(1) 有极宽的频谱(波长为 1.0mm～1.0m)可供选用,可根据被测对象的特点选择不同的测量频率。

(2) 在烟雾、粉尘、水汽、化学气氛以及高、低温环境中对检测信号的传播影响极小,因此可以在恶劣环境下工作。

(3) 时间常数小,反应速度快,可以进行动态检测与实时处理,便于自动控制。

(4) 测量信号本身就是电信号,无须进行非电量的转换,从而简化了传感器与微处理器间的接口。

(5) 传输距离远,便于实现遥测和遥控。

(6) 微波无显著辐射公害。

微波传感器存在的主要问题是存在零点漂移和标定尚未得到很好的解决。其次,测量环境对测量结果影响大,如温度、气压、取样位置等。

8.3.2 微波传感器的应用

1. 微波液位仪

微波液位仪的原理如图 8-13 所示。相距为 S 的发射天线与接收天线,相互成一定角度。波长为 λ 的微波信号从被测液面反射后进入接收天线。接收天线接收到的微波功率的大小将随着被测液面的高低不同而异。接收天线接收的功率 P_r 可用无线通信传输模型表示为

$$P_r = \left(\frac{\lambda}{4\pi}\right)^2 \frac{P_t G_t G_r}{s^2 + 4d^2} \tag{8-26}$$

式中:d——两天线与被测液面间的垂直距离;

S——两天线间的水平距离;

P_t——发射天线发射的功率;

G_t——发射天线发射的增益;

G_r——接收天线的增益。

当发射功率、波长、增益均恒定,且两天线间的水平距离确定时,只要测得接收功率 P_r 就可以获得被测液面的高度 d。

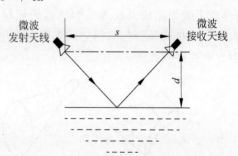

图 8-13 微波液位仪的原理

2. 微波湿度传感器

水分子是极性分子,常态下以偶极子形式杂乱无章地分布着。在外电场作用下,偶极子会形成定向排列。当微波场中有水分子时,偶极子受场作用而反复取向,不断从电场中得到能量(储能),又不断释放能量(放能),前者表现为微波信号的相移,后者表现为微波衰减。这个特性可用水分子自身介电常数 ε 来表示,即

$$\varepsilon = \varepsilon_1 + \alpha \varepsilon_2 \tag{8-27}$$

式中:ε_1——介电常数的储能的度量;

ε_2——介电常数的衰减的度量;

α——常数。

ε_1 与 ε_2 不仅与材料有关,还与测试信号频率有关,所有极性分子均有此特性。一般干燥的物体,其 ε_1 为 1~5,而水的 ε_1 则高达 64,因此如果材料中含有少量水分子时,其复合 ε_1 将显著上升,ε_2 也有类似性质。

使用微波传感器,测量干燥物体与含一定水分的潮湿物体所引起的微波信号的储能的度量与衰减的度量,就可以换算出物体的含水量。

3. 微波无损检测仪

一方面,微波在不连续的界面处会产生反射、散射、透射;另一方面,微波还能与被检测材料产生相互作用,被检测材料的电磁参数和几何参数将引起微波场的变化,通过检测微波信号基本参数的改变即可达到检测材料内部缺陷的目的。这种检测不会对材料本身造成任何破坏,因此,称为微波的无损检测。

微波无损检测仪主要由微波天线、微波电路、记录仪等部分组成,如图 8-14 所示。检测时,当金属介质内有气孔时,气孔将成为微波散射源(使微波信号的相位发生变化,此时,被检测介质相当于一个移相器)。当产生明显的散射效应时,最小气隙的半径与波长的关系符合以下公式

$$Ka \approx 1 \tag{8-28}$$

式中:$K = \dfrac{2\pi}{\lambda}$($\lambda$ 为波长);

a——气隙的半径。

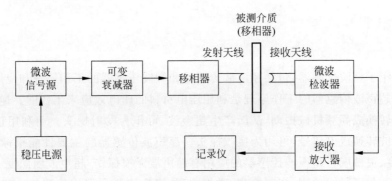

图 8-14 微波无损检测原理框图

4. 微波多普勒传感器

利用多普勒效应可以探测运动物体的速度、方向与方位。微波多普勒传感器是利用雷

达将微波发射到被测对象,并接收返回的反射波来实现的。若对以相对速度 v 运动的物体发射微波,由于多普勒效应,反射波的频率发生偏移(称为多普勒频移),表示为

$$f_d = \pm \frac{v}{\lambda} \cos\theta \tag{8-29}$$

式中:f_d——多普勒频率;
v——物体的运动速度;
λ——微波信号波长;
θ——方位角。

当物体靠近发射天线时,f_d 取"+"号;物体远离发射天线时,f_d 取"-"号。

在确定 v、λ、θ 中的任意两个参数后,由于 f_d 可测出,因此,根据式(8-29)即可确定第三个参数,通常用于测定物体的运动速度。接收机将来自发射机的参照信号和来自运动物体的反射信号混合后,可得到多普勒输出信号 u_d,由此可得到 f_d

$$u_d = U_d \sin\left(2\pi f_d t - \frac{4\pi r}{\lambda}\right) \tag{8-30}$$

式中:r——运动物体与发射天线间的距离;
u_d——多普勒电压信号;
U_d——多普勒电压信号的幅值。

如果要确定运动物体与发射天线间的距离 r,可发射两个不同波长的信号,引起信号初始相位的变化,即

$$\Delta\varphi = 4\pi r\left(\frac{1}{\lambda_2} - \frac{1}{\lambda_1}\right) \tag{8-31}$$

因此有

$$r = \frac{\Delta\varphi \lambda_1 \lambda_2}{4\pi(\lambda_1 - \lambda_2)} \tag{8-32}$$

由式(8-32)可知,只要测出不同波长 λ_1、λ_2 下的初始相位差 $\Delta\varphi$,即可确定距离 r。微波多普勒传感器的应用非常广泛,如多普勒测速仪可用于交通管制的车辆测速雷达、水文站用的流速测定仪、海洋气象站用来测定海浪与热带风暴、火车进站速度监控等。

小结

本章介绍了声波传感器,包括超声波传感器和微波传感器的工作原理和应用。

压电式超声波传感器的工作原理是利用压电材料的压电效应来工作的。逆压电效应将高频电振动转换成高频机械振动,从而产生超声波,可作为发射探头。而利用正压电效应,将超声振动波转换成电信号,可用为接收探头。超声波传感器的主要性能指标包括工作频率、工作温度、灵敏度。超声波传感器的应用有超声波无损探伤、超声波测深度。

无损检测包括射线检测、超声检测、磁粉检测、渗透检测和涡流检测等。超声波探伤方法主要有按波形分类、按原理分类、按探头数目分类、按探头接触方式分类等几种分类方法。

这里主要介绍了两种超声波探伤,脉冲反射法和穿透法。同时也介绍了探头的种类和结构。

本章还介绍了微波传感器的原理、特点。微波传感器主要应用于液位测量、湿度测量以及微波多普勒传感器。

习题

1. 简述超声波的性质及特点。
2. 超声波传感器按其工作原理分为哪几种？
3. 超声波传感器的主要性能指标是什么？
4. 超声波传感器的主要应用是什么？
5. 简述无损探伤的方法。
6. 简述超声波探伤方法的分类。
7. 双晶探头具有什么优点？
8. 对处于钢板深部的缺陷宜采用_____探伤；对处于钢板表面的缺陷宜采用_____探伤。
   A. 电涡流　　　　　B. 超声波　　　　　C. 测量电阻值
9. 超声波在有机玻璃中的声速比在水中的声速_____，比在钢中的声速_____。
   A. 大　　　　　　B. 小　　　　　　C. 相等
10. 简述微波传感器的原理及分类。

第 9 章 热电式传感器的原理与应用
CHAPTER 9

广义来讲,一切随温度变化而物体性质亦发生变化的物质均可作为温度传感器。但是,一般真正能作为实际中可使用的温度传感器的物体一般需要具备以下条件。

(1) 物体的特性随温度的变化有较大的变化,且该变化量易于测量。
(2) 与温度的变化有较好的一一对应关系,即对温度外的其他物理量的变化不敏感。
(3) 性能比较稳定,重复性好,尺寸小。
(4) 有较强的耐机械、化学及热作用等特点。

热电式传感器是工程上应用最广泛的温度传感器。它将热能直接转化成电量输出,具有构造简单,使用方便,准确度、稳定性及复现性较高,温度测量范围宽等优点,在温度测量中占有重要的地位。

热电式传感器是将温度变化转换为电量变化的装置,它利用敏感元件的电磁参数随温度变化的特性来实现对温度的测量。热电式传感器主要包括热电偶、热电阻和热敏电阻。

红外辐射传感器是利用红外线来测量温度的设备。它的敏感元件与被测对象互不接触,通过红外线测量运动物体、小目标和热容量小或温度变化迅速(瞬变)对象的表面温度,也可用于测量温度场的温度分布。

9.1 热电偶传感器

9.1.1 热电偶的工作原理

1. 热电效应

1821 年,德国物理学家赛贝克(T.J.Seebeck)用两种不同金属组成闭合回路,并用酒精灯加热其中一个接触点(称为结点),发现放在回路中的指南针发生偏转,如图 9-1(a)所示。如果用两盏酒精灯对两个结点同时加热,指南针的偏转角反而减小。显然,指南针的偏转说明了回路中有电动势产生并有电流在回路中流动,电流的强弱与两个结点的温差有关。

在两种不同材料的导体 A 和导体 B 组成的闭合回路中,当两个结点温度不相同时,回路中将产生电动势。这种物理现象称为热电效应。两种不同材料的导体所组成的回路称为热电偶,组成热电偶的导体称为热电极,热电偶所产生的电动势称为热电动势(以下简称热电势)。热电偶的两个结点中,置于温度为 T 的被测对象中的结点称之为测量端,又称为工作端或热端;而置于参考温度为 T_0 的另一结点称为参考端,又称自由端或冷端。

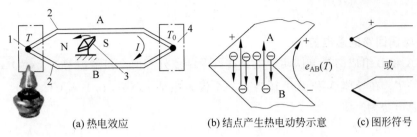

(a) 热电效应　　　　　(b) 结点产生热电动势示意　　(c) 图形符号

1—工作端；2—热电极；3—指南针；4—参考端。

图 9-1　热电偶原理图

2. 接触电动势

由于不同金属材料所具有的自由电子密度不同,当 A 和 B 两种不同材料的导体接触时,在 A 与 B 两导体的接触处产生的电位差,称为接触电动势。

$$e_{AB}(T) = \frac{kT}{e} \ln \frac{N_A}{N_B} \tag{9-1}$$

$$e_{AB}(T_0) = \frac{kT_0}{e} \ln \frac{N_A}{N_B} \tag{9-2}$$

式中：k——玻尔兹曼常数；

e——电子电荷量；

T、T_0——接触处的温度；

N_A，N_B——导体 A 和 B 的自由电子密度。

$e_{AB}(T)$、$e_{AB}(T_0)$ 分别为两个结点的接触电动势且极性相反,则回路中的总的接触电动势为

$$e_{AB}(T) - e_{AB}(T_0) = \frac{k}{e}(T - T_0) \ln \frac{N_A}{N_B} \tag{9-3}$$

接触电动势的大小与结点处温度的高低和导体的电子密度有关。温度越高,接触电动势越大。两种导体电子密度的比值越大,接触电动势越大。

3. 温差电动势

由于温度梯度的存在,改变了电子的能量分布,高温(T)端电子将向低温端(T_0)扩散,致使高温端因失去电子带正电,低温端因获电子而带负电。因而在同一导体两端也产生电位差,并阻止电子从高温端向低温端扩散,于是电子扩散形成动态平衡,此时所建立的电位差即温差电势。温差电动势的大小与导体的电子密度及两端温度有关。

若将导体 A 或 B 的两端分别置于不同的温度场 T、T_0 中($T > T_0$),在导体两端便产生了电位差,因导体两端温度不同而产生的电动势称为温差电势,又称为汤姆逊电势。

$$e_A(T, T_0) = \int_{T_0}^{T} \sigma_A dT$$

$$e_B(T, T_0) = \int_{T_0}^{T} \sigma_B dT \tag{9-4}$$

σ 为汤姆逊系数,表示温差 1℃所产生的电动势值,其大小与材料性质及两端的温度有关。两端的电动势分 $e_A(T, T_0)$ 和 $e_B(T, T_0)$ 极性相反则回路中的总温差电动势为

$$e_A(T,T_0) - e_B(T,T_0) = \int_{T_0}^{T} (\sigma_A - \sigma_B) dT \tag{9-5}$$

4. 热电偶回路的总电势

导体 A 和 B 组成的热电偶闭合电路在两个结点处有两个接触电势 $e_{AB}(T)$、$e_{AB}(T_0)$。又因为 $T > T_0$,在导体 A 和 B 中还各有一个温差电势 $e_A(T,T_0)$、$e_B(T,T_0)$。所以热电偶回路的总电势为

$$E_{AB}(T,T_0) = e_{AB}(T) - e_{AB}(T_0) + e_A(T,T_0) - e_B(T,T_0)$$

$$= \frac{k}{e}(T-T_0)\ln\frac{N_A}{N_B} + \int_{T_0}^{T}(\sigma_A - \sigma_B)dT \tag{9-6}$$

一般地,在热电偶回路中接触电动势远远大于温差电动势,所以温差电动势可以忽略不计

$$E_{AB}(T,T_0) = e_{AB}(T) - e_{AB}(T_0) \tag{9-7}$$

几个结论:

(1) 如果热电偶两电极材料相同,即使两端温度不同 ($T \neq T_0$),但总输出热电势仍为零。因此必须由两种不同材料才能构成热电偶。

(2) 如果热电偶两结点温度相同,则回路总的热电势必然等于零。两结点温差越大,热电势越大。

(3) 式(9-7)中未包含与热电偶的尺寸形状有关的参数,所以热电势的大小只与材料和结点温度有关。

如果以摄氏温度为单位,$E_{AB}(T,T_0)$ 也可以写成 $E_{AB}(t,t_0)$,其物理意义略有不同,但电动势的数值是相同的。

9.1.2 热电偶的基本定律

1. 均质导体定律

由一种均质导体组成的闭合回路,不论导体的横截面积、长度以及温度分布如何,均不产生热电动势。也就是说两个热电极材料相同,热电势均为零。均质导体定律有助于检验两个热电极材料成分是否相同及热电极材料的均匀性。

$$E_{AA}(T,T_0) = \frac{k}{e}(T-T_0)\ln\frac{N_A}{N_A} = 0 \tag{9-8}$$

2. 参考电极定律

如图 9-2 所示,导体 A、B 分别与标准电极 C 组成热电偶,当结点温度为 T 和 T_0 时,两种导体 A、B 组成的热电偶的热电势等于导体 A 和参考电极 C 组成热电偶的热电势与导体 B 和参考电极 C 组成热电偶的热电势的代数和,即

$$E_{AB}(T,T_0) = E_{AC}(T,T_0) + E_{CB}(T,T_0) \tag{9-9}$$

其中

$$E_{AC}(T,T_0) = e_{AC}(T) - e_{AC}(T_0) \tag{9-10}$$

$$E_{CB}(T,T_0) = e_{CB}(T) - e_{CB}(T_0) \tag{9-11}$$

把式(9-10)和式(9-11)代入式(9-9)可得

$$E_{AC}(T,T_0) + E_{CB}(T,T_0) = \frac{kT}{e}\ln\frac{N_A}{N_C} - \frac{kT_0}{e}\ln\frac{N_A}{N_C} + \frac{kT}{e}\ln\frac{N_C}{N_B} - \frac{kT_0}{e}\ln\frac{N_C}{N_B}$$

$$= \frac{kT}{e}\ln\frac{N_A}{N_B} - \frac{kT_0}{e}\ln\frac{N_A}{N_B}$$
$$= E_{AB}(T, T_0) \tag{9-12}$$

参考电极定律是一个极为实用的定律。由于纯金属和各种金属合金种类很多,因此,要确定这些金属之间组合而成的热电偶的热电动势,其工作量是极大的。但是利用铂的物理、化学性质稳定,熔点高,易提纯的特性,可以选用高纯铂丝作为标准电极,只要测得各种金属与纯铂组成的热电偶的热电动势,则各种金属之间相互组合而成的热电偶的热电动势可根据式(9-12)直接计算出来。

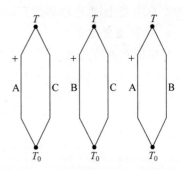

图 9-2 由三种导体分别组成的热电偶

例 9-1 热端为 100℃,冷端为 0℃ 时,镍铬合金与纯铂组成的热电偶的热电动势为 2.95mV,而考铜与纯铂组成的热电偶的热电动势为 -4.0mV,求镍铬和考铜所组合而成的热电偶所产生的热电动势。

解: $E_{AB}(T, T_0) = E_{AC}(T, T_0) + E_{CB}(T, T_0) = 2.95\text{mV} - (-4.0\text{mV}) = 6.95\text{mV}$

3. 中间导体定律

在热电偶回路中接入第三种导体,只要第三种导体和原导体的两结点温度相同,则回路中总的热电动势不变。接入第三种导体的电路图如图 9-3 所示,回路中的总热电动势等于各结点接触电动势之和。

$$E_{ABC}(T, T_0) = e_{AB}(T) + e_{BC}(T_0) + e_{CA}(T_0) = 0 \tag{9-13}$$

当 $T = T_0$ 时,

$$e_{BC}(T_0) + e_{CA}(T_0) = \frac{kT_0}{e}\ln\frac{N_B}{N_C} + \frac{kT_0}{e}\ln\frac{N_C}{N_A}$$
$$= -e_{AB}(T_0) \tag{9-14}$$

则

$$E_{ABC}(T, T_0) = e_{AB}(T) - e_{AB}(T_0) = 0 \tag{9-15}$$

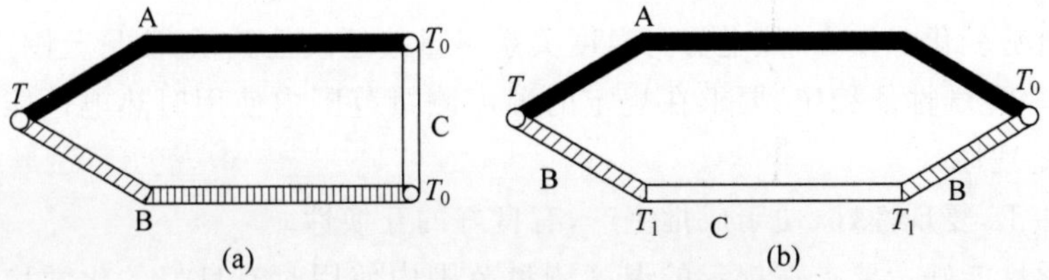

图 9-3 具有中间导体的热电偶回路

可以将第三根导线换成测试仪表或连接导线,只要保持两结点温度相同,就可以对热电势进行测量而不影响原热电动势的数值。同理,加入第四、第五种导体后,只要加入的导体两端温度相等,同样不影响回路中的总热电势。

热电偶的这种性质在工业生产中是很实用的,例如,可以将显示仪表或调节器作为第三种导体直接接入回路中进行测量。也可以将热电偶的两端不焊接而直接插入液态金属中或直接焊在金属表面进行温度测量。如果接入的第三种导体两端温度不相等,热电偶回路的热电动势将要发生变化,变化的大小取决于导体的性质和结点的温度。因此,在测量过程中必须接入的第三种导体不宜采用与热电偶热电性质相差很大的材料;否则,一旦该材料两端温度有所变化,热电动势的变动将会很大。

4. 中间温度定律

热电偶在两结点温度 T、T_0 时的热电动势等于该热电偶在结点温度为 T、T_n 和 T_n、T_0 时的相应热电动势的代数和。

$$E_{AB}(T,T_0) = E_{AB}(T,T_n) + E_{AB}(T_n,T_0) \tag{9-16}$$

$$E_{AB}(T,T_n) + E_{AB}(T_n,T_0) = \frac{kT}{e}\ln\frac{N_A}{N_B} - \frac{kT_n}{e}\ln\frac{N_A}{N_B} + \frac{kT_n}{e}\ln\frac{N_A}{N_B} - \frac{kT_0}{e}\ln\frac{N_A}{N_B}$$

$$= \frac{kT}{e}\ln\frac{N_A}{N_B} - \frac{kT_0}{e}\ln\frac{N_A}{N_B}$$

$$= E_{AB}(T,T_0) \tag{9-17}$$

根据这个定律,可以连接与热电偶热电特性相近的导体 A' 和 B',将热电偶冷端延伸到温度恒定的地方,这就为热电偶回路中应用补偿导线提供了理论依据。只要列出参考温度为 0℃ 的热电动势-温度关系,那么参考温度不等于 0℃ 的热电动势都可以根据上式求出。

例 9-2 用镍铬-镍硅(K 型)热电偶测炉温时,冷端温度 $T_0 = 30$℃,在直流毫伏表上测得的热电势 $E_{AB}(T,30$℃$) = 38.500$ mV,试求炉温为多少?

解:查镍铬-镍硅热电偶分度表,得到 $E_{AB}(30$℃,0℃$) = 1.203$ mV。根据式(9-16)有

$$E_{AB}(T,0℃) = E_{AB}(T,30℃) + E_{AB}(30℃,0℃)$$

$$= (38.500 + 1.203) \text{mV} = 39.703 \text{mV}$$

反查 K 型热电的偶分度表,得到 $T = 960$℃。

9.1.3 热电偶材料

根据金属的热电效应原理,理论上讲,任何两种不同材料的导体都可以组成热电偶,但为了准确可靠地测量温度,对组成热电偶的材料必须经过严格的选择。工程上用作热电极的材料应具备如下几方面的条件。

(1) 热电势变化尽量大,热电势与温度关系尽量接近线性关系,测量范围广。

(2) 物理、化学性能稳定,要求在规定的温度测量范围内使用时热电性能稳定,有较好的均匀性和复现性。

(3) 易加工,复现性好,便于成批生产,有良好的互换性。

(4) 化学性能好。要求在规定的温度测量范围内使用时有良好的化学稳定性、抗氧化或抗还原性能,不产生蒸发现象。

满足上述条件的热电偶材料并不很多。目前,我国大量生产和使用的性能符合专业标准或国家标准并具有统一分度表的热电偶材料称为定型热电偶材料,共有 6 种。它们分别是铂铑$_{30}$-铂铑$_6$、铂铑$_{10}$-铂、镍铬-镍硅、镍铬-镍铜、铁-铜镍、铜-铜镍。此外,我国还生产一些未定型热电偶材料,如铂铑$_{13}$-铂、依铑$_{40}$-铱、钨铼$_5$-钨铼$_{20}$ 及金铁热电偶、双铂钼热电偶等。这些非标热电偶应用于一些特殊条件下的测温,如超高温、极低温、高真空或核辐射环

境等。

我国从 1991 年开始采用国际计量委员会规定的"1990 年国际温标"(简称 ITS-90)的法定标准。按此标准,共有 8 种标准化了的通用热电偶,如表 9-1 所示。

表 9-1 通用热电偶特性表

名 称	分度号	代号	测温范围 /℃	100℃时的热电动势/mV	特 点
铂铑$_{30}$-铂铑$_6$	B (LL-2)	WRR	50～1280	0.033	熔点高,测温上限高,性能稳定,精度高,100℃以下热电动势极小,可不必考虑冷端补偿;价昂,热电动势小;只限于高温域的测量
铂铑$_{13}$-铂	R (PR)	—	−50～1768	0.647	使用上限较高,精度高,性能稳定,复现性好;但热电动势较小,不能在金属和还原性气体中使用,在高温下使用特性会逐渐变坏,价昂;多用于精密测量
铂铑$_{10}$-铂	S (LB-3)	WRP	−50～1768	0.646	同上,性能不如 R 热电偶,曾经作为国际温标的法定标准热电偶
镍铬-镍硅	K (EU-2)	WRN	−270～1370	4.095	热电动势大,线性好,稳定性好,价廉;但材质较硬,在 1000℃ 以上长期使用会引起热电动势漂移;多用于工业测量
镍铬硅-镍硅	N	—	−270～1370	2.744	是一种新型热电偶,各项性能比 K 热电偶更好,适用于工业测量
镍铬-铜镍(康铜)	E (EA-2)	WRK	−270～800	6.319	热电动势比 K 热电偶大 50%左右,线性好,耐高温,价廉;但不能用于还原性气体;多用于工业测量
铁-铜镍(康铜)	J (JC)	—	−210～760	5.269	价格低廉,在还原性气体中较稳定;但纯铁易被腐蚀和氧化;多用于工业测量
铜-铜镍(康铜)	T (CK)	WRC	−270～400	4.279	价廉,加工性能好,离散性小,性能稳定,线性好,精度高;铜在高温时易被氧化,测温上限低;多用于低温域测量,可做(−200～0℃)温域的计量标准

注:铂铑$_{30}$ 表示该合金含 70%的铂及 30%的铑,以此类推。

常用标准热电偶分度表如表 9-2～表 9-5 所示。

表 9-2 铂铑$_{10}$-铂热电偶(分度号为 S)分度表

工作端温度/℃	0	10	20	30	40	50	60	70	80	90
	热电动势/mV									
0	0.000	0.055	0.113	0.173	0.235	0.299	0.365	0.432	0.502	0.573
100	0.645	0.719	0.795	0.872	0.950	1.029	1.109	1.190	1.273	1.356
200	1.440	1.525	1.611	1.698	1.785	1.873	1.962	2.051	2.141	2.232
300	2.323	2.414	2.506	2.599	2.692	2.786	2.880	2.974	3.069	3.164
400	3.260	3.356	3.452	3.549	3.645	3.743	3.840	3.938	4.036	4.135
500	4.234	4.333	4.432	4.532	4.632	4.732	4.832	4.933	5.034	5.136

续表

工作端温度/°C	0	10	20	30	40	50	60	70	80	90
	热电动势/mV									
600	5.237	5.339	5.442	5.544	5.648	5.751	5.855	5.960	6.064	6.169
700	6.274	6.380	6.486	6.592	6.699	6.805	6.913	7.020	7.128	7.236
800	7.345	7.454	7.563	7.672	7.782	7.892	8.003	8.114	8.225	8.336
900	8.448	8.560	8.673	8.786	8.899	9.012	9.126	9.240	9.355	9.470
1000	9.585	9.700	9.816	9.932	10.048	10.165	10.282	10.400	10.517	10.635
1100	10.754	10.872	10.991	11.110	11.229	11.348	11.467	11.587	11.707	11.827
1200	11.947	12.067	12.188	12.308	12.429	12.550	12.671	12.792	12.913	13.034
1300	13.155	13.276	13.397	13.519	13.640	13.761	13.883	14.004	14.125	14.247
1400	14.368	14.489	14.610	14.731	14.852	14.793	15.094	15.215	15.336	15.456
1500	15.576	15.697	15.817	15.937	16.057	16.176	16.296	16.415	16.534	16.653
1600	16.771									

表 9-3 铂铑$_{30}$-铂铑$_6$ 热电偶(分度号为 B)分度表

工作端温度/°C	0	10	20	30	40	50	60	70	80	90
	热电动势/mV									
0	−0.000	−0.002	−0.003	−0.002	0.000	0.002	0.006	0.011	0.017	0.025
100	0.033	0.043	0.053	0.065	0.078	0.092	0.107	0.123	0.140	0.159
200	0.178	0.199	0.220	0.243	0.266	0.291	0.317	0.344	0.372	0.401
300	0.431	0.462	0.494	0.527	0.561	0.596	0.632	0.669	0.707	0.746
400	0.786	0.827	0.870	0.913	0.957	1.002	1.048	1.095	1.143	1.192
500	1.241	1.292	1.344	1.397	1.450	1.505	1.560	1.617	1.674	1.732
600	1.791	1.851	1.912	1.974	2.036	2.100	2.164	2.230	2.296	2.363
700	2.430	2.499	2.569	2.639	2.710	2.782	2.855	2.928	3.003	3.078
800	3.154	3.231	3.308	3.387	3.466	3.546	3.626	3.708	3.790	3.873
900	3.957	4.041	4.126	4.212	4.298	4.386	4.474	4.562	4.652	4.742
1000	4.833	4.924	5.016	5.109	5.202	5.297	5.391	5.487	5.583	5.680
1100	5.777	5.875	5.973	6.073	6.172	6.273	6.374	6.475	6.577	6.680
1200	6.783	6.887	6.991	7.096	7.202	7.308	7.414	7.521	7.628	7.736
1300	7.845	7.953	8.063	8.172	8.283	8.393	8.504	8.616	8.727	8.839
1400	8.952	9.065	9.178	9.291	9.405	9.519	9.634	9.748	9.863	9.979
1500	10.094	10.210	10.325	10.441	10.558	10.674	10.790	10.907	11.024	11.141
1600	11.257	11.374	11.491	11.608	11.725	11.842	11.959	12.076	12.193	12.310
1700	12.426	12.543	12.659	12.776	12.892	13.008	13.124	13.239	13.354	13.470
1800	13.585									

表 9-4 镍铬-镍硅热电偶(分度号为 K)分度表

工作端温度/°C	0	10	20	30	40	50	60	70	80	90
	热电动势/mV									
−0	−0.000	−0.392	−0.777	−1.156	−1.527	−1.889	−2.243	−2.586	−2.920	3.242
0	0.000	0.397	0.798	1.203	1.611	2.022	2.436	2.850	3.266	3.681

续表

工作端温度/℃	0	10	20	30	40	50	60	70	80	90
	热电动势/mV									
100	4.095	4.508	4.919	5.327	5.733	6.137	6.539	6.939	7.338	7.737
200	8.137	8.537	8.938	9.341	9.745	10.151	10.560	10.969	11.381	11.793
300	12.207	12.623	13.039	13.456	13.874	14.292	14.712	15.132	15.552	15.974
400	16.395	16.818	17.241	17.664	18.088	18.513	18.938	19.363	19.788	20.214
500	20.640	21.066	21.493	21.919	22.346	22.772	23.198	23.624	24.050	24.476
600	24.902	25.327	25.751	26.176	26.599	27.022	27.445	27.867	28.288	28.709
700	29.128	29.547	29.970	30.383	30.799	31.214	31.629	32.042	32.455	32.866
800	33.277	33.686	34.095	34.502	34.909	35.314	35.718	36.121	36.524	36.925
900	37.325	37.724	38.122	38.519	38.915	39.310	39.703	40.096	40.488	40.897
1000	41.269	41.657	42.045	42.432	42.817	43.202	43.585	43.968	44.349	44.729
1100	45.108	45.486	45.863	46.238	46.612	46.985	47.356	47.726	48.095	48.462
1200	48.828	49.192	49.555	49.916	50.276	50.633	50.990	51.344	51.697	52.049
1300	52.398									

表 9-5 铜-铜镍热电偶(分度号为 T)分度表

工作端温度/℃	0	10	20	30	40	50	60	70	80	90
	热电动势/mV									
−200	−5.603	−5.753	−5.889	−6.007	−6.105	−6.181	−6.232	−6.258		
−100	−3.378	−3.656	−3.923	−4.177	−4.419	−4.648	−4.865	−5.069	−5.261	−5.439
−0	−0.000	−0.383	−0.757	−1.121	−1.475	−1.819	−2.152	−2.475	−2.788	−3.089
0	0.000	0.391	0.789	1.196	1.611	2.035	2.467	2.908	3.357	3.813
100	4.277	4.749	5.227	5.712	6.204	6.702	7.207	7.718	8.235	8.757
200	9.286	9.320	10.360	10.905	11.456	12.011	12.572	13.137	13.707	14.281
300	14.860	15.443	16.030	16.621	17.217	17.816	18.420	19.027	19.638	20.252
400	20.869									

9.1.4 热电偶的结构形式

为了适应不同生产对象的测温要求和条件,热电偶的结构形式有普通型热电偶、铠装型热电偶和薄膜热电偶等。

1. 普通型热电偶(工业装配式热电偶)

一般由热电极、绝缘套管、保护套管和接线盒等几部分组成,其结构如图 9-4 所示。现将各部分构造做简单介绍。

(1) 热电极。热电极又称偶丝,它是热电偶的基本组成部分。用普通金属做成偶丝,直径一般为 0.5~3.2mm;用贵重金属做成的偶丝,直径一般为 0.3~0.6mm。偶丝的长度则由工作端插入被测介质中的深度决定,通常为 300~2000mm,常用的长度为 350mm。

(2) 绝缘管。绝缘管又称绝缘子,是用于热电极之间及热电极与保护套之间进行绝缘保护的零件,以防止它们之间互相短路。其形状一般为圆形或椭圆形,中间开有 2 个、4 个或 6 个孔,偶丝穿孔而过。材料为黏土质、高铝质、刚玉质等,材料的选用根据使用的热电偶而定。

(3) 保护套管。保护套管是用于保护热电偶感温元件免受被测介质化学腐蚀和机械损伤的装置。保护套管应具有耐高温、耐腐蚀且导热性好的特性,可以用作保护套管的材料有金属、非金属及金属陶瓷三大类。金属材料有铝、黄铜、碳钢、不锈钢等,其中 1Cr18Ni9Ti 不锈钢是目前热电偶保护套管使用的典型材料。非金属材料有高铝质(Al_2O_3 的质量分数为 85%~90%)、刚玉质(Al_2O_3 的质量分数为 99%),使用温度都在 1300℃ 以上。金属陶瓷材料有氧化镁加金属钼,这种材料使用温度在 1700℃ 以上,且在高温下有很好的抗氧化能力,适用于钢水温度的连续测量。保护套管形状一般为圆柱形。

(4) 接线盒。热电偶的接线盒用于固定接线座和连接外界导线,起着保护热电极免受外界环境侵蚀和保证外接导线与接线柱接触良好的作用。接线盒一般由铝合金制成,根据被测介质温度对象和现场环境条件要求,可设计成普通型、防溅型、防水型、防爆型等。

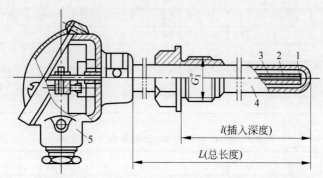

1—测量端;2—热电极;3—绝缘套管;4—保护管;5—接线盒。

图 9-4 普通工业热电偶结构

2. 铠装式热电偶(缆式热电偶)

铠装式热电偶是将热电极、绝缘材料连同保护管一起拉制成型,经焊接密封和装配等工艺制成的坚实的组合体,如图 9-5 所示。

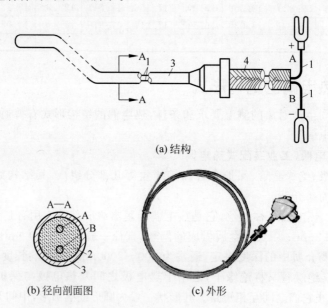

(a) 结构

(b) 径向剖面图 (c) 外形

1—热电极;2—绝缘材料;3—薄壁金属保护套管;4—屏蔽层(接地)。

图 9-5 铠装热电偶的结构及外形

金属保护套管材料可以是铜、不锈钢或镍基高温合金等。绝缘材料常使用电熔氧化镁、氧化铝、氧化铍等的粉末；而热电极无特殊要求。套管中热电极有单支（双芯）、双支（四芯），彼此间互不接触。我国已生产 S 型、R 型、B 型、K 型、E 型、J 型和铱铑$_{40}$-铱等铠装热电偶，套管最长可达 100m 以上，管外径最细能达 0.25mm。铠装热电偶已达到标准化、系列化。铠装热电偶体积小、热容量小、动态响应快、可挠性好、柔软性良好、强度高、耐压、耐震、耐冲击，因此被广泛应用于工业生产过程中。根据不同的使用条件，铠装热电偶冷端连接补偿导线的接线盒的结构有不同的形式，如简易式、带补偿导线式、插座式等。

3. 薄膜热电偶

薄膜热电偶是由两种金属薄膜连接而成的一种特殊结构的热电偶，如图 9-6 所示。它的测量端既小又薄，且热容量很小，动态响应快，可测量微小面积上的温度，以及测量快速变化的表面温度。

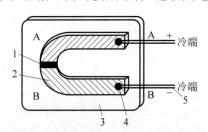

1—工作端；2—薄膜热电极；3—绝缘基板；4—引脚接头；5—引出线(材质与热电极相同)。

图 9-6　薄膜热电偶

9.1.5　热电偶的冷端补偿

从热电偶测温的基本公式可以看到，对某一种热电偶来说热电偶产生的热电势只与工作端温度 T 和自由端温度 T_0 有关。通常热电偶的分度表是以 $T_0=0℃$ 作为基准进行分度的，而在实际使用过程中，参考端温度往往不为 0℃，那么工作端温度为 T 时，分度表所对应的热电势 $E_{AB}(T,0)$ 与热电偶实际产生的热电势 $E_{AB}(T,T_0)$ 有一定差值，因此需进行补偿。

1. 冷浴法

将热电偶的冷端置于温度为 0℃ 的恒温器内（如冰水混合物），使冷端温度处于 0℃。这种装置通常用于实验室或精密的温度测量。

2. 补偿导线法

所谓补偿导线，实际上是一对材料的化学成分不同的导线，在 0~150℃ 温度内与配接的热电偶有一致的热电特性，但价格相对要便宜。利用补偿导线，将热电偶的冷端延伸到温度恒定的场所（如仪表室），其实质相当于将热电极延长。

实际测温时，由于热电偶长度有限，自由端温度将直接受到被测物温度和周围环境温度的影响。例如，热电偶安装在电炉壁上，而自由端放在接线盒内，电炉壁周围温度不稳定，波及接线盒内的自由端，造成测量误差。虽然可以将热电偶做得很长，但这将增加测量系统的成本，是很不经济的。工业中一般是采用补偿导线来延长热电偶的冷端，使之远离高温区。

利用补偿导线延长热电偶的冷端方法如图 9-7 所示。补偿导线（A'，B'）是两种不同材料的、相对比较便宜的金属（多为铜与铜的合金）导体。它们的自由电子密度比与所配接型号的热电偶的自由电子密度比相等，所以补偿导线在一定的环境温度范围内，如 0~100℃，与所配接的热电偶的灵敏度相同，即具有相同的温度-热电势关系。

使用补偿导线的好处有以下 4 点。

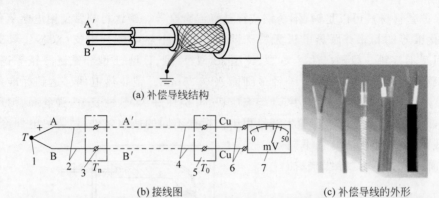

(a) 补偿导线结构

(b) 接线图　　　　　　　　(c) 补偿导线的外形

1—测量端；2—热电极；3—接线盒1；4—补偿导线；5—接线盒2(新的冷端)；6—铜引线；7—毫伏表。

图 9-7　利用补偿导线延长热电偶的冷端

(1) 它将自由端从温度波动区 T_n 延长到补偿导线末端的温度相对稳定区 T_0，使指示仪表的示值(毫伏数)变得稳定起来。

(2) 购买补偿导线比使用相同长度的热电极(A、B)便宜许多，可节约大量贵金属。

(3) 补偿导线多是用铜及铜的合金制成，所以单位长度的直流电阻比直接使用很长的热电极小得多，可减小测量误差。

(4) 由于补偿导线通常用塑料(聚氯乙烯或聚四氟乙烯)作为绝缘层，其自身又为较柔软的铜合金多股导线，所以易弯曲，便于敷设。

使用补偿导线必须注意以下 5 个问题，一是两根补偿导线与热电偶两个热电极的结点必须具有相同的温度；二是各种补偿导线只能与相应型号的热电偶配用；三是必须在规定的温度范围内使用；四是极性切勿接反；五是补偿导线的热电势必须与所延长的热电偶所产生的电势相同。

常用热电偶补偿导线的特性见表 9-6。

表 9-6　常用热电偶补偿导线的特性

型 号	配用热电偶正-负	补偿导线正-负	导线外皮颜色		100℃热电势/mV	20℃时的电阻率/(Ω·m)
			正	负		
SC	铂铑$_{10}$-铂	铜-铜镍①	红	绿	0.646±0.023	0.05×10^{-6}
KC	镍铬-镍硅	铜-康铜	红	蓝	4.096±0.063	0.52×10^{-6}
WC$_{5/26}$	钨铼$_5$-钨铼$_{26}$	铜-铜镍②	红	橙	1.451±0.051	0.10×10^{-6}

① 99.4%Cu，0.6%Ni。

② 98.2%~98.3%Cu，1.7%~1.8%Ni。

例 9-3　如图 9-8 所示，镍铬-镍硅 K 型热电偶测温电路中，热电极 A、B 直接焊接在钢板上，A′、B′ 为补偿导线，Cu 为铜导线，已知接线盒 1 的温度 $T_1=40$℃，冰瓶中为冰水混合物，接线盒 3 的温度 $T_3=20.0$℃。求：

(1) 将热电极直接焊在钢板上是应用了热电偶的什么定律？

(2) 当 $U_x=29.9$mV 时，估算被测点温度 T_x？

(3) 如果冰瓶中的冰完全融化，温度上升到与接线盒 1 的温度相同，此时的 $U_x=28.36$mV，再求 T_x。

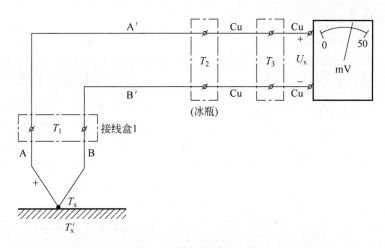

图 9-8 热电偶测温电路

解:(1)将热电极直接焊在钢板上是应用了热电偶的中间导体定律。

(2)当 $U_x=29.97\text{mV}$ 时,直接查分度表得到被测点温度 $T_x=720℃$。

注:接线盒 3 的温度 T_3 不是冷端温度,属于中间温度,与测量结果无关。

(3)如果冰瓶中的冰完全融化,温度上升到与接线盒 1 的温度相同,即,冷端温度不再是 0 ℃,而为 40 ℃。此时的 $U_x=28.36\text{mV}$,再求 T_x。

$$E_{AB}(T,0℃)=E_{AB}(T,40℃)+E_{AB}(40℃,0℃)$$
$$=(28.36+1.61)\text{mV}=29.97\text{mV}$$

反查 K 型热电的偶分度表,仍然得到 $T_x=720℃$。

例 9-4 采用镍铬-镍硅热电偶测量炉温。热端温度为 800℃,冷端温度为 50℃。为了进行炉温的调节及显示,采用补偿导线或铜导线两种导线将热电偶产生的热电动势信号送到仪表室进行显示,问显示值各为多少(假设仪表室的环境温度恒为 20℃)?

解:由镍铬-镍硅热电偶分度表查出它在冷端温度为 0℃,热端温度为 800℃ 时的热电动势为 $E(800℃,0℃)=33.277\text{mV}$;热端温度为 50℃ 时的热电动势为 $E(50℃,0℃)=2.022\text{mV}$;热端温度为 20℃ 时的热电动势为 $E(20℃,0℃)=0.798\text{mV}$。

若热电偶与仪表之间直接用铜导线连接,根据中间导体定律,输入仪表的热电动势为

$$E(800℃,50℃)=E(800℃,0℃)-E(50℃,0℃)$$
$$=33.277-2.022=31.255\text{mV}(相当于 751℃)$$

若热电偶与仪表之间用补偿导线连接,相当于将热电偶延伸到仪表室,输入仪表的热电动势为

$$E(800℃,20℃)=E(800℃,0℃)-E(20℃,0℃)$$
$$=33.277-0.798=32.479\text{mV}(相当于 781℃)$$

与炉内的真实温度相差分别为

$$751℃-800℃=-49℃$$
$$781℃-800℃=-19℃$$

可见,补偿导线的作用是很明显的。

3. 补偿电桥法

补偿电桥法利用不平衡电桥产生的不平衡电势来补偿因冷端温度变化引起的热电动势变化值,可以自动地将冷端温度校正到补偿电桥的平衡点温度上,如图9-9所示。

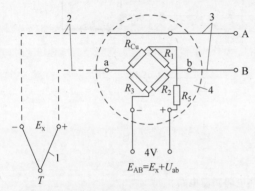

1—热电偶;2—补偿导线;3—铜导线;4—补偿电桥。

图9-9 热电偶冷端补偿电桥

桥臂电阻 R_1、R_2、R_3、R_{Cu} 与热电偶冷端处于相同的温度环境,R_1、R_2、R_3 均为由锰铜丝绕制的 1Ω 电阻,R_{Cu} 是用铜导线绕制的温度补偿电阻。$E=4V$,是经稳压电源提供的桥路直流电源。R_5 是限流电阻,阻值因配用的热电偶的不同而不同。一般选择 R_{Cu} 阻值,使不平衡电桥在 $20℃$(平衡点温度)时处于平衡,此时 $R_{Cu}^{20}=1\Omega$,电桥平衡,不起补偿作用。冷端温度变化,热电偶热电势 E_x 将变化 $E(T,T_0)-E(T,20)=E(20,T_0)$,此时电桥不平衡,适当选择 R_{Cu} 的大小,使 $U_{ab}=E(T,20)$,与热电偶热电势叠加,则外电路总电势保持 $E_{AB}(T,20)$,不再随冷端温度变化而变化。如果采用仪表机械零位调整法进行校正,则仪表机械零位应调至冷端温度补偿电桥的平衡点温度($20℃$)处,不必因冷端温度变化重新调整。

冷端补偿电桥可以单独制成补偿器通过外线与热电偶和后续仪表连接,而它更多是作为后续仪表的输入回路,与热电偶连接。

4. 显示仪表零位调整法

如果热电偶冷端温度已知且恒定,则可预先将有零位调整器的显示仪表的指针从刻度的初始值调到已知的冷端温度值上,这时显示仪表的示值即为被测量的实际温度值。

5. 计算修正法

当热电偶的冷端温度 $T_0 \neq 0℃$ 时,由于热端与冷端的温差随冷端的变化而变化,所以测得的热电势 $E_{AB}(T,T_0)$ 与冷端为 $0℃$ 时所测得的热电势 $E_{AB}(T,0℃)$ 不等。若冷端温度高于 $0℃$,则 $E_{AB}(T,T_0)<E_{AB}(T,0℃)$。测量误差可以计算并修正为

$$E_{AB}(T,0℃)=E_{AB}(T,T_0)+E_{AB}(T_0,0℃) \tag{9-18}$$

式(9-18)中,$E_{AB}(T,T_0)$ 是用毫伏表直接测得的毫伏数。修正时,先测出冷端温度 T_0,然后从该热电偶分度表中查出 $E_{AB}(T_0,0℃)$(此值相当于损失掉的热电势),并把它加到所测得的 $E_{AB}(T,T_0)$ 上。根据式(3-13)求出 $E_{AB}(T,0℃)$(此值是已得到补偿的热电势),根据此值再在分度表中查出相应的温度值。计算修正法共需要查分度表两次。如果冷端温度低于 $0℃$,由于查出的 $E_{AB}(T_0,0℃)$ 是负值,所以仍可用式(3-13)计算修正。

9.1.6 热电偶的选择、安装使用和校验

热电偶的选用应该根据被测介质的温度、压力、介质性质、测温时间长短来选择热电偶和保护套管。其安装地点要有代表性,安装方法要正确,图9-10是安装在管道上常用的两种方法。在工业生产中,热电偶常与毫伏计连用(XCZ型动圈式仪表)或与电子电位差计联用,后者精度较高,且能自动记录。另外也可经过温度变送器放大后再接指示仪表,或作为

控制用的信号。

校验的方法是用标准热电偶与被校验热电偶装在同一校验炉中进行对比,误差超过规定允许值为不合格。图 9-11 为热电偶校验装置示意图,最佳校验方法可查阅有关标准。

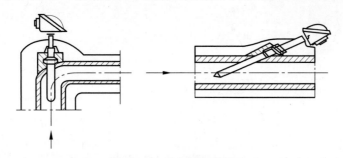

图 9-10　热电偶安装图

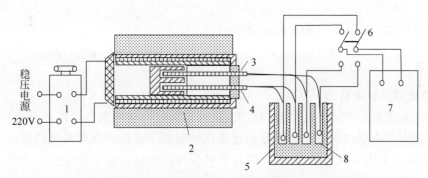

1—调压变压器；2—管式电炉；3—标准热电偶；4—被校热电偶；
5—冰瓶；6—切换开关；7—测试仪表；8—试管表。

图 9-11　热电偶校验图

工业热电偶的允许偏差,见表 9-7。

表 9-7　工业热电偶允许偏差

热电偶	校验温度/℃	热电偶允许偏差/℃			
		温度	偏差	温度	偏差
LB-3	600,800	0~600	±2.4	>600	占所测热电势
EU-2	400,600	0~400	±4	>400	占所测热电势
EA-2	300,400	0~300	±4	>300	占所测热电势

9.1.7　热电偶测温线路

1. 测量某一点的温度

如图 9-12(a)和图 9-12(b)所示都是一支热电偶与一个仪表配用的连接电路,用于测量某一点的温度。A'、B' 为补偿导线。这两种连接方式的区别在于,图 9-12(a)中的热电偶冷端被延伸到仪表内,而图 9-12(b)中的热电偶冷端在仪表外面,R_D 为连接冷端与仪表的导线的电阻。

2. 测量两点之间的温度差

如图 9-13 所示为用两支热电偶与一个仪表进行配合,测量两点之间温差的线路。图中用了两支型号相同的热电偶并配用相同的补偿导线。工作时,两支热电偶产生的热电动势方向相反,故输入仪表的是其差值,这一差值正反映了两支热电偶热端的温差。为了减少测量误差,提高测量精度,要尽可能选用热电特性一致的热电偶,同时要保证两热电偶的冷端温度相同。

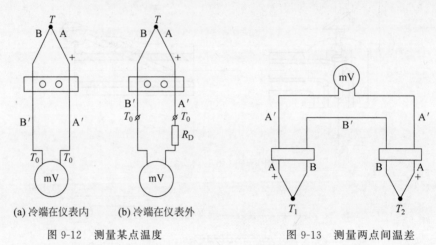

(a) 冷端在仪表内　(b) 冷端在仪表外

图 9-12　测量某点温度　　　　图 9-13　测量两点间温差

3. 热电偶并联线路

有些大型设备需测量多点的平均温度,这可以通过与热电偶并联的测量电路来实现。将 n 支同型号热电偶的正极和负极分别连接在一起的线路称为并联测量线路。如图 9-14 所示,如果 n 支热电偶的电阻均相等,则并联测量线路的总热电动势等于 n 支热电偶热电动势的平均值,即

$$E_{并} = \frac{E_1 + E_2 + \cdots + E_n}{n} \tag{9-19}$$

在热电偶并联线路中,当其中一支热电偶断路时,不会中断整个测温系统的工作。

4. 热电偶串联线路

将 n 支同型号热电偶依次按正负极相连接的线路称为串联测量线路,如图 9-15 所示。串联测量线路的总热电动势等于 n 支热电偶热电动势之和,即

$$E_{串} = E_1 + E_2 + \cdots + E_n = nE \tag{9-20}$$

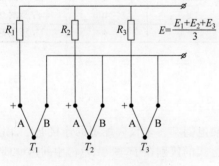

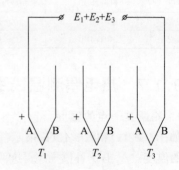

图 9-14　热电偶并联　　　　　　图 9-15　热电偶串联

热电偶串联线路的主要优点是热电动势大,使仪表的灵敏度大为增加。缺点是只要有

一支热电偶断路,整个测量系统便无法工作。在热电偶测量电路中使用的导线线径应适当选大点,以减小线损的影响。

例 9-5 用两个镍铬-镍硅热电偶串联,测加热器中的温度如图 9-16 所示。已知两个热电偶的冷端温度为 30℃时,数字电压表读数为 2300mV,差动放大器的放大倍数为 50,求被测点的真实温度。

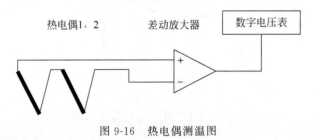

图 9-16 热电偶测温图

解:每个热电偶的热电动势为

$$\frac{2300}{2\times 50}=23(\mathrm{mV})$$

查表得,$E(30,0)=1.2\mathrm{mV}$

$$E(T,0)=E(T,30)+E(30,0)=23+1.2=24.2(\mathrm{mV})$$

查表得 $T=585℃$,即被测点的真实温度为 585℃。

9.1.8 热电偶的应用

1. 炉温测量

常用炉温测量控制系统如图 9-17 所示。毫伏定值器给出给定温度的相应毫伏值,将热电偶的热电势与定值器的毫伏值相比较,若有偏差则表示炉温偏离给定值,此偏差经放大器放大后送入调节器,再经过晶闸管触发器推动晶闸管执行器来调整电炉丝的加热功率,直到偏差被消除,从而实现对温度的自动控制。

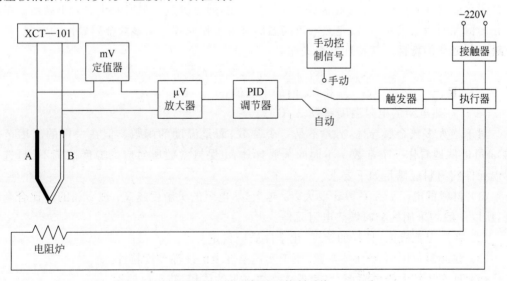

图 9-17 热电偶炉温控制系统

2. 管道温度的测量

为了使管道的气流与热电偶充分进行热交换,装配式热电偶应尽可能垂直向下插入管道中。装配式热电偶在测量管道中的流体温度时可以采用图 9-18 所示的直插法。

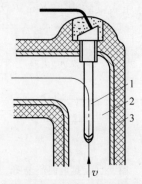

1—热电偶；2—管道；3—绝热层。

图 9-18 装配式热电偶在管道中的安装方法

9.2 热敏电阻传感器的原理

热电阻温度传感器是利用导体的电阻值随温度变化的特性,对温度和与温度有关的参数进行检测的装置。热敏电阻式是利用半导体的电阻值随温度显著变化这一特性制成的一种热敏元件,其特点是电阻率随温度显著变化。金属导体的电阻值随温度的升高而增大,但半导体却相反,其电阻值随温度的升高而急剧减小,在温度变化相同时,热敏电阻的阻值变化约为铂热电阻的 10 倍,因此可以用它来测量 0.01℃ 或更小的温度。

9.2.1 金属热电阻

金属热电阻是利用电阻与温度呈一定函数关系的特性,由金属材料制成的感温元件。当被测温度变化时,导体的电阻随温度变化而变化,通过测量电阻值变化的大小而得出温度变化的情况及数值大小,这就是热电阻测温的基本工作原理。大多数金属导体的电阻,都具有随温度变化的特性。其特性方程式如下:

$$R_t = R_0[1 + \alpha(t - t_0)] \tag{9-21}$$

式中：R_t、R_0——热电阻在 t℃ 和 0℃ 时的电阻值；

α——热电阻的电阻温度系数(1/℃)。

对于绝大多数金属导体,α 并不是一个常数,而是温度的函数。但在一定的温度范围内,α 可近似地看作一个常数。不同的金属导体,α 保持常数所对应的温度范围不同,选作感温元件的材料应满足如下要求。

(1) 材料的电阻温度系数 α 要大。α 越大,热电阻的灵敏度越高；纯金属的 α 比合金的高,所以一般均采用纯金属做热电阻元件。

(2) 在测温范围内,材料的物理、化学性质应稳定。

(3) 在测温范围内,α 保持常数,便于实现温度表的线性刻度特性。

(4) 具有比较大的电阻率,以利于减小热电阻的体积,减小热惯性。

(5) 特性复现性好，容易复制。

常用热电阻材料有铂、铜、铁和镍等，它们的电阻温度系数在 $3\times10^{-3}\sim6\times10^{-3}/℃$，下面分别介绍它们的使用特性。铜和铂主要特性参数如表 9-8 所示。

表 9-8　热电阻主要特性参数

材　料	铂（WZP）	铜（WZC）
使用温度范围/℃	$-200\sim+960$	$-50\sim+150$
电阻率/($\Omega\cdot m\times10^{-6}$)	$0.098\sim0.106$	0.017
0～100℃间电阻温度系数 α（平均值）/℃$^{-1}$	0.003 85	0.004 28
化学稳定性	在氧化性介质中较稳定，不能在还原性介质中使用，尤其在高温情况下	超过 100℃ 易氧化
特性	特性近于线性、性能稳定、准确度高	线性较好、价格低廉、体积大
应用	适于较高温度的测量，可作标准测温装置	适于测量低温、无水分、无腐蚀性介质的温度

1. 铂热电阻

铂，白色贵金属，又称白金，具物理、化学性能非常稳定，是目前公认的制造热电阻的优良材料。它性能稳定，重复性好，测量精度高，其电阻值与温度之间有很近似的线性关系。缺点是电阻温度系数小，价格较高。铂电阻主要用于制成标准电阻温度计，其测量范围一般为 $-200℃\sim850℃$，广泛地用作温度的基准。其长时间稳定的复现性可达 10^{-4} K，是目前测温复现性最好的一种温度计。铂的纯度通常用 $W(100)$ 表示，即

$$W(100)=\frac{R_{100}}{R_0} \tag{9-22}$$

式中：R_{100}——水沸点（100℃）时的电阻值；

R_0——水冰点（0℃）时的电阻值。

$W(100)$ 越高，表示铂丝纯度越高。国际实用温标规定，作为基准器的铂电阻，其比值 $W(100)$ 不得小于 1.3925。目前技术水平已达到 $W(100)=1.3930$，与之相应的铂纯度为 99.9995%，工业用铂电阻的纯度 $W(100)$ 为 $1.387\sim1.390$。

铂丝的电阻值与温度之间的关系是在 0～850℃ 范围内为

$$R_t=R_0(1+At+Bt^2) \tag{9-23}$$

在 $-200\sim0℃$ 范围内为

$$R_t=R_0[1+At+Bt^2+C(t-100)t^3] \tag{9-24}$$

式中：R_t、R_0——温度分别为 $t℃$ 和 0℃ 时铂的电阻值；

A、B、C——常数，对于 $W(100)=1.391$ 有 $A=3.968\,47\times10^{-3}/℃$，$B=-5.847\times10^{-7}/℃^2$，$C=-4.22\times10^{-12}/℃^4$。

目前，我国规定工业用铂热电阻有 $R_0=10\Omega$ 和 $R_0=100\Omega$ 两种，它们的分度号分别为 Pt_{10} 和 Pt_{100}，其中以 Pt_{100} 最为常用。铂热电阻不同分度号亦有相应分度表，即 R_t-t 的关系表，如表 9-9 所示。在实际测量中，只要测得热电阻的阻值 R_t，便可从分度表上查出对应的温度值。

表 9-9　铂电阻(分度号为 Pt_{100})分度表

温度/℃	0	10	20	30	40	50	60	70	80	90
	电阻值/Ω									
−200	18.49	—	—	—	—	—	—	—	—	—
−100	60.25	56.19	52.11	48.00	43.37	39.71	35.53	31.32	27.08	22.80
−0	100.00	96.09	92.16	88.22	84.27	80.31	76.32	72.33	68.33	64.30
0	100.00	103.90	107.79	111.67	115.54	119.40	123.24	127.07	130.89	134.70
100	136.50	142.29	146.06	149.82	153.58	157.31	161.04	164.76	168.46	172.16
200	175.84	179.51	183.17	186.32	190.45	194.07	197.69	201.29	204.88	208.45
300	212.02	215.57	219.12	222.65	226.17	229.67	233.17	236.65	240.13	243.59
400	247.04	250.48	253.90	257.32	260.72	264.11	267.49	270.86	274.22	277.56
500	280.90	284.22	287.53	290.83	294.11	297.39	300.65	303.91	307.15	310.38
600	313.59	316.80	319.99	323.18	326.35	329.51	332.66	335.79	338.92	342.03
700	345.13	348.22	351.30	354.37	357.42	360.47	363.50	366.52	369.53	372.52
800	375.51	378.48	381.45	384.40	387.34	390.26	—	—	—	—

铂电阻一般由直径为 0.05~0.07mm 的铂丝绕在片形云母骨架上，铂丝的引线为银线，引线用双孔瓷绝缘套管绝缘，如图 9-19 所示。

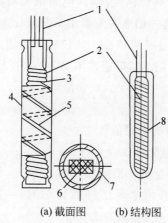

1—银引出线；2—铂丝；3—锯齿形云母骨架；4—保护用云母片；
5—银绑带；6—铂电阻横断面；7—保护套管；8—石英骨架。

图 9-19　铂热电阻的构造

2. 铜热电阻

铜热电阻和铂热电阻相比具有温度系数大、价格低、易于提纯等优点，但存在电阻率小、体积较大、热惯性也大、机械强度差等缺点。铜电阻在 100℃ 以上易氧化，因此只能用在低温及无侵蚀性的介质中。在测量精度要求不高，且测温范围比较小的情况下，可采用铜做热电阻材料代替铂电阻。目前我国规定工业用铜热电阻有 $R_0=50\Omega$ 和 $R_0=100\Omega$ 两种，它们的分度号分别为 Cu_{50} 和 Cu_{100}，在 −50~100℃ 内其电阻值与温度的关系几乎是线性的，可表示为

$$R_t = R_0(1+\alpha t) \tag{9-25}$$

式中：R_t——温度为 t ℃时的电阻值；

R_0——温度为 0 ℃时的电阻值；

α——铜电阻温度系数，$\alpha = 4.25 \times 10^{-3} \sim 4.28 \times 10^{-3}/℃$。

铜热电阻体的结构如图 9-20 所示，它由直径约为 0.1mm 的绝缘电阻丝双绕在圆柱形塑料支架上。为了防止铜丝松散，整个元件经过酚醛树脂(环氧树脂)的浸渍处理，以提高其导热性能和机械固紧性能。铜丝绕组的线端与镀银铜丝制成的引出线焊牢，并穿以绝缘套管，或者直接用绝缘导线与之焊接。

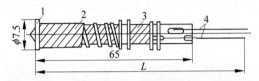

1-线圈骨架；2-铜热电阻丝；3-补偿组；4-铜引出线。

图 9-20 铜热电阻体

铜热电阻分度表如表 9-10 和表 9-11 所示。

表 9-10 铜电阻(分度号为 Cu_{50})分度表

温度/℃	0	10	20	30	40	50	60	70	80	90
	电阻值/Ω									
-0	50.00	47.85	45.70	43.55	41.40	39.24	—	—	—	—
0	50.00	52.14	54.28	56.42	58.56	60.70	62.84	64.98	67.12	69.26
100	71.40	73.54	75.68	77.83	79.98	82.13				

表 9-11 铜电阻(分度号为 Cu_{100})分度表

温度/℃	0	10	20	30	40	50	60	70	80	90
	电阻值/Ω									
-0	100.00	95.70	91.40	87.10	82.80	78.49	—	—	—	—
0	100.00	104.28	108.56	112.84	117.12	121.40	125.68	129.96	134.24	138.52

3. 镍热电阻

镍热电阻的测温范围为 $-100℃ \sim 300℃$，它的电阻温度系数较高，电阻率较大，但它易氧化，化学稳定性差，不易提纯，复制性差，非线性较大，因此目前应用不多。金属电阻率及其温度系数如表 9-12 所示。

表 9-12 金属电阻率及其温度系数

材 料	温度 t/℃	电阻率 $\rho / \times 10^{-8} \Omega \cdot m$	电阻温度系数 $a_m/℃^{-1}$
银	20	1.586	0.0038(20℃)
铜	20	1.678	0.00393(20℃)
金	20	2.40	0.00324(20℃)
镍	20	6.84	0.0069(0~100℃)
铂	20	10.6	0.00374(0~60℃)

4. 其他热电阻

随着科学技术的发展，近年来对于低温和超低温测量提出了迫切的要求，开始出现一些较新颖的热电阻，如铟电阻、锰电阻等。

(1) 铟电阻。它是一种高精度低温热电阻。铟的熔点约为 150℃，在 4.2～15K 温度域内其灵敏度比铂的熔点高 10 倍，故可用于不能使用铂的低温范围。其缺点是材料很软，复制性很差。

(2) 锰电阻。锰电阻的特点是在 2～63K 的低温范围内，电阻值随温度变化很大，灵敏度高。在 2～16K 的温度范围内，电阻率随温度平方变化。磁场对锰电阻的影响不大，且有规律。锰电阻的缺点是脆性很大，难以控制成丝。

5. 热电阻的特性

(1) 同样温度下输出信号较大，易于测量。以 0～100℃ 为例，如用 K 型热电偶，输出为 4.095mV；用 S 型热电偶输出只有 0.064mV。但用铂热电阻测量 0℃ 时阻值为 100Ω，则 100℃ 时为 139.1Ω，电阻增量为 39.1Ω。

(2) 热电阻必须借助外加电源。热电偶只要热端和冷端有温差，就会产生电动势，是不需要电源的发电式传感器；热电阻却必须通过电流才能体现出电阻变化，无电源就不能工作。

(3) 热电阻感温部分尺寸较大，而热电偶工作端是很小的焊点，因而热电阻测温的反应速度比热电偶慢。

(4) 同类材料制成的热电阻不如热电偶测温上限高。由于热电阻必须用细导线绕在绝缘支架上，支架材质在高温下的物理性质限制了温度上限范围。

(5) 在测温范围内具有稳定的物理性质和化学性质。

6. 热电阻传感器的结构

(1) 普通热电阻。热电阻传感器一般由测温元件(电阻体)、保护管、引线和接线盒等组成。电阻体由电阻丝和电阻支架组成。由于铂的电阻率大，而且相对机械强度较大，通常铂丝直径在 $0.03\sim(0.07\pm0.005)$mm 之间，可单层绕制，电阻体可做得很小。铜的机械强度较低，电阻丝的直径较大，一般为 (0.1 ± 0.005)mm 的漆包铜线或丝包线分层绕在骨架上，并涂上绝缘漆而成。由于铜电阻测量的温度低，一般多用双绕法，即先将铜丝对折，两根丝平行绕制，两个端头处于支架的同一端，这样工作电流从一根热电阻丝进入，从另一根丝反向出来，形成两个电流方向相反的线圈，其磁场方向相反，产生的电感就互相抵消，故又称无感绕法。这种双绕法也有利于引线的引出。

(2) 铠装热电阻。铠装热电阻由金属保护管、绝缘材料和感温元件组成，如图 9-21 所示。其感温元件用细铂丝绕在陶瓷或玻璃骨架上制成。

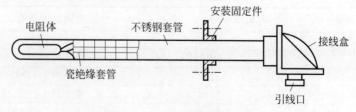

图 9-21 热电阻传感器的结构

铠装热电阻热惯性小、响应速度快；具有良好的机械性能，可以耐强烈振动和冲击，适用于高压设备测温，以及在有振动的场合和恶劣环境中使用。因为后面引线部分具有一定的柔韧性，也适用于安装在结构复杂的设备上进行测温，此种热电阻寿命较长。

(3) 薄膜及厚膜型铂热电阻。薄膜及厚膜型铂热电阻主要用于平面物体的表面温度和动态温度的检测，也可部分代替线绕型铂热电阻用于测温和控温，其测温范围一般为-70～600℃。薄膜及厚膜型铂热电阻是近些年来发展起来的新型测温元件。如图9-22所示，厚膜铂电阻一般用陶瓷材料作基底，采用精密丝网印刷工艺在基底上形成铂电阻，再经焊接引线、胶封、校正电阻等工序，最后在电阻表面涂保护层而成。薄膜铂电阻采用溅射工艺来成膜，再经光刻、腐蚀工艺形成图案，其他工艺与厚膜电阻相同。

7. 热电阻传感器的测量线路

热电阻传感器的测量线路一般使用电桥，如图9-23所示。实际应用中，热电阻安装在生产环境中，感受被测介质的温度变化，而测量电阻的电桥通常作为信号处理器或显示仪表的输入单元，随相应的仪表安装在控制室。由于热电阻很小，热电阻与测量桥路之间的连接导线的阻值 r 会随环境温度的变化而变化，给测量带来较大的误差。为此，工业上常采用三线制接法，如图9-24所示。使导线电阻分别加在电桥相邻的两个桥臂上，在一定程度上可克服导线电阻变化对测量结果的影响。尽管这种补偿还不能完全消除温度的影响，但在环境温度为0～50℃时，这种接法可将温度附加误差控制在0.5%以内。基本可满足工程要求。

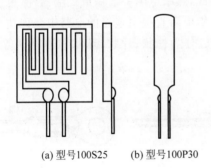
(a) 型号100S25   (b) 型号100P30

图 9-22 厚膜铂电阻的结构图

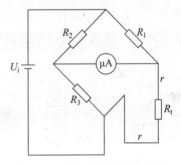

图 9-23 热电阻测温电桥电路

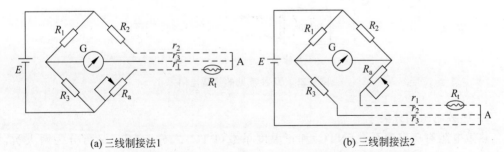

(a) 三线制接法1   (b) 三线制接法2

G—检流计；R_1，R_2，R_3—固定电阻；R_a—零位调节电阻；R_t—热电阻。

图 9-24 热电阻三线制电桥电路

8. 金属热电阻的应用

图 9-25 为采用 EL-700(100Ω, Pt_{100})铂电阻的高精度温度测量电路,测温范围为 20~120℃,对应的输出为 0~2V,输出电压可直接输入单片机作显示和控制信号。铂电阻采用三线制介入测量电桥中,以便减小连接线引起的策略误差。A_1 进行信号放大,放大后的信号经 R、C 组成的低通滤波器除去无用杂波,再经 A_2 放大。

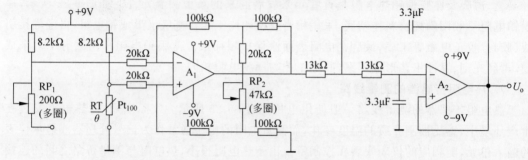

图 9-25 铂电阻测温电路

9.2.2 热敏电阻

1. 热敏电阻的结构

热敏电阻主要由热敏探头、引线、壳体等构成,热敏电阻一般做成二端器件,也可做成三端或四端器件,二端和三端器件为直热式,即热敏电阻直接由连接的电路中获得功率。四端器件则是旁热式的。热敏电阻可根据使用要求,分为柱状、片状、珠状和薄膜状等形式,如图 9-26 所示。

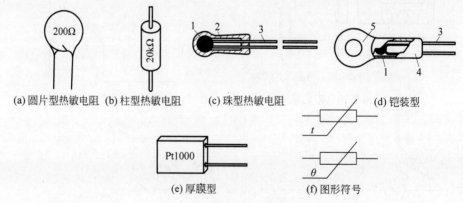

图 9-26 几种常见的热敏电阻

2. 热敏电阻的分类

热敏电阻有负温度系数(NTC)和正温度系数(PTC)之分。NTC 又可分为两大类,第一类用于测量温度,它的电阻值与温度之间呈严格的负指数关系;第二类为突变型(CTR)。当温度上升到某临界点时,其电阻值突然下降,如图 9-27 所示。

PTC 热敏电阻既可作为温度敏感元件,又可在电子线路中起限流、保护作用。PTC 突变型热敏电阻主要用作温度开关;PTC 缓变型热敏电阻主要用于在较宽的温度范围内进行温度补偿或温度测量。当 PTC 热敏电阻用于电路自动调节时,为克服或减小其分布电容较大的缺点,应选用直流或 60Hz 以下的工频电源。

正温度系数的热敏电阻的阻值与温度的关系可表示为

$$R_t = R_0 \exp[A(t - t_0)] \quad (9\text{-}26)$$

式中:R_t、R_0——温度 t(K)和 t_0(K)时的电阻值;

A——热敏电阻的材料常数;$t_0 = 273.15\text{K}$,即 0℃时的绝对温度。

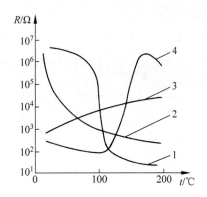

1—突变型NTC;2—NTC;3—PTC;4—突变型PTC。

图 9-27　各种热敏电阻的特性曲线

NTC 热敏电阻主要用于温度测量和补偿,测温范围一般为 -50～350℃,也可用于低温测量 -130～0℃、中温测量 150～750℃,甚至更高温度,测量温度范围根据制造时的材料不同而不同。其阻值与温度的关系可表示为

$$R_t = R_0 \exp\left(\frac{B}{t} - \frac{B}{t_0}\right) \quad (9\text{-}27)$$

式中:R_t、R_0——分别表示温度 t(K)和 t_0(K)时的电阻值;

B——热敏电阻的材料常数(单位为 K,由材料、工艺及结构决定,B 取值一般为 1500～6000K)。

CTR 热敏电阻主要用作温度开关。

热敏电阻一般不适用于高精度的温度测量和控制,但在测温范围很小时,也可获得较好的精度。它非常适用于在家用电器、空调器、复印机、电子体温计、点温度计、表面温度计、汽车等产品中作测温、控温和加热元件。

3. 热敏电阻的应用

1) 热敏电阻测温

用于测量温度的热敏电阻结构简单,价格便宜。没有外保护层的热敏电阻只能用于干燥的环境中,在潮湿、腐蚀性等恶劣环境下只能用密封的热敏电阻。图 9-28 为热敏电阻测量温度的电路图。

测量时先对仪表进行标定。将绝缘的热敏电阻放入 32℃(表头的零位)的温水中,待热量平衡后,调节 RP_1,使指针在 32℃上,再加热水,用更高一级的温度计监测水温,使其上升到 45℃。待热量平衡后,调节 RP_2,使指针指在 45℃上。再加入冷水,逐渐降温,反复检查 32～45℃刻度的准确性。

2) 管道流量测量

图 9-29 中 R_{T1} 和 R_{T2} 是热敏电阻,R_{T1} 放在被测流量管道中,R_{T2} 放在不受流体干扰的容器内,R_1 和 R_2 是普通电阻,4 个电阻组成电桥。

当流体静止时,使电桥处理平衡状态。当流体流动时,要带走热量,使热敏电阻 R_{T1} 和 R_{T2} 散热情况不同,R_{T1} 因温度变化引起阻值变化,电桥失去平衡,电流表有指示。因为 R_{T1} 的散热条件取决于流量的大小,因此测量结果反映流量的变化。

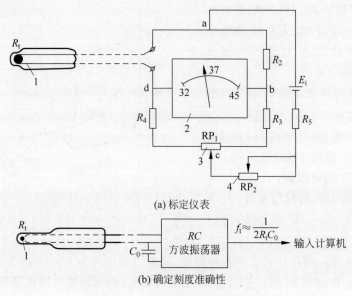

(a) 标定仪表

(b) 确定刻度准确性

图 9-28　热敏电阻体温表原理图

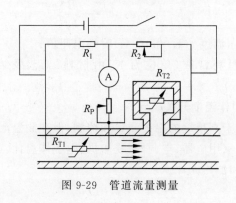

图 9-29　管道流量测量

9.2.3　热电偶和热电阻的区别

1. 测温原理

热电偶是温度测量中应用最广泛的温度器件,热电偶的测温原理基于热电效应,也就是将两种不同的导体或半导体连接成闭合回路,当两个结点处的温度不同时,回路中将产生热电势,这种现象称为热电效应,通过这种热电势的测量,最终取得温度值。

热电阻的测温原理是导体或半导体的电阻值随着温度的变化而变化。

2. 测温范围不同

热电偶的连续测量范围宽,常用的热电偶从-50~1600℃均可连续测量,某些特殊热电偶最低可测-269℃,最高2300℃;铂热电阻的测温范围一般为-200~800℃,铜热电阻为-40~140℃。铂热电阻属于中低温测量器件。

3. 种类和结构不同

(1) 种类不同。常用热电偶分为标准热电偶和非标准热电偶两大类。所谓标准热电偶是指国家规定了其电动势和温度的关系,允许误差,有统一的标准分度表的热电偶,它有配套的显示表可供选用。目前国际通用热电偶标准规范将热电偶分为八个不同的分度,分别为 B、R、S、K、N、E、J 和 T,其中 B、R、S 属于铂系列的热电偶,由于铂属于贵重金属,所以它们又被称为贵金属热电偶,剩下的几种型号则称为廉价金属热电偶。非标准化热电偶在使用范围或数量级上都不及标准热电偶,一般也没有统一的分度表,主要用于某些特殊场合的测量。常见的热电阻有铜热电阻和铂热电阻两类。

(2) 结构不同。在热电偶的结构中,组成热电偶的两个热电极的焊接必须牢固。两个热电极必须具有很好的绝缘性能,以防短路,补偿导线与热电偶自由端的连接要方便可靠。保护套管应能保证热电极与有害物质充分隔离。在热电阻的结构中,大多数是由纯金属材料制成,热电阻体的引出线等各种导线电阻的变化会给温度测量带来影响。

4. 实际应用领域的不同

热电偶是热电动势(电压)随温度变化的元件,热电阻是电阻随温度变化的元件,一般热电偶用于高温环境,热电阻则用于低温环境。如果温度差超过 500℃,热电阻的阻值会非常大,可能会影响测量结果,甚至会出现测量结果不能显示的情况。而热电偶是利用热电动势(电压)随温度变化来进行测量的,温度越高原子中的电子运动越激烈,电势反应越灵敏。其次,热电偶需要补偿导线,热电阻不需要补偿导线,热电阻的价格相对热电偶便宜。

9.3 红外辐射传感器

9.3.1 红外辐射原理

红外辐射俗称红外线,是一种不可见光。由于它是位于可见光中红色光线以外的光线,所以被称为红外线。热辐射是指物体在热平衡时的电磁辐射,由于热平衡时物体具有一定的温度,所以热辐射又称温度辐射。其波长范围从软 X 射线至微波,物体向外辐射的能量大部分是通过红外线辐射出来的。它的波长范围大致在 760nm~1mm,红外线在电磁波谱中的位置如图 9-30 所示。工程上又把红外线所占据的波段分为 4 部分,即近红外、中红外、远红外和极远红外。

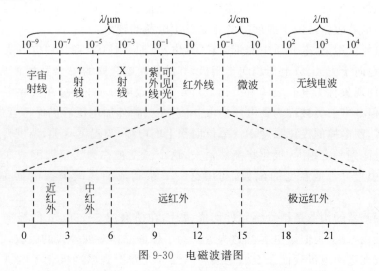

图 9-30 电磁波谱图

红外辐射本质上是一种热辐射。任何物体,只要它的温度高于绝对零度-273℃,就会向外部空间以红外线的方式辐射能量,一个物体向外辐射的能量大部分是通过红外线辐射这种形式来实现的。物体的温度越高,辐射出的红外线越多,辐射的能量就越强。另一方面,红外线被物体吸收后可以转化成热能。

红外辐射与所有电磁波一样,是以波的形式在空间直线传播的,具有电磁波的一般特性,如反射、折射、散射、干涉和吸收等。红外线在真空中传播的速度等于波的频率与波长的乘积。它在大气中传播时,大气层对不同波长的红外线存在不同的吸收带,红外线气体分析器就是利用该特性工作的。空气中对称的双原子气体(如 N_2、O_2、H_2 等)不吸收红外线。而红外线在通过大气层时,有3个波段透过率高,分别是 $2\sim2.6\mu m$、$3\sim5\mu m$ 和 $8\sim14\mu m$,统称为"大气窗口"。这3个波段对红外探测技术特别重要,因为红外探测器一般都工作在这3个波段之内。

9.3.2 红外探测器

红外传感器是利用红外辐射实现相关物理量测量的一种传感器。红外传感器的构成比较简单,一般由光学系统、探测器、信号调理电路及显示系统等组成。红外探测器是红外传感器的核心。红外探测器种类很多,按探测机理的不同,通常可分为热探测器和光子探测器两大类。

1. 热探测器

红外线被物体吸收后将转变为热能。热探测器正是利用了红外辐射的这一热效应。热探测器的敏感元件吸收红外辐射后引起温度升高,使敏感元件的相关物理参数发生变化,通过对这些物理参数及其变化的测量就可确定探测器所吸收的红外辐射。

热探测器的主要优点是响应波段宽,响应范围为整个红外区域,室温下工作,使用方便。

热探测器主要有4种类型,它们分别是热敏电阻型、热电阻型、高莱气动型和热释电型。在这4种类型的探测器中,热释电探测器探测效率最高,频率响应最宽,所以这种传感器发展得比较快,应用范围也最广。

热释电红外探测器是一种检测物体辐射的红外能量的传感器,是根据热释电效应制成的。所谓热释电效应就是由于温度的变化而产生电荷的现象。

在外加电场作用下,电介质中的带电粒子(电子、原子核等)将受到电场力的作用,总体上讲,正电荷趋向于阴极、负电荷趋向于阳极,其结果使电介质的一个表面带正电、相对的表面带负电,这种现象称为电介质的电极化。对于大多数电介质来说,在去除电压后,极化状态随即消失,但是有一类被称为铁电体的电介质,在去除外加电压后仍保持着极化状态。

一般而言,铁电体的极化强度 P_s(单位面积上的电荷)与温度有关,温度升高,极化强度降低。温度升高到一定程度,极化将突然消失,这个温度被称为居里温度或居里点,在居里点以下,极化强度 P_s 是温度的函数,利用这一关系制成的热敏类探测器称为热释电探测器。

热释电探测器的构造是把敏感元件切成薄片,在研磨成 $5\sim50\mu m$ 的极薄片后,把元件的两个表面做成电极,类似于电容器的构造。为了保证晶体对红外线的吸收,有时也用黑化以后的晶体或在透明电极表面涂上黑色膜。当红外光照射到已经极化了的铁电薄片上时,引起薄片温度的升高,使其极化强度(单位面积上的电荷)降低,表面的电荷减少,这相当于释放一部分电荷,所以采用此探测器构造的传感器称为**热释电型红外传感器**。释放的电荷可以用放大器转变成输出电压。如果红外光继续照射,使铁电薄片的温度升高到新的平衡值,表面电荷也就达到新的平衡浓度,不再释放电荷,也就不再有输出信号。热释电型红外传感器的电压响应率正比于入射光辐射率变化的速率,不取决于晶体与辐射是否达到热平衡。

近年来,热释电型红外传感器在家庭自动化、保安系统以及节能领域的需求大幅度增加,热释电型红外传感器常用于根据人体红外感应实现的自动电灯开关、自动水龙头开关、自动门开关等。

2. 光子探测器

光子探测器型红外传感器是利用光子效应进行工作的传感器。所谓光子效应,就是当有红外线入射到某些半导体材料上,红外辐射中的光子流与半导体材料中的电子相互作用,改变了电子的能量状态,引起各种电学现象。通过测量半导体材料中电子能量状态的变化,可以知道红外辐射的强弱。光子探测器主要有内光电探测器和外光电探测器两种。内光电探测器又分为光电导、光生伏特和光磁电探测器三种类型。半导体红外传感器被广泛地应用于军事领域,如红外制导、响尾蛇空对空和空对地导弹、夜视镜等设备。

光子探测器的主要特点有灵敏度高、响应速度快,具有较高的响应频率,但探测波段较窄,一般工作于低温环境中。

9.3.3 红外传感器的应用

1. 红外测温仪

红外测温技术在产品质量监控、设备在线故障诊断和安全保护等方面发挥着重要作用。近 20 年来,非接触红外测温仪在技术上得到迅速发展,性能不断完善,功能不断增强,品种不断增多,适用范围也不断扩大,市场占有率逐年增长。比起接触式测温方法,红外测温有着响应时间快、非接触、使用安全及使用寿命长等优点。

图 9-31 是常见的红外测温仪原理框图。它是一个光、机、电一体化的系统,测温系统主要由红外光透镜系统、红外滤光片、调制盘、红外探测器、信号处理电路、步进电动机和温度传感器等几部分组成。红外线通过固定焦距的透镜系统、滤光片聚焦到红外探测器的光敏面上,红外探测器将红外辐射转换为电信号输出。步进电动机可以带动调制盘转动将被测的红外辐射调制成交变的红外辐射线。信号处理电路包括前置放大、选频放大、发射率调节、线性化等。

2. 红外线气体分析仪

红外线在大气中传播时,由于大气中不同的气体分子、水蒸气、固体微粒和尘埃等物质对不同波长的红外线都有一定的吸收和散射作用,形成不同的吸收带,称为"大气窗口",从而会使红外辐射在传播过程中逐渐减弱。CO 气体对波长为 $4.65\mu m$ 附近的红外线有很强的吸收能力。CO_2 的吸收带位于 $2.78\mu m$、$4.26\mu m$ 和波长大于 $13\mu m$ 的范围。

空气中的双原子气体具有对称结构、无极性,如 N_2、O_2 和 H_2 等气体以及单原子惰性气体,如 He、Ne、Ar 等,它们不吸收红外辐射。

红外线被吸收的数量与吸收介质的浓度有关,当射线进入介质被吸收后,其透过的射线强度 I 按指数规律减弱,由朗伯-贝尔定律确定,即

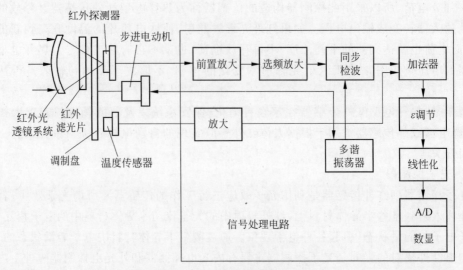

图 9-31　红外测温仪原理框图

$$I = I_0 e^{-\mu cl} \tag{9-28}$$

式中：I, I_0——吸收后、吸收前射线强度；

　　　μ——吸收系数；

　　　c——介质浓度；

　　　l——介质厚度。

红外线气体分析仪利用了气体对红外线选择性吸收这一特性。它设有一个测量室和一个参比室。测量室中含有一定量的被分析气体，对红外线有较强的吸收能力，而参比室（即对照室）中的气体不吸收红外线，因此两个气室中的红外线的能量不同，将使气室内压力不同，导致薄膜电容的两电极间距改变，引起电容量 C 变化，电容量 C 的变化反映被分析气体中被测气体的浓度。

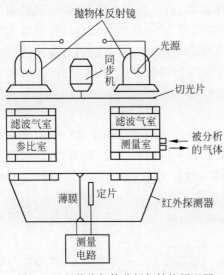

图 9-32　红外线气体分析仪结构原理图

图 9-32 是工业用红外线气体分析仪的结构原理图。该分析仪由红外线辐射光源、滤波气室、红外探测器及测量电路等部分组成。光源由镍铬丝通电加热发出 $3\sim 10\mu m$ 的红外线，同步电机带动切光片旋转，切光片将连续的红外线调制成脉冲状的红外线，以便于红外探测器检测。测量室中通入被分析气体，参比室中注入的是不吸收红外线的气体（如 N_2 等）。红外探测器是薄膜电容型，它有两个吸收气室，充以被测气体，当它吸收了红外辐射能量后，气体温度升高，导致室内压力增大。

测量时（如分析 CO 气体的含量），两束红外线经反射、切光后射入测量室和参比室,由于测量室中含有一定量的 CO 气体,该气体对 $4.65\mu m$ 的红外线有较强的吸收能力。而参比室中气体不吸收红外线,这样射入红外探测器的两个吸收气室的红外线产生能量差异,使两个吸收气室内的压力不同,测量边的压力减小,于是薄膜偏向定片方向,改变了薄膜电容两极板间的距离,也就改变了电容量 C。如被测气体的浓度越大,两束光强的差值也越大,则电容的变化量也越大,因此电容变化量反映了被分析气体中被测气体的浓度大小,最后通过测量电路的输出电压或输出频率等来反映。

图 9-32 中设置滤波气室的目的是为了消除干扰气体对测量结果的影响。

小结

温度是生产、生活中经常测量的变量。本章重点介绍了热电偶、热电阻及热敏电阻三种常用于检测温度及与温度有关的参量的传感器。热电偶基于热电效应原理而工作。中间温度定律和中间导体定律是使用热电偶测温的理论依据。掌握热电偶的分度号,了解它们的结构类型及特性,对掌握热电偶有较大的帮助。热电偶在使用时要进行温度补偿,要理解常用的几种补偿方法。

热电偶结构简单,可用于测小空间的温度,动态响应快,电动势信号便于传送,在工业生产自动化领域得到普遍应用。热电偶属于自发电式温度传感器,应用时注意自由端温度补偿问题。目前常被用于测量 $100\sim1500℃$ 内的温度。

热电阻是利用金属材料的阻值随温度的升高而增大的特性制成的。常用的有铂、铜两种热电阻,其特性及测温范围各不相同。热电阻在测量时需使用三线制或四线制接法。热电阻主要用于工业测温。

热敏电阻是半导体测温元件,按温度系数的不同可分为负温度系数热敏电阻(NTC)、正温度系数热敏电阻(PTC)以及临界温度电阻器(CTR),广泛用于温度测量、电路的温度补偿及温度控制。

热电阻具有输出信号较大,易于测量的特点。热电阻的变化一般要经过电桥转换成电压输出。为了避免或减少导线电阻对测温的影响,工业热电阻一般采用三线制接法,其测量温度范围是$-200\sim+650℃$。

热敏电阻是半导体测温元件,具有灵敏度高、体积小、反应快的优点,广泛应用于温度测量、电路的温度补偿及温度控制。有时也与专用电路配合以提高灵敏度或改善线性。最常用的是电桥线路。目前,半导体热敏电阻存在的缺陷主要是互换性和稳定性不够理想,其次是非线性严重,不能在高温下使用,因而限制了其应用领域。其工作温度范围是$-50\sim+300℃$。

红外辐射俗称红外线,是一种不可见光。由于它是位于可见光中红色光线以外的光线,所以被称为红外线。热辐射是指物体在热平衡时的电磁辐射,由于热平衡时物体具有一定的温度,所以热辐射又称温度辐射。红外辐射传感器的主要应用有测温和气体分析仪。

习题

1. 什么是热电阻?什么是热敏电阻?
2. 热电阻传感器主要有哪几种?各有什么特点及用途?

3. 热敏电阻传感器可分为哪几种？其各有什么作用？
4. 热电偶的作用是什么？工作原理是什么？
5. 什么是金属导体的热电效应？
6. 简述热电偶的三个重要定律。它们各有什么实用价值？
7. 镍铬-镍硅热电偶的分度号、铂铑$_{13}$-铂热电偶的分度号和铂铑$_{30}$-铂铑$_6$热电偶的分度号分别是什么？
8. 在热电偶测温回路中经常使用补偿导线的最主要的目的是_____。
  A. 补偿热电偶冷端热电势的损失   B. 起冷端温度补偿作用
  C. 将热电偶冷端延长到远离高温区的地方   D. 提高灵敏度
9. _____的数值越大，热电偶的输出热电势就越大。
  A. 热端直径   B. 热端和冷端的温度
  C. 热端和冷端的温差   D. 热电极的电导率
10. 已知铂铑$_{10}$-铂(S)热电偶的冷端温度 $T_0=25℃$，现测得热电动势 $E(T,T_0)=11.712\text{mV}$，求热端温度 T 是多少摄氏度？
11. 已知镍铬-镍硅(K)热电偶的热端温度 $T=800℃$，冷端温度 $T_0=25℃$，求 $E(T,T_0)$ 是多少毫伏？
12. 红外辐射的原理是什么？

第 10 章 光电式传感器的原理与应用
CHAPTER 10

爱因斯坦认为,光由光子组成,每一个光子具有的能量 E 正比于光的频率 f,即 $E=hf$(h 为普朗克常数),光子的频率越高(即波长越短)光子的能量就越大。比如绿色的光子就比红色的光子能量大,而相同光通量的紫外线能量比红外线的能量大得多,紫外线可以杀死病菌、改变物质的结构。

光电传感器是将光信号转换为电信号的一种传感器。使用这种传感器测量其他非电量(如转速、浊度)时,只要将这些非电量转换为光信号的变化即可。此种测量方法具有结构简单、精度高、反应快、非接触等优点,可广泛用于检测技术中。

10.1 光电效应与光电元件

用光照射某一物体,可以看作物体受到一连串能量 hf 的光子的轰击,组成这个物体的材料吸收光子能量而发生相应电效应的物理现象称为光电效应。因光照引起物体电学特性改变的现象,包括光照射到物体上使物体发射电子,电导率发生变化,产生光生电动势等。通常把光电效应分为三类。

(1) 外光电效应。在光线的作用下能使电子逸出物体表面的光电效应。如光电管、光电倍增管、光电摄像管等(玻璃真空管元件)。

(2) 内光电效应。在光线的作用下能使物体的电阻率改变的光电效应。如光敏电阻、光敏二极管、光敏三极管及光敏晶闸管等。

(3) 光生伏特效应。在光线的作用下,物体产生一定方向电动势的光电效应。如光电池、光敏晶体管等。

光电效应传感器是应用光敏材料的光电效应制成的光敏器件。

光源可分为热辐射光源、气体放电光源、发光二极管(Light-Emitting Diode,LED)、激光等。热辐射光源(如白炽灯、卤钨灯)的输出功率大,但对电源的响应速度慢,调制频率一般低于 1kHz,不能用于快速的正弦和脉冲调制。气体放电光源的光谱不连续,光谱与气体的种类及放电条件有关。改变气体的成分、压力、阴极材料和放电电流的大小,可以得到主要在某一光谱范围内的辐射源。LED 由半导体 PN 结构成,具有工作电压低、响应速度快、寿命长、体积小、质量轻等特点,因此获得了广泛的应用。激光器的突出优点是单色性好、方向性好和亮度高,不同激光器在这些特点上又各有不同的侧重点。

10.1.1 基于外光电效应的光电元件

1. 光电管

光电管由一个阴极和一个阳极构成,并密封在一支真空玻璃管内。阳极通常用金属丝弯曲成矩形或圆形,置于玻璃管的中央;阴极装在玻璃管内壁上,其上涂有光电发射材料。光电管的特性主要取决于光电管阴极材料。常用的光电管阴极材料有银氧铯、锑铯、铋银氧铯以及多碱光电阴极等。光电管有真空光电管和充气光电管两种。

当入射光照射在阳极板上时,光子的能量传递给阴极表面的电子,当电子获得的能量足够大时,电子就可以克服金属表面对它的束缚(称为逸出功)而移出金属表面,形成电子发射,这种电子称为光电子。能产生光电效应的物质称为光电材料。众所周知,光子是具有能量的粒子,每个光子具有的能量为

$$E = hf \tag{10-1}$$

式中:h——普朗克常数,$h = 6.626 \times 10^{-34}$ J·s;

f——光的频率(s^{-1})。

在光的照射下,电子吸收光子的能量后,一部分用于克服物质对电子的束缚;另一部分转化为逸出电子的动能。设电子质量为 m($m = 9.1091 \times 10^{-31}$ kg),电子逸出物体表面时的初速度为 v,电子逸出功为 A,则据能量守恒定律有

$$E = \frac{1}{2}mv^2 + A \tag{10-2}$$

这个方程称为爱因斯坦的光电效应方程。可以看出,只有当光子的能量 E 大于电子逸出功 A 时,物质内的电子才能脱离原子核的吸引向外逸出。由于不同的材料具有不同的逸出功,因此对某种材料而言便有一个频率限,这个频率限称为红限频率。当入射光的频率低于红限频率时,无论入射光多强,照射时间多久,都不能激发出光电子;当入射的光频率高于红限频率时,不管它多么微弱,也会使被照射的物体激发电子。而且光越强,单位时间里入射的光子数就越多,激发出的电子数目越多,因而光电流就越大。

当光照射在阴极上时,阴极发射出光电子,被具有一定电位的中央阳极所吸引,在光电管内形成空间电子流。在外电场作用下将形成电流 I,如图 10-1 所示,电阻 R_L 上的电压正比于空间电流,其值与照射在光电管阴极上的光呈函数关系。光电管的结构和原理如图 10-1 所示。

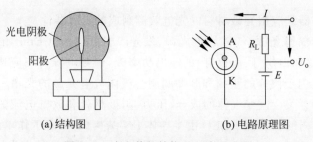

(a) 结构图　　　　　　(b) 电路原理图

图 10-1　光电管的结构和电路原理图

在光电管内充入少量的惰性气体(如氩、氖等),构成充气光电管。当充气光电管的阴极被光照射后,光电子在飞向阳极的途中,与惰性气体的原子发生碰撞而使气体电离,因此增

大了光电流，从而使光电管的灵敏度增加。

光电管具有如下基本特性。

(1) 伏安特性。在一定的光照下，对光电管阴极所加的电压与阳极所产生的电流之间的关系称为光电管的伏安特性。真空电管和充气光电管的伏安特性分别如图 10-2(a) 和图 10-2(b) 所示，它们是光电传感器的主要参数依据，充气光电管的灵敏度更高。

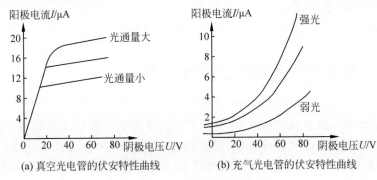

(a) 真空光电管的伏安特性曲线　　(b) 充气光电管的伏安特性曲线

图 10-2　光电管的伏安特性曲线

(2) 光照特性。当光电管的阴极与阳极之间所加电压一定时，光通量与光电流之间的关系称为光照特性，如图 10-3 所示。其中，曲线 1 是氧铯阴极光电管的光照特性，光电流 I 与光通量呈线性关系；曲线 2 是锑铯阴极光电管的光照特性，光电流 I 与光通量呈非线性关系。光照特性曲线的斜率（光电流与入射光光通量之比）称为光电管的灵敏度。

(3) 光谱特性。光电管的光谱特性通常指阳极与阴极之间所加电压不变时，入射光的波长（或频率）与其相对灵敏度之间的关系。它主要取决于阴极材料。阴极材料不同的光电管适用于不同的光谱范围。另一方面，同一光电管对于不同频率（即使光强度相同）的入射光，其灵敏度也不同。

2. 光电倍增管

光电倍增管有放大光电流的作用，有增益高、灵敏度高、超低噪声、光敏区面积大等特点，还具有特种结构，可用于微光测量。图 10-4 所示是光

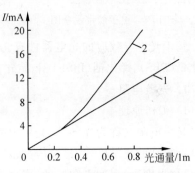

图 10-3　光电管的光照特性曲线

电倍增管的结构示意图。从图 10-4 中可以看出光电倍增管也有一个阴极 K、一个阳极 A，与光电管不同的是，在它的阴极和阳极间设置了许多二次发射电极 $E_1, E_2, E_3, \cdots$，它们又称为第一倍增极、第二倍增极……相邻电极间通常加上 100V 左右的电压，其电位逐渐升高，阴极电位最低，阳极电位最高，两者之差一般在 600～1200V。

光电倍增管的光电转换过程为，当入射光的光子打在光电阴极上时，光电阴极发射出电子，该电子流又打在电位较高的第一倍增极上，于是又产生新的二次电子；第一倍增极产生的二次电子又打在比第一倍增极电位高的第二倍增极上，该倍增极同样也会产生二次电子发射，如此连续进行下去，直到最后一级的倍增极产生的二次电子被更高电位的阳极收集为止，从而在整个回路里形成光电流。

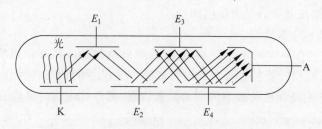

图 10-4 光电倍增管结构及工作原理示意图

10.1.2 基于内光电效应的光电元件

入射光强改变物质导电率的现象称为光电导效应。几乎所有高电阻率半导体都有光电导效应,这是由于在入射光线作用下,材料中处于价带的电子吸收光子能量,电子从价带被激发到导带上,过渡到自由状态,同时价带也因此形成自由空穴,即激发出电子-空穴对,使导带的电子和价带的空穴浓度增大,电阻率减少,导电性能增强。为使电子从价带激发到导带,入射光子的能量 E_0 应大于禁带宽度 E_g,如图 10-5 所示。

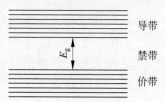

图 10-5 电子能带示意图

为了使电子从价带跃迁到导带,入射光的能量必须大于光电材料的禁带宽度 E_g,即光的波长应小于某一临界波长 λ_0,λ_0 称为截止波长。

$$\lambda_0 = hc/E_g \quad (10\text{-}3)$$

其中,E_g 表示禁带宽度,以电子伏特(eV)为单位,$1\text{eV} = 1.60 \times 10^{19}$ J;c 是光速(m/s);h 是普朗克常数。

基于光电导效应的光电器件有光敏电阻(亦称光电导管),常用的材料有硫化镉(CdS)、硫化铅(PbS)、锑化铟(InSb)、非晶硅等。

1. 光敏电阻

1) 工作原理

光敏电阻又称为光导管,光敏电阻几乎都是用半导体材料制成,为纯电阻元件。光敏电阻具有很高的灵敏度,光谱响应的范围宽(从紫外区域到红外区域)、体积小、质量轻、性能稳定、机械强度高、耐冲击和振动、寿命长、价格低,被广泛地应用于自动检测系统中。光敏电阻的结构较简单,如图 10-6 所示。在玻璃底板上均匀地涂上薄薄的一层半导体物质,半导体的两端装上金属电极,使电极与半导体层可靠地电接触,然后,将它们压入塑料封装体内。为了防止周围介质的污染,在半导体光敏层上覆盖一层漆膜,漆膜成分的选择应该使它在光敏层最敏感的波长范围内透射率最大。制作光敏电阻的材料一般由金属的硫化物、硒化物、碲化物等组成,如硫化镉、硫化铅、硫化铊、硫化铋、硒化镉、硒化铅、碲化铅等。由于所用材料和工艺不同,它们的光电性能也相差很大。

光敏电阻的工作原理是基于内光电效应。当无光照时,光敏电阻具有很高的阻值。当光敏电阻受到一定波长范围的光照射时,光子的能量大于材料的禁带宽度,价带中的电子吸收光子能量后跃迁到导带,激发出可以导电的电子-空穴对,使电阻降低。光线越强,激发出的电子-空穴对越多,电阻值越低。光照停止后,自由电子与空穴复合,导电性能下降,电阻恢复原值。

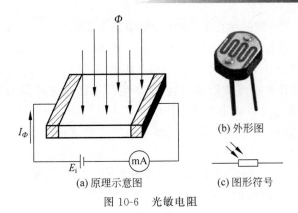

图 10-6　光敏电阻

如果把光敏电阻连接到外电路中,在外加电压的作用下,用光照射就能改变电路中电流的大小,光敏电阻接线电路如图 10-7 所示。

光敏电阻在受到光的照射时,由于内光电效应使其导电性能增强,电阻 R_g 值下降,所以流过负载电阻 R_L 的电流及其两端的电压也随之变化。

2) 光敏电阻的特性和参数

（1）暗电阻。置于室温、全暗条件下测得的稳定电阻值称为暗电阻,通常大于 $1M\Omega$。光敏电阻受温度影响甚大,温度上升,暗电阻减小,暗电流增大,灵敏度下降,这是光敏电阻的一大缺点。

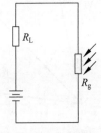

图 10-7　光敏电阻接线电路

（2）光电流。光敏电阻在不受光照射时的阻值称为暗电阻(暗阻),此时流过光敏电阻的电流称为暗电流。光敏电阻在受光照射时的阻值称为亮电阻(亮阻),此时流过光敏电阻的电流称为亮电流。亮电流与暗电流之差称为光电流。暗阻越大越好,亮阻越小越好,也就是光电流要尽可能大,这样光敏电阻的灵敏度就越高。一般光敏电阻的暗阻值通常超过 $1M\Omega$,甚至高达 $100M\Omega$,而亮阻则在几千欧姆以下。

（3）光电特性。在光敏电阻两极电压固定不变时,光照度与电阻及电流间的关系称为光电特性。某型号光敏电阻的光电特性如图 10-8 所示。从图中可以得出结论,当光照大于 100lx 时,它的光电特性非线性就十分严重了。而 150lx 是教育部门要求所有学校课堂桌面所必须达到的标准照度。由于光敏电阻光电特性为非线性,所以不能用于光的精密测量,只能用于定性地判断有无光照,或光照度是否大于某一设定值。又由于光敏电阻的光电特性接近于人眼,所以也可以用于照相机测光元件。

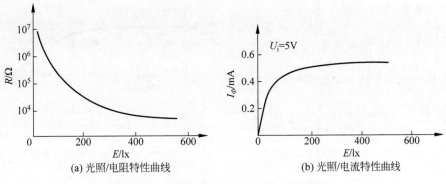

图 10-8　某型号光敏电阻的光电特性曲线

(4) 伏安特性。在一定的照度下,加在光敏电阻两端的电压与光电流之间的关系曲线,称为光敏电阻的伏安特性曲线,如图 10-9 所示。从图 10-9 中可以看出,在外加电压一定时,光电流的大小随光照的增强而增加。外加电压越高,光电流也越大,而且没有饱和现象。光敏电阻在使用时受耗散功率的限制,其两端的电压不能超过最高工作电压,图 10-9 中虚线为允许功耗曲线,由它可以确定光敏电阻的正常工作电压。

(5) 光照特性。在一定外加电压下,光敏电阻的光电流与光通量的关系曲线,称为光敏电阻的光照特性,如图 10-10 所示。不同的光敏电阻的光照特性是不同的,但多数情况下曲线的形状类似于如图 10-10 所示的曲线。光敏电阻的光照特性曲线是非线性的,所以光敏电阻不宜作为定量检测元件,而常在自动控制中用作光电开关。

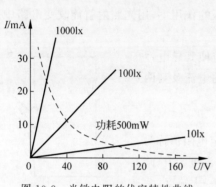

图 10-9 光敏电阻的伏安特性曲线

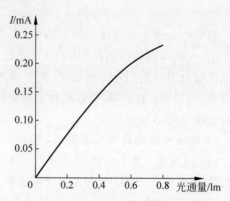

图 10-10 光敏电阻的光照特性曲线

(6) 光谱特性。光敏电阻对于不同波长的入射光,其相对灵敏度 K_r 是不同的。如图 10-11 所示为各种不同材料的光谱特性曲线。由图 10-11 可见,由不同材料制造的光电元件,其光谱特性差别很大,由某种材料制造的光电元件只对某一波长的入射光具有最高的灵敏度。因此,在选用光敏电阻时,应该把元件和光源结合起来考虑,才能获得满意的结果。

(7) 频率特性。光敏电阻的光电流不能随着光强改变而立刻变化,即光敏电阻产生的光电流有一定的惰性,这种惰性通常用时间常数表示,对应着不同材料的频率特性。如图 10-12 所示。时间常数为光敏电阻自停止光照起到电流下降为原来的 63% 所需要的时间。时间常数越小,响应越快。当光敏电阻受到光照射时,光电流要经过一段时间才能达到稳态值,而在停止光照后,光电流也不立刻为零,这是光敏电阻的时延特性。不同材料的光敏电阻的时延特性不同,因此它们的频率特性也不同。如图 10-12 所示为两种不同材料的

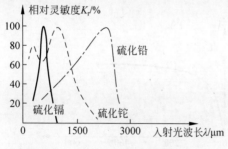

图 10-11 光敏电阻的光谱特性曲线

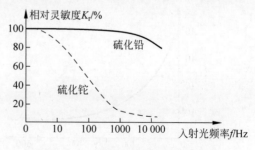

图 10-12 光敏电阻的频率特性曲线

光敏电阻的频率特性,即相对灵敏度 K_r 与光强度变化频率 f 之间的关系曲线。由于光敏电阻的时延比较大,所以它不能用在要求快速响应的场合。

(8) 温度特性。光敏电阻和其他半导体器件一样,受温度影响较大,随着温度的升高,暗阻和灵敏度都下降。同时温度变化也影响它的光谱特性曲线。如图 10-13 所示为硫化铅的光谱温度特性,即在不同温度下的相对灵敏度 K_r 与入射光波长之间的关系曲线。

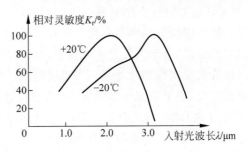

图 10-13　硫化铅光敏电阻的光谱温度特性曲线

2. 光敏晶体管

1) 光敏二极管结构

大多数半导体二极管和三极管都是对光敏感的,当二极管和三极管的 PN 结受到光照射时,通过 PN 结的电流将增大。因此,常规的二极管和三极管都用金属罐或其他壳体密封起来,以防光照。而光敏管(包括二极管和光敏三极管)则必须使 PN 结能接收最大的光照射。

光敏二极管结构与一般二极管不同之处在于它的 PN 结装在透明管壳的顶部,可以直接受到光的照射。图 10-14 是其结构示意图。

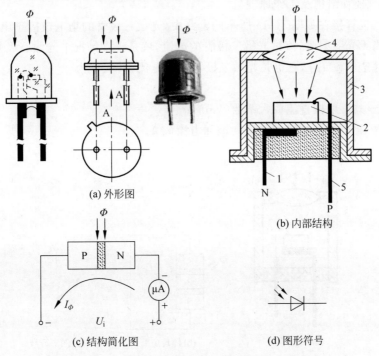

(a) 外形图　　(b) 内部结构

(c) 结构简化图　　(d) 图形符号

1—负极引脚;2—管芯;3—外壳;4—聚光镜;5—正极引脚。

图 10-14　光敏二极管

2)光敏二极管工作原理

光敏二极管的结构与一般二极管相似,光敏二极管在电路中一般是处于反向工作状态。在没有光照时,由于二极管反向偏置,所以反向电流很小,这时的电流称为暗电流,相当于普通二极管的反向饱和漏电流。当光照射在二极管的 PN 结(又称耗尽层)上时,光子在半导体内被吸收,使 P 区电子数增多,N 区空穴增多,即产生光生电子-空穴对,在结电场作用下,电子向 N 区移动,空穴向 P 区移动,在 PN 结附近产生的电子-空穴对数量也随之增加,光电流也相应增大。光电流与照度成正比,光的照度越大,光电流越强。所以,在不受光照射时,光敏二极管处于截止状态。受光照射时,光敏二极管处于导通状态,如图 10-15 所示。

3)光敏二极管的检测方法

当有光照射在光敏二极管上时,光敏二极管与普通二极管一样,有较小的正向电阻和较大的反向电阻;当无光照射时,光敏二极管正向电阻和反向电阻都很大。用欧姆表检测时,先让光照射在光敏二极管管芯上,测出其正向电阻,其阻值与光照强度有关,光照越强,正向阻值越小;然后用一块遮光黑布挡住照射在光敏二极管上的光线,测量其阻值,这时正向电阻应立即变得很大。有光照和无光照下所测得的两个正向电阻值相差越大越好。

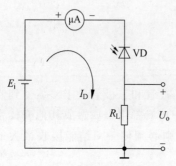

图 10-15 光敏二极管的反向偏置接法

4)光敏三极管结构及工作原理

将光敏三极管接在如图 10-16 所示的电路中,光敏三极管的集电极接正电压,其发射极接负电压。当无光照射时,流过光敏三极管的电流,就是正常情况下光敏三极管集电极与发射极之间的穿透电流 I_{ceo},它也是光敏三极管的暗电流,其大小为

$$I_{ceo} = (1 + h_{FE})I_{cho} \tag{10-4}$$

式中:h_{FE}——共发射极直流放大系数(J•s);

I_{cho}——集电极与基极间的反向饱和电流(A)。

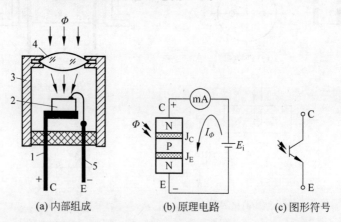

1—集电极引脚;2—管芯;3—外壳;4—聚光镜;5—发射极引脚。

图 10-16 光敏三极管示意图

当有光照射在基区时,激发产生的电子-空穴对增加了少数载流子的浓度,使集电极反向饱和电流大大增加,这就是光敏三极管集电极的光生电流。该电流注入发射极进行放大成为光敏三极管集电极与发射极间电流,它就是光敏三极管的光电流。可以看出,光敏三极管利用类似普通半导体三极管的放大作用,将光敏二极管的光电流放大了$(1+h_{FE})$倍。所以,光敏三极管比光敏二极管具有更高的灵敏度。

5) 光敏晶体管的基本特性

(1) 光谱特性。光敏晶体管在照度一定时,输出的光电流(或相对光谱灵敏度)随入射光的波长而变化的关系。对一定材料和工艺制成的光敏管,必须对应一定波长范围(即光谱)的入射光才会响应,这就是光敏管的光谱响应。不同材料的光敏晶体管对不同波长的入射光,其相对灵敏度K_r是不同的,即使是同一材料(如硅光敏材料),只要控制其PN结的制造工艺,也能得到不同的光谱特性。例如,硅光敏元件的峰值为$0.8\mu m$左右,但现在已分别制出对红外光、可见光直至蓝紫光敏感的光敏晶体管,其光谱特性分别如图10-17中的曲线1、2、3所示。有时还可在光敏晶体管的透光口上配以不同颜色的滤光玻璃,以达到光谱修正的目的,使光谱响应峰值波长根据需要而改变,据此可以制作色彩传感器。锗光敏传感器的峰值波长为$1.3\mu m$左右,由于它的漏电及温漂较大,已逐渐被其他新型材料的光敏晶体管所代替。

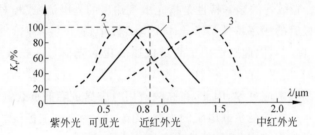

1—常规工艺硅光敏晶体管的光谱特性曲线;
2—滤光玻璃引起的光谱特性紫偏移曲线;
3—滤光玻璃引起的光谱特性红偏移曲线。

图10-17 光敏晶体管的光谱特性曲线

光的波长与颜色的关系示如表10-1所示。

表10-1 光的波长与颜色的关系

颜色	紫外	紫	蓝	绿	黄	橙	红	红外
波长/μm	$10^{-4}\sim 0.39$	$0.39\sim 0.46$	$0.46\sim 0.49$	$0.49\sim 0.58$	$0.58\sim 0.60$	$0.60\sim 0.62$	$0.62\sim 0.76$	$0.76\sim 1000$

(2) 光电特性。某系列光敏晶体管的光电特性如图10-18中的曲线1、曲线2所示。由图可知,光敏晶体管的光电流I_Φ与光照度呈线性关系。光敏三极管的光电特性曲线斜率较大,说明灵敏度比光敏二极管高。

(3) 伏安特性。图10-19为硅光敏二极管的伏安特性,横坐标表示所加的反向偏压。当有光照时,反向电流随着光照强度的增大而增大,在不同的照度下,伏安特性曲线几乎平行,所以只要没达到饱和值,它的输出实际上不受偏压大小的影响。

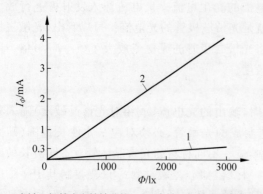

1—光敏二极管光电特性曲线；2—光敏三极管光电特性曲线

图 10-18 某系列光敏晶体管的光电特性曲线

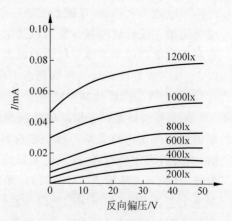

图 10-19 光敏二极管的伏安特性曲线

图 10-20 为硅光敏三极管的伏安特性。纵坐标为光电流，横坐标为集电极-发射极电压 U_{ce}。可以看出，由于晶体管的放大作用，在同样照度下，其光电流比相应的二极管大上百倍。

（4）频率特性。光敏管的频率特性是指光敏管输出的光电流（或相对灵敏度）随频率变化的关系。光敏二极管的频率特性是半导体光电器件中最好的一种，普通光敏二极管频率响应时间达 $10^{-7} \sim 10^{-8}$ s，因此它适用于测量快速变化的光信号。光敏三极管存在发射结电容和基区渡越时间，所以，光敏三极管的频率响应比光敏二极管差，而且和光敏二极管一样，负载电阻越大，高频响应越差，因此，在高频应用时应尽量降低负载电阻的阻值。

光敏三极管的频率特性受负载电阻的影响，图 10-21 为光敏三极管的频率特性曲线，减小负载电阻可以提高频率响应范围，但输出电压响应也减小。

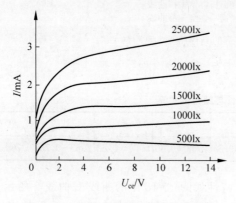

图 10-20 光敏三极管的伏安特性曲线

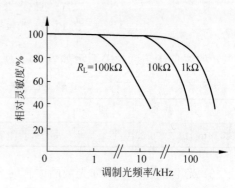

图 10-21 光敏三极管的频率特性曲线

（5）温度特性。光敏管的温度特性是指光敏管的暗电流及光电流与温度的关系。温度变化对亮电流影响不大，但对暗电流的影响非常大，并且是非线性的，这将给微光测量带来误差。光敏三极管的温度特性曲线如图 10-22 所示。从特性曲线可以看出，温度变化对光电流的影响很小，而对暗电流的影响很大，所以在电子线路中应该对暗电流进行温度补偿，否则将会导致输出误差。由于硅管的暗电流比锗管小几个数量级，所以在微光测量中应采用硅管,并用差动的办法来减小温度的影响。

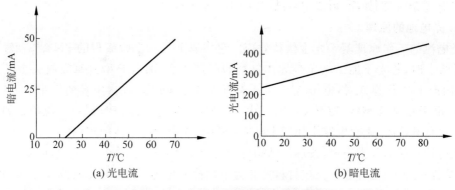

图 10-22　光敏三极管的温度特性曲线

(6) 光照特性。硅光敏二极管和硅光敏三极管的输出电流和照度之间的关系如图 10-23 所示。从图中可以看出它们的关系是正相关的。光照度越大,产生的光电流越强。光敏二极管的光照特性曲线的线性较好,光敏三极管在照度较小时,光电流随照度增加缓慢,而在照度较大时(光照度为几千勒克斯 lx),光电流存在饱和现象,这是由于光敏三极管的电流放大倍数在小电流和大电流时都有下降的缘故,因此,光敏三极管既可做线性转换元件,也可做开关元件。

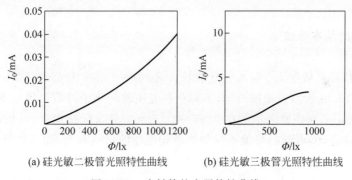

图 10-23　光敏管的光照特性曲线

6) 光敏二极管和三极管的主要差别

(1) 光电流。光敏二极管一般只有几微安到几百微安,而光敏三极管一般都在几毫安以上,至少也有几百微安,两者相差十倍至百倍。光敏二极管与光敏三极管的暗电流则相差不大,一般都不超过 $1\mu A$。

(2) 响应时间。光敏二极管的响应时间在 100ns 以下,而光敏三极管为 $5\sim10\mu s$。因此,当工作频率较高时,应选用光敏二极管。只有在工作频率较低时,才选用光敏三极管。

(3) 输出特性。光敏二极管有很好的线性特性,而光敏三极管的线性较差。

10.1.3　基于光生伏特效应的光电元件

1. 光电池的结构

光电池是在光线照射下,直接将光量转变为电动势的光电元件,实质上它就是电压源。

这种光电器件是基于阻挡层的光电效应。硅光电池是在一块 N 型硅片上,用扩散的方法掺入一些 P 型杂质(例如硼)形成 PN 结,如图 10-24 所示。

2. 光电池的原理

光电池的工作原理基于光生伏特效应。它实质上是一个大面积的 PN 结,入射光照射在 PN 结上时,若光子能量大于半导体材料的禁带宽度,那么 P 型区每吸收一个光子就在 PN 结内产生电子-空穴对,电子-空穴对从表面向内迅速扩散,在内电场的作用下,空穴移向 P 型区,电子移向 N 型区,使 P 型区带正电,N 型区带负电,因而 PN 结产生电势。如果在两级间串接负载电阻,则在电路中便产生电流,图 10-25 为硅光电池原理图。

光电池产品的种类很多,按芯片结构可分为 PN 结光电池、异质结光电池、金属-半导体(肖特基势垒)光电池等三种。按材料可分为单晶硅光电池、多晶硅光电池、非晶硅光电池、硒(Se)光电池、硫化镉(CdS)光电池、GaAsP 光电池、GaAlAs/GaAs 光电池等。

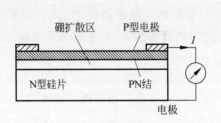
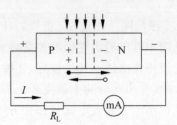

图 10-24　硅光电池结构示意图　　　图 10-25　硅光电池原理图

3. 光电池的基本特性

1)光谱特性

光电池的相对灵敏度 K_r 与入射光波长 λ 之间的关系称为光谱特性。硒、硅光电池的光谱特性如图 10-26 所示。由图可知,不同材料光电池的光谱峰值位置是不同的,硅光电池的在 $0.45\sim1.1\mu m$,而硒光电池的在 $0.34\sim0.57\mu m$。在实际使用时,可根据光源性质选择光电池。但要注意,光电池的峰值不仅与制造光电池的材料有关,而且也与使用温度有关。

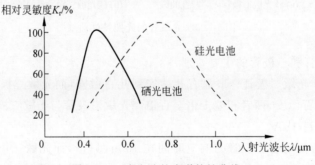

图 10-26　光电池的光谱特性曲线

随着制造业的进步,硅光电池以具有蓝紫近红外的宽光谱特性得到广泛应用。目前许多厂家已生产出峰值波长为 $0.64\mu m$(可见光)的硅光电池,在紫光($0.4\mu m$)附近仍有 65%~70%的相对灵敏度,这大大扩展了硅光电池的应用领域。硒光电池和锗光电池由于稳定性较差,目前应用较少。

2) 光电特性

硅光电池的负载电阻不同,输出电压和电流也不同。图10-27中的2条曲线一个是"开路电压"特性曲线,一个是"短路电流"特性曲线。开路电压 U_0 与光照度的关系呈非线性,近似于对数关系,在2000lx照度以上就趋于饱和。由实验测得,负载电阻越小,光电流与光照度之间的线性关系就越好。当负载短路时,光电流在很大范围内与照度呈线性关系,因此当测量与光照度成正比的其他非电量时,应把光电池作为电流源来使用;当被测非电量是开关量时,可以把光电池作为电压源来使用。

3) 温度特性

光电池的温度特性主要描述光电池的开路电压和短路电流随温度变化的情况。由于它关系到应用光电池设备的温度漂移,会影响测量精度或控制精度等主要指标,因此它是光电池的重要特性之一。光电池的温度特性曲线如图10-28所示。从曲线看出,开路电压随温度升高而下降得较快,而短路电流随温度升高缓慢增加。因此当光电池作测量元件时,在系统设计中应该考虑到温度的漂移,从而采取相应的措施来进行补偿。

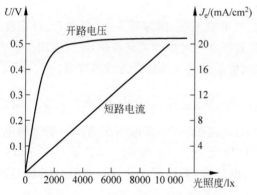

图 10-27 硅光电池的光照特性曲线

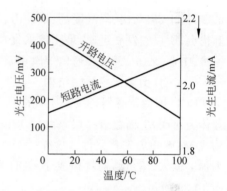

图 10-28 光电池的温度特性曲线

4) 频率特性

频率特性是描述入射光的调制频率与光电池输出电流间的关系。而相对输出电流则是高频时输出电流与低频最大输出电流之比。图10-29分别给出了硅光电池和硒光电池的频率特性,横坐标表示光的调制频率。可以看出,硅光电池有较好的频率响应。由于光电池受光照射产生电子-空穴对需要一定的时间,当光照消失后,电子-空穴对复合也需要一定

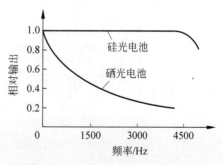

图 10-29 光电池的频率特性曲线

的时间,因此当入射光的调制频率太高时,光电池输出的光电流将下降。光电池的 PN 结面积大,极间电容大,因此频率特性较差。硅光电池的面积越小,PN 结的极间分布电容也越小,频率响应就越好,工业用的硅光电池的频率响应可达数十千赫兹至数兆赫兹。硒光电池的频率特性较差,目前已不太使用。

10.2 图像传感器

图像传感器是指在同一半导体衬底上布设若干光敏单元与移位寄存器而构成的集成化、功能化的光电器件。光敏单元简称像素或像点,它们本身在空间上、电气上是彼此独立的。它利用光敏单元的光电转换功能将投射到光敏单元上的光学图像转换成电信号图像,即将光强的空间分布转换为与光强成比例的、大小不等的电荷包空间分布,然后利用移位寄存器的移位功能在时钟脉冲控制下实现对电荷包的读取与输出,形成一系列幅值不等的时序脉冲序列。

10.2.1 CCD 图像传感器

电荷耦合器件(Charge Couple Device,CCD)是一种大规模金属-氧化物-半导体(MOS)集成电路光电器件。自从贝尔实验室的 W. S. Boyle 和 G. E. Smith 于 1970 年发明 CCD 以来,由于 CCD 具有光电转换、信息存储、延时和将电信号按顺序传送、体积小、质量轻、电压低、功耗小、启动快、集成度高、抗冲击、耐震动、抗电磁干扰、图像畸变小、寿命长、可靠性高等优点,所以它发展迅速,是图像采集及数字化处理必不可少的关键器件,广泛应用于航天、遥感、工业、农业、天文及通信等军用及民用领域的信息存储及信息处理等方面。

1. CCD 图像传感器的结构

CCD 图像传感器是按一定规律排列的 MOS 电容器组成的阵列,它以 P 型(或 N 型)半导体为衬底,上面覆盖一层厚度约 120nm 的 SiO_2,再在 SiO_2 表面依次沉积一层金属电极构成 MOS 电容转移器件。这样一个 MOS 结构称为一个光敏元或一个像素。将 MOS 阵列加上输入、输出结构就构成了 CCD 器件。它由衬底、氧化层和金属电极构成,其构造如图 10-30 所示。

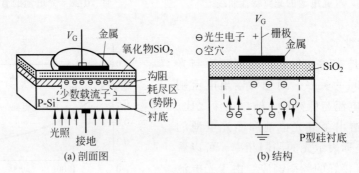

图 10-30 CCD 图像传感器结构

2. 工作原理

CCD 最基本的结构是一系列彼此非常靠近的 MOS 电容器,这些电容器用同一半导体衬底制成,衬底上面涂覆一层氧化层,并在其上制作许多互相绝缘的金属电极,相邻电极之间仅隔极小的距离,保证相邻势阱耦合及电荷转移。它以电荷为信号,具有光电信号转换、存储、转移并读出信号电荷的功能。

1) 光电荷的产生

CCD 的信号电荷产生有两种方式，光信号注入和电信号注入。CCD 用作固态图像传感器时，接收的是光信号，即光信号注入。当光照射到 CCD 硅片上时，如果光子的能量大于半导体的禁带宽度，就会在栅极附近的半导体体内产生电子-空穴对，其多数载流子被栅极电压所排斥，少数载流子则被收集在势阱中形成信号电荷。

2) 电荷的存储

构成 CCD 的基本单元是 MOS 电容器。与其他电容器一样，MOS 电容器能够存储电荷。如果 MOS 电容器中的半导体是 P 型硅，当在金属电极上施加一个正电压时，P 型硅中的多数载流子(空穴)受到排斥，半导体内的少数载流子(电子)被吸引到 P-Si 界面处来，从而在界面附近形成一个带负电荷的耗尽区，也称表面势阱。

对带负电的电子来说，耗尽区是个势能很低的区域。如果有光照射在硅片上，在光子作用下，半导体硅产生了电子-空穴对，由此产生的光生电子就被附近的势阱所吸收，势阱内所吸收的光生电子数量与入射到该势阱附近的光强成正比，存储了电荷的势阱被称为电荷包，而同时产生的空穴被排斥出耗尽区。并且在一定的条件下，所加正电压越大，耗尽层就越深，Si 表面吸收少数载流子表面势(半导体表面对于衬底的电势差)也越大，这时势阱所能容纳的少数载流子电荷的量就越大。

3) 电荷的转移

可移动的电荷信号都将力图向表面势大的位置移动。为保证信号电荷按确定方向和路线转移，在各电极上所加的电压要严格满足相位要求，通常为二相、三相或四相系统的时钟脉冲电压，对应的各脉冲间的相位差分别为 180°、120°和 90°。

以三相时钟脉冲控制方式为例，把 MOS 光敏元电极分成三组，在其上面分别施加 3 个相位不同的控制电压 ϕ_1、ϕ_2、ϕ_3，如图 10-31(a)所示。在控制电压 ϕ_1、ϕ_2、ϕ_3 下，电荷移动过程如图 10-31(b)所示。

当 $t=t_1$ 时，ϕ_1 相处于高电平，ϕ_2、ϕ_3 相处于低电平，在电极 ϕ_1 下面出现势阱，存储了电荷。

当 $t=t_2$ 时，ϕ_2 相也处于高电平，电极 ϕ_2 下面出现势阱。由于相邻电极之间的间隙很小，电极 ϕ_1、ϕ_2 下面的势阱互相耦合，使电极 ϕ_1 下的电荷向电极 ϕ_2 下面势阱转移。随着 ϕ_1 电压下降，电极 ϕ_1 下的势阱相应变浅。

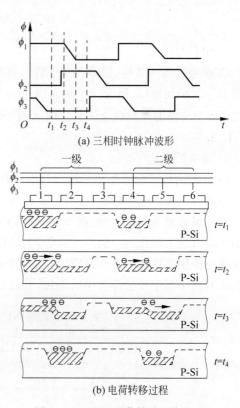

(a) 三相时钟脉冲波形

(b) 电荷转移过程

图 10-31　CCD 电荷转移工作原理

当 $t=t_3$ 时,有更多的电荷转移到电极 ϕ_2 下势阱内。

当 $t=t_4$ 时,只有 ϕ_2 处于高电平,信号电荷全部转移到电极 ϕ_2 下面的势阱内。于是实现了电荷从电极 ϕ_1 下面到电极 ϕ_2 下面的转移。

经过同样的过程,当 $t=t_5$ 时,电荷又耦合到电极 ϕ_3 下面。当 $t=t_6$ 时,电荷就转移到下一位的 ϕ_1 电极下面。这样,在三相控制脉冲的控制下,信号电荷便从 CCD 的一端转移到终端,实现了电荷的耦合与转移。

4) 电荷的注入

当光信号照射到 CCD 衬底硅片表面时,在电极附近的半导体内产生电子-空穴对,空穴被排斥入地,少数载流子(电子)则被收集在势阱内,形成信号电荷存储起来。存储电荷的多少与光照强度成正比,如图 10-32(a)所示。

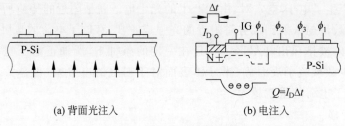

(a) 背面光注入　　　(b) 电注入

图 10-32　CCD 电荷注入方法

5) 电信号注入

CCD 通过输入结构(如输入二极管),将信号电压或电流转换为信号电荷,注入势阱中。如图 10-32(b)所示,二极管位于输入栅衬底下,当输入栅 IG 加上宽度为 Δt 的正脉冲时,输入二极管 PN 结的少数载流子通过输入栅下的沟道注入 ϕ_1 电极下的势阱中,注入电荷量为 $Q=I_D \Delta t$。

6) 电荷的输出

CCD 的输出结构的作用是将信号电荷转换为电流或电压信号输出。目前 CCD 的主要输出方式有二极管电流输出、浮置扩散放大器输出和浮置栅放大器输出。

以二极管电流输出为例,图 10-33 是 CCD 输出端结构示意图。它实际上是在 CCD 阵列的末端衬底上制作一个输出二极管,当输出二极管加上反向偏压时,转移到终端的电荷在时钟脉冲作用下移向输出二极管,被二极管的 PN 结所收集,在负载上就形成脉冲电流。输出电流的大小与信号电荷大小成正比,并通过负载电阻变为信号电压 U_o 输出。

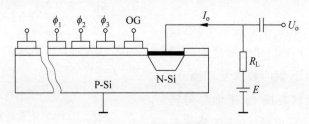

图 10-33　CCD 输出端结构示意图

3. CCD 的分类

根据光敏元件排列形式的不同,CCD 图像传感器从结构上可分为两类,一类用于获取线图像,称为线阵 CCD;另一类用于获取面图像,称为面阵 CCD。线阵 CCD 目前主要用于产品外部尺寸非接触检测或产品表面质量评定、传真和光学文字识别技术等方面;面阵 CCD 主要用于摄像领域。

1) 线阵 CCD

对于线阵 CCD,线阵 CCD 图像传感器是由排成直线的 MOS 光敏单元和 CCD 移位寄存器构成的,光敏单元与移位寄存器之间有一个转移栅,转移栅控制光电荷向移位寄存器转移,以便将光生电荷逐位转移输出,一般使信号转移时间远小于光积分时间。它可以直接接收一维光信息,而不能将二维图像转换为一维的电信号输出,为了得到整个二维图像,就必须采取扫描的方法来实现。线阵 CCD 图像传感器主要用于测试、传真和光学文字识别技术等方面。

线阵 CCD 图像传感器由线阵光敏区、转移栅、模拟移位寄存器、偏置电荷电路、输出栅和信号读出电路等组成。线阵 CCD 图像传感器有单沟道和双沟道两种基本形式,其结构如图 10-34 所示,由感光区和传输区两部分组成。

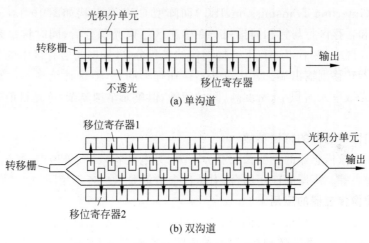

图 10-34 线阵型 CCD 图像传感器的结构

2) 面阵型 CCD 图像传感器

面阵型 CCD 图像器件的感光单元呈二维矩阵排列,能检测二维平面图像。按传输和读出方式不同,可分为行传输、帧传输和行间传输三种。

行传输(Line Transmission,LT)面阵型 CCD 的结构如图 10-35(a) 所示。它由行选址电路、感光区、输出寄存器组成。当感光区光积分结束后,由行选址电路一行一行地将信号电荷通过输出寄存器转移到输出端。行传输的特点是有效光敏面积大、转移速度快、转移效率高。但需要行选址电路,结构较复杂,且在电荷转移过程中,必须加脉冲电压,与光积分同时进行,会产生拖影,故采用较少。

帧传输(Frame Transmission,FT)面阵型 CCD 的结构如图 10-35(b)所示。由感光区、暂存区和输出寄存器三部分组成。感光区由并行排列的若干电荷耦合沟道组成,各沟道之间用沟阻隔开,水平电极条横贯各沟道。假设有 M 个转移沟道,每个沟道有 N 个光敏单

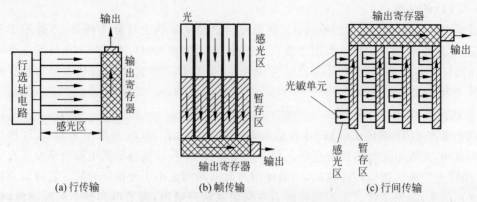

(a) 行传输　　(b) 帧传输　　(c) 行间传输

图 10-35　面阵型 CCD 图像传感器的结构

元,则整个感光区共有 $M \times N$ 个光敏单元。在感光区完成光积分后,先将信号电荷迅速转移到暂存区,然后再从暂存区一行一行地将信号电荷通过输出寄存器转移到输出端。设置暂存区是为了消除拖影,以提高图像的清晰度以及与电视图像扫描制式相匹配。其特点是光敏单元密度高、电极简单,但增加了暂存区,器件面积相对于行传输型增大了一倍。

行间传输(Interline Transmission,ILT)面阵型 CCD 的结构如图 10-35(c)所示。它的特点是感光区和暂存区行与行相间排列。在感光区结束光积分后,同时将每列信号电荷转移到相邻的暂存区中,然后再进行下一帧图像的光积分,并同时将暂存区中的信号电荷逐行通过输出寄存器转移到输出端。其优点是不存在拖影问题,但这种结构不适宜光从背面照射。其特点是光敏单元面积小、密度高、图像清晰,但单元结构复杂,这是目前应用最多的一种结构形式。

4. CCD 图像传感器的特性参数

评估 CCD 图像传感器的主要参数有分辨率、光电转移效率、灵敏度、光谱响应、动态范围、暗电流及噪声等。不同的应用场合,对特性参数的要求也各不相同。

5. CCD 图像传感器的应用

线阵 CCD 可用于一维尺寸的测量,增加机械扫描系统,也可以用于大面积物体(如钢板、地面等)尺寸的测量和图像扫描,例如彩色图片扫描仪、卫星用的地形地貌测量等,彩色线阵 CCD 还可以用于彩色印刷中的套色工艺的监控等。面阵 CCD 除了可以用于拍照外,还可以用于复杂形状物体的面积测量、图像识别(如指纹识别)等。

1) 线阵 CCD 在钢板宽度测量中的应用

使用线阵 CCD 可以测量带材的边缘位置宽度,它具有数字式测量的特点,准确度高,漂移小。线阵 CCD 测量钢板宽度的示意图如图 10-36 所示。

光源置于钢板上方,被照亮的钢板经物镜成像在 CCD_1 和 CCD_2 上。用计算机计算两片线阵 CCD 的亮区宽度,再考虑到安装距离、物镜焦距等因素,就可计算出钢板的宽度 L 及钢板的左右位置偏移量。将以上设备略微改动,还可以用于测量工件或线材的直径。若光源和 CCD 在钢板上方平移,还可以用于测量钢板的面积和形状。

2) CCD 数码照相机

CCD 数码照相机(Digital Camera,DC)实质是一种非胶片相机,它采用 CCD 作为光电转换器件,将被摄物体的图像以数字形式记录在存储器中。

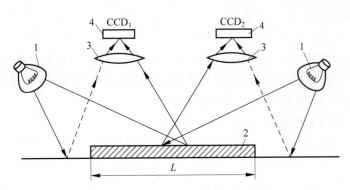

1—泛光源；2—被测带材；3—成像物镜；4—线阵CCD。

图 10-36　线阵 CCD 测量钢板宽度的示意图

利用数码相机的原理，人们还制造出可以拍摄照片的手机；可以通过网络进行面对面交流的视频摄像头；利用图像识别技术的指纹扫描门禁系统等。在工业中，可利用 CCD 摄像机进行画面监控，水位、火焰及炉膛温度采集，过热报警等操作。

现在市售的视频摄像头多使用有别于 CCD 的 CMOS 图像传感器（以下简称 CMOS）作为光电转换器件。虽然目前的 CMOS 成像质量比 CCD 略低，但 CMOS 具有体积小、耗电量小（不到 CCD 的 1/10）、售价便宜的优点。随着硅晶圆加工技术的进步，CMOS 的各项技术指标有望超过 CCD，它在图像传感器中的应用也将日趋广泛。

10.2.2　CMOS 图像传感器

CMOS 图像传感器是将光信号转换为电信号的装置。CMOS 与 CCD 传感器的研究几乎是同时起步，两者都是利用感光二极管（photodiode）进行光电转换，将光图像转换为电子数据。但由于受当时工艺水平的限制，CMOS 图像传感器图像质量差、分辨率低、噪声高和光照灵敏度不够，因而没有得到重视和发展。到了 20 世纪 80 年代，随着集成电路设计技术和工艺水平的提高，CMOS 传感器显示出强劲的发展势头。

CMOS 图像传感器和 CCD 传感器类似，在光检测方面都利用了硅的光电效应原理。不同之处在于光电转换后信息传送的方式不同。CMOS 具有信息读取方式简单、输出信息速率快、耗电少、体积小、质量轻、集成度高、价格低等特点。根据像素的不同结构，CMOS 图像传感器可分为无源像素图像传感器（Passive Pixel Sensor，PPS）和有源像素图像传感器（Active Pixel Sensor，APS）两种类型。

1. CMOS 无源像素传感器（CMOS-PPS）

CMOS-PPS 是把经光电转换的信号照原样读出，读出方式有信号传输方式和 X-Y 地址方式。信号传输方式是按单个像素，一边顺序传送各个像素的信号一边读出的方式。而 X-Y 地址方式则用场效应管开关依次选择通过各个像素的信号，从而得到输出。

CMOS-PPS 的结构如图 10-37 所示。它由一个反向偏置的光敏二极管和一个开关管构成。当开关管开启，光敏二极管与垂直的列线连通。位于列线末端的电荷积分放大器

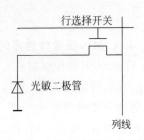

图 10-37　CMOS-PPS 的结构

读出电路,保持列线电压为一常数。光敏二极管受光照将光子变成电子电荷,通过行选择开关将电荷读到列输出线上。当光敏二极管存储的信号电荷被读出时,其电压被复位到列线电压水平。与此同时,与光信号成正比的电荷由电荷积分放大器转换为电荷输出。

CMOS-PPS 中的像素尺寸小,填充系数较高,所以转换效率较高。但是,CMOS-PPS 的速度慢,信噪比低,读出噪声较高,成像质量差,这是其弱点。

2. CMOS 有源像素传感器(CMOS-APS)

CMOS-APS 的像素结构如图 10-38 所示。通过复位开关和行选择开关将放大的光电产生的电荷读到感光阵列外部的信号放大电路。每个像元内部包含一个有源单元,即包含有一个或多个晶体管组成的放大电路。在像元内部对电荷信号进行放大,再被读出到外部放大电路。根据光生电荷的不同产生方式,APS 又分为光敏二极管型、光栅型和对数响应型。

CMOS-APS 每个像元内都有自己的放大器。CMOS-APS 的填充系数比 CMOS-PPS 低,集成在表面的放大晶体管减少了像素元件的有效表面积,降低了封装密度,使 40%~50% 的入射光被反射。这种传感器的另一个问题是,如何使传感器的多通道放大器之间有较好的匹配,通过降低残余水平的固定图形噪声能够较好地解决这一问题。由于 CMOS-APS 像元内的每个放大器仅在读出期间被激发,所以 CMOS-APS 的功耗比 CCD 图像传感器的小。与 CMOS-PPS 相比,CMOS-APS 的填充系数较小,其设计填充系数典型值为 20%~30%。

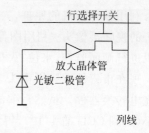

图 10-38 CMOS-APS 像素结构

3. CMOS 图像传感器的整体结构

CMOS 图像传感器芯片的整体结构如图 10-39 所示。CMOS 图像传感器芯片可将光敏单元阵列、控制与驱动电路、模拟信号处理电路、A/D 转换电路集成在一块芯片上,加上镜头等其他配件就构成了一个完整的摄像系统。

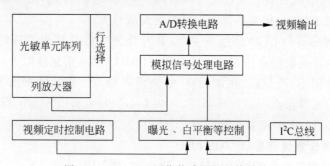

图 10-39 CMOS 图像传感器的整体结构

4. CMOS 图像传感器的应用

CMOS 图像传感器比 CCD 图像传感器功耗更小,而且体积也可以进一步缩小,能大批量生产,具有噪声低、动态范围宽、光谱灵敏度宽、体积小、价格便宜、容易实现商品化等优点,适用于超微型数码相机、便携式可视电话、可视门铃、扫描仪、摄像机、安防监控、汽车防盗、机器视觉、车载电话、指纹认证等图像领域,随着技术的发展,已逐步应用于高端数码相机和电视领域。CMOS 图像传感器功耗小,配以高效可充电电池,即使全天候工作,也不会引起电路过热,导致图像质量变差。

性能完整的 CMOS 芯片内部结构主要是由光敏单元阵列、帧(行)控制电路和时序电路、模拟信号读出电路、A/D 转换电路、数字信号处理电路和接口电路等组成。CMOS 图像传感器的支持电路包括一个晶体振荡器和电源去耦合电路。这些组件安装在 PCB 板的背面,占据很小的空间。微处理器通过 I^2C 串行总线直接控制传感器寄存器的内部参数。

10.3 光纤传感器

光纤传感器是 20 世纪 70 年代以来随着光导纤维技术的发展而出现的新型传感器,它以光波为载体、光导纤维(简称光纤)为媒质来感知和传输外界被测量信号。由于它具有灵敏度高、电绝缘性能好、抗电磁干扰、耐腐蚀、耐高温、体积小、质量轻等优点,因而广泛应用于位移、速度、加速度、压力、温度、液位、流量、水声、电流、磁场、放射性射线和 pH 值等物理量的测量,在自动控制、在线检测、故障诊断、安全报警等方面具有极为广泛的应用潜力和发展前景。

光纤传感器可以分为两大类,一类是功能型(感测型)传感器,另一类是非功能型(传光型)传感器。功能型传感器是利用光纤本身的特性把光纤作为敏感元件,被测量对光纤内传输的光进行调制,使传输的光的强度、相位、频率或偏振态等特性发生变化,再通过对被调制过的信号进行解调,从而得出被测信号。非功能型传感器是利用其他敏感元件感受被测量的变化,光纤仅作为信息的传输介质。

光纤传感器所用光纤有单模光纤和多模光纤。单模光纤的纤芯直径通常为 $2\sim12\mu m$,纤芯半径接近于光源波长的长度,仅能维持一种模式传播,一般相位调制型和偏振调制型的光纤传感器采用单模光纤,光强度调制型或传光型光纤传感器多采用多模光纤。

10.3.1 光纤的结构

如图 10-40 所示,目前光纤基本上还是采用石英玻璃材料。中心的圆柱体叫作纤芯,围绕着纤芯的圆形外层叫作包层。纤芯和包层主要由不同掺杂的石英玻璃制成。纤芯的折射率 n_1 略大于包层的折射率 n_2,在包层外面还常有一层保护套,多为尼龙材料。光纤的导光能力取决于纤芯和包层的性质,而光纤的机械强度由保护套维持。

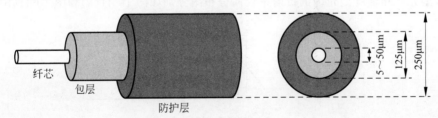

图 10-40 光纤结构

1. 纤芯

纤芯材料的主体是二氧化硅或塑料,制成较细的圆柱体,其直径为 $5\sim75\mu m$。有时在主体材料中掺入极微量的其他材料,如二氧化锗或五氧化二磷等,可以提高折射率。

2. 包层

围绕纤芯的是一层圆柱形套层(包层),包层可以是单层,也可以是多层结构,层数取决于光纤的应用场所,但总直径控制在 $100 \sim 200 \mu m$。包层材料一般为 SiO_2,也有的掺入极微量的三氧化二硼或四氧化硅。与纤芯掺杂的目的不同,包层掺杂的目的是为了降低其对光的折射率。

3. 保护层

包层外面还要涂一些涂料,其作用是保护光纤不受外来损害,增加光纤的机械强度。光纤最外层是一层塑料保护管,其颜色用以区分光缆中各种不同的光纤。光缆是由多根光纤组成。在光纤间填入阻水油膏可以保证光缆的传光性能,光缆主要用于光纤通信。

10.3.2 光纤的结构特征

光纤的结构特征一般用其光学折射率沿光纤径向的分布函数 $n(r)$ 来描述(r 为光纤径向间距)。对于单包层光纤,根据纤芯折射率的径向分布情况可分为阶跃型光纤和梯度型光纤两类。

阶跃型光纤的特点是纤芯折射率 n_1 和包层折射率 n_2 均为常数,阶跃光纤的纤芯与包层间的折射率呈阶跃变化,即纤芯内的折射率分布大体上是均匀的,包层内的折射率分布也大体均匀,均可视为常数,但是纤芯和包层的折射率不同,在界面上发生突变。光线的传播主要依靠光在纤芯和包层界面上发生的内全反射现象。其折射率径向分布函数为

$$n(r) = \begin{cases} n_1, & 0 \leqslant r \leqslant a \\ n_2, & r > a \end{cases} \tag{10-5}$$

式中:a——纤芯半径,$n_1 > n_2 (\mu m)$。

梯度光纤的纤芯折射率沿径向呈非线性递减,也称为渐变折射率光纤。在纤轴处折射率最大,在纤壁处折射率最小。梯度光纤纤芯内的折射率不是常量,而是从中心轴线开始沿径向大致按抛物线形状递减,中心轴折射率最大。因此,光纤在纤芯中传播时会自动地从折射率小的界面向中心会聚,光纤传播的轨迹类似正弦波形。梯度光纤又称为自聚焦光纤。常见的梯度光纤折射率径向分布函数为

$$n(r) = \begin{cases} n_1 [1 - 2\Delta(r/a)]^{1/2} & 0 \leqslant r \leqslant a \\ n_2 & r > a \end{cases} \tag{10-6}$$

阶跃型光纤和梯度型光纤的折射率径向分布图分别如图 10-41(a) 和图 10-41(b) 所示。

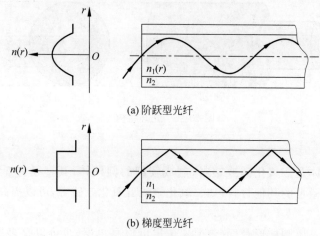

(a) 阶跃型光纤

(b) 梯度型光纤

图 10-41 光纤折射率径向分布示意图

10.3.3 光纤的传光原理

当光线以较小的入射角 θ_1 由折射率(n_1)较大的光密介质 1 射向折射率(n_2)较小的光疏介质 2(即 $n_1 > n_2$)时,一部分入射光以折射角 θ_2 折射到光疏介质 2,另一部分以 θ_1 角反射回光密介质。折射率和入射角、出射角的数学关系为

$$n_1 \sin\theta_1 = n_2 \sin\theta_2 \tag{10-7}$$

由式(10-7)可以看出,当入射角 θ_1 增大时,折射角 θ_2 也随之增大,且 $\theta_1 < \theta_2$。当入射角 θ_1 增大到 $\theta_1 = \theta_c = \arcsin\dfrac{n_1}{n_2}$ 时,$\theta_2 = 90°$,此时,出射光线沿界面传播,称为临界状态,θ_c 称为临界角。当继续加大入射角,即 $\theta_1 > \theta_c$ 时,便发生全反射现象,其出射光不再折射而是全部反射回来。

如图 10-42 所示。当光线以不同的角度入射到光纤端面时,在端面发生折射进入光纤后,又入射到折射率较大的光密介质(纤芯)与折射率较小的光疏介质(包层)的交界面,光线在该处有一部分透射到光疏介质,一部分反射回光密介质。根据折射定理有

$$\frac{\sin\theta_k}{\sin\theta_r} = \frac{n_2}{n_1} \tag{10-8}$$

$$\frac{\sin\theta_i}{\sin\theta'} = \frac{n_1}{n_0} \tag{10-9}$$

式中:θ_i——光纤端面的入射角;
θ'——光纤端面处的折射角;
θ_k——光密介质与光疏介质界面处的入射角;
θ_r——光密介质与光疏介质界面处的折射角。

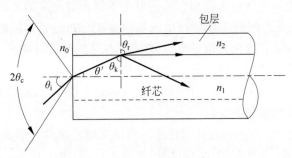

图 10-42 光纤传输原理示意图

在光纤材料确定的情况下,n_1/n_0、n_2/n_1 均为定值,因此若减小 θ_i,则 θ' 也将减小,相应地,θ_k 增大,则 θ_r 也增大。当 θ_i 达到 θ_c,使折射角 $\theta_r = 90°$时,即折射光将沿界面方向传播,则称此时的入射角 θ_c 为临界角。所以有

$$\sin\theta_c = \frac{n_1}{n_0}\sin\theta' = \frac{n_1}{n_0}\cos\theta_k = \frac{n_1}{n_0}\sqrt{1 - \left(\frac{n_2}{n_1}\sin\theta_r\right)^2} = \frac{1}{n_0}\sqrt{n_1^2 - n_2^2} \tag{10-10}$$

外界介质一般为空气,$n_0 = 1$,所以有

$$\theta_c = \arcsin\sqrt{n_1^2 - n_2^2} \tag{10-11}$$

当入射角 θ_i 小于临界角 θ_c 时,光线就不会透过其界面,而是全部反射到光密介质内部,即发生全反射。全反射的条件为

$$\theta_i < \theta_c \tag{10-12}$$

由于光纤纤芯的折射率 n_1 大于包层的折射率 n_2,所以在光纤纤芯中传播的光只要满足全反射条件,光线就不会射出纤芯,光线就能在纤芯和包层的界面上不断地产生全反射,曲折向前传播,从光纤的一端以光速传播到另一端,最后从光纤的另一端面射出。这就是光纤的传光原理。实际工作时需要光纤弯曲,但只要满足全反射条件,光线仍然继续前进。

10.3.4 光纤的主要特性

1. 数值孔径

由式(10-11)可知,θ_c 是出现全反射的临界角,且某种光纤的临界入射角的大小是由光纤本身的性质-折射率 n_1、n_2 所决定的,与光纤的几何尺寸无关。光纤光学中把 $\sin\theta_c$ 定义为光纤的数值孔径(Numerical Aperture,NA),即

$$\sin\theta_c = \sqrt{n_1^2 - n_2^2} \tag{10-13}$$

NA 是光纤的一个重要参数,它能反映光纤的集光能力,NA 越大,表明光纤可以在较大入射角 θ_i 范围内输入全反射光,集光能力就越强,光纤与光源的耦合越容易,且保证实现全反射向前传播。即在光纤端面,无论光源的发射功率有多大,只有 $2\theta_c$ 张角内的入射光才能被光纤接收、传播。如果入射角超出这个范围,进入光纤的光线将会进入包层而散失(产生漏光)。但 NA 越大,光信号的畸变也越大,所以要适当选择 NA 的大小。石英光纤的 NA=0.2~0.4(对应的 θ_c=11.5°~23.5°)。

2. 光纤模式

光纤模式是指光波传播的途径和方式。对于不同入射角度的光线,在界面反射的次数是不同的,传递的光波之间的干涉所产生的横向强度分布也是不同的,这就是传播模式不同。一般总希望光纤信号的模式数量要少,以减小信号畸变的可能。

在光纤中传播模式很多的话不利于光信号的传播,因为同一种光信号采取很多模式传播将使一部分光信号分为多个不同时间到达接收端的小信号,从而导致合成信号的畸变,因此希望光纤信号模式的数量要少。

一般纤芯直径为 2~12μm,且只能传输一种模式的光纤称为单模光纤。这类光纤的传输性能好、信号畸变小、信息容量大、线性好、灵敏度高,但由于纤芯尺寸小,制造、连接和耦合都比较困难。如果纤芯直径较大,为 50~100μm 时,传输模式不只一种,则称为多模光纤。这类光纤的性能较差,输出波形有较大的差异,但由于纤芯截面积大,容易制造,连接和耦合比较方便。

3. 传输损耗

光信号在光纤中的传播不可避免地存在着损耗。光纤传输损耗主要有材料吸收损耗(因材料密度及浓度不均匀引起)、散射损耗(因光纤拉制时粗细不均匀引起)、光波导弯曲损耗(因光纤在使用中可能发生弯曲引起)。在这些材料中,由于存在的杂质离子及原子的缺陷等都会吸收光,从而造成材料吸收损耗。

散射损耗主要是由于材料密度及浓度不均匀引起的,这种散射与波长的四次方成反比。

因此散射随着波长的缩短而迅速增大。所以可见光波段并不是光纤传输的最佳波段,在近红外波段(1~1.7μm)有最小的传输损耗。因此长波长光纤已成为目前发展的方向。光纤拉制时粗细不均匀,会造成纤维尺寸沿轴线变化,同样会引起光的散射损耗。另外纤芯和包层界面的不光滑、污染等,也会造成严重的散射损耗。

光波导弯曲损耗是使用过程中可能产生的一种损耗。光波导弯曲会引起传输模式的转换,激发高阶模式进入包层产生损耗。当弯曲半径大于10cm时,损耗可忽略不计。

10.3.5　光纤传感器原理

光纤传感器的构成示意图如图10-43所示。它主要由光发送器、敏感元件、光接收器、信号处理系统及光导纤维等部分组成。由光发送器发出的光,经光纤引导到调制区,被测参数通过敏感元件的作用,使光学性质(如光强、波长、频率、相位、偏振态等)发生变化,成为被调制光,再经光纤送到光接收器,经过信号处理系统处理而获得测量结果,信号处理电路的功能是还原外界信息,相当于解调器。在检测过程中,用光作为敏感信息的载体,用光导纤维作为传输光信息的媒质。由图10-43可知,光纤传感系统的基本原理是,光纤中光波参数(如光强、频率、波长、相位以及偏振态等)随外界被测参数的变化而变化,所以,可通过检测光纤中光波参数的变化来达到检测外界被测物理量的目的。

图10-43　光纤传感器构成框图

温度、压力、电场、磁场、振动等外界因素作用于光纤时,使待测参数与输入调制区的光相互作用后,引起光纤中传输的光波特征参量(振幅、相位、频率、偏振态等)发生变化,成为被调制的信号光,再经过光纤送入光探测器,经解调器解调后获得被测参数,只要测出这些参量随外界因素的变化关系,就可以确定对应物理量的变化大小,这就是光纤传感器的基本工作原理。

光纤传感器使用光作为信息载体,可以对光的相位、频率、振幅和偏振态等进行调制。光的颜色也可用作信息载体,携带非常详细的空间信息。光纤传感器的组成包括一个稳定的光源,它发出的光进入光纤并传输到测量点后,被测量对光的特性进行调制,然后由同一根或另一根光纤返回到光探测器,把光信号转换成电信号。光的调制过程是光纤本身或通过和光纤耦合的外部敏感元件进行的。这种系统具有抗电磁干扰和安全的特点。此外,采用近代光纤技术,传感器可以应用在众多的领域中。出色的信噪比使被测量的细微变化都可以检测出来,而光纤网络的大信息容量能将大量的传感器连接在主干线上进行多路传输。

光纤传感器的优势可归结为一点,即进入或离开敏感区的调制信号与电没有任何联系。因此它具有如下特点,①抗电磁干扰;②电绝缘,消除了与地面隔离的问题,安全可靠;③尺寸小、质量轻;④灵敏度高和测量范围广。

光纤传感器能解决用其他技术难以解决的测量问题,如在强电磁干扰环境中对电流和电压的测量;在外科手术中对病人血液中化学成分的测量;在极高强度的电热和微波加热的辐射场中对温度等参数的测量。

10.3.6 光纤传感器的分类

按传感原理分类,光纤传感器一般分为两大类,一类是利用光纤本身的某种敏感特性或功能制成的传感器,称为功能型传感器或传感型传感器(FF 型);另一类是光纤仅仅起传输光波的作用,必须在光纤端面或中间加装其他敏感元件才能构成传感器,称为非功能型传感器或传光型传感器(NFF 型)。

显然,要求传光型传感器能传输的光量越多越好,所以它主要用多模光纤构成;而功能型传感器主要靠被测对象调制或改变光纤的传输特性,所以只能用单模光纤构成。

光纤传感器还可以按调制光波参数的不同分类。光波在光纤中传输光信息,把被测物理量的变化转变为调制的光波,即可检测出被测物理量的变化。光波在本质上是一种电磁波,因此它具有光的强度、频率、相位、波长和偏振态四个参数。按光波被调参数的不同,光纤传感器可以分为强度调制光纤传感器、频率调制光纤传感器、波长(颜色)调制光纤传感器、相位调制光纤传感器和偏振态调制光纤传感器。

根据被测参数的不同,光纤传感器又可分为位移、压力、温度、流量、速度、加速度、振动、应变、电压、电流、磁场、化学量、生物量等各种光纤传感器。

1. 功能型光纤传感器

功能型光纤传感器主要使用单模光纤,它是利用对外界信息具有敏感能力和检测功能的光纤,构成"传"和"感"合为一体的传感器,其原理结构如图 10-44 所示。在这类传感器中,光纤一方面起传光的作用,另一方面又是敏感元件。它是靠被测物理量调制或影响光纤的传输特性,把被测物理量的变化转变为调制的光信号。因此,这一类光纤传感器又可分为光强调制型、相位调制型、偏振态调制型和波长调制型。功能型光纤传感器的典型例子有利用光纤在高电场下的泡克尔斯效应的光纤电压传感器、利用光纤法拉第效应的光纤电流传感器、利用光纤微弯效应的光纤位移(压力)传感器。光纤的输出端采用光敏元件,它所接受的光信号便是被测量调制后的信号,并使之转变为电信号。

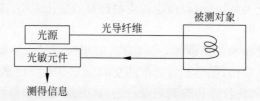

图 10-44 功能型光纤传感器的结构原理示意图

由于光纤本身也是敏感元件,因此加长光纤的长度,可以提高传感器灵敏度。这类光纤传感器在技术上难度较大,结构比较复杂,调整也较困难。

1) 相位调制型光纤传感器

根据光纤中传导光的理论分析可知,当一束波长为 λ 的相干光在光纤中传播时,光波的相位角 ϕ 与光纤的长度 L、纤芯折射率 n_1 和纤芯直径 d 有关。若光纤受物理量的作用,将会使这 3 个参数发生不同程度的变化,从而引起光相移。一般来说,光纤长度和折射率对光相位的影响大大超过光纤直径的影响,因此可忽略光纤直径引起的相位变化。由普通物理学知道,在一段长为 L 的单模光纤(纤芯折射率 n_1)中,波长为 λ 的输出光相对于输入端来说,其相位角 ϕ 为

$$\phi = \frac{2\pi n_1 L}{\lambda} \tag{10-14}$$

当光纤受到外界物理量的作用时,则光波的相位角变化为

$$\Delta\phi = \frac{2\pi}{\lambda}(n_1 \Delta L + L \Delta n_1) = \frac{2\pi L}{\lambda}(n_1 \varepsilon_L + \Delta n_1) \tag{10-15}$$

式中:$\Delta\phi$——光波相位角的变化量;

λ——光波波长;

L——光纤长度;

n_1——光纤纤芯折射率;

L——光纤长度的变化量;

n_1——光纤纤芯折射率的变化量;

ε_L——光纤轴向应变,$\varepsilon_L = \Delta L/L$。

这样,就可以应用光的相位检测技术测量出温度、压力、加速度、电流等物理量。

由于光的频率很高(约为 10^{14} Hz),光电探测器无法对这么高的频率做出响应,也就是说,光电探测器不能跟踪以这么高的频率进行变化的瞬时值。因此,光波的相位变化是不能够直接被检测到的。为了能检测光波的相位变化,就必须应用光学干涉测量技术将相位调制转换成振幅(强度)调制。通常,在光纤传感器中常采用干涉测量仪。

干涉测量仪的基本原理是光源的输出光都被分束器(棱镜或低损耗光纤耦合器)分成光功率相等的两束光(也有的分成几束光),并分别耦合到两根或几根光纤中去。在光纤的输出端再将这些分离光束汇合起来,输入到一个光电探测器,这样在干涉仪中就可以检测出相位调制信号。因此,相位调制型光纤传感器实际上是一个光纤干涉仪,故又称为干涉型光纤传感器。

下面以干涉测量仪在压力及温度测量中的应用为例,介绍相位检测的原理。图 10-45 所示为利用干涉仪测量压力或温度的相位调制型光纤传感器原理图。激光器发出的一束相干光经过扩束以后,被分束棱镜分成两束光,并分别耦合到传感光纤和参考光纤中。传感光纤被置于被测对象的环境中,感受压力(或温度)的信号;参考光纤不感受被测物理量。这两根光纤(单模光纤)构成干涉仪的两个臂。当两臂的光程长大致相等时(在光源相干长度内),那么来自两根光纤的光束经过准直和合成后将会产生干涉,并形成一系列明暗相间的干涉条纹。

若传感光纤受物理量的作用,则光纤的长度、直径和折射率将会发生变化,但直径变化对光的相位变化影响不大。当传感光纤感受的温度变化时,光纤的折射率会发生变化,而且光纤的长度因热胀冷缩发生改变。

由式(10-15)可知,光纤的长度和折射率发生变化,将会引起传播光的相位角也发生变化。这样,传感光纤和参考光纤的两束输出光的相位也发生了变化。从而使合成光强随着相位的变化而变化(增强或减弱)。

如果在传感光纤和参考光纤的汇合端放置一个光电探测器,就可以将合成光强的强弱变化转换成电信号大小的变化,如图 10-46 所示。

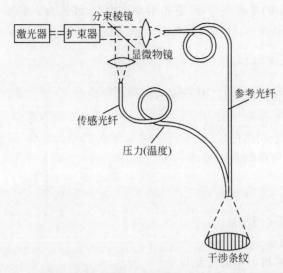

图 10-45 测量压力或温度的相位调制型光纤传感器原理示意图

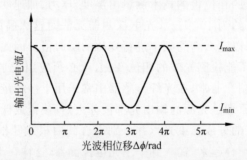

图 10-46 输出光电流与光相位变化的关系曲线

由图 10-46 可以看出,在初始状态,传感光纤中的传播光与参考光纤中的传播光同相时,输出光电流最大。随着相位增加,光电流渐渐减小。相位移增加 πrad,光电流达到最小值。相位移继续增加到 2rad 时,光电流又上升到最大值。这样,光的相位调制便转换成电信号的幅值调制。对应相位变化 2rad,移动一根干涉条纹。如果在两光纤的输出端用光电元件来扫描干涉条纹的移动,并转换成电信号,再经放大后输入记录仪,则从记录的移动条纹数就可以检测出温度(或压力)信号。实验表明,检测温度的灵敏度要比检测压力的高得多。例如,1m 长的石英光纤,温度变化 1℃,干涉条纹移动 17 条,而压力需变化 154kPa,才移动一根干涉条纹。然而,加长光纤长度可以提高灵敏度。

2) 光强调制型光纤传感器

光强调制型光纤传感器的工作原理是利用外界因素改变光纤中光的强度,通过检测光纤中光强的变化来测量外界的被测参数,即强度调制。强度调制的特点是简单、可靠而经济。强度调制方式大致可分为以下几种,由光传播方向的改变引起的强度调制、由透射率改变引起的强度调制、由光纤中光的模式改变引起的强度调制、由吸收系数和折射率改变引起的强度调制。

(1) 微弯损耗光强调制。根据模态理论,当光纤轴向受力而微弯时,光纤中的部分光会折射到纤芯的包层中去,不产生全反射,这样将引起纤芯中光强发生变化。因此,可通过对纤芯或包层的能量变化来测量外界力,如应力、质量、加速度等物理量。由此可制作如图 10-47 所示的微弯损耗光强调制器,从而得到测量上述物理量的各种传感器。

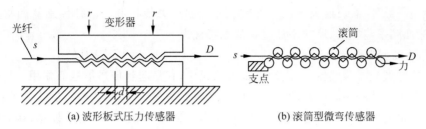

图 10-47　微弯损耗光强调制器及其传感器

微弯光纤压力传感器由两块波形板或其他形状的变形器构成,其中一块板活动,另一块板固定。变形器一般采用有机合成材料(如尼龙、有机玻璃等)制成。一根光纤从一对变形器之间通过,当变形器的活动部分受到外界力的作用时,光纤将发生周期性微变曲,引起传播光的散射损耗,使光在芯模中重新分配。一部分从纤芯耦合到包层;另一部分光反射回纤芯。当外界力增大时,泄漏到包层的散射光随之增大;相反,光纤纤芯的输出光强度减小。它们之间呈线性关系,如图 10-48 所示。由于光强度受到调制,通过检测泄漏到包层的散射光强或光纤纤芯透射光强度的变化能测出压力或位移的变化。

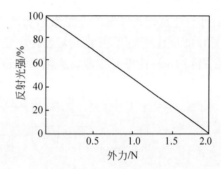

图 10-48　纤芯透射光强度与外力的关系曲线

(2) 临界角光纤压力传感器。临界角光纤传感器也是一种光强调制型传感器。如图 10-49 所示,在一根单模光纤的端部切割(直接抛光)出一个反射面。切割角刚小于临界角。临界角 θ_c 由纤芯折射率 n_1 和光纤端部介质的折射率 n_3 决定,即

$$\theta_c = \arcsin \frac{n_3}{n_1} \tag{10-16}$$

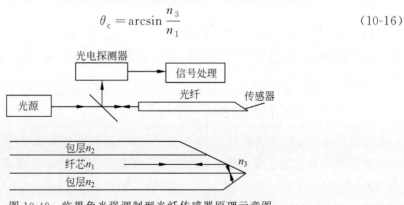

图 10-49　临界角光强调制型光纤传感器原理示意图

如果临界角不接近 45°(要求周围介质是气体),那么就需要在端面再切割一个反射面。入射光线在界面上的入射角是一定的。由于入射角小于临界角,一部分光折射入周围介质中;另一部分光则返回光纤。返回的反射光被分束器偏转到光电探测器而输出。当被测介

质压力(或温度)变化时,将使纤芯的折射率 n_1 和介质的折射率 n_3 发生不同程度的变化,从而引起临界角发生改变,返回纤芯的反射光强度也随之发生变化。

基于这一原理,有可能设计出一种微小探针型压力传感器。这种传感器的缺点是灵敏度较低,然而频率响应高、尺寸小却是它的独特优点。

2. 非功能型光纤传感器

在非功能型光纤传感器中,光纤不是敏感元件,它只起到传递信号的作用。传感器信号的感受是利用光纤的端面或在两根光纤中间放置光学材料、机械式或光学式的敏感元件,感受被测物理量的变化。非功能型又可分为两种,一种是把敏感元件置于发送、接收的光纤中间,如图 10-50 所示,在被测对象参数作用下,或使敏感元件遮断光路,或使敏感元件的光穿透率发生某种变化。于是,受光的光敏元件所接受的光量,便成为被测对象参数调制后的信号;另一种是在光纤终端设置敏感元件+发光元件组合体,如图 10-51 所示,敏感元件感知被测对象参数的变化,并将其转变为电信号,输出给发光元件(如 LED),最后光敏元件以发光二极管 LED 的发光强度作为测量所得的信息。

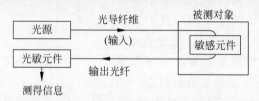

图 10-50　非功能型光纤传感器敏感元件在中间原理框图

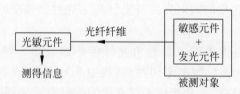

图 10-51　非功能型光纤"敏感元件+发光元件"组合体原理结构框图

由于要求非功能型传感器能传输尽量多的光量,所以应采用多模光导纤维。NFF 型传感器结构简单、可靠,且在技术上容易实现,便于推广应用。但其灵敏度比功能型传感器的低,测量精度也差些。

10.3.7　光纤传感器的调制方式

光纤传感技术以光为载体,光纤为媒质,感知和传输外界信号(被测量)。也就是说,光纤传感器的基本原理是将光源入射的光束经由光纤送入调制区,在调制区内,外界被测参数与进入调制区的光相互作用,使光的光学性质,如光的强度、波长(颜色)、频率、相位、偏振态等发生变化,成为被调制的信号光,再经光纤送入光敏器件、解调器而获得被测参数。

根据被外界信号调制的光波的物理特征参量的变化情况,可将光波的调制分为光强度调制、光频率调制、光波长调制、光相位调制和偏振调制等五种类型。所有这些调制过程都可以归结为将一个携带信息的信号叠加到载波光波上。而能完成这一过程的器件称为调制器。调制器能使载波光波参数随外加信号变化而改变,被信息调制的光波在光纤中传输,然后再由光探测系统解调,将原信号恢复。

1. 强度调制型光纤传感器

强度调制型光纤传感器的一般结构如图 10-52 所示,其基本原理是利用外界信号(被测量)的扰动会改变光纤中光的强度(即调制),再通过测量输出光强的变化(解调)实现对外界信号的测量。强度调制方式很多,如反射式强度调制、透射式强度调制以及光模式强度调制等。

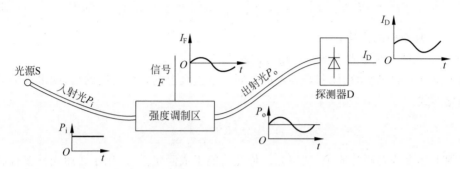

图 10-52　强度调制型光纤传感器的基本原理示意图

一恒定光源发出的强度为 P_i 的光注入传感头,在传感头内光在被测信号的作用下其强度发生变化,即受到了外场的调制,使得输出光强 P_o 的包络线与被测信号的形状一样,对光电探测器测出的输出电流 I_D 也作同样的调制,信号处理电路再检测出调制信号,就得到了被测信号。

强度调制型光纤传感器的光源要求功率稳定。在许多应用场合,为了避免背景光和暗电流对测量的影响,还将光源调制成脉冲形式,在探测后滤波,恢复成直流成分。光检测器则多用 PIN 型光电二极管。光源和探测器的选择也取决于系统的工作波长。

相对于其他光纤传感器,强度调制型光纤传感器优势在于结构简单、工作可靠、价格低廉,其主要缺点是易受环境干扰。

2. 相位调制型光纤传感器

相位调制常与干涉测量技术并用,构成相位调制的干涉型光纤传感器。相位调制的光纤传感器,其基本原理是通过被测物理量的作用,使某段单模光纤内传播的光波发生相位变化,再用干涉技术把相位变化变换为振幅变化,从而还原所检测的物理量。

光纤中光波的相位由光纤的物理长度、折射率及其分布、横向几何尺寸所决定。一般压力、张力、温度等外界物理量能直接改变上述 3 个波导参数,产生相位变化,实现光纤相位调制。但是,目前各类光探测器都不能感知光波相位的变化,必须采用光的干涉技术将相位转变为干涉条纹的强度变化,再输入到光探测器中得到电信号,才能实现对外界物理量的检测。因此,光纤传感器中的相位调制技术应包括产生光波相位变化和光的干涉技术两部分。

相位调制型光纤传感器具有灵敏度高、抗电磁干扰、带宽宽、能灵活变形等优点,广泛应用于电磁测量、声测量、压力和温度等多种测量中。

3. 频率调制型光纤传感器

强度调制、相位调制基本上都是通过改变光纤本身的内在性能来达到调制目的,通常称为内调制。而对于频率和波长调制,光纤往往只是起着传输光信号的作用,而不是作为敏感元件。

多普勒频移是最有代表性的一种光频率调制。光学中的多普勒现象是指由于观察者和运动目标的相对运动,使观察者接收到的光波频率产生变化的现象。当频率为 f 的光入射到相对于观察者速度为 v 的运动物体上时,从运动物体反射到观察者的光的频率变成 f_1,f_1 与 f 之间有如下关系

$$f_1 = \left(f_1 - \frac{v^3}{c^2}\right)^{1/2} \bigg/ \left[1 - \left(\frac{v}{c}\right)\cos\theta\right] \approx f\left[1 + \left(\frac{v}{c}\right)\cos\theta\right] \tag{10-17}$$

式中:c——真空中的光速;

θ——光源至观察者方向与运动方向的夹角。

如果出现光源、运动物体和观察者位于同一条直线上的特殊情况的话,则多普勒频移方程有简化形式

$$f_1 = f\left(1 + \frac{v}{c}\right) \tag{10-18}$$

根据上述多普勒频移原理,利用光纤传光功能组成测量系统,用于普通光学多普勒测量装置不能安装的一些特殊场合,如密封容器中流速的测量和生物体内流体的研究。其主要优点是空间分辨率高、光束不干扰流动状态及不需要发射和接收光学系统的重新准直就可调整测量区的位置等。

10.3.8 光纤传感器的应用

1. 光纤流量传感器

在液体流动的管道中横贯一根多模光纤(非流线体),如图 10-53(a)所示,当液体流过光纤时,在液流的下游会产生有规则的涡流。这种涡流在光纤的两侧交替地离开,使光纤受到交变的作用力,光纤就会产生周期性振动。野外的电线在风吹下嗡嗡作响就是这种现象作用的结果。

光纤的振动频率与流体的流速和光纤的直径有关。在光纤直径一定时,其振动频率近似正比于流速,如图 10-53(b)所示。光纤中的相干光是通过外界扰动(如振动)来进行相位调制的。在多模光纤中,作为众多模式干涉的结果,在光纤出射端可以观察到亮与暗无规则相间的斑图。当光纤受到外界干扰时,亮区和暗区的亮度将不断变化。如果用一个小型光电探测器接收斑图中的亮区,便可接收到光纤振动的信号,经过频谱仪分析便可检测出振动频率,由此可计算出液体的流速及流量。

光纤流量传感器最突出的优点是能在易爆、易燃的环境中安全可靠地工作。测量范围比较大,但因在小流速情况下不产生涡流,会使测量下限受到限制。此外,由于光纤的直径很细,使液体受到的流阻小,所以流量几乎不受影响。它不但能测量透明液体的流速,还能测量不透明液体的流速。

2. 光纤图像传感器

光纤图像传感器是靠光纤传像来实现图像传输的,传像束由玻璃光纤按阵列排列而成。一根传像束一般由数万到几十万条直径为 $10 \sim 20 \mu m$ 的光纤组成,每条光纤传输一个像素信息,用传像束可以对图像进行传递、分解、合成和修正。传像束式的光纤图像传感器在医疗、工业、军事部门有着广泛的应用。

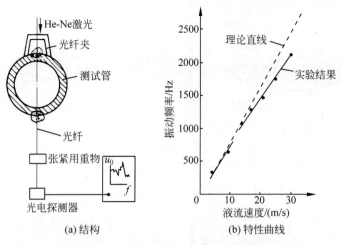

(a) 结构　　　　(b) 特性曲线

图 10-53　光纤流量传感器原理图

1）工业用内窥镜

在工业生产的某些过程中，经常需要检查系统的内部结构状况，而这种结构由于各种原因不能打开或靠近观察，采用光纤图像传感器可解决这一难题。将探头事先放入系统内部，通过传像束的传输可以在系统外部观察、监视系统内部情况，其工作原理如图 10-54 所示。该传感器主要由物镜、传像束、传光束、目镜或图像显示器等组成，光源发出的光通过传光束照射到待测物体上，照明视场，再由物镜成像，经传像束把待测物体的各像素传送到目镜或图像显示设备上，观察者便可对该图像进行分析处理。

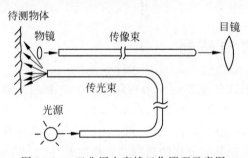

图 10-54　工业用内窥镜工作原理示意图

另一种结构形式如图 10-55 所示。被测物体内部结构的图像通过传像束送到 CCD 器件，这样把图像信号转换成电信号，送入微机进行处理，微机的输出可以控制一个伺服装置，实现跟踪扫描，其结果也可以在屏幕上显示和打印。

2）医用内窥镜

医用内窥镜的示意图如图 10-56 所示，它由末端的物镜、光纤图像导管、顶端的目镜和控制手柄组成。照明光是通过图像导管外层光纤照射到被观察物体上，反射光通过传像束输出。

由于光纤柔软，自由度大，通过手柄能控制末端偏转，传输图像失真小，因此，它是检查和诊断人体内各部位疾病和进行某些外科手术的重要仪器。

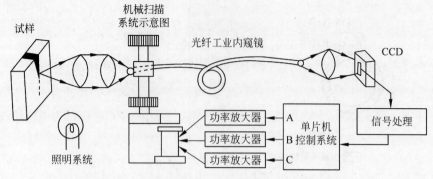

图 10-55　微机控制的工业内窥镜工作原理示意图

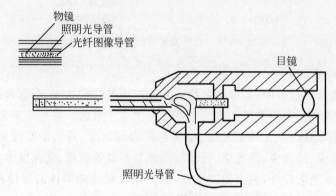

图 10-56　医用内窥镜工作原理示意图

10.4　光栅式传感器

光栅式传感器是光电式传感器的一个特殊应用。它利用光栅莫尔（Moire）条纹现象，把光栅作为测量元件，具有结构原理简单、测量精度高等优点，在数控机床和仪器的精密定位或长度、速度、加速度、振动测量等方面得到了广泛应用。光栅是一种光学元件，用于测量的光栅称为计量光栅。光栅是光栅尺的简称。光栅尺是一块尺子，尺面上刻有排列规则和形状规则的刻线。光栅式传感器主要用于高精度的机械位移测量以及精密测量系统的传感装置。光栅式传感器的特点是精度高、可实现动态测量、大量程测量且分辨率高，具有较强的抗干扰能力。

10.4.1　计量光栅的种类

光栅主要由光栅尺（光栅副）和光栅读数头两部分构成。光栅尺包括主光栅（标尺光栅）和指示光栅，主光栅和指示光栅的栅线的刻线宽度和间距完全一样。将指示光栅与主光栅重叠在一起，两者之间保持很小的间隙。主光栅和指示光栅中一个固定不动，另一个安装在运动部件上，两者之间可以形成相对运动。光栅读数头包括光源、透镜、指示光栅、光电接收元件、驱动电路等。在计量工作中应用的光栅称为计量光栅。计量光栅可分为透射式光栅和反射式光栅两大类，均由光源、光栅副、光敏元件三大部分组成。

透射式光栅一般用光学玻璃作基体,在上面均匀地刻画上等间距、等宽度的条纹,形成连续的透光区和不透光区。反射式光栅用不锈钢作基体,在其上用化学方法制作出黑白相间的条纹,形成强反光区和不反光区。

根据光栅用途的不同,可将光栅尺分为长光栅(用作线值测量)和圆光栅,如图 10-57 所示。

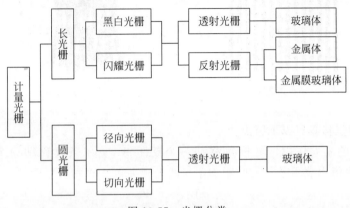

图 10-57 光栅分类

长光栅用于长度或直线位移的测量,刻线相互平行。按栅线形状的不同,长光栅可分为黑白光栅和闪耀光栅。黑白光栅是指只对入射光波的振幅或光强进行调制的光栅,所以也称为振幅光栅。闪耀光栅是对入射光波的相位进行调制,也称相位光栅,按其刻线的断面形状可分为对称和不对称两种。

圆光栅又称为光栅盘,用来测量角度或角位移。根据刻线的方向可分为径向光栅和切向光栅。径向光栅的延长线全部通过光栅盘的圆心,切向光栅栅线的延长线全部与光栅盘中心的一个小圆(直径为零点几到几毫米)相切。

10.4.2 光栅的结构和工作原理

这里以黑白透射型长光栅为例介绍光栅的工作原理。

1. 光栅的结构

在一块长条形镀膜玻璃上均匀刻制许多有明暗相间、等间距分布的细小条纹(称为刻线),这就是光栅,如图 10-58 所示。图中 a 为栅线的宽度(不透光),b 为栅线的间距(透光),$a+b=W$ 称为光栅的栅距(也叫光栅常数),通常 $a=b$。目前常用的光栅是每毫米宽度上刻 10、25、50、100、125、250 条线。

2. 光栅的工作原理

如图 10-59 所示,两块具有相同栅线宽度和栅距的长光栅(即选用两块同型号的长光栅)叠合在一起,中间留有很小的间隙,并使两者的栅线之间形成一个很小的夹角 θ,则在大致垂直于栅线的方向上出现明暗相间的条纹,称为莫尔条纹。莫尔在法文中的原意是水面上产生的波纹。由图 10-59 可见,在两块光栅栅线重合的地方,透光面积最大,出现亮带(图中的 d-d),相邻亮带之间的距离用 B_H 表示。有的地方两块光栅的栅线错开,形成了不透光的暗带(图中的 f-f),相邻暗带之间的距离用 B'_H 表示。很明显,当光栅的栅线宽度和栅距相等($a=b$)时,则所形成的亮、暗带距离相等,即 $B_H=B'_H$,将它们统一称为条纹间距。当夹

角 θ 减小时,条纹间距 B_H 增大,适当调整夹角 θ 可获得所需的条纹间距。

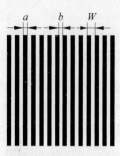

图 10-58　透射长光栅

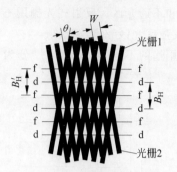

图 10-59　莫尔条纹

莫尔条纹测位移具有以下特点。

(1) 对位移的放大作用。光栅每移动一个栅距 W,莫尔条纹移动一个间距 B_H。如图 10-60 所示,可得出莫尔条纹的间距 B_H 与两光栅夹角 θ 的关系为

$$B_H = \frac{\frac{W}{2}}{\sin\frac{\theta}{2}} \approx \frac{\frac{W}{2}}{\frac{\theta}{2}} = \frac{W}{\theta} \tag{10-19}$$

式中:W——光栅的栅距;

　　　θ——刻线夹角(rad)。

由此可见,θ 越小,B_H 越大,B_H 相当于把 W 放大了 $1/\theta$ 倍。例如 $\theta = 0.1°$,则 $1/\theta \approx 573$,即莫尔条纹宽度 B_H 是栅距 W 的 573 倍,这相当于把栅距放大了 573 倍,说明光栅具有位移放大作用,从而提高了测量的灵敏度。

(2) 莫尔条纹移动方向。光栅每移动一个光栅间距 W,条纹跟着移动一个条纹宽度 B_H。当固定一个光栅,另一个光栅向右移动时,则莫尔条纹将向上移动;反之,如果另一个光栅向左移动,则莫尔条纹将向下移动。因此,莫尔条纹的移动方向有助于判别光栅的运动方向。

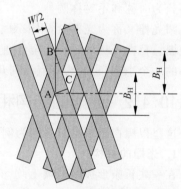

图 10-60　莫尔条纹间距与栅距和夹角之间的关系

(3) 莫尔条纹的误差平均效应。由于光电元件所接收到的是进入它的视场的所有光栅刻线的总的光能量,它是许多光栅刻线共同作用,造成的对光强进行调制的集体作用的结果。这使个别刻线在加工过程中产生的误差、断线等所造成的影响大为减小。如其中某一刻线的加工误差为 δ_0,根据误差理论,它所引起的光栅测量系统的整体误差可表示为

$$\Delta = \pm \frac{\delta_0}{\sqrt{n}} \tag{10-20}$$

式中:n——光电元件能接收到对应信号的光栅刻线的条数。

利用光栅具有莫尔条纹的特性,可以通过测量莫尔条纹的移动数,来测量两光栅的相对位移量,这比直接对光栅的线纹计数更容易;由于莫尔条纹是由光栅的大量刻线形成的,对光栅刻线的本身刻画误差有平均抵消作用,所以成为精密测量位移的有效手段。

10.4.3 计量光栅的组成

计量光栅的结构如图 10-61 所示,均由光源、光电转换装置(光栅读数头)、光敏元件三大部分组成。光敏元件可以是光敏二极管,也可以是光电池。

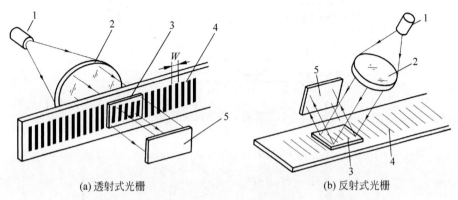

(a) 透射式光栅　　　　(b) 反射式光栅

1—光源;2—透镜;3—指示光栅;4—标尺光栅;5—光敏元件。

图 10-61　计量光栅的结构

光电转换装置(光栅读数头)由主光栅(工业中又称"尺身")和指示光栅(工业中又称"读数头")组成。通常将指示光栅与主光栅叠合在一起,两者之间保持很小的间隙(0.05mm 或 0.1mm),从而产生莫尔条纹,起到光学放大作用。

光电转换装置利用光栅原理把输入量(位移量)转换成电信号,实现了将非电量转换为电量,即计量光栅涉和输入的非电量信号、光媒介信号、输出的电量信号三种信号。如图 10-62 所示,光电转换装置主要由主光栅(用于确定测量范围)、指示光栅(用于检取信号-读数)、光路系统和光电元件等组成。

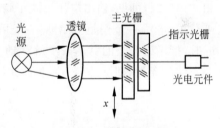

图 10-62　光电转换装置

用光栅的莫尔条纹测量位移,需要两块光栅,长的称为主光栅,与运动部件连在一起,它的大小与测量范围一致。短的称为指示光栅,固定不动。主光栅与指示光栅之间的距离为

$$d = \frac{W^2}{\lambda} \tag{10-21}$$

式中:W——光栅栅距;

λ——有效光波长。

根据前面的分析已知,莫尔条纹是一个明暗相间的带,光强变化是从最暗→渐亮→最亮→渐暗→最暗的过程。

用光电元件接收莫尔条纹移动时的光强变化,可将光信号转换为电信号。上述的遮光作用和光栅位移呈线性变化,故光通量的变化是理想的三角形,但实际情况并非如此,而是

一个近似正弦周期信号,之所以称为近似正弦信号,是因为最后输出的波形是在理想三角形的基础上被削顶和削底的结果,原因在于为了使两块光栅不发生摩擦,它们之间有间隙存在,再加上衍射、刻线边缘总有毛糙不平和弯曲等,如图 10-63 所示。

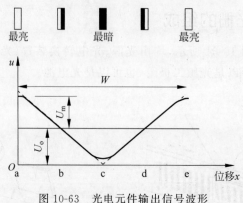

图 10-63 光电元件输出信号波形

其电压输出近似用正弦信号形式表示为

$$u = U_o + U_m \sin\left(\frac{\pi}{2} + \frac{2\pi x}{W}\right) \tag{10-22}$$

式中：u——光电元件输出的电压；
$\quad\quad U_o$——输出电压中的平均直流分量；
$\quad\quad U_m$——输出电压中正弦交流分量的幅值；
$\quad\quad W$——光栅的栅距；
$\quad\quad x$——光栅位移。

由式(10-22)可见,输出电压反映了瞬时位移量的大小。当 x 从 0 变换到 W 时,相当于角度变化了 360°,一个栅距 W 对应一个周期。如果采用 50 线/mm 的光栅,当主光栅移动 x mm 时,指示光栅上的莫尔条纹就移动了 $50x$ 条(对应光电元件检测到莫尔条纹的亮条纹或暗条纹的条数,即脉冲数 p),将此条数用计数器记录,就可知道移动的相对距离 x

$$x = \frac{p}{n} \tag{10-23}$$

式中：p——检测到的脉冲数；
$\quad\quad n$——光栅的刻线密度(线/mm)。

10.4.4 光栅的辨向与细分技术

光电转换装置只能产生正弦信号,实现确定位移量的大小。为了进一步确定位移的方向和提高测量分辨率,需要引入辨向和细分技术。

1. 辨向原理

如果只安装一套光电元件,则在实际应用中,无论指示光栅相对于主光栅作正向移动还是反向移动,光敏元件都产生数目相同的脉冲信号,计算机无法分辨移动的方向。设置 sin 和 cos 两套光电元件,可以得到两个相位相差 90°的电信号,由计算机判断两路信号相位差的超前或滞后状态,据此判断指示光栅的移动方向。

2. 细分技术

细分技术又称倍频技术,用于分辨比 W 更小的位移量。细分电路能在不增加光栅刻线数(刻线数越多,成本越昂贵)的情况下提高光栅的分辨力。细分电路能在一个 W 的距离内等间隔地给出 n 个计数脉冲。细分后的计数脉冲频率是原来的 n 倍,传感器的分辨力就会成倍提高。如果仅采用两套光敏元件,则细分数为 4;如果采用 4 套光敏元件,则细分数为 16。

例 10-1 某光栅的刻线数 $N=25$ 根/mm,采用 $n=4$ 的细分技术,细分后光栅的分辨力为多少?

解:$\Delta = W/n = (1\text{mm}/25)/4 = 0.04\text{mm}/4 = 0.01\text{mm}$

由以上计算可知,光栅通过 4 细分技术处理后,将原光栅的分辨力提高了 3 倍。

10.4.5 计量光栅的应用

光栅传感器通常作为测量元件应用于机床定位、长度和角度的计量仪器中,并用于测量速度、加速度、振动等。

1. 光栅式万能测长仪

图 10-64 为光栅式万能测长仪的工作原理图。由于主光栅和指示光栅之间的透光和遮光效应,形成莫尔条纹,当两块光栅相对移动时,便可接收到周期性变化的光通量。由光敏晶体管接收到的原始信号经差分放大器放大、移相电路分相、整形电路整形、倍频电路细分、辨向电路辨向后进入可逆计数器计数,由显示器显示读出。

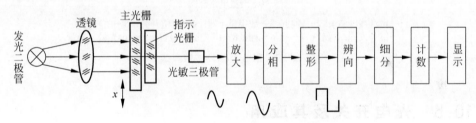

图 10-64 光栅式万能测长仪原理框图

2. ZBS 轴环式数显表

ZBS 轴环式数显表如图 10-65 所示。它的主光栅用不锈钢圆薄片制成,可用于角位移的测量。

在轴环式数显表中,定片(指示光栅)固定,动片(主光栅)可与外接旋转转轴相连并转动。动片边沿被均匀地镂空出 500 条透光条纹,如图 10-65(b)的 A 放大图所示。定片为圆弧形薄片,在其表面刻有两组与动片相同间隔的透光条纹(每组 3 条),定片上的条纹与动片上的条纹成一角度 θ。两组条纹分别与两组红外发光二极管和光敏三极管相对应。当动片旋转时,产生的莫尔条纹亮暗信号由光敏三极管接收,相位正好相差 $\pi/2$,即第一个光敏三极管接收到正弦信号,第二个光敏三极管接收到余弦信号。经整形电路处理后,两者仍保持相差 1/4 周期的相位关系。再经过细分及辨向电路,根据运动的方向来控制可逆计数器做加法或减法计数,测量电路框图如图 10-65(c)所示。测量显示的零点由外部复位开关完成。

轴环式数显表能显示技术处理后的位移数据,并给数控加工系统提供位移信号。在轴环数显表中,放大、整形采用传统的集成电路,辨向、细分由计算机来完成。轴环数显表在机床中的应用如图 10-65(b)所示。机床配置了数显表后,大大提高了加工精度和加工效率。

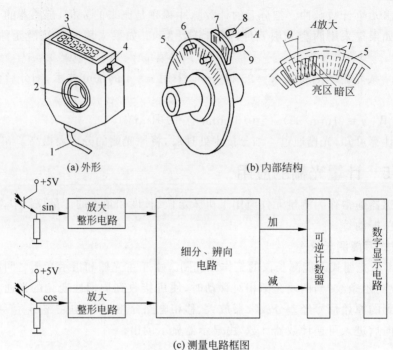

图 10-65　ZBS 型轴环式数显表

1—电源线(+5V);2—轴套;3—数字显示器;4—复位开关;5—主光栅;
6—红外发光二极管;7—指示光栅;8—sin 光敏三极管;9—cos 光敏三极管。

10.5　光电开关及其应用

光电开关器件是以光电元件、三极管为核心,配以继电器组成的一种电子开关。当开关中的光敏元件受到一定强度的光照射时就会产生开关动作。

光电开关在工业自动控制设备中应用广泛,与机械行程开关相比,光电开关无机械碰撞,响应快,控制精度高。许多包装机、印刷机、纺织机等都用其进行限位、换向及其他控制。

光电式接近开关是用来检测物体的靠近、通过等状态的光电传感器。它把发射端和接收端之间光的强弱变化转换为开关信号的变化以达到探测的目的。由于光电开关输出回路和输入回路是电隔离的(即电缘绝),所以它可以在许多场合得到应用。

光电式接近开关一般由红外线发射元件和光敏接收元件组成,它是利用被测物体对光束的遮挡或反射,由同步回路选通电路,从而检测物体的有无,因此凡是能够反射光线的物体均可被检测。光电开关将输入电流在发射器上转换为光信号输出,接收器再根据有无接收到光信号或接收到的光信号的强弱对目标物体进行探测。

10.5.1 光电开关的类型

1. 根据检测方式的不同分类

光电式接近开关可分为对射式、镜反射式、漫反射式、槽形和光纤式等类。光电开关的检测分类方式及特点如表 10-2 所示。

表 10-2 给出了光电开关的检测分类方式及特点说明

检测方式			特 点
对射式	扩散	检测不透明物体	检测距离远,也可检测半透明物体的密度(透过率)
	狭角		光束发散角小,抗邻组干扰能力强
	细束		擅长检出细微的孔径、线形和条状物
	槽形		光轴固定不需调节,工作位置精度高
	光纤		适宜空间狭小、电磁干扰大、温差大、需防爆的危险环境
反射式	限距	检测透明体和不透明物体	工作距离限定在光束交附近,可避免背景影响
	狭角		特点同限距型,并可透检透明物体后面的物体
	标志		颜色标记和孔隙、液滴、气泡检出,测电表、水表转速
	扩散		检测距离远,可检出所有物体,通用性强
	光纤		适宜空间狭小、电磁干扰大、温差大、需防爆的危险环境
镜面反射式			反射距离远,适宜远距检出,还可检出透明、半透明物体

（1）对射式光电开关。对射式光电开关包含了在结构上相互分离且光轴相对放置的发射器和接收器,发射器发出的光线直接进入接收器,当被检测物体经过发射器和接收器之间且阻断光线时,光电开关就产生了开关信号。当检测物体为不透明时,对射式光电开关是最可靠的检测装置,如图 10-66(a) 所示,这种光电开关检测距离最大可达十几米。

（2）镜面反射式光电开关。镜面反射式光电开关是集发射器与接收器于一体,光电开关发射器发出的光线经过反射镜反射回接收器,当被检测物体经过且完全阻断光线时,光电开关就产生了检测开关信号,如图 10-66(b) 所示。镜面反射式光电开关采用单侧安装,安装时应根据被测物体的距离调整反射镜的角度以取得最佳的反射效果,它的检测距一般为几米。

（3）漫反射式光电开关。漫反射式光电开关也是集发射器与接收器于一体,如图 10-66(c) 所示。当有被检测物体经过时,物体将光电开关发射器发射的足够量的光线反射到接收器,于是光电开关就产生了开关信号。当被检测物体的表面光亮或其反射率极高时,漫反射式的光电开关是首选的检测模式,但其检测距离一般较小,只有几百毫米。

（4）槽形对射式光电开关。槽形光电开关又称光电断续器,它通常采用标准的 U 形结构,其发射器和接收器分别位于 U 形槽的两边,并形成一光轴,当被检测物体经过 U 形槽且阻断光轴时,光电开关就产生了开关量信号。槽式光电开关比较适合检测高速运动的物体,并能分辨透明与半透明的物体,其使用安全可靠,如图 10-66(d) 所示。

（5）光纤式光电开关。光纤式光电开关采用塑料或玻璃光纤传感器来引导光线,可以对距离远的被检测物体进行检测,如图 10-66(e) 所示。通常光纤传感器分为对射式和漫反射式。

2. 按结构分类

光电开关按结构可分为放大器分离型、放大器内藏型和电源内藏型三类。

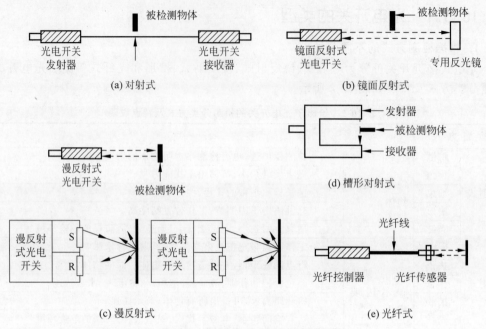

图 10-66 各种光电开关检测示意图

放大器分离型是将放大器与开关分离,并采用专用集成电路和混合安装工艺制成,由于开关具有超小型和多品种的特点,且放大器的功能较多,因此,该类型采用端子台连接方式,并可交流、直流电源通用。具有接通和断开延时功能,可设置亮、暗动切换开关,能控制 6 种输出状态,兼有节点和电平两种输出方式。

放大器内藏型是将放大器与开关一体化,采用专用集成电路和表面安装工艺制成,使用直流电源工作。其响应速度快(有 0.1ms 和 1ms 两种),能检测狭小和高速运动的物体。改变电源极性可转换亮、暗动,并可设置自诊断稳定工作区指示灯。兼有电压和电流两种输出方式,能防止相互干扰,在系统安装中十分方便。

电源内藏型是将放大器、开关与电源装置一体化,采用专用集成电路和表面安装工艺制成。它一般使用交流电源,适用于在生产现场取代接触式行程开关,可直接用于强电控制电路。也可自行设置自诊断稳定工作区指示灯,输出备有 SSR 固态继电器或继电器常开、常闭节点,可防止相互干扰,并可紧密安装在系统中。

10.5.2 光电开关工作原理

图 10-67 所示是反射式光电开关的工作原理框图。由振荡回路产生的调制脉冲经反射电路后,由发光管 GL 辐射出光脉冲。当被测物体进入受光器作用范围时,被反射回来的光脉冲进入光敏三极管 DU。并在接收电路中将光脉冲解调为电脉冲信号,再经放大器放大和同步选通整形,然后用数字积分或 RC 积分方式排除干扰,最后经延时(或不延时)触发驱动器输出光电开关控制信号。

光电开关一般都具有良好的回差特性,因而即使被检测物体在小范围内晃动也不会影响驱动器的输出状态,从而可使其保持在稳定工作区。同时,自诊断系统还可以显示受光状态和稳定工作区,以随时监视光电开关的工作。

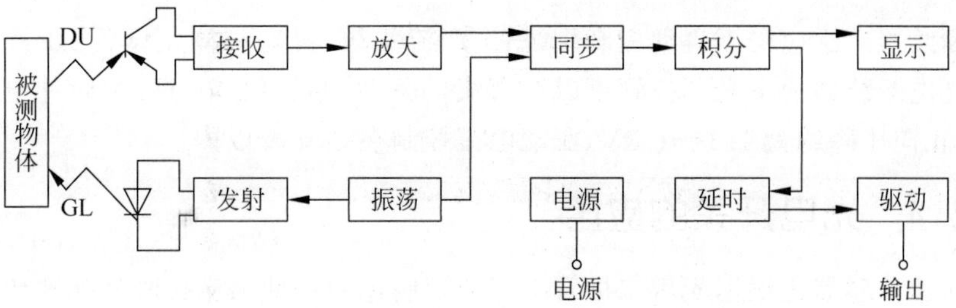

图 10-67 反射式光电开关的工作原理框图

光电开关的特点如下所述。

(1) 具有自诊断稳定工作区指示功能,可及时告知工作状态是否可靠。

(2) 对射式、反射式、镜面反射式光电开关都有防止相互干扰功能,安装方便。

(3) 对 ES 外同步(外诊断)控制端的设置可在运行前预检光电开关是否正常工作。并可随时接受计算机或可编程控制器的中断或检测指令,外诊断与自诊断的适当组合可使光电开关智能化。

(4) 响应速度快,高速光电开关的响应速度可达到 0.1ms,每分钟可进行 30 万次检测操作,能检出高速移动的微小物体。

(5) 采用专用集成电路和先进的 SMT 表面安装工艺,具有很高的可靠性。

(6) 体积小、重量轻,安装调试简单,并具有短路保护功能。

目前,光电开关已被用做物位检测、液位控制、产品计数、宽度判别、速度检测、定长剪切、孔洞识别、信号延时、自动门传感、色标检出、冲床和剪切机以及安全防护等诸多领域。此外,利用红外线的隐蔽性,还可在银行、仓库、商店、办公室以及其他需要的场合作为防盗警戒之用。

10.5.3 光电断续器

光电断续器的工作原理与光电开关的相同,但其光电发射器、接收器被放置于一个体积很小的塑料壳体中,所以两者能可靠地对准。光电断续器可分为遮断型和反射型两种。遮断型光电断续器也称为槽形光电开关,通常是标准的 U 形结构。其发射器和接收器放在体积很小的同一塑料壳体中,分别位于 U 形槽的两边,并形成一光轴,两者能可靠地对准,为安装和使用提供了方便。当被检测物体经过 U 形槽且阻断光轴时,光电开关就产生表示检测到的开关量信号。槽形光电开关比较可靠,较适合高速检测。其外形和结构如图 10-68 所示。

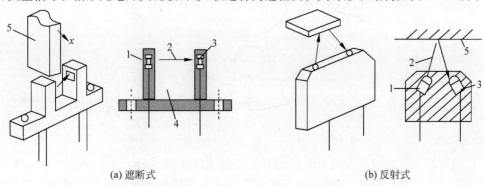

(a) 遮断式　　　　　　　　　　(b) 反射式

1—发光二极管；2—红外光；3—光电元件；4—槽；5—被测物。

图 10-68 光电断续器

光电断续器广泛应用于自动控制系统、生产流水线、机电一体化设备、办公设备和家用电器中。光电断续器的发光二极管可以用直流电驱动,亦可用40kHz尖脉冲电流驱动;红外LED的正向压降约为1.1~1.3V,驱动电流控制在20mA以内。

10.5.4 光电开关的应用

光电转速传感器是根据光敏二极管工作原理制造的一种感应接收光强度变化的电子器件,当它发出的光被目标反射或阻断时,则接收器感应出相应的电信号。它包含调制光源,由光敏元件等组成的光学系统、放大器、开关或模拟量输出装置,其工作原理如图10-69所示。光电式传感器由独立且相对放置的光发射器和收光器组成。当目标通过光发射器和收光器之间并阻断光线时,传感器输出信号。它是效率最高、最可靠的检测装置。槽形(U形)光电开关是对射式的变形,其优点是无须调整光轴。

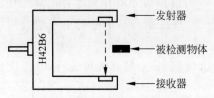

图10-69 光电转速传感器原理图

信号盘可用一般钢板制成,结构如图10-70所示,这个信号盘就是发动机实验时所用的信号盘,盘上共有6个齿,其中有1个40的宽齿(作为喷油正时基准信号),5个20的窄齿,围绕盘中心有4个均匀(相隔90°)的孔,两个大孔直径为21mm,另两个小孔直径为10.6mm,盘中心还有一个直径52mm的中心孔。把宽齿齿边与盘中心连线对应的大孔作为特殊孔,它和其他几个孔主要用于发动机定位。用双速电动机代替发动机,将信号盘与电动机安装在一起,使其随电动机转动。传感器固定在支架上,垂直于转速盘,当转速盘旋转时,光电传感器就输出矩形脉冲信号,每6个脉冲对应发动机1个工作循环,每个信号代表1个缸,其中的2个宽脉冲信号配合上止点信号可精确确定上止点的位置。

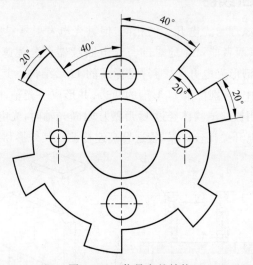

图10-70 信号盘的结构

此检测装置完全按照发动机上传感器的实际安装位置进行安装。如图10-71所示,将信号盘固定在电动机转轴上,光电转速传感器正对着信号盘。光电转速传感器接有4根导线,其中黑线、黄线为电源输入线,红线为信号输出线,白线为共地线。测量头由光电转速传感器组成,而且测量头两端的距离与信号盘的距离相等。测量用器件封装后,固定装在贴近信号盘的位置,当信号盘转动时,光电元件即可输出正负交替的周期性脉冲信号。信号盘旋转一周产生的脉冲数,等于其上的齿数。因此,脉冲信号的频率大小就反映了信号盘转速的高低。该装置的优点是输出信号的幅值与转速无关,而且可测转速范围大,一般为 1~104r/s,精确度高。如果将此装置外接放大、A/D 转换和数字显示单元,则可成为数字式转速表。

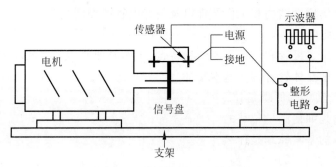

图 10-71　转速测试原理示意图

小结

　　光电式传感器是将光通量转换为电量的一种传感器,它的基础是光电转换元件的光电效应。光电效应可分为内光电效应、外光电效应和光生伏特势效应等。光电测量方法一般具有结构简单、非接触、高精度、高分辨率、高可靠性和响应快等优点。

　　以光电效应为基础的光电元件的光照特性、光谱特性、温度特性、伏安特性等,是光电式传感器应用的依据。了解这几种光电元件的基本工作原理后,应重点应掌握光敏电阻及光敏晶体管的特性、参数及基本应用,理解几种典型应用的工作原理。

　　光电开关是采用光电元件作为检测元件的开关。它首先把被测量的变化转换成光信号的变化,然后借助光电元件进一步将光信号转换成电信号。光电开关一般由光源、光学通路和光电元件三部分组成。光电检测方法具有精度高、反应快、非接触等优点,而且可测参数多,开关的结构简单,形式灵活多样,因此,光电式开关在检测和控制中应用非常广泛。光电开关可用于检测直接引起光量变化的非电量,如光强、光照度、辐射测温、气体成分分析等;也可用来检测能转换成光量变化的其他非电量,如零件直径、表面粗糙度、应变、位移、振动、速度、加速度,以及物体的形状、工作状态的识别等。

　　红外热释电探测器主要是利用辐射的红外光(热)照射材料时引起材料电学性质发生变化或产生热电动势原理制成的一类器件。

　　固体图像传感器结构上分为两大类,一类是用 CCD 电荷耦合器件的光电转换和电荷转移功能制成 CCD 图像传感器;另一类是用光敏二极管与 MOS 晶体管构成的将光信号变成电荷或电流信号的 MOS 金属氧化物半导体图像传感器。

　　本章主要介绍了光纤的基本结构,以及光纤的传光原理和特性,并对光纤传感器的分类和特点进行了描述。功能型光纤传感器主要使用单模光纤,此时光纤不仅起传光作用,而且还是敏感元件。功能型光纤传感器分为相位调制型、光强调制型和偏振态调制型三种类型。

非功能型光纤传感器中光纤不是敏感元件,分为传输光强调制型和反射光强调制型两类。

习题

1. 光子的特点是什么？什么叫光电效应？
2. 光电效应有哪几种？与之对应的光电元件各是哪些？请简述其特点。
3. 简述光电倍增管结构和工作原理以及与光电管的异同点。
4. 什么叫红限频率？
5. 试简述光敏二极管和三极管的结构特点、工作原理及两管间的联系。
6. 试简述光敏晶体管有哪些基本特征。
7. CCD 电荷转移的原理是什么？
8. 计量光栅是如何测量位移的？
9. 细分技术的基本原理是什么？
10. 光纤传感器有哪几种类型？
11. 辨向的原理是什么？
12. 简述面阵型 CCD 图像传感器的类型并介绍各自特点。

第 11 章 化学传感器的原理与应用
CHAPTER 11

化学传感器是现代传感器技术的主要组成部分,在科学研究和工农业生产、环境保护、医疗卫生、安全保卫等方面得到了广泛的应用,化学传感器已成为化学分析与检测的重要手段。

然而有关化学传感器的定义尚无统一规定,基本上可以认为是将各种化学物质(电解质、化合物、分子、离子等)的状态(或变化)定性(或定量)地转换成电信号输出的装置。

按照化学传感器敏感对象的特性可将化学传感器分成气体传感器、湿度传感器、离子传感器等。

11.1 气体传感器

在 20 世纪 30 年代,德国科学家 H. H. Banmbach 等在合成 Cu_2O 时,首次发现了 Cu_2O 对 O_2 有极强的吸附作用。其后,D. J. M. Beran、H. Fritzede 等发现了 H_2、CO 等还原性气体与 ZnO 接触后,电导率增大。20 世纪 60 年代初,随着煤气、液化石油气、天然气等产业的发展,同时也带来了因气体泄漏而引起的中毒、爆炸、火灾等安全问题。因此,才逐步引起人们的重视,并促进了对气体有敏感反应的气敏材料及传感器的研究。气体传感器是化学传感器的一大门类,可按照工作原理、材料、制造工艺、检测对象和应用领域构成独立的分类标准。

气体传感器的定义是能够感知环境中某种气体及其浓度的一种敏感器件。它将气体种类及其浓度有关的信息转换成电信号,根据这些电信号的强弱便可获得与待测气体在环境中存在情况有关的信息。从而可以进行检测、监控、报警,还可以通过接口电路与计算机组成自动检测、控制和报警系统。

由于被测气体的种类繁多,性质各不相同,不可能用一种传感器来检测所有的气体,所以气敏传感器的种类也很多。气敏传感器具体类型及其特点如表 11-1 示。

表 11-1 气体传感器的类型、工作原理及其特点

类型	原理	检测对象	特点
半导体式	若气体接触到加热的金属氧化物(SnO_2、Fe_2O_3、ZnO 等),电阻值会增大或减小	还原性气体、城市排放气体、丙烷气等	灵敏度高,构造与电路简单,但输出与气体浓度不成比例

续表

类型	原理	检测对象	特点
接触燃烧式	可燃性气体接触到氧气就会燃烧,使得作为气敏材料的铂丝温度升高,电阻值相应增大	可燃气体	输出与气体浓度成比例,但灵敏度较低
化学反应式	利用化学溶剂与气体反应产生的电流、颜色、电导率的增加等	CO、H_2、CH_4、C_2H_5OH、SO_2 等	气体选择性好,但不能重复使用
光干涉式	利用与空气的折射率不同而产生的干涉现象	与空气折射率不同的气体,如 CO_2 等	寿命长,但选择性差
热传导式	根据热传导率差而放热的发热元件的温度降低进行检测	与空气热传导率不同的气体,如 H_2 等	构造简单,但灵敏度低,选择性差
红外线吸收散射式	根据红外线照射气体分子谐振而产生的吸收或散射进行检测	CO、CO_2 等	能定性测量,但装置大,价格高

11.1.1 半导体式气体传感器

在过去几十年中,半导体式气敏传感器的结构经历了不断的发展,从陶瓷烧结型、厚膜型发展到薄膜型、阵列式、硅基微结构型,其主要发展趋势是向小型化、集成化、多功能化、低功耗、高灵敏度、高选择性、高稳定性的方向发展。

1. 结构

从制作工艺来看,电阻式半导体气敏传感器结构可以分为三种类型,分别是烧结型、薄膜型和厚膜型,它的外观结构可归纳为 3 种,如图 11-1 所示。

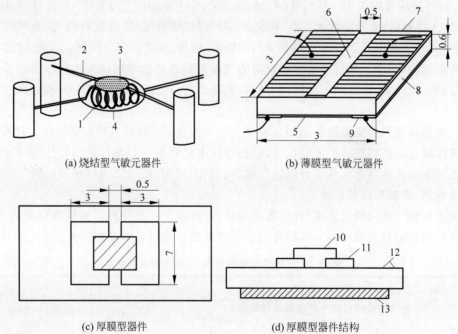

(a) 烧结型气敏元器件　　(b) 薄膜型气敏元器件

(c) 厚膜型器件　　(d) 厚膜型器件结构

1、5、13—加热器;2、7、9、11—电极;3—烧结体;4—玻璃;6、10—半导体;8、12—绝缘体。

图 11-1　电阻式半导体气敏传感器结构示意图

按加热方式,半导体气敏传感器又可分为直热式和旁热式,直热式元件的主要特点是加热器与气敏材料直接接触,如图 11-2 所示,它将起电极和加热作用的 Ir-Pd 合金丝埋入气敏氧化物材料中经烧结而成。直热式器件是将加热丝直接埋在 SnO_2 或 ZnO 等金属氧化物半导体材料内,同时兼作一个测量极,这类器件制造工艺简单、成本低、功耗小,可以在高压回路下使用,但其热容量小,易受环境气流的影响,测量电路与加热电路之间相互干扰,影响其测量参数,加热丝在加热与不加热两种情况下产生的膨胀与冷缩,容易造成器件接触不良。

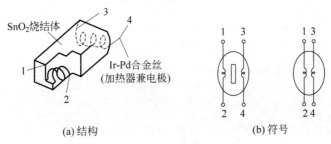

1、2、3、4—Ir-Pd合金丝。

图 11-2　直热式气敏传感器元件的结构和符号

旁热式气敏器件则使用绝缘陶瓷管,如图 11-3 所示,首先将加热线圈插入绝缘陶瓷管内,在管外涂上梳状金电极,再在金电极外涂上 SnO_2 等气敏半导体材料,这就构成了旁热式气敏器件。旁热式气敏器件克服了直热式结构的缺点,使测量极和加热极分离,而且加热丝不与气敏材料接触,避免了测量回路和加热回路的相互影响,使器件的稳定性得到提高。

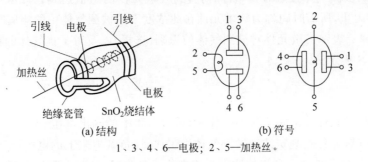

1、3、4、6—电极; 2、5—加热丝。

图 11-3　旁热式气敏传感器元件的结构和符号

2. 特性参数

通常描述半导体式传感器的主要特性参数如下。

(1) 初始电阻值。初始电阻值是电阻式陶瓷气敏传感器的一个基本参数,它指的是气敏传感器在工作温度下的电阻值。将电阻型气敏元件在常温下洁净空气中的电阻值,称为气敏元件(电阻型)的初始电阻值,表示为 R_a。一般其初始电阻值在 $10^3 \sim 10^5 \Omega$。

测定固有电阻值 R_a 时,要求必须在洁净空气环境中进行。由于经济地理环境的差异,各地区空气中含有的气体成分差别较大,即使对于同一气敏元件,在温度相同的条件下,在不同地区进行测定,其固有电阻值也都会出现差别。因此,必须在洁净的空气环境中进行测量。

(2) 电阻比灵敏度 K 为

$$K = \frac{R_a}{R_g} \tag{11-1}$$

式中：R_a——气敏元件在洁净空气中的电阻值；

R_g——气敏元件在规定浓度的被测气体中的电阻值。

(3) 气体分离度为

$$\alpha = \frac{R_{C1}}{R_{C2}} \tag{11-2}$$

式中：R_{C1}——气敏元件在浓度为 C_1 的被测气体中的阻值；

R_{C2}——气敏元件在浓度为 C_2 的被测气体中的阻值；通常，$C_1 > C_2$。

(4) 输出电压比灵敏度为

$$K_V = \frac{V_a}{V_g} \tag{11-3}$$

式中：V_a——气敏元件在洁净空气中工作时，负载电阻上的电压输出；

V_g——气敏元件在规定浓度被测气体中工作时，负载电阻的电压输出。

(5) 加热电阻和加热功率。气敏元件一般工作在 200℃ 以上高温。为气敏元件提供必要工作温度的加热电路的电阻（指加热器的电阻值）称为加热电阻，用 R_H 表示。直热式的加热电阻值一般小于 5Ω，旁热式的加热电阻大于 20Ω。气敏元件正常工作所需的加热电路功率称为加热功率，用 P_H 表示，一般在 $0.5 \sim 2.0W$。

(6) 响应时间。表示在工作温度下，气敏元件对被测气体的响应速度。一般从气敏元件与一定浓度的被测气体接触时开始计时，直到气敏元件的阻值达到在此浓度下的稳定电阻值的 63% 时为止，所需时间称为气敏元件在此浓度下的被测气体中的响应时间。

(7) 分辨率。表示气敏元件对被测气体的识别（选择）以及对干扰气体的抑制能力。气敏元件分辨率 S 表示为

$$S = \frac{\Delta V_g}{\Delta V_{gi}} = \frac{V_g - V_a}{V_{gi} - V_a} \tag{11-4}$$

式中：V_a——气敏元件在洁净空气中工作时，负载电阻上的输出电压；

V_g——气敏元件在规定浓度被测气体中工作时，负载电阻上的电压；

V_{gi}——气敏元件在 i 种气体浓度为规定值中工作时，负载电阻的电压。

(8) 气敏元件的恢复时间。表示在工作温度下，被测气体由该元件上解吸的速度，一般从气敏元件脱离被测气体时开始计时，直到其阻值恢复到在洁净空气中阻值的 63% 时所需的时间。

除此以外，为了评价传感器的性能，人们还常提到器件的选择性、稳定性和漂移率的概念。选择性指的是传感器对某种特定气体的分辨能力；稳定性指的是传感器对一定浓度的气体的灵敏度的变化幅度；漂移率则反映了传感器初始电阻值随时间、环境温度和湿度变化的幅度。

3. 工作原理

半导体式气敏传感器是利用半导体气敏元件（主要是金属氧化物）同待测气体接触后造成半导体的电导率等物理性质发生变化的原理来检测特定气体的成分或者浓度的。

半导体式气敏传感器可分为电阻式和非电阻式两类。图 11-4 所示的电阻型气敏传感器是利用气体在半导体表面的氧化和还原反应,会导致敏感元件阻值发生变化。它的气敏元件的敏感部分是金属氧化物微结晶粒子烧结体,当它的表面吸附有被测气体时,半导体微结晶粒子接触界面的导电子比例就会发生变化,从而使气敏元件的电阻值随被测气体的浓度改变而变化。这种反应是可逆的,因而可以重复使用。电阻值的变化是随金属氧化物半导体表面对气体的吸附和释放而产生的,为了加速这种反应,通常要用加热器对气敏元件加热。非电阻式气敏传感器也是一种半导体器件,它们与被测气体接触后,如二极管的伏安特性或场效应管的阈值电压等将会发生变化。根据这些特性的变化来测定气体的成分或浓度。

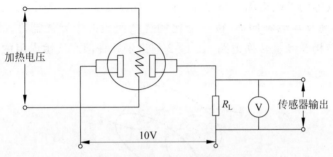

图 11-4　电阻型气敏传感器测试电路

构成电阻式气敏传感器的核心——气敏元件的材料一般都是金属氧化物,在合成材料时,按化学计量比的偏离和杂质缺陷合成。金属氧化物半导体分为 N 型半导体(如氧化锡、氧化锌、氧化铁等)和 P 型半导体(如氧化钼、氧化铬、氧化钴、氧化铅、氧化铜、氧化镍等)。为了提高气敏元件对某些气体成分的选择性和灵敏度,在合成材料时还可添加其他一些金属元素催化剂,如钯、铂、银等。

空气中的氧气成分大体上是恒定的,因而氧气的吸附量也是恒定的,气敏元件的阻值大致保持不变。如果被测气体与敏感元件接触后,元件表面将产生吸附作用,元件的阻值将随气体浓度而变化,从浓度与电阻值的变化关系即可得知气体的浓度。如图 11-5 所示,半导体气敏器件被加热到稳定状态下,当气体接触器件表面而被吸附时,吸附分子首先在表面上自由地扩散(物理吸附),失去其运动能量,其间一部分分子蒸发,残留分子会产生热分解而固定在吸附处(化学吸附)。这时,如果器件的功函数小于吸附分子的电子亲和力,则吸附分子将从器件夺取电子而变成负离子吸附。具有这种倾向的气体有 O_2 和 NO_2 等,称为氧化型或电子接收型气体。如果器件的功函数大于吸附分子的离解能,吸附分子将向器件释放出电子,而成为正离子吸附。具有这种倾向的气体有 H_2、CO、碳氢化合物、酒类等,称为还原型或电子供给型气体。

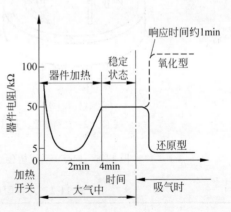

图 11-5　N 型半导体吸附气体时器件阻值变化

由半导体表面态理论知道,当氧化型气体吸附到 N 型半导体(如 SnO_2、ZnO)上,或还原型气体吸附到 P 型半导体(如 MoO_2、CrO_3)上时,将使多数载流子(价带空穴)减少,电阻增大;相反,当还原型气体吸附到 N 型半导体上,或氧化型气体吸附到 P 型半导体上时,将使多数载流子(导带电子)增多,电阻下降。图 11-5 为气体接触到 N 型半导体时所产生的器件阻值的变化。

11.1.2 还原性气体传感器

所谓还原性气体就是在化学反应中能给出电子,化学价升高的气体。还原性气体多数属于可燃性气体,例如石油蒸气、酒精蒸气、甲烷、乙烷、煤气、天然气、氢气等。

测量还原性气体的气敏电阻一般是用 SnO_2、ZnO 或 Fe_2O_3 等金属氧化物粉料添加少量铂催化剂、激活剂及其他添加剂,按一定比例烧结而成的半导体器件。图 11-6 是 MQN 型气敏传感器的结构及测量转换电路,表 11-2 列出了几种国产气敏电阻的主要特性。

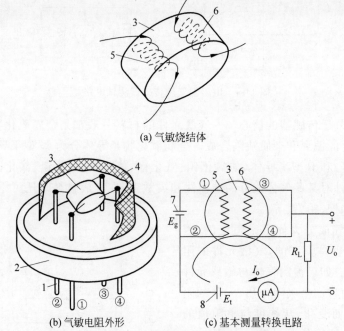

(a) 气敏烧结体

(b) 气敏电阻外形　　(c) 基本测量转换电路

1—引脚;2—塑料底座;3—烧结体;4—不锈钢网罩;
5—加热电极;6—工作电极;7—加热回路电源;8—测量回路电源。

图 11-6　MQN 型气敏传感器的结构外形及测量转换电路

表 11-2　几种国产气敏电阻的主要特性

参　数	型　号			
	UL-206	UL-282	UL-281	MQN-10
检测对象	烟雾	酒精蒸气	煤气	各种可燃性气体
测量回路电压/V	15±1.5	15±1.5	10±1	10±1
加热回路电压/V	5±0.5	5±0.5	清洗 5.5±0.5 工作 0.8±0.1	5±0.5

续表

参　数	型　号			
	UL-206	UL-282	UL-281	MQN-10
加热电流/mA	160～180	160～180	清洗 170～190 工作 25～35	160～180
环境温度/℃	−10～+50	−10～+50	−10～+50	−20～+50
环境湿度/RH	<0.95	<0.95	<0.95	<0.95

气敏传感器气敏元件的工作原理十分复杂,涉及材料的结构、化学反应,又分表面电导变化等,而且有不同的解释模式,在高温下若 N 型半导体气敏元件吸附上还原性气体(如氢、一氧化碳、碳氢化合物和酒精等),气敏元件电阻将减小。若吸附氧化性气体(如氧或 NO_x 等)气敏元件的电阻将增加。P 型半导体气敏元件情况相反,吸附氧化性气体使其电阻减小,还原性气体使其电阻增加,气敏传感器的测量电路如图 11-6(c)所示。

MQN 型气敏半导体器件是由塑料底座、电极引线、不锈钢网罩、气敏烧结体以及包裹在烧结体中的两组铂丝组成。一组铂丝为工作电极,另一组为加热电极兼工作电极。

气敏电阻工作时必须加热到 200～300℃,其目的是加速被测气体的化学吸附和电离的过程并烧去气敏电阻表面的污物(起清洁作用)。

11.1.3　二氧化钛氧浓度传感器

半导体材料二氧化钛(TiO_2)属于 N 型半导体,对氧气十分敏感。其电阻值的大小取决于周围环境的氧气浓度。当周围氧气浓度较大时,氧原子进入二氧化钛晶格,改变了半导体的电阻率,使其电阻值增大。

如图 11-7 是用于汽车或燃烧炉排放气体中的氧浓度传感器结构图及测量转换电路。TiO_2 气敏电阻与补偿热敏电阻同处于陶瓷绝缘体的末端。当氧气含量减小时,R_{TiO_2} 的阻值减小,U_o 增大。

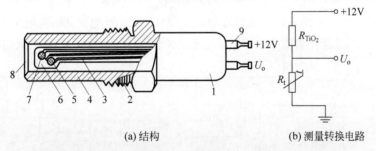

(a) 结构　　　　　　　　　　(b) 测量转换电路

1—外壳(接地);2—安装螺栓;3—搭铁线;4—保护管;5—补偿电阻;
6—陶瓷片;7—TiO_2氧敏电阻;8—进气口;9—引脚。

图 11-7　TiO_2 氧浓度传感器结构及测量转换电路

在图 11-7(b)中,与 TiO_2 气敏电阻串联的热敏电阻 R_t 起温度补偿作用。当环境温度升高时,TiO_2 气敏电阻的阻值会逐渐减小,只要 R_t 也以同样的比例减小,根据分压比定律,U_o 不受温度影响,减小了测量误差。

TiO_2 气敏电阻必须在上百度的高温下才能工作。汽车之类的燃烧器刚启动时,排气管的温度较低,TiO_2 气敏电阻无法工作,所以在 TiO_2 气敏电阻外面加上一个电阻丝,进行预热以激活 TiO_2 气敏电阻。

11.1.4 气敏电阻传感器的应用

1. 瓦斯报警器

瓦斯是一种有毒的混合气体,主要含有甲烷和一氧化碳两种气体,常产生在矿井之中,如遇明火,即可燃烧,发生瓦斯爆炸。瓦斯报警器控制系统主要由 ADC0809、AT89C51 单片机、风扇等组成,如图 11-8 所示。瓦斯检测电路通过甲烷传感器、一氧化碳传感器将甲烷和一氧化碳气体浓度信号转换为 0~5V 的电压,以供单片机和 A/D 转换器系统采集。

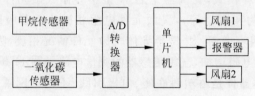

图 11-8 瓦斯报警器的原理框图

单片机系统用来判断当前数字量是否大于警戒值,从而正确控制两台风扇,如果大于警戒值,两台风扇同时启动。风扇 1 通过空气管道,向矿井吹入新鲜空气;风扇 2 通过空气管道,从矿井吸出含有瓦斯气体的空气,逐渐降低矿井中瓦斯气体的浓度,保证矿井的安全,避免瓦斯爆炸事故的发生。其中,将瓦斯气体浓度的模拟量转换成单片机识别的数字量是瓦斯检测监控控制系统的技术关键。系统结构如图 11-8 所示。

该瓦斯检测监控系统安装在矿井内,实时地对矿井内的甲烷和一氧化碳气体浓度进行检测,判断出瓦斯气体的浓度。当浓度超标时,向矿井吹入新鲜空气,同时吸出含有瓦斯气体空气,逐渐减低矿井中瓦斯气体的浓度,防止瓦斯爆炸事故的发生,确保矿井安全。

2. 防止酒后开车控制器

图 11-9 所示为防止酒后开车控制器的原理图。其中,$QM-J_1$ 为气敏元件。若司机没喝酒,在驾驶室内合上开关 S,此时气敏器件的阻值很高,U_a 为高电平,U_1 低电平,U_3 高电平,继电器 K_2 线圈失电,其常闭触点 K_{2-2} 闭合,发光二极管 VD_1 通,发绿光,能点火启动发动机。

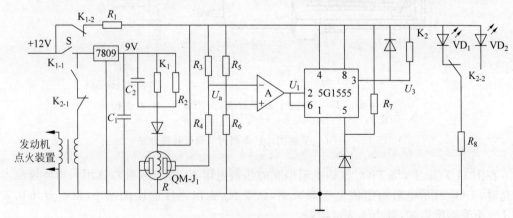

图 11-9 防止酒后开车控制器原理图

若司机酗酒,气敏器件的阻值急剧下降,使 U_a 为低电平,U_1 高电平,U_3 低电平,继电器 K_2 线圈通电,K_{2-2} 常开触头闭合,发光二极管 VD_2 通,发红光,以示警告,同时常闭触点 K_{2-1} 断开,无法启动发动机。

若司机拔出气敏器件,继电器 K_1 线圈失电,其常开触点 K_{1-1} 断开,仍然无法启动发动机。常闭触点 K_{1-2} 的作用是长期加热气敏器件,保证此控制器处于准备工作的状态。5G1555 为集成定时器。

11.2 湿敏电阻传感器

自20世纪30年代以氯化锂为代表的电解质电阻型湿敏传感器问世以来,新的湿敏材料不断涌现,大大推动了湿度传感器的发展。20世纪80年代后,湿敏传感器的研究主要集中在感湿机理方面,以及应用新材料、新工艺,提高传感器的感湿特性和稳定性中。日本、美国在湿度传感材料与传感器研究上处于世界前列。

1938年,美国 Dunmore 等首先制成以 PVA(聚乙烯醇)和氯化锂混合膜为感湿膜的湿敏元件,成功用于无线电探空仪;1954年,以醋酸丁基纤维素为感湿材料的高分子电阻型湿度传感器研制成功;1955年,以聚苯乙烯磺酸离子交换树脂(PSS)为感湿材料的高分子电阻型湿敏传感器问世;1966年,采用 Fe_2O_3 和 Al_2O_3 等无机材料作为湿敏材料,可检测高温下的湿度;1975年,以聚纤亚胺(PI)为湿敏材料的共振型石英振子湿度传感器问世;1975—1978年,高分子湿度传感器实现了商品化,日本新田恒治等开发了 $MgCrO_4$-TiO_2 等陶瓷湿敏材料,采用加热清洗的方法,初步解决了其稳定性问题,并应用于自动微波炉;1985年 Joshi 研制成第一个声表面波(SAW)型湿度传感器;1992—1993年,意大利 Furlani 等将聚乙炔作为感湿膜沉积于石英晶体上制得 LB 膜石英振子型湿度传感器;1998年,Tashtoush 等以三元无规共聚物为感湿膜,制备了声表面波型湿度传感器;Chao Nan Xu、Kazuhide Miyazaki 等报道了以 MnO_2、Mn_2O_3、Mn_3O_4 为湿敏材料的湿度传感器。

国内对湿度敏感材料及传感器的研究始于20世纪60年代初期,主要为半导体陶瓷类湿度传感器;20世纪90年代,有机高分子湿敏材料的研究得到了重视,开展了一系列高可靠、高稳定的实用性湿度敏感材料的研究。

11.2.1 湿度的概述

在我国江南的黄梅天,地面返潮,人们经常会感到闷热不适,这种现象的本质是空气中相对湿度太大。

湿度是指物质中所含水分的量。现代化的工农业生产及科学实验对空气湿度的重视程度日益提高,要求也越来越高,如果湿度不能满足要求,将会造成不同程度的不良后果。其应用领域也是非常的广泛,工农业、气象、环保、国防、科研、航空航天等方面都有所涉及。通常把不包含水汽的空气称为干空气,把包含干空气与水蒸气的混合气体称为湿空气。电子厂、半导体厂、程控机房、防爆工厂等场所的湿度要求一般 40%~60%RH,如果相对湿度不够则会造成静电增高,使产品的成品率下降、芯片受损,甚至会在一些防爆场所造成爆炸。纺织厂、印刷厂、胶片厂等场所的湿度要求一般都很高,一般都大于 60%RH,如纺织厂的湿度要求达不到会影响材料纤维强度和生产工艺质量;在胶片生产过程中湿度不够会造成套色不准、纸张收缩变形、纸张粘连、产品质量下降等问题。精密机械加工车床、各种计量室的湿度要求一般在 40%～65%RH 之间,例如精密轴承精加工、高精度刻线机、力学计量室、电学计量室等,如果湿度不够将造成加工产品精度下降、计量数据失真。医药厂房、手术室等环境对湿度的要求更是十分必要,并且要洁净加湿,如果湿度不够将会造成药品等级下降、细菌增多、伤口不易愈合等问题。

其他如在卷烟、冷库保鲜、食品回潮、老化实验、文物保存、重力测试、保护装修、疗养中心等场所,对湿度的要求都是很高的。可见,湿度的检测和控制是极其重要的。测量湿度是通过湿度传感器实现的。

11.2.2 湿度的分类

1. 绝对湿度

地球表面的大气层由 78% 的氮气、21% 的氧气、一小部分二氧化碳、水蒸气以及其他一些惰性气体混合而成的。由于地面上的水和植物会发生水分蒸发现象,因而大气中水蒸气的含量也会发生波动,使空气出现潮湿或干燥现象。大气的水蒸气含量通常用大气中水蒸气的密度来表示,它成为大气的绝对湿度。想要直接测量大气中的水蒸气含量是十分困难的。由于水蒸气密度与大气中的水蒸气分压强成正比,所以大气的绝对湿度又可以用大气中所含水蒸气的分压强来表示,常用单位是 Pa。

这里所讲的绝对湿度是指在一定温度及压力条件下,单位体积待测气体中含水蒸气的质量,即水蒸气的密度,其数学表达式为

$$H_a = \frac{M_v}{V} \tag{11-5}$$

式中:M_v——待测气体中的水蒸气的质量;

V——待测气体的总体积;

H_a——待测气体的绝对湿度,单位为 g/m^3。

2. 相对湿度

相对湿度为待测气体中的水蒸气气压与同温度下饱和水蒸气气压的比值的百分数,其数学表达式为

$$RH = \frac{P_v}{P_w} \times 100\% \tag{11-6}$$

式中:P_v——某温度下待测气体的水蒸气气压;

P_w——与待测气体温度相同时水的饱和蒸汽气压;

RH——相对湿度,其单位为 %RH。

饱和水蒸气气压与气体的温度和气体的压力有关。当温度和压力变化时,因饱和水蒸气气压会发生变化,所以气体中的水蒸气气压即使相同,其相对湿度也发生变化,温度越高,饱和水蒸气气压越大。日常生活中所说的空气湿度,实际上就是指相对湿度。凡谈到相对湿度,必须同时说明环境温度;否则,所说的相对湿度将失去确定的意义。

3. 露点

保持压力不变,将含水蒸气的空气冷却,当降到某温度时,空气中的水蒸气达到饱和状态,开始从气态变为液态而凝结成露珠,这种现象称为结露,这一特定的温度称为露点温度,

其单位为℃。如果这一特定的温度低于0℃,水蒸气将凝结成霜,此时温度称为霜点或霜点温度,通常对两者不予区分,统称为露点。

空气中水蒸气气压越小,露点温度就越低,因而可用露点温度表示空气中的湿度大小。只要测出露点就可以通过查表得到当时大气的绝对湿度,这种方法可以用来标定本节介绍的湿敏电阻传感器。

露点与农作物的生长有很大关系。另外,结露也严重影响电子仪器的正常工作,必须予以注意。在工农业生产、国防、日常生活中,对湿度、温度的要求越来越高,各领域的主要温湿度要求如表11-3所示。

表 11-3 各领域主要湿度、温度要求

应用领域	使用温度/℃	湿度范围/%RH	备注
空调机器	5～40	40～70	人体舒适
干燥器	80	0～40	衣物干燥
高频灶	5～100	2～100	调理控制
汽车窗	-20～80	50～100	防止结露
纤维	10～30	50～100	制丝
干燥	50～100	0～50	窑业、木材、干燥食品
粉末中水分	5～100	0～50	窑业原料
电子器件生产	5～40	0～50	磁头、LSI、IC
室内栽培	5～40	0～100	空调
茶园防霜	-10～60	50～100	防止结露
嫩鸡饲养	20～25	40～70	健康管理
恒温恒湿槽	-5～100	0～100	精密测定
天线点探空仪	-50～40	0～100	气象观察
湿度计	-5～100	0～100	控制记录装置
治疗器	10～30	80～100	呼吸器系统
保育器	10～30	50～80	空调

11.2.3 湿度传感器的类型

1. 电阻式湿敏传感器

电阻式湿敏传感器是利用器件电阻值随湿度变化的基本原理来进行工作的,其感湿特征量为电阻值。根据使用感湿材料的不同,电阻式湿敏传感器可分为电解质式、陶瓷式和高分子式三类。

2. 电解质式电阻湿敏传感器

由于电解质具有强烈的吸水性,且电导率又随其吸水量的多少而发生变化。因此,电解质是人们最先进行研究的湿度敏感材料。最有代表性的电解质感湿材料是氯化锂,最早被气象学家们用于高空遥测的湿度传感器即为氯化锂湿敏器件。

电解质感湿机理。有些物质的水溶液是能够导电的,被称为电解质,无机物中的酸、碱、盐绝大部分属于电解质。电解质溶于水中后,在极性水分子的作用下,全部或部分地离解为能自由移动的正、负离子。不同的电解质溶液具有不同的导电能力。电解质溶液的导电能力,既与电解质本身的性质有关,又与电解质溶液的浓度有关。一般用当量电导来描述溶液

的导电能力。所谓当量电导,就是溶液中含有一当量电解质时溶液的导电能力。溶液的当量电导反映了溶液中各种离子的移动速率。溶液的当量电导随着溶液浓度的增加而下降。

电解质溶解于水中会降低水面上的水蒸气气压。一种盐的饱和溶液的浓度是与温度有关的,故其饱和溶液的水蒸气气压的大小也是温度的函数。如果将某种盐的饱和溶液置于一定温度的环境中,若环境的温度高于溶液的水蒸气气压时,溶液将从环境中吸收水分,使溶液浓度降低;反之,当环境湿度低于溶液的水蒸气气压时,则溶液将向环境释放水分,使溶液浓度增加,甚至有固体析出。

电解质式电阻湿敏传感器的典型代表是氯化锂湿敏电阻,它是利用吸湿性盐类潮解,使离子导电率发生变化而制成的测湿元件,其结构如图 11-10 所示。由引线、基片、感湿层和电极组成。感湿层是在基片上涂敷的按一定比例配制的氯化锂-聚乙烯醇混合溶液。

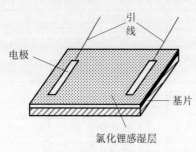

图 11-10　氯化锂湿敏电阻结构

氯化锂通常与聚乙烯醇组成混合体,在高浓度的氯化锂(LiCl)溶液中,Li^+ 和 Cl^- 均以正负离子的形式存在,其溶液的离子导电能力与溶液浓度成正比。当溶液置于一定温度的环境中时,若环境相对湿度高,由于 Li^+ 对水分子的吸引力强,离子水合程度高,溶液将吸收水分子,浓度降低,因此,溶液导电能力随之下降,电阻率增高;反之,当环境相对湿度变低时,溶液浓度升高,导电能力随之增强,电阻率下降。由此可见,氯化锂湿敏电阻的阻值会随环境相对湿度的改变而变化,从而实现对湿度的测量。氯化锂湿敏电阻的优点是滞后小、不受测试环境(如风速)影响、检测精度高达±5%;其缺点为耐热性差、不能用于露点以下测量、器件重复性差,使用寿命短。电流必须用交流,以免出现极化。

1) 陶瓷式电阻湿敏传感器

陶瓷湿度传感器主要是利用陶瓷湿度材料烧结制备时形成的多孔结构,吸附或凝聚水分子用作导电通路,从而改变陶瓷本身的电导率或电容量。利用多孔结构陶瓷的电导率或电容率随外界湿度变化的特点,可以制成湿度传感器。常用的陶瓷湿度敏感材料种类繁多、化学组成复杂。

陶瓷式电阻湿敏传感器通常是由两种以上的金属氧化物混合烧结而成的多孔陶瓷,是根据感湿材料吸附水分后其电阻率会发生变化的原理进行湿度检测。陶瓷的化学稳定性好,耐高温,多孔陶瓷的表面积大,易于吸湿和脱湿,所以响应时间可以短至几秒。这种湿敏器件的感湿体外常罩一层加热丝,以便对器件进行加热清洗,排除周围恶劣环境对器件的污染。

制作陶瓷式电阻湿敏传感器的材料有 $ZnO-LiO_2-V_2O_5$ 系、$Si-Na_2O-V_2O_5$ 系、$TiO_2-MgO-Cr_2O_3$ 系和 Fe_3O_4 系等。前 3 种材料的电阻率随湿度的增加而下降,称为负特性湿敏半导体陶瓷;后一种的电阻率随湿度的增加而增加,称为正特性湿敏半导体陶瓷。

陶瓷式电阻湿敏传感器的优点如下。

(1) 传感器表面与水蒸气的接触面积大,易于水蒸气的吸收与脱离。

(2) 陶瓷烧结体能耐高温,物理、化学性质稳定,适合采用加热去污的方法恢复材料的湿敏特性。

（3）可以通过调整烧结体表面晶粒、晶粒界和细微气孔的构造,改善传感器湿敏特性。

2）高分子式电阻湿敏传感器

高分子式电阻湿敏传感器是利用高分子电解质吸湿而导致电阻率发生变化的基本原理来进行测量的。通常将含有强极性基的高分子电解质及其盐类(如$-NH_4+Cl^-$、$-NH_2$、$-SO_3-H^+$)等高分子材料制成感湿电阻膜。当水吸附在强极性基高分子上时,随着湿度的增加吸附量增大,吸附水分子凝聚成液态。在低湿吸附量少的情况下,由于没有荷电离子产生,电阻值很高。当相对湿度增加时,凝聚化的吸附水就成为导电通道,高分子电解质的成对离子主要起载流子的作用。此外,由吸附水自身离解出来的质子(H^+)及水和氢离子(H_3O^+)也能起到电荷载流子的作用,这就使得载流子数目急剧增加,传感器的电阻急剧下降。利用高分子电解质在不同湿度条件下电离产生的导电离子数量不等使阻值发生变化,就可以测定环境中的湿度。

高分子式电阻湿敏传感器测量湿度范围大,工作温度在 0~50℃,响应时间小于 30s,测量范围为 0~100%RH,误差在±5%RH 左右。

3. 电容式湿敏传感器

电容式湿敏传感器是有效利用湿敏元件的电容量随湿度变化的特性来进行测量的,属于变介电常数型电容式传感器,通过检测其电容量的变化值,从而间接获得被测湿度的大小。其结构如图 11-11 所示。上、下两极板间夹着由湿敏材料构成的电介质,并将下极板固定在玻璃或陶瓷基片上。当周围环境的湿度发生变化时,由湿敏材料构成的电介质的介电常数将发生改变,相应的电容量也会随之发生变化,因此只要检测到电容的变化量就能检测周围湿度的大小。

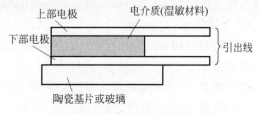

图 11-11 电容式湿敏传感器结构

11.2.4 湿度传感器的特性参数

1. 湿度量程

湿度传感器能够比较精确地测量相对湿度的最大范围称为湿度量程。一般来说,使用时不得超过湿度量程规定值。所以在应用中,希望湿度传感器的湿度量程越大越好,以 0~100%RH 为最佳。湿度传感器按其湿度量程可分为高湿型、低湿型及全湿型三大类。高湿型适用于相对湿度大于 70%RH 的场合;低湿型适用于相对湿度小于 40%RH 场合;而全湿型则适用于 0~100%RH 的场合。

2. 感湿特征量——相对湿度特性

每种湿度传感器都有其感湿特征量,如电阻、电容等,通常用电阻比较多。以电阻为例,在规定的工作湿度范围内,湿度传感器的电阻值随环境湿度变化的关系特性曲线,简称阻湿特性。有的湿度传感器的电阻值随湿度的增加而增大,这种称为正特性湿敏电阻器,如 Fe_3O_4 湿敏电阻器。有的阻值随着湿度的增加而减小,这种称为负特性湿敏电阻器,如 TiO_2-SnO_2 陶瓷湿敏电阻器。对于这种湿敏电阻器,低湿时阻值不能太高,否则不利于和测量系统或控制仪表相连接。

3. 感湿灵敏度

感湿灵敏度为湿度传感器的感湿特征量随相对湿度变化的程度,即在某一相对湿度范围内,相对湿度改变1%RH时,湿度传感器的感湿特征量的变化值。也就是该湿度传感器感湿特性曲线的斜率。由于大多数湿度传感器的感湿特性曲线是非线性的,在不同的湿度范围内具有不同的斜率,因此常用湿度传感器在不同环境湿度下的感湿特征量之比来表示其灵敏度。例如,R1%/R10%表示器件在1%RH下的电阻值与在10%RH下的电阻值之比。

4. 响应时间

当环境湿度增大时,湿敏器件有一个吸湿过程,并产生感湿特征量的变化。而当环境湿度减小时,为检测当前湿度,湿敏器件原先所吸的湿度要消除,这一过程称为脱湿。所以用湿敏器件检测湿度时,湿敏器件将随之发生吸湿和脱湿过程。

在一定环境湿度下,当环境湿度改变时,湿敏传感器完成吸湿或脱湿过程以及达到动态平衡(感湿特征量达到稳定值)所需要的时间,称为响应时间。感湿特征量的变化滞后于环境湿度的变化,所以实际多采用感湿特征量的改变量达到总改变量的90%所需要的时间,即以相应的起始湿度和终止湿度这一变化区间90%的相对湿度变化量所需的时间来计算。

5. 老化特性

老化特性是指湿度传感器在一定温度、湿度环境下,存放一定时间后,由于尘土、油污、有害气体等的影响,其感湿特性将发生变化的特性。

6. 互换性

湿度传感器的一致性和互换性较差。如果使用中湿度传感器被损坏,那么即使换上同一型号的传感器也需要再次进行调试。

综上所述,一个理想的湿度传感器应具备以下性能和参数。

(1) 使用寿命长,长期稳定性好。
(2) 灵敏度高,感湿特性曲线的线性度好。
(3) 使用范围宽,感湿温度系数小。
(4) 响应时间短。
(5) 湿滞回差小,测量精度高。
(6) 能在有害气体的恶劣环境下使用。
(7) 器件的一致性、互换性好,易于批量生产,成本低。
(8) 器件的感湿特征量应在易测范围以内。

11.2.5 湿敏电阻传感器的应用

1. 汽车后窗玻璃自动去湿装置

如图 11-12 所示,为汽车后窗玻璃自动去湿装置电路原理图。图中 R_H 为设置在后窗玻璃上的湿敏传感器电阻,R_L 为嵌入玻璃的加热电阻丝(可在玻璃形成过程中将电阻丝烧结在玻璃内,或将电阻丝加在双层玻璃的夹层内),J 为继电器线圈,J_1 为其常开触点。半导体晶体管 T_1 和 T_2 接成施密特触发器电路,在 T_1 管的基极上接有由电阻 R_1、R_2 及湿敏传感器电阻 R_H 组成的偏置电路。在常温常湿情况下,调节好各电阻值,因 R_H 阻值较大,使 T_1 管导通,T_2 管截止,继电器 J 不工作,其常开触点 J_1 断开,加热电阻 R_L 无电流流过。当汽车内外温差较大,且湿度过大时,将导致湿敏电阻 R_H 的阻值减小,当其减小到某值时,

R_H 与 R_2 的并联电阻阻值小到不足以维持 T_1 管导通,此时 T_1 管截止,T_2 管导通,使其负载继电器 J 通电,控制常开触点 J_1 闭合,加热电阻丝 R_L 开始加热,驱散后窗玻璃上的湿气,同时加热指示灯亮。当玻璃上湿度减小到一定程度时,随着 R_H 增大,施密特电路又开始翻转到初始状态,T_1 管导通,T_2 管截止,常开触点 J_1 断开,R_L 断电停止加热,从而实现了防湿自动控制。该装置也可广泛应用于汽车、仓库、车间等湿度的控制。

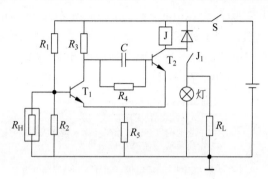

图 11-12　汽车后窗玻璃自动去湿装置电路原理图

2. 高湿度显示仪

高湿度显示仪电路原理图如图 11-13 所示。它能在环境相对湿度过高时做出显示,告知人们应采取排湿措施了。湿度传感器采用 SMOL-A 型湿敏电阻,当环境的相对湿度在 20%～90%RH 变化时,它的电阻值在 $10^2 \sim 10^4 \Omega$ 范围内变化。为防止湿敏电阻产生极化现象,应采用变压器降压,供给检测电路 9V 交流电压,湿敏电阻 R_H 和电阻 R_1 串联后接在它的两端。当环境湿度增大时,R_H 阻值减小,电阻 R_1 两端电压会随之升高,这个电压经 VD_1 整流后加到由 VT_1 和 VT_2 组成的施密特电路中,使 VT_1 导通,VT_2 截止,VT_3 随之导通,发光二极管 VD_4 发光。高湿度显示电路可应用于蔬菜大棚、粮棉仓库、花卉温室、医院等对湿度要求比较严格的场合。

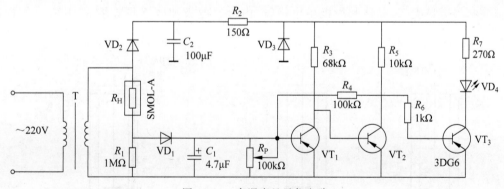

图 11-13　高湿度显示仪电路

11.3　离子传感器

离子传感器是化学传感器中的一个重要类别,20 世纪 60 年代末期快速发展并普及使用了离子选择性电极(Ion Selective Electrode,ISE),20 世纪 70 年代初提出了离子敏感场效应晶体管(Ion Sensitive Field Effect Transistor,ISFET)和20世纪80年代末提出了光寻址电位传感器(Light Addressable Potentiometric Sensor,LAPS),其中,前两种已有实用化产品,本节主要介绍前两种。

11.3.1 离子选择性电极

国际纯粹与应用化学联合会(International Union of Pure and Applied Chemistry,IUPAC)对离子选择性电极的分类如图11-14所示。测量过程中,将离子选择性电极与参比电极组成一个原电池,在零电流条件下测量原子池的电动势,该电动势与溶液中待测离子活度的关系满足具有能斯特方程形式的定量关系式(膜电位方程)。

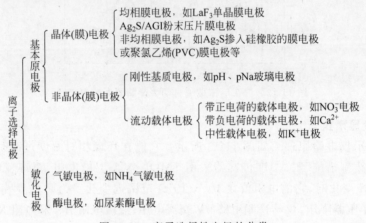

图11-14 离子选择性电极的分类

1. 晶体膜电极

晶体膜电极可细分为均相膜电极和非均相膜电极两种。前者由一种或几种化合物的晶体均匀组合而成,后者除了晶体敏感膜外,还加入了其他材料以改善电极传感性能。跟其他离子选择性电极类似,晶体膜电极由电极管、内参比电极和敏感膜等组成,其常见结构如图11-15所示。

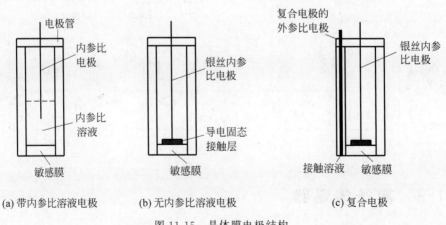

图11-15 晶体膜电极结构

基于 LaF_3 单晶敏感膜的氟离子选择性电极。其敏感膜为厚度 1~2mm 的 LaF_3 单晶，掺杂少量 EuF_2 或 CaF_2 以增加膜导电性。^{18}F 同位素实验证明是晶格内 F^-（非 La^{3+}）的移动使 LaF_3 单晶在室温下具有离子导电性，因 F^- 离子半径小且电荷少，易脱离原位并微移，导致空穴导电。内参比溶液一般为 (0.1mol/L NaCl)+(0.1mmol/L NaF)，其中 Cl^- 的加入是为了稳定 Ag/AgCl 内参比电极的电位；F^- 的加入是为了稳定单晶 LaF_3 膜内参比溶液一侧的膜电位。

该电极在 α_F^- 为 $0.1 \sim 5 \times 10^{-7}$ mol/L 的范围呈能斯特响应，α_F^- 检测下限约为 10^{-7} mol/L，接近于 LaF_3 的溶解度。测量时的主要干扰是共存的 OH^-，故需用总离子强度调节缓冲剂(Total Ionic Strength Adjustment Buffer, TISAB)调节溶液的 pH 值为 5~6.5。OH^- 干扰机理如下。

(1) 因 OH^- 与 F^- 离子半径相当，OH^- 代替 F^- 参与离子交换，产生干扰。

(2) 表面反应 $LaF_3 + 3OH^- \rightarrow La(OH)_3 + 3F^-$ 使 LaF_3 晶体膜表面上 F^- 活度增大，产生正向干扰。

该电极所用 TISAB 的组成为(0.1mol/L NaCl)+(0.25mol/L 的冰醋酸)+(0.75mol/L NaAc)+(0.001mol/L 柠檬酸钠水溶液(pH 值为 5.0))，主要作用如下是维持离子强度、恒定溶液 pH 值、掩蔽干扰金属离子，F^- 可与样品中可能存在的 Fe^{3+} 配合释放出游离 F^-（也可用 EDTA 钠盐取代柠檬酸盐）。

2. 流动载体电极

高分子骨架支撑的流动载体电极敏感膜的典型组成如图 11-16 所示。

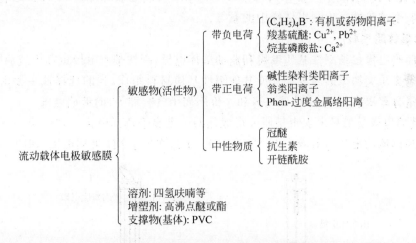

图 11-16　流动载体电极敏感膜的典型组成

前述的敏感膜为固体离子交换材料，电荷传递者只能在交换点附近作某种程度的微移或摆动。类似地，也可利用含有电极响应活性物质的液体膜或高分子骨架支撑的液体膜来实现离子选择性响应功能。在流动载体电极中，有机相、试样水相和有机相混合相、内充液水相界面的离子交换平衡决定了膜界面的电荷分布和膜电位，虽然活性物质在有机相移动范围相对较大些。

3. 敏化电极

通过某种界面的敏化反应(气敏反应或酶敏反应)，将试样中被测物转变为原电极能响应的离子。如氨气敏电极就是将 pH 玻璃电极和气透膜联用，可测量溶液或其他介质中的氨气，其结构如图 11-17 所示。

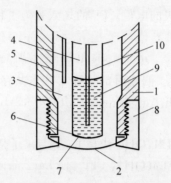

1—电极管；2—透气膜；3—0.1mol/L NH$_4$Cl 溶液；4—平底pH玻璃电极；
5—Ag/AgCl参比电极；6—敏感玻璃膜；7—0.1mol/L NH$_4$Cl 溶液薄层；
8—可卸电极头；9—内参比溶液；10—内参比电极。

图 11-17 氨电极结构示意图

试样中氨气通过气透膜(常为疏水但透气的醋酸纤维、聚四氟乙烯、聚偏四氟乙烯等材料)进入内充溶液 0.1mol\L NH$_4$Cl，引起反应 $NH_3^+ \; H^+ \rightarrow NH_4^+$ 左移或右移，内充溶液的 pH 值相应发生改变，测量放置在内充溶液中的 pH 玻璃电极和 Ag/Cl 内参比电极所构成的原电池的电动势就可检测出试样中的氨气。

4. 非晶体膜电极

非晶体膜电极包括刚性基质电极和流动载体电极，刚性基质电极也称为玻璃膜电极，其敏感膜是由离子交换型的薄玻璃片或其他刚性基质材料组成，膜的选择性主要由玻璃或刚性材料的组分来决定，如 pH 玻璃电极和一价阳离子(钠、钾等)的玻璃电极。

pH 玻璃电极是最早出现也是研究最成熟的一类离子选择电极。1906 年，Cremer 首次发现玻璃膜两侧的电势与溶液中 H$^+$ 活度有关，于是产生了 pH 玻璃电极，如图 11-18 所示。

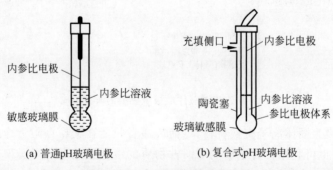

(a) 普通pH玻璃电极   (b) 复合式pH玻璃电极

图 11-18 pH 玻璃电极基本结构

它的结构比较简单，如图 11-18(a)所示，在电极玻璃管下端装一个特殊材料的球形薄膜，玻璃管内装有一定 pH 值的缓冲溶液作内参比溶液，溶液中浸一根内参比电极 Ag/

AgCl。图 11-18(b)是一种复合式 pH 玻璃电极,玻璃球内盛有 0.1mol·L^{-1}HCl 溶液或含有 NaCl 的缓冲溶液作为内参比溶液,以 Ag/AgCl 丝为内参比电极。另有参比电极体系通过陶瓷塞与试液接触,使用时无须另外的参比电极。pH 玻璃电极只对溶液中的 H$^+$敏感,不受溶液中其他离子影响,测定时易达到平衡,有色液与混浊液均可使用。从 20 世纪 30 年代以来,pH 玻璃电极已成为众多实验室的常用工具。

近年来,对 pH 玻璃电极的研究也取得了一些新的进展。一般的 pH 电极是玻璃电极,由于它是选用玻璃膜作为电极的敏感膜,所以电极极易破碎,因此它还具有体积大、成本较高、膜阻抗高而难以实现微型化、使用处理烦琐等缺点,因此开发金属或金属氧化物型的固体 pH 电极以取代传统的玻璃电极已引起了一定的关注。人们希望利用超微粒制成敏感度高的超小型、低能耗电极。目前对金属氧化物 pH 电极开发多限于金属氧化物上,如 IrO$_2$ 和 RuO$_2$。已经有人将纳米金属氧化物作为电活性物质研制成 pH 电极,制得的纳米金属氧化物 pH 电极的性能良好,而且克服了上述 pH 电极的缺点。

需要指出的是,尽管 pH 电极已成功得到应用,但目前还是仅限于对水溶液中 H$^+$浓度的测定,如何测定非水溶液中的质子浓度,还有待于进一步探索。

11.3.2 离子敏感场效应管

离子敏感场效应晶体管(Ion Sensitive Field Effect Transistor,ISFET)是一种测量溶液中离子活度的化学/生物传感器,是半导体微电子学和离子选择性电极技术相结合的产物,由 Bergveld 在 1970 年首次提出。其核心部件是金属-氧化物-半导体场效应晶体管(MOSEFT)。MOSEFT 和 ISEFT 的结构如图 11-19 和图 11-20 所示。

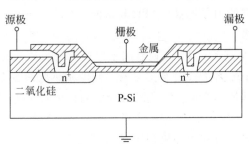

图 11-19 MOSEFT 的结构示意图

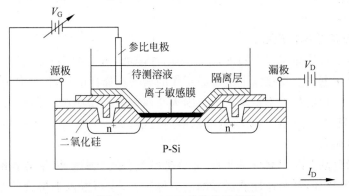

图 11-20 ISEFT 的结构示意图

在一高纯 P 型薄硅片上扩散两个高掺杂的 N 型区,分别作为源级(S)和漏极(D),源漏极间的硅片表面先覆盖氧化物 SiO_2 薄层(有时还有 SiN_4),再沉积一层金属层,构成栅极(G)。这样栅极到硅片间为金属-氧化物-半导体结构。在栅极/源极间施加电压 V_G,漏极/源极间施加电压 V_D,则流过漏极源极的电流 I_D 是 V_G 和 V_D 的函数。若将金属栅极去掉,代之以离子选择性电极离子敏感膜,并将待测溶液和参比电极组成栅极/源极回路,则离子敏感膜/溶液界面的膜电位将叠加在 V_G 上,并引起 I_D 信号的变化。在 MOSFET 的非饱和区内,I_D 与响应离子的活度之间仍有类似于能斯特公式的关系,这就是 ISFET 定量测定的基本原理。ISFET 可以使用离子选择性电极的现有离子敏感膜,但与常规离子选择性电极相比,ISFET 是一种高输入阻抗、低输出阻抗的装置,不需要高阻抗电位测量仪器,信号干扰少,响应时间较快,易集成,易微型化,在生物医学测试中将有广泛应用前景。

目前,除了研究各种灵敏度选择性更优的离子敏感膜外,ISFET 的封装、集成化(包括参比电极)和多功能化、减小影响信号的漂移、提高稳定性和可靠性等是目前 ISFET 研究的主要课题。

11.3.3 离子传感器的应用

虽然离子选择性电极存在直接检测精密度不是很高(约 2%)、工作曲线稳定性不是很好等缺点,但该法简便快速、仪器设备简单、易实现自动化、可直接检测离子活度,被广泛用于科学研究和生产活动中。下面简要介绍近年来离子传感器领域的一些新进展。

1. 低至皮摩尔浓度级的痕量检测

带内参比溶液的离子选择性电极的敏感膜一般采用固定高选择性离子载体的疏水膜,膜的内外两侧分别为特定的内参比液(水相)和试液(水相)。通常,这种离子选择性电极的检测下限在微摩尔浓度级。

1997 年,Pretsch 等发现若对 PVC 膜铅离子选择电极采用离子缓冲的特定溶液作为内冲溶液(加入高浓度 EDTA 钠盐),内参比溶液一侧的敏感膜表面几乎没有 Pb^{2+},当测量稀样品溶液时,内充液中的 Pb^{2+} 可通过膜、内充液界面和膜相向样品溶液扩散,使得膜外表面驻留微摩尔浓度级的 Pb^{2+},故常规 PVC 膜铅离子选择电极的检测下限也就在微摩尔浓度级。

随后,Pretsch 等对多电极和相关机理进行了深入研究,发现这种内参比溶液中主离子浓度低而干扰离子浓度较高,减少零电流测定条件下的待测离子流、降低待测离子检测下限的方法具有普遍性,可扩展到 Ca^{2+}、Cd^{2+}、NH_4^+、K^+、SCN^- 等离子检测,明显降低它们的检测下限,如图 11-21 所示。

2. 全固态离子选择性电极

将固态敏感膜直接固定在电极上,不采用内冲溶液,可研制出全固态离子选择性电极。涂丝电极是在金属电极上直接涂上敏感膜制作的离子选择性电极,但是其电位稳定性欠佳。有文献认为产生这种电位的不稳定现象是因为金属电极与敏感膜间存在水层,空气中 CO_2 影响该水层的 pH 值,进而影响涂丝电极的响应性能,如果预先用疏水材料修饰金属电极,则稳定性会明显提高。

在金属或炭电极上沉积高分子薄膜,如聚吡咯类、聚芳香氨类、聚芳香酚类、聚酞菁、聚啉、聚二茂铁衍生物等,可制作性能良好的电位传感器,或用电极上聚合的导电高聚物取代内充溶液,再外涂离子选择性敏感膜,制作成全固态电极。

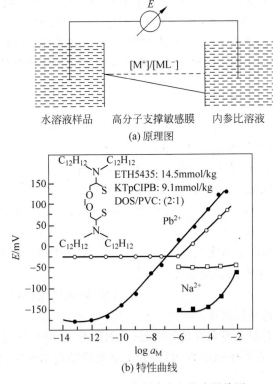

图 11-21 低至皮摩尔浓度级的痕量检测

小结

气敏传感器是一种检测特定气体的传感器。它主要包括还原性气体传感器、二氧化钛氧浓度传感器等,其中用得最多的是还原性气体传感器。它的应用主要有一氧化碳气体的检测、瓦斯气体的检测、煤气的检测、氟利昂的检测、呼气中乙醇的检测等。

本章要着重理解的是还原性气体传感器、二氧化钛氧浓度传感器。了解半导体气敏元件的特性参数。

气敏电阻传感器是一种将检测到的气体的成分和浓度转换为电信号的传感器,可广泛用于化工生产中气体成分检测与控制、煤矿瓦斯浓度的检测与报警、环境污染的监测、煤气泄漏、燃烧情况的检测与控制。

湿敏电阻是利用湿敏材料吸收空气中的水分而导致本身电阻值发生变化这一原理而制成,可用于纺织、造纸、电子、建筑、食品、医疗对湿度有要求的场合。其主要分为电阻式湿度传感器和电容式湿度传感器两种。其中电阻式湿度传感器是利用器件电阻值随湿度变化的基本原理来进行工作的,其感湿特征量为电阻值。根据使用湿敏材料的不同,电阻式湿度传感器可分为电解质式、陶瓷式和高分子式三类。电容式湿度传感器是利用湿敏元件电容量随湿度变化的特性来进行测量的,属于变介电常数型电容式传感器,通过检测其电容量的变化值,从而间接获得被测湿度的大小。

离子传感器是化学传感器中的一个重要类别,主要有离子选择性电极和离子敏感场效应晶体管两种类型。离子选择性电极在测量过程中,将离子选择性电极与参比电极组成一个原电池,在零电流条件下测量原子池电动势,该电动势与溶液中待测离子活度的关系满足具有能斯特方程形式的定量关系式(膜电位方程)。离子敏感场效应晶体管是一种测量溶液中离子活度的化学/生物传感器,是半导体微电子学和离子选择性电极技术相结合的产物。

习题

1. 简述化学传感器的基本定义以及它的主要分类。
2. 什么是燃烧式气体传感器?请简述它的工作原理。
3. 简述湿度传感器的定义及它的主要特点。
4. MQN 气敏电阻可测量_____的浓度,TiO_2 气敏电阻可测量_____的浓度。
   A. CO_2　　　　　　　　　　　　B. N_2
   C. 气体打火机车间的有害气体　　　D. 锅炉烟道中剩余的氧气
5. 湿敏电阻用交流电作为激励电源是为了_____。
   A. 提高灵敏度　　　　　　　　　　B. 防止产生极化、电解作用
   C. 减小交流电桥平衡难度
6. 当天气变化时,有时会发现在地下设施(例如地下室)中工作的仪器内部印制电路板(PCB)漏电增大,机箱上有小水珠出现,磁粉式记录磁带结露等现象,影响了仪器的正常工作。该水珠的来源是_____。
   A. 从天花板上滴下来的
   B. 由于空气的绝对湿度达到饱和点而凝结成水滴
   C. 空气的绝对湿度基本不变,但气温下降,室内的空气相对湿度接近饱和,当接触到温度比大气更低的仪器外壳时,空气的相对湿度达到饱和状态,而凝结成水滴
7. 在使用测谎器时,被测试人由于说谎、紧张而手心出汗,可用_____传感器来检测。
   A. 应变片　　　B. 热敏电阻　　　C. 气敏电阻　　　D. 湿敏电阻
8. 简述离子传感器的主要应用类型。

第 12 章 生物传感器的原理与应用
CHAPTER 12

12.1 生物传感器

12.1.1 生物传感器的定义

生物传感技术是一门由生物、化学、物理、医学、电子技术等多种学科互相渗透发展起来的高新技术,在生物医学、环境监测、食品、医药及军事医学等领域有着重要应用价值。

生物传感器是一种对生物物质敏感并能将其浓度转换为电信号进行检测的仪器。将固定化的生物敏感材料制作的识别元件(包括酶、抗体、抗原、微生物、细胞、组织、核酸等生物活性物质)、适当的理化换能器(如氧电极、光敏管、场效应管、压电晶体等)及信号放大装置组合在一起,用现代微电子和自动化仪表技术对生物信号进行再加工,从而构成各种可以使用的生物传感器分析装置、仪器和系统。

12.1.2 生物传感器的功能

生物传感器主要实现了以下 3 个方面的功能。

(1) 提取出动植物发挥感知作用的生物材料,包括生物组织、微生物、细胞、酶、抗体、抗原、核酸、DNA 等。实现生物材料或类生物材料的批量生产,反复利用,降低检测的难度和成本。

(2) 将生物材料感受到的持续、有规律的信息转换为人们可以理解的信息。

(3) 将信息通过光学、压电、电化学、温度、电磁等方式展示出来,为人们的决策提供依据。

12.1.3 生物传感器的特点

与传统传感器相比,生物传感器具有以下特点。

(1) 测定范围广泛。

(2) 使用生物传感器时一般不需要对样品进行预处理,样品中的被测组分的分离和检测同时完成,且测定时一般不需要加入其他试剂。

(3) 采用固定化生物活性物质作催化剂,价值昂贵的试剂可以多次重复使用,克服了过去酶法分析试剂费用高和化学分析烦琐复杂的缺点。

(4) 专一性强,只对特定的底物起反应,而且不受颜色、浊度的影响。

(5) 分析速度快,可以在一分钟内得到结果。
(6) 准确度和灵敏度高,一般相对误差可以达到1%。
(7) 系统操作比较简单,容易实现自动分析。
(8) 成本低,在连续使用时,每例测定仅需要几分钱。
(9) 有的生物传感器能够可靠地指示微生物培养系统内的供氧状况和副产物的产生。

12.1.4 生物传感器的工作原理

以生物活性物质为敏感材料做成的传感器叫生物传感器。它利用生物分子识别被测目标,然后将生物分子所发生的物理或化学变化转换为相应的电信号,再放大输出,从而得到检测结果。生物传感器的选择性与分子识别元件有关,取决于与载体相结合的生物活性物质。

提高生物传感器的灵敏度,可利用化学放大功能。所谓化学放大功能,就是使一种物质通过催化、循环或倍增的机理同另一种试剂作用产生大量的信号。传感器的信号转换能力取决于所采用的转换器。

根据器件信号转换的方式可分为以下5种。
(1) 直接产生电信号。
(2) 化学变化转换为电信号。
(3) 热变化转换为电信号。
(4) 光变化转换为电信号。
(5) 界面光学参数变化转换为电信号。

12.1.5 生物传感技术的发展历史

1967年美国的S.J.乌普迪克等制出了第一个葡萄糖传感器。现已研制出了第二代生物传感器(微生物、免疫、酶免疫和细胞器传感器),并且开始研制和开发第三代生物传感器,即将生物技术和电子技术结合起来的场效应生物传感器。近年来,随着生物科学、信息科学和材料科学发展的推动,生物传感器技术飞速发展。可以预见,未来的生物传感器将具有功能多样化、微型化、智能化与集成化、低成本、高灵敏度、高稳定性和高寿命等特点。

12.1.6 生物传感器的分类

生物传感器主要有下面几种分类命名方式。
(1) 根据生物传感器中分子识别元件即敏感元件的不同,生物传感器可分为酶传感器(固定化酶)、微生物传感器(固定化微生物)、免疫传感器(固定化抗体)、基因传感器(固定化单链核酸)、细胞传感器(固定化细胞器)和组织传感器(固定化生物体组织)等。
(2) 按照传感器器件检测的原理分类,可分为热敏生物传感器、场效应管生物传感器、压电生物传感器、光学生物传感器、声波道生物传感器、酶电极生物传感器、介体生物传感器等。
(3) 按照生物敏感物质相互作用的类型分类,可分为亲和型生物传感器、代谢型生物传感器、催化型生物传感器。
(4) 根据生物传感器的信号转换器分类,可分为电化学生物传感器、半导体生物传感器、热学型生物传感器、光学型生物传感器、声学型生物传感器等。

（5）根据检测对象的多少，可分为以单一化学物质为检测对象的单功能型生物传感器和同时检测多种微量化学物质的多功能型生物传感器。

（6）根据生物传感器的用途可分为免疫传感器、药物传感器等。

12.2 生物传感器的工作原理

生物传感器的工作原理是被测定分子与固定在生物接收器上的敏感材料（称为生物敏感膜）发生特异性结合，并发生生物化学反应，产生热焓变化、离子强度变化、pH 值的变化、颜色变化或质量变化等信号，产生信号的强弱在一定条件下与特异性结合的被测定分子的量存在一定的数学关系，这些信号经换能器转变成电信号后被放大测定，从而获得被测定分子的量，如图 12-1 所示。

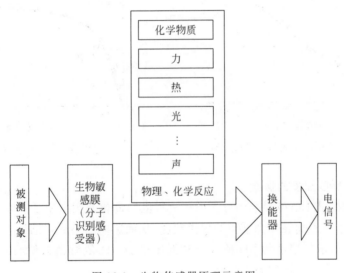

图 12-1　生物传感器原理示意图

12.2.1 酶反应

酶促反应动力学（kinetics of enzyme-catalyzed reactions）是研究酶促反应速度及其影响因素的科学。这些因素主要包括酶的浓度、底物的浓度、pH 值、温度、抑制剂和激活剂等。但必须注意，酶促反应动力学中所指明的速度是反应的初速度，因为此时反应速度与酶的浓度呈正比关系，这样避免了反应产物以及其他因素的影响。

酶促反应具有一般催化剂的性质，可以加速化学反应的进行，而其本身在反应前后没有质和量的改变，不影响反应的方向，不改变反应的平衡常数。酶促反应具有极高的催化效率、高度的专一性。一种酶只作用于一类化合物或一定的化学键，以促进一定的化学变化，并生成一定的产物，这种现象称为酶的特异性或专一性。受酶催化的化合物称为该酶的底物或作用物。酶对底物的专一性通常分为绝对特异性、相对特异性和立体异构特异性。

1. 酶浓度对反应速度的影响

在一定的温度和 pH 值条件下,当底物浓度大大超过酶的浓度时,酶的浓度与反应速度呈正比关系,如图 12-2 所示。

2. 底物浓度对反应速度的影响

在酶的浓度不变的情况下,底物浓度对反应速度的影响呈矩形双曲线。在底物浓度很低时,反应速度随底物浓度的增加而急剧加快,两者呈正比关系,即一级反应,如图 12-3 所示。随底物浓度升高,反应速度不呈正比例加快,而是反应速度增加的幅度不断下降。如果继续加大底物浓度,反应速度将不再增加,表现为 0 级反应。此时,无论底物浓度增加多大,反应速度也不再增加,说明酶被底物所饱和。

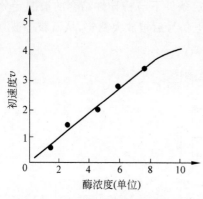 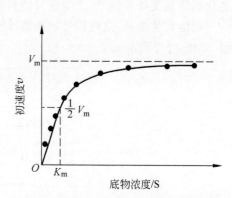

图 12-2　酶浓度对反应初速度的影响　　　　图 12-3　底物浓度对反应速度的关系曲线

3. pH 值对反应速度的影响

酶反应介质的 pH 值可影响酶分子的解离程度和催化基团中质子供体或质子受体所需的离子化状态,也可影响底物和辅酶的解离程度,从而影响酶与底物的结合。一些酶的最适 pH 值如表 12-1 所示。溶液的 pH 值高于和低于最适 pH 值时都会使酶的活性降低,当远离最适 pH 值时,甚至会导致酶的变性失活。

表 12-1　一些酶的最适 pH 值

酶的种类	胃蛋白酶	胰蛋白酶	过氧化氢酶	精氨酸酶	延胡索酸酶	核糖核酸酶
最适 pH 值	1.8	7.7	7.6	9.8	7.8	7.8

4. 温度对反应速度的影响

化学反应的速度随温度增高而加快。但酶是蛋白质,可随温度的升高而变性。温度对唾液淀粉酶活性影响如图 12-4 所示。

5. 抑制剂对反应速度的影响

凡能使酶的活性下降而不引起酶蛋白变性的物质称作酶的抑制剂。使酶变性失活(称为酶的钝化)的因素如强酸、强碱等,不属于抑制剂。通常抑制作用分为可逆性抑制和不可逆性抑制两类。

6. 激活剂对酶促反应速度的影响

能使酶活性提高的物质都称为激活剂,其中大部分是离子或简单的有机化合物。

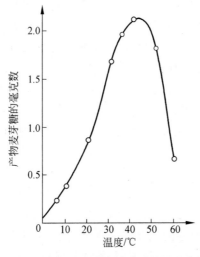

图 12-4　温度对唾液淀粉酶活性影响曲线

12.2.2　微生物反应

利用微生物进行生物化学反应的过程称为微生物反应过程,即将微生物作为生物催化剂进行的反应为微生物反应。

1. 微生物反应和酶反应的共同特点

(1) 两者都是生物化学反应,反应所需要的环境相似。
(2) 微生物细胞中包含各种酶,催化所有酶可以催化的反应。
(3) 两者催化的速度近似。

2. 微生物反应的特殊性

(1) 酶反应需要温和的环境,微生物细胞的膜系统为酶的反应提供了天然的理想环境,细胞可以在较长时间内保持一定的催化活性。
(2) 同一个微生物细胞自身包含数以千计种酶,显然比单一的酶更适合多底物反应。
(3) 酶反应需要的辅助因子和能量可以由微生物细胞提供。
(4) 酶的提纯成本高,有些酶至今未能完全提纯,相比之下,微生物细胞来源方便,价格低廉。

3. 传感器以微生物为敏感元件的不足之处

微生物传感器作为生物传感器的重要组成部分,作为分子识别元件即敏感元件的生物传感器自身亦存在着不足之处。

(1) 由于反应过程中往往伴随着微生物的生长和死亡,故分析反应的标准不易建立。
(2) 微生物细胞本身是一个庞大的酶系统,包括自身代谢在内的许多反应并存,难以去除不必要的反应。
(3) 微生物细胞受环境变化的影响易引起自身生理状态的复杂化,从而导致不期望的反应。

4. 微生物反应的分类方式

微生物反应主要有下面三种分类方式。

(1) 按照生物代谢流向，微生物反应可以分为同化作用和异化作用。
(2) 按照微生物对营养的要求，微生物反应可以分为自养性和异养性。
(3) 按照微生物反应对氧的需求与否，微生物反应可以分为好氧反应和厌氧反应。

12.2.3 免疫反应

免疫指机体对病原生物感染的抵抗能力。可区别为自然免疫和获得性免疫。自然免疫是非特异型的，获得性免疫一般是特异性的，在微生物等抗原物质刺激后才形成，并能与该抗原产生特异性反应。上述各种免疫过程中，抗原与抗体的反应是最基本的反应。

1. 抗原

抗原是能够刺激动物体产生免疫反应的物质。抗原有两种性能，刺激机体产生免疫应答反应和与相应免疫反应产物发生特异性结合反应。前一种性能称为免疫原性，后一种性能称为反应原性。具有免疫原性的抗原称为完全抗原，那些只有反应原性，不刺激免疫应答反应的称为半抗原。通常，根据来源的不同，抗原又可以分为天然抗原、人工抗原、合成抗原（合成抗原是化学合成的多肽分子）。

抗原的理化性状有以下两种。

(1) 物理性状。完全抗原的分子量较大，通常相对分子质量在一万以上。分子量越大，其表面积相应扩大，接触免疫系统细胞的机会增多，因而免疫原性也就增强。

(2) 化学组成。自然界中绝大多数抗原都是蛋白质，既可以是纯蛋白，也可以是结合蛋白。

抗原决定簇是抗原分子表面的特殊化学基团，抗原的特异性取决于抗原决定簇的性质、数目和空间排列。不同种系的动物血清白蛋白因其末端氨基酸排列不同，而表现出各自的种属性特异。一种抗原常具有一个以上的抗原决定簇，如牛血清蛋白有 14 个抗原决定簇，甲状腺球蛋白 40 个。

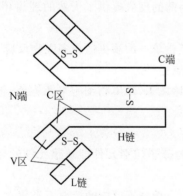

图 12-5 免疫球蛋白结构模式图

2. 抗体

抗体是由抗原刺激机体产生的特性免疫功能的球蛋白，又称免疫球蛋白。免疫球蛋白都是由一至几个单体组成，每个单体有两条相同分子量较大的重链和两条相同分子量较小的轻链组成，链与链之间通过二硫链及非共价键链连接，如图 12-5 所示。抗体早已用在免疫检测中，其与相应抗原之间的键连接甚至比酶与其基质之间的连接更加有力，特别是与对应的抗原的连接更是如此。

3. 抗原-抗体反应

抗原-抗体结合时将发生凝聚、沉淀、溶解反应且具有促进吞噬抗原颗粒的作用。在溶液中，抗原和抗体两个分子的表面电荷与介质中的离子形成双层离子云，内层和外层之间的电荷密度差形成静电位和分子间引力。由于这种引力仅在近距离上发生作用，所以抗原与抗体分子结合时对位应十分准确，一是结合部位的形状要互补于抗原的形状；二是小心抗体活性带有与抗原决定簇相反的电荷。

然而，抗体的特异性是相对的，主要表现在两个方面，其一，部分抗体不完全与抗原决定簇相对应；其二，即便是针对某一种半抗原的抗体，其化学结构也可能不一致。尽管抗原与抗体结合是稳固的，但也是可逆的。调节溶液的pH值或离子强度，可以促进可逆反应。某些酶能促使逆反应，抗原-抗体复合物解离时，都保持自己本来的特性。

12.2.4 膜技术

膜是指能以特定形式限制和传递各种物质的分隔两相的界面。膜在生产和研究中的使用技术被称为膜技术，它包括膜分离技术和非分离膜技术。

膜分离是利用膜的特殊性能和各种分离装置单元使溶液和悬浮液中的某些组分较其他组分更快地透过，从而达到分离、浓缩的目的。非分离膜技术是指一些具有特殊性能的功能膜的应用及其他一些膜过程，如能量转换膜、反应膜、膜蒸馏等都是属于非分离膜技术。

1. 膜分离的工作原理

膜分离主要采用以下两种方法，一是根据混合物的质量、体积和几何形态的不同，用过筛的方法将其分离；二是根据混合物的化学性质不同。物质通过分离膜的速度取决于进入膜内的速度和由膜的一个表面扩散到另一表面的速度。通过分离膜的速度愈大，透过膜所需的时间越短，同时，混合物中各组分透过膜的速度相差越大，则分离效率越高。

2. 膜处理方法

膜处理方法包括以下两种。

（1）微滤（MF）膜技术。微滤膜是以静压差为推动力，利用筛网状过滤介质膜的筛分作用进行分离。

（2）超滤（UF）膜技术。超滤膜是以压差为驱动力，利用膜的高精度截留性能进行固液分离或使不同相对分子质量物质分级的膜分离技术。

3. 纳滤（NF）膜技术

纳滤膜是在反渗透膜的基础上发展起来的，因具有纳米级的孔径故名纳滤膜。

4. 反渗透（RO）膜技术

反渗透（又称高滤）过程是渗透过程的逆过程，推动力为压力差，即通过在待分离液一侧加上比渗透压高的压力，使原液中的溶剂被压到半透膜的另一侧。反渗透系统由反渗透装置及其预处理和后处理三部分组成。

5. 电渗析（ED）膜技术

电渗析是一个电化学分离过程，是在直流电场作用下以电位差为驱动力，通过荷电膜将溶液中带电离子与不带电组分离的过程。该分离过程是在离子交换膜中完成的。电渗析系统通常由预处理设备、整流器、自动控制设备和电渗析器等组成。

6. 渗透蒸发（PV）膜技术

渗透蒸发是一个压力驱动膜分离的过程，它利用液体中两种组分在膜中溶解度与扩散系数的差别，通过渗透与蒸发，达到分离目的。

7. 双极膜（BPM）技术

双极膜是由阴离子交换膜和阳离子交换膜叠压在一起形成的新型分离膜。阴阳膜的复合可以将不同电荷密度、厚度和性能的膜材料在不同的复合条件下制成不同性能和用途的双极膜，如水解离膜、二价离子分离膜、防结垢膜、抗污染膜、低压反渗透脱硬膜。表12-2列出了几种重要的膜分离过程。

表 12-2 几种重要的膜分离过程

膜分离过程	推动力	传递机理	透过物	截留物	膜类型
微滤	压力差	颗粒大小形状	水、溶剂溶解物	悬浮物颗粒纤维	多孔膜
超滤	压力差	分子特性大小形状	水、溶剂小分子	胶体和超过截留分子量的分子	非对称性膜
纳滤	压力差	离子大小及电荷	水、一价离子	多价离子有机物	复合膜
反渗透	压力差	溶剂的扩散传递	水、溶剂	溶质、盐	非对称性膜、复合膜
电渗析	电位差	电解质离子的选择传递	电解质离子	非电解质大分子物质	离子交换膜
渗透蒸发	压力差	选择传递	易渗的溶质或溶剂	难渗的溶质或溶剂	均相膜、复合膜、非对称性膜

8. 膜技术的集成应用

每一种膜技术都有其特定的性能和适用范围，能够解决一定的分离问题，但是在实际生产过程中仅仅依靠一种膜技术完成例如废水深度处理或精细物料分离之类的任务，其结果往往难以令人满意。集成各种膜技术，优化各种膜的分离性能，可以达到一种膜技术根本无法实现的效果。几种常用的膜集成技术如表 12-3 所示。

表 12-3 几种常用的膜集成技术及应用

膜集成技术	适合的工业生产
微滤、反渗透	纺织印染废水、电厂锅炉给水、电镀废水处理等
纳滤（超滤）、反渗透	皮革工业废水、化肥工业废水处理等
反渗透	氯化铵废水、酸性矿山废水处理等
电渗析、超滤、反渗透	海带废水处理等

12.3 生物传感器仪器技术及其应用

12.3.1 酶传感器

酶传感器是将酶作为生物敏感基元，通过各种物理、化学信号转换器捕捉目标物与敏感基元之间的反应所产生的与目标物浓度成比例关系的可测信号，实现对目标物定量测定的分析仪器。酶传感器由固定化的生物敏感膜和与之密切结合的换能系统组成，它把固化酶和电化学传感器结合在一起，因而具有独特的优点，它既有不溶性酶体系的优点，也有电化学电极的高灵敏度。由于酶的专属反应性，使其具有高的选择性，能够直接在复杂试样中进行测定。

1. 酶传感器的基本结构

酶传感器的基本结构单元是由物质识别元件和信号转换器组成。当酶膜上发生酶促反应时，产生的电活性物质由基体电极对其响应。基体电极的作用是使化学信号转变为电信号，从而加以检测，基体电极可采用碳质电极、Pt 电极及相应的修饰电极。

2. 酶传感器的工作原理

当酶电极浸入被测溶液，待测底物进入酶层的内部并参与反应时，大部分酶反应都会产生或消耗一种可被电极测定的物质,当反应达到稳态时,电活性物质的浓度可以通过电位或电流模式进行测定。因此,酶传感器可分为电位型和电流型两类传感器。

基团之间形成化学共价键连接,从而使酶固定的方法称为交联法。交联法将传感器表面预先组装上一层具有特定基团的载体膜,再通过偶联活化剂分别以羧基氨基键形式或席夫碱形式将酶键合到电极表面。

3. 酶的固定方法

酶的固定是一个相当重要的环节。合适的固定化方法应当满足以下条件。

(1) 酶固定化后活性应尽可能少受影响。

(2) 固定化方法对被测对象的传质阻力小。

(3) 酶固定化牢固,不易洗脱。

酶固定化方法有多种,大致可分为以下 3 类。

(1) 吸附法:将酶通过静电引力、范德华力、氢键等作用力固定在电极表面,该法过程简单,但稳定性差。

(2) 包埋法:在温和的条件下形成聚合物的同时,将酶包埋在高聚物的微小格子中,或用物理方法将其包埋在凝胶中的方法。

(3) 共价键合法:是酶蛋白分子上的官能团和固相支持物表面上的反应。

4. 酶传感器的分类

酶传感器按换能方式可分为电化学酶传感器和光化学酶传感器两种。

(1) 电化学酶传感器。基于电子媒介体的葡萄糖传感器,具有响应速度快、灵敏度高、稳定性好、寿命长、抗干扰性能好等优点,尤其受到重视。二茂铁由于有不溶于水、氧化还原可逆性好、电子传递速率高等优点,得到了广泛的研究和应用。目前研究的重点是防止二茂铁等电子媒介体的流失,从而提高生物传感器的稳定性和寿命。

(2) 光化学酶传感器。将具有分子识别功能的 β-葡萄糖苷酶和能进行换能反应的 Luminol 分别固定在壳质胺和大孔阴离子交换剂的柱中,组成流动注射系统。苦杏仁甙在 β-葡萄糖甙酶催化下分解生成的 CN-(分子识别反应)与溶解氧反应生成超氧阴离子自由基,继而同 Luminol 反应产生化学反应(换能反应)。这一新型生物传感器的化学发光强度与苦杏仁甙量在 1~200μg 之间呈良好线性关系,检出限为 0.3μg,相对标准偏差为 3.1%,并具有良好选择性。每次测定时间为 2min,β-葡萄糖甙酶柱寿命为 6 个月,Luminol 柱可使用 200 次以上。或者以碳糊为固定化载体,将 GOD 固定在碳糊电极上,制成了光导纤维电化学发光葡萄糖生物传感器。葡萄糖的酶催化反应、鲁米诺的电化学氧化和化学发光反应可以在电极表面同时发生。该传感器制作简单,响应时间仅为 10s,线性范围宽,葡萄糖浓度在 $1.0\times 10^{-5} \sim 2.0\times 10^{-2}$ mol/L 范围内与发光强度呈线性关系,检出限为 6.4×10^{-6} mol/L,可应用于市售饮料中葡萄糖的测定。

5. 酶传感器中应用的新技术

(1) 纳米技术。固定化酶时引入纳米颗粒能够增加酶的催化活性,提高电极的响应电流值。

(2) 基因重组技术。

(3) 提高传感器综合性能的其他技术。提高固定化酶活力的根本方法是保持酶的空间构象不发生改变。

12.3.2 微生物传感器

1. 微生物的特征

微生物有三大特征：体积小、繁殖快、分布广。

2. 微生物传感器的类型

微生物传感器是以活的微生物作为敏感材料，利用其体内的各种酶系及代谢系统来测定和识别相应底物。它是由固定化微生物膜和电化学装置组成的。

微生物传感器的种类很多，可以从不同的角度分类。根据微生物与底物作用原理的不同，微生物传感器可分为测定呼吸活性型微生物传感器和测定代谢物质型微生物传感器。根据测量信号的不同，微生物传感器可分为电流型微生物传感器和电位型微生物传感器。换能器输出的是电位信号，电位值的大小与被测物的活度有关，二者呈能斯特响应。基于上述分类方法，常见的微生物传感器有电化学微生物传感器、燃料电池型微生物传感器、压电高频阻抗型微生物传感器、热敏电阻型微生物传感器、光微生物传感器等，其特性如表 12-4 所示。

表 12-4 微生物传感器特性

传感器检测对象	微生物	固定法	电化学器件	稳定性/d	响应时间/min	测量范围/(mg/L)
葡萄糖	P. fluorescens	包埋法	O_2 电极	>14	10	5～20
脂化糖	B. lactofermentem	吸附法	O_2 电极	20	10	20～200
甲醇	未鉴定菌	吸附法	O_2 电极	30	10	5～20
乙醇	T. brassicae	吸附法	O_2 电极	30	10	5～30
醋酸	T. brassicae	吸附法	O_2 电极	20	10	10～100
蚁酸	C. butyricum	包埋法	燃料电池	30	30	1～300
谷酰胺酸	E. Coli	吸附法	CO_2 电极	20	5	10～800
已胺酸	E. Coli	吸附法	CO_2 电极	>14	5	10～100
谷胺酸	S. flara	吸附法	O_2 电极	>14	5	20～1000

3. 压电高频阻抗型微生物传感器

压电高频阻抗型微生物传感器是根据高频压电晶体频率对溶液介质性质变化具有灵敏的响应特性制成的。微生物在生长过程中会与外界溶液进行物质能量的交换，改变了培养液的化学成分，使得培养液的阻抗发生变化，导致培养液的电导率和介电常数改变。

4. 燃料电池型微生物传感器

在发展初期，微生物传感器的应用一直被限定为间接方式，即微生物作为生物催化剂起到一个敏感"元件"的作用，再与信号转换器相结合，成为完整的微生物传感器。而燃料电池型微生物传感器能直接给出电信号，如图 12-6 所示。

微生物在呼吸代谢过程中可产生电子，直接在阳极上放电，产生电信号。但是微生物在电极上放电的能力很弱，往往需要加入电子传递的媒介物——介体，起到增大电流的作用。

微生物可作为燃料电池中的生物催化剂。它在对有机物发生同化作用的同时，呼吸代谢作用增强并产生电子，通过介体放大电流作为介体的氧化-还原电对试剂，可以把微生物的呼吸过程直接有效地同电极联系起来。

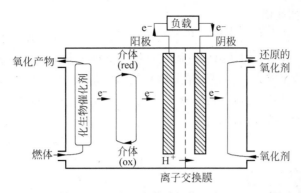

图 12-6 燃料电池型微生物传感器信号产生机理示意图

电化学氧化过程产生的流动电子,可用电流或其他方法进行测量,在适当条件下此信号即成为检测底物的依据。基于这一原理,已研制出多种燃料电池型微生物传感器。

5. 其他类型的微生物传感器

光微生物传感器,其原理是利用具有光合作用的微生物在光照作用下将待测物转变成电极敏感物质或者微生物本身释放氧的性质,将微生物固化后结合氧电极及氢电极实现对某种物质的测定。

为了使敏感膜的性能更加完善,可以使用由酶和微生物混合构成的酶-微生物混合性传感器。

利用细胞表层物质的传感器根据细胞表层上的糖原、膜结合蛋白等物质对抗体、离子、糖等的选择性识别作用,将其与细胞的电极反应相结合,研制出新型的传感器,例如变异反应传感器、识别革兰阴性菌和革兰阳性菌的传感器等。

6. 微生物传感器在环境中的应用实例

在环境监测生物传感器中,一般将整个微生物细胞如细菌、酵母、真菌用做识别元件。这些微生物通常从活性泥状沉积物、河水、瓦砾和土壤中分离出来。利用微生物的新陈代谢机能发展的微生物传感器可进行污染物的检测和分析。

(1) BOD 微生物传感器:该传感器由氧电极和微生物固定膜组成。当加入有机物时,固定化的微生物分解有机物,致使微生物呼吸作用增加,从而导致溶解氧减少,因而使氧电极电流响应下降,直到被测溶液向固化微生物膜扩散的氧量与微生物呼吸消耗的氧量之间达到平衡,才得到相应的稳定电流值。

(2) 藻类污染的监测:一种名叫查顿埃勒的浮游生物是引起赤潮的主要物种,国外已研究出监测这种浮游生物的生物传感器,其原理为检测这种生物或共代谢产物产生的化学发光效应。

(3) 硫化物微生物传感器:常用于硫化物的测定方法为分光光度法和碘量法,前者显色条件不易控制、操作烦琐;后者试剂消耗量大、成本高。

12.3.3 免疫传感器

免疫传感器是将免疫测定技术与传感技术相结合的一类新型生物传感器。免疫传感器依赖于抗原和抗体之间的特异性和亲和性,利用抗体检测抗原或利用抗原检出抗体,如图 12-7 所示。

1. 免疫传感器的结构

免疫传感器在结构上与传统生物传感器一样,可分为生物敏感元件、换能器和信号处理三部分,如图 12-8 所示。生物敏感元件固定抗原或抗体的分子层。换能器是将识别分子膜上进行的生化反应转变成光、电信号,信号处理则将电信号放大、处理、显示或记录下来。当待测物与分子识别元件特异性结合后,所产生的复合物通过换能器转变为可以输出的电信号、光信号,从而达到分析检测的目的。

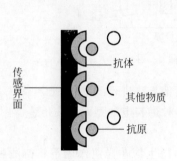 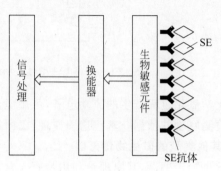

图 12-7 抗体之间的特异性结合　　　　图 12-8 免疫传感器的结构

2. 免疫传感器的特点

与传统仪器相比,免疫传感器具有以下特点。

(1) 抗原-抗体特异性结合决定了免疫传感器的高灵敏度,不受其他干扰,降低了检出下限。

(2) 检测时间短,通常只需要几分钟或几十分钟。

(3) 免疫传感器成本低,检测部门和企业容易接受。

(4) 免疫传感器轻巧方便,可随身携带。

(5) 操作简便,不需专业培训。

3. 免疫传感器的基本原理

免疫传感器的基本原理是免疫反应,利用固体化抗体(或抗原)膜与相应抗原(或抗体)的特异反应,此反应使生物敏感膜的电位发生变化。这种免疫传感器的结构原理示意图如图 12-9 所示。

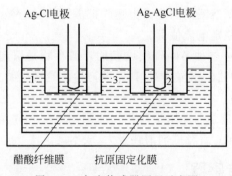

图 12-9 免疫传感器原理示意图

图中 2、3 两室间有固定化抗原膜,而 1、3 两室之间没有固定化抗原,在 1、2 两室内注入 0.9% 的生理盐水,当在 3 室内倒入食盐水时,1、2 室内电极间无电位差。若 3 室内注入含有抗体的盐水时,由于抗体与固定化抗原膜上的抗原相结合,使膜表面吸附了特异的抗体,而抗体是具有电荷的蛋白质,从而使抗原固定化膜带电状态发生变化,因此1、2室内的电极间有电位差产生。

4. 免疫传感器的种类

把免疫传感器的敏感膜与酶免疫分析法结合起来进行超微量测量。它是利用酶为标识剂的化学放大。化学放大就是指微量酶(E)使少量基质(S)生成多量生成物(P)。当酶是被测物时,一个 E 应相对许多 P,测量 P 对 E 来说就是化学放大,根据这种原理制成的传感器称为酶免疫传感器。目前一些常见免疫传感器如表 12-5 所示。

表 12-5 免疫传感器

传感器名称	被 测 物 质	受 体	变 换 器 件
免疫传感器	白腙	抗白腙	Ag-AgCl 电极
酶免疫传感器	白腙	抗白腙(放氧酶标记)	O_2 电极
酶免疫传感器	免疫球蛋白菁氨酸(IgG)	抗 IgG(放氧酶标记)	O_2 电极
免疫传感器	绒毛膜促性腺激素 HcG	抗 HcG	O_2 电极
酶免疫传感器	绒毛膜促性腺激素 HcG	抗 HcG(放氧酶标记)	O_2 电极
酶免疫传感器	甲胎蛋白(AFP)	抗 AFP(放氧酶标记)	O_2 电极
酶免疫传感器	乙型肝炎表面抗原(HbsAg)	抗 HBs(PoD)标记	I^- 电极
免疫传感器	Siphylis	心类脂质	Ag-AgCl 电极
免疫传感器	血型	血型物质	Ag-AgCl 电极
免疫传感器	各类抗体	抗原-束缚脂体(TPA$^+$标记)	TPA$^+$ 电极

免疫传感器主要有酶免疫传感器、电化学免疫传感器(电位型、电流型、电导型、电容型)、光学免疫传感器(标记型、非标记型)、压电晶体免疫传感器、表面等离子共振型免疫传感器和免疫芯片等。

1) 光学免疫传感器

光学免疫传感器可分为间接式(有标记)和直接式(无标记)两种。前者一般是用酶或荧光作标记物来提供检测信号,但因为受检测的光水平较低,所以需要复杂的检测仪器。后者占了目前使用的光学免疫传感器中绝大部分,包括衰减式全内反射、椭圆率测量法、表面等离子体共振(SPR)、单模双电波导、光纤波导、干扰仪和光栅耦合器等多种形式。

2) 压电晶体免疫传感器

压电晶体免疫传感器是利用石英晶体对质量变化的敏感性,结合生物识别系统(抗原抗体特异性结合)而形成的一种自动化分析检测系统,具有灵敏度高、特异性好、响应快、小型简便等特点。其免疫反应可分为特异性反应和非特异性反应两个阶段。压电晶体免疫传感器的基本结构如图 12-10 所示,主要由石英晶体、频率检测电路和数据处理系统等组成。

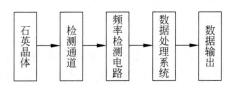

图 12-10 压电晶体免疫传感器结构示意图

3）表面等离子体共振型免疫传感器

如 12-11 图所示，该传感器包括一个镀有薄金属镀层的棱镜，其中金属层成为棱镜和绝缘体之间的界面。一束横向的磁化单向偏振光入射到棱镜的一个面上，被金属层反射后，到达棱镜的另一面。可以测量反射光束的强度，用于计算入射光束的入射角 θ 的大小。在某一个特殊的入射角度，反射光强度 ϕ_{sp} 突然下降，就在这个角度，入射光的能量与由金属-绝缘体交接面激励产生的表面等离子共振（SPR）相匹配。将一层薄膜（如生物膜）沉淀在金属层上，绝缘物质的折射系数会发生改变。折射系数依赖于绝缘物质和沉淀膜的厚度和密度的大小。测试陷波角的值，就可以推导出来沉淀膜的厚度和密度。

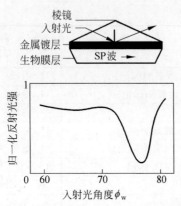

图 12-11　表面等离子体共振型免疫传感器

4）电化学免疫传感器

（1）电位测量式。这种免疫测试法的原理是先通过聚氯乙烯膜把抗体固定在金属电极上，然后用相应的抗原与之特异性结合，使抗体膜中的离子迁移率随之发生变化，从而使电极上的膜电位也相应发生改变。膜电位的变化值与待测物浓度之间存在对数关系，因此根据电位变化值进行换算，即可求出待测物浓度。

（2）电流测量式。电流测量式免疫传感器代表了生物传感中高度发达的领域，已有部分产品商品化。它们测量的是恒定电压下通过电化学室的电流，待测物通过氧化还原反应在传感电极上产生的电流与电极表面的待测物浓度成正比。此类系统具有高度敏感性，以及与浓度呈线性相关性等优点（比电位测量式系统中的对数相关性更易换算），很适于免疫化学传感。

（3）导电率测量式。许多化学反应都会产生或消耗多种离子体，从而改变溶液的总导电率，因此将一种酶固定在某种贵重金属电极上（如金、银、铜、镍、铬），在电场作用下就可以测量待测物溶液中导电率的变化。例如，当尿被尿激酶催化生成离子产物 NH_4+ 时，后者引起溶液导电率增加，其增加值与尿浓度成正比。

5．免疫传感器的发展趋势

免疫传感器的发展主要呈现以下几个趋势。

（1）标记物的种类层出不穷，从酶、荧光发展成胶乳颗粒、胶体金、磁性颗粒和金属离子等。

（2）向微型化、商品化方向发展，廉价的一次性传感器大有潜力可挖。

（3）酶免疫传感器、压电免疫传感器和光学免疫传感器发展最为迅速，尤其是光学免疫传感器品种繁多，目前已有几种达到了商品化。它们代表了免疫传感器向固态电子器件发展的趋势。

（4）向智能型、操作自动化方向发展。

（5）应用范围日渐扩大，已深入到环境监测、食品卫生等工业和临床诊断等领域。

（6）随着分子生物学、材料学、微电子技术和光纤化学等高科技的迅速发展，免疫传感器会逐步由小规模制作转变为大规模批量生产，并在大气监测、地质勘探、通信、军事、交通管理和汽车工业等方面起着日益广泛的作用。

12.3.4 基因传感器

1. 基因传感器的原理及分类

所谓基因传感器,其原理就是固定在传感器或换能器探头表面的已知核苷酸序列的单链 DNA 分子和目标 DNA 杂交,形成的双链 DNA(dsDNA)会表现出一定的物理信号,最后由换能器反映出来。目前研究和开发的基因传感器从信息转换手段可区分为电化学式、压电式、石英晶体振荡器(QCM)质量式、场效应管式、光寻址式、表面等离子谐振(SPR)光学式 DNA 传感器等。

2. 电化学式基因传感器

电化学式基因传感器是以电极为换能器,也就是将单链 DNA 控针固定在金电极、碳糊电极或玻璃电极等表面,然后浸入含有目标单链 DNA 分子的溶液中,此时电极上的单链 DNA 控针与溶液中的互补序列的目标 DNA 单链分子杂交,原理如图 12-12 所示。

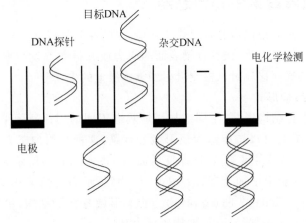

图 12-12 电化学基因传感器检测原理示意图

3. 压电式基因传感器

压电式基因传感器是把声学、电子学和分子生物学结合在一起的新型基因传感器。它的基本原理如图 12-13 所示。换能器在压电介质中激发声波,以声波作为检测的手段。压电式基因传感器的检测方式可以分为主动式和被动式两种。

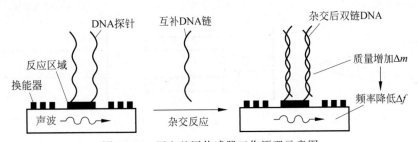

图 12-13 压电基因传感器工作原理示意图

4. 质量式基因传感器

质量式基因传感器是以石英晶体振荡器(QCM)为换能器,与电化学基因传感器一样,也是将单链的 DNA 探针固定在电极表面,且固定的方法也与前者相同,然后浸入含有被测目标单链 DNA 分子的溶液中,当电极上的 DNA 探针与溶液中的互补序列的目标 DNA 分子杂交,QCM 的振荡频率就会发生变化。

5. 场效应管式基因传感器

场效应管式基因传感器是在场效应管的栅区固定一条含有十几到上千个核苷酸单链 DNA 片段,当待测物分子与敏感栅作用时,发生电荷转移,使阈电压偏移,其改变量可用 ID 保持恒定时的漏电压表示。该传感器的灵敏度可达 ppb 级,响应时间小于 10s,便于多道测量,可微型化,实现在体测量。

6. 光寻址式基因传感器

光寻址式基因传感器是电解质、绝缘层、半导体硅衬底三层结构,当在电解质溶液与半导体衬底之间加直流偏置电压,用调制光束照射时,外部光电流与偏压及照射部位对应的光电流有关。

12.3.5 微悬臂梁生物传感器

微悬臂梁生物传感器是以微悬臂梁作为换能元件,在微悬臂梁的一面涂有生物敏感层,当被测物吸附到生物敏感层后,微悬臂梁表面的应力或共振频率发生变化。通过检测微悬臂梁的弯曲变形或共振频移就可以检测吸附到敏感层上的生物分子。

1. 微悬臂梁的结构形式

微悬臂梁具有多种结构形式,不同结构一般具有不同的用途。图 12-14 所示为几种微悬臂梁的常规形状,图 12-14(a) 所示为矩形微悬臂梁,这种结构加工方便,使用也最广泛;图 12-14(b) 所示为 T 形微悬臂梁,它增加反射面积;图 12-14(c) 所示为 U 形微悬臂梁,它增加微悬臂梁形变,一般用于加速度计;图 12-14(d) 所示为三角梁式微悬臂梁,一般用于 AFM,它的顶端有一个三角锥;图 12-14(e) 为音叉形微悬臂梁结构,主要用在角速度的检测上;图 12-14(f) 所示为桥式结构,一般用于压力测量。

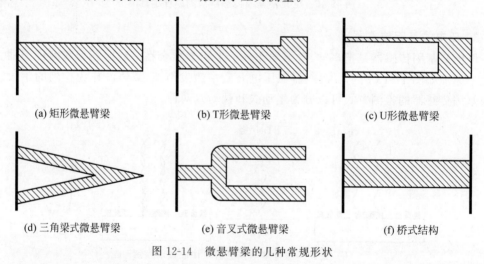

图 12-14　微悬臂梁的几种常规形状

2. 微悬臂梁的工作模式

微悬臂梁具有两种基本工作模式,分别是弯曲模式和共振模式,它们也分别被称为静态模式和动态模式,如图 12-15 所示。

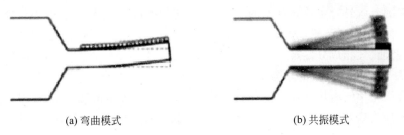

(a) 弯曲模式　　　　　　　　　　(b) 共振模式

图 12-15　微悬臂梁的两种工作模式

弯曲模式是指微悬臂梁在外界环境改变或力的作用下，其表面的质量或表面应力发生变化，引起微悬臂梁弯曲，通过检测微悬臂梁弯曲量的大小，就可以得出引起其弯曲的物理量或化学量。

共振模式是通过检测微悬臂梁共振频率的变化得到引起其共振频率变化的物理量或化学量。

3. 微悬臂梁的激励与检测方法

1) 微悬臂梁的激励方法

激励微悬臂梁振动或弯曲的方法主要有光热激励、声波激励、磁致激励和压电机械激励等 4 种。

(1) 光热激励使用光纤耦合激光束，垂直指向微悬臂梁的表面。在微悬臂梁的表面，激光束的能量被部分吸收，从而建立一个时间-温度的函数关系。如果调制激光束的密度，就会驱动微悬臂梁周期性地弯曲。

(2) 声波激励使用一个小型扬声器产生声波，声波通过空气传播到微悬臂梁后就会在微悬臂梁上造成压力差，迫使微悬臂梁振动。但是在液体环境中，液体的流动会造成声波共振，会对微悬臂梁的检测产生一定影响。

(3) 磁致激励利用螺线管产生外部磁场，外部磁场直接激励微悬臂梁振动。

(4) 压电激励是目前最常使用的激励微悬臂梁振动的方法，将压电叠堆固定在微悬臂梁固定端，当在压电叠堆上下电极之间施加交流电压时，压电叠堆由于逆压电效应，产生相应的机械变形，从而带动微悬臂梁振动。

2) 微悬臂梁形变的检测方法

外界环境的改变或者施加作用力会引起微悬臂梁的形变，要得到环境改变的情况或者作用力的大小，需要对该形变进行定量检测，一般来说，检测微悬臂梁微小弯曲的方法有光反射法、激光干涉法、电容法、压阻法和压电法。

4. 微悬臂梁传感器的应用实例

微悬臂梁最初是用于微小力的检测，主要是用在扫描力显微镜（AFM）上，如图 12-16 所示。微悬臂梁的使用使 AFM 能够检测到针尖和样品间纳米级的作用

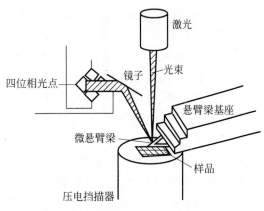

图 12-16　微悬臂梁在 AFM 上的使用

力。近年来随着微悬臂梁传感技术的不断发展，它的测量对象越来越多，不仅能用于微小力检测，还能对温度、热能、磁场和质量等物理量进行测量，应用领域也扩大到生物检验、化学分析、环境监测、气味成分鉴定、DNA 检测等场合。

5. 微悬臂梁化学气敏传感器

微悬臂梁化学气敏传感器主要分为两种传感模式，一种是形变式，即通过敏感膜吸附分子引起表面应力变化；另一种是谐振式，即依靠黏附特定的细胞引起的质量变化而改变微悬臂梁的谐振频率。

6. 微悬臂梁生物传感器

微悬臂梁生物传感器是以微悬臂梁作为换能元件，在微悬臂梁的一面涂有生物敏感层，当被测物质吸附到生物敏感层后，微悬臂梁的表面应力或共振频率发生变化。通过检测微悬臂梁的弯曲变形或共振频移就可以测量吸附到敏感层上的生物分子。

7. 基于微悬臂梁阵列的微传感器

单个微悬臂梁在使用时，只能对某一特定分析物的响应较明显，而在实际测量中，需要测量一个环境中多种分析物的质量，如果每次只测量一种分析物，那么就要多次测量，每次测量前还要更换敏感层，同时与被测环境的多次接触会破坏环境本身，影响测量结果，对于这种复杂分析物的测量，采用悬臂梁阵列能达到很好的效果。

同时，微悬臂梁阵列可以用其中一些梁作为参考，这些梁对分析物不起反应，将响应的微悬臂梁变化减去这些没有变化的梁，就可以排除背景信号和其他一些因素的干扰，实现差分测量。基于微悬臂梁阵列的生化传感器具有许多独特的优点，如灵敏度非常高、选择性多、可批量生产、价格低廉、操作简便、快速、动态响应得到改善、尺寸大大缩小、高精度、高可靠性、易制作成多元素的传感器阵列以及可实现电子、机械系统集成的芯片等，并且不需要对样品进行预处理。

小结

生物传感技术是一门由生物、化学、物理、医学、电子技术等多种学科互相渗透成长起来的高新技术，在生物医学、环境监测、食品、医药及军事医学等领域有着重要应用价值。

生物传感器是一种对生物物质敏感并将其浓度转换为电信号进行检测的仪器，由固定化的生物敏感材料作识别元件（包括酶、抗体、抗原、微生物、细胞、组织、核酸等生物活性物质）、适当的理化换能器（如氧电极、光敏管、场效应管、压电晶体等等）及信号放大装置组合在一起，用现代微电子和自动化仪表技术进行生物信号的再加工，构成各种可以使用的生物传感器分析装置、仪器和系统。

生物传感器通过被测定分子与固定在生物接收器上的敏感材料（称为生物敏感膜）发生特异性结合，并发生生物化学反应，产生热焓变化、离子强度变化、pH 值的变化、颜色变化或质量变化等信号，产生信号的强弱在一定条件下与特异性结合的被测定分子的量存在一定的数学关系，这些信号经换能器转变成电信号后被放大测定，从而获得被测定分子的量。

酶传感器是将酶作为生物敏感基元，通过各种物理、化学信号转换器捕捉目标物与敏感基元之间的反应所产生的与目标物浓度成比例关系的可测信号，实现对目标物定量测定的分析仪器。

免疫传感器是将免疫测定技术与传感技术相结合的一类新型生物传感器。免疫传感器依赖于抗原和抗体之间的特异性和亲和性,利用抗体检测抗原或利用抗原检出抗体。

微悬臂梁生物传感器是以微悬臂梁作为换能元件,在微悬臂梁的一面涂有生物敏感层,当被测物吸附到生物敏感层后,微悬臂梁表面应力或共振频率发生变化。通过检测微悬臂梁的弯曲变形或共振频移就可以测吸附到敏感层上的生物分子。

习题

1. 举例说明你所知道的生物传感器。
2. 生物传感器的特点有哪些,而其中哪几个又是最突出的特点?
3. 试结合文献阐述生物传感器的特点及其应用。
4. 请列举影响反应速度的各种因素。
5. 试说明温度变化时,反应速度都如何变化。
6. 阐述微生物反应与酶反应的异同点。
7. 简述抗原的理化性状。
8. 简述抗体的结构与特性。
9. 简述抗原-抗体反应的基本原理。
10. 试简述膜分离技术的工作原理,并分析各技术的适用场合。
11. 试列举酶传感器的特点。
12. 举例说明酶的固定方法,并思考如何将各种方法联合使用。
13. 通过查找资料,试列举酶传感器的应用。
14. 简述微生物反应与酶反应的异同点。
15. 简述微生物的特征及微生物传感器的分类。
16. 简述常见的微生物传感器及其工作原理。
17. 阐述免疫传感器研究现状。
18. 试列举目前免疫传感器存在的主要缺陷。
19. 除了文中所提到的内容外,免疫传感器还将向哪方面发展以及有可能在哪方面得到广泛应用?
20. 试说明免疫传感器的发展如何更好地形成商品化和产业化。
21. 关于基于免疫反应的传感器的研究与发展还可能产生哪些创新?
22. 试简述基因传感器的原理。
23. 结合几种基因传感器的工作特性,试分析其优缺点及发展方向。
24. 简述微悬臂梁生物传感器的工作原理。
25. 简述微悬臂梁的几种结构形式,以及不同结构具有的不同用途,简述微悬臂梁传感器的多种应用。

第 13 章 量子传感器的原理与应用
CHAPTER 13

13.1 量子力学的起源

量子物理学起源于 19 世纪末 20 世纪初,是研究微观粒子(分子、原子、原子核、基本粒子)运动规律的理论,它是在总结大量实验事实和旧量子论的基础上建立起来的近代物理学理论。

当时的背景正如著名科学家开尔文在题为"在热和光动力理论上空的 19 世纪乌云"的报告中所说的那样"在物理学阳光灿烂的天空中漂浮着两朵小乌云"。所谓"灿烂阳光的天空"指的是当时的物理学大厦已经很完美,牛顿力学、麦克斯韦方程、光的波动理论、热力学理论和统计物理学理论。"两朵乌云"指的是经典物理在光以太和麦克斯韦-玻尔兹曼能量均分学说上遇到的难题。"第一朵乌云"是迈克尔逊-莫雷实验,目的在于测量以太相对于地球的漂移速度,但实验结果却无情地否定了以太的存在,使这根支撑经典物理大厦的梁柱面临崩塌的危险。这个实验是物理史上最有名的"失败的实验"。"第二朵乌云"是黑体辐射实验结果和理论不一致,正是这朵"乌云"成为了量子物理学发展的主线,导致了量子论的诞生。而前者则导致了相对论的诞生。

在当时,从不同出发点导出的黑体辐射谱的公式有两个,其中从粒子角度推导的维恩公式在高频区与实验符合得很好,而从波动角度推导的瑞利-金斯公式在低频区与实验符合得很好。这两个公式分别在各自的范围内起作用,对此人们感到很困惑。时任柏林大学理论物理研究所主任的普朗克在长期研究经验的基础上,对两个公式采用内插法提出了一个能适用于整个频率区的新公式。该研究成果于 1900 年 12 月 14 日发表(该日期现已作为量子力学的诞生日)。他在该公式中做了一个大胆的、革命性的假设,即能量在发射和接收的时候,不是连续不断的,而是分成一份一份的。这个基本单位一开始被普朗克称为能量子,但不久他又在论文中改称为量子,从此拉开了量子理论的研究序幕。

在 1963 年第 11 届国际计量大会上,国际计量局(BIPM)提出用光波波长取代实物基准米原器,使米的计量准确度提高到 10^{-9} 量级,从此,基本计量单位进入了量子计量基准的时代。因此我们可以将量子传感技术的起源大致定位在这个时间。目前,在 7 个国际计量单位(m、kg、s、A、K、cd、mol)中,具有最高准确度的量子计量基准是时间频率基准。而尚未进行量子化的国际计量单位仅存有一个,即质量单位——kg,目前国际计量局向全球科学家发出号召,希望早日攻克这一难关。量子计量基准的核心内容是量子传感技术,而量子传感技术的核心内容是量子物理学,量子物理学的基础是量子力学。为避开烦琐的理论推导,这里仅对量子物理学中与量子传感技术有关的内容进行简要介绍。

13.2 量子传感技术的经典量子力学基础

1. 能量子假设

普朗克于1900年10月下旬发表的论文中第一次提出了黑体辐射公式。他随后在12月14日的德国物理学会的例会报告中说:"为了从理论上得出正确的辐射公式,必须假定物质辐射(或吸收)的能量不是连续地,而是一份一份地进行的,并只能取某个最小数值的整数倍"。这个最小数值就叫能量子,辐射频率是 ν 的能量的最小数值,即

$$\varepsilon = h\nu \tag{13-1}$$

式(13-1)中的 h 就是著名的量子常数,称为普朗克常数,现已成为现代物理学中最重要的3个基本物理常数之一(另外两个是万有引力常数 g 和光速 c)。

2. 光子理论

在光电效应的早期研究中,人们是用光照射特定的金属而打出电子。在当时的实验中发现,能否打出电子取决于光的频率,因此存在着临界频率,而打出电子的多少则取决于光的强度。如何解释这些明确的实验结果在当时成了一个难题,主要是因为这样的结果与经典物理学中的波动理论是相矛盾的。经典力学理论总是把研究对象明确地区分为两类——波和粒子,前者的典型例子是光,而后者则是常说的物质。通常,两者的界限很清晰。为解释光电效应,爱因斯坦受普朗克量子理论的启发,在1905年提出了光电效应的光量子理论,他认为光的能量是以量子或光子的形式表现出来的,其行为更接近粒子。

根据式(13-1)可知,频率越高的光(如紫外光)的单个量子的能量要比频率越低的光(如红外光)含有更多能量,因此,当它作用到金属表面时,就能够激发出拥有更大动能的电子来。而量子本身的能量同光的强度无关。比如,对低频光来说,它的每一个量子都不足以激发出电子,那么,不论光的强度有多大,也就是说即使含再多的光量子也无法打出电子。直到1915年,密立根通过实验证实光量子理论是错误的,但实验结果却意外地证实了爱因斯坦理论的正确性,光电现象都明确地表现出量子化的特征。

1923年,康普顿在研究X射线被自由电子散射时发现一个奇怪的现象(康普顿效应):散射出来的X射线分成两部分,一部分和原来的入射线波长相同,而另一部分却比原来的射线的波长要长,且同散射角成函数关系。用光量子理论推导的波长变化值与实验结果完全吻合。人们开始意识到光波可能同时具有波和粒子的性质。

3. 原子光谱与玻尔模型

氢是最轻的原子,氢原子光谱在人类对原子结构认识的过程中起到了重要的作用。1853年埃斯特朗首先发现了最强的一根谱线。1885年巴尔末对已观察到的14条氢光谱线的规律性进行了研究,获得了波长的表达式,但当时的原子模型理论不能解释原子光谱可具有离散的线光谱的现象。氢原子的电子轨道及能级如图13-1所示。

丹麦物理学家玻尔受普朗克和爱因斯坦学说以及巴尔末公式的启发,在1913年提出了如下假设。

(1) 原子只能处在一些具有确定的离散值的能量状态中。

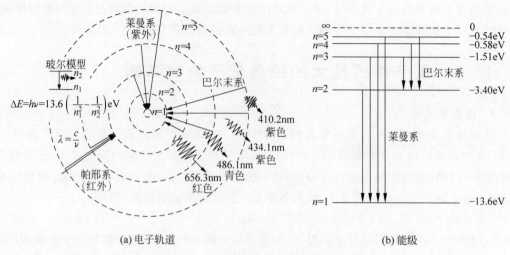

(a) 电子轨道   (b) 能级

图 13-1 氢原子的电子轨道及能级示意图

（2）角动量量子化条件，即原子中电子的轨道角动量是量子化的。

（3）当原子从一个定态跃迁到另一个定态时，原子的能量状态发生改变，这时原子才发射或吸收电磁辐射，所发射或吸收辐射的频率要服从频率规则。

将玻尔的 3 个假设与卢瑟福核式模型结合在一起，就可推导出氢原子的能级，然后还能推导出原子中电子的轨道半径。当原子中的电子由较高能级 E_n 跃迁到较低能级 E_m 时，就会产生电离辐射而发射光子，根据玻尔的频率条件可得光子的能量为

$$h\nu = E_n - E_m, \quad n > m, \quad m = 1, 2, 3, \cdots \tag{13-2}$$

式(13-2)中的 n 和 m 都是整数，即这些能级的跃迁是量子化的行为。反过来，当电子吸收了能量，也可以从能量低的状态跃迁到能量高的状态。玻尔的公式与基于实验结果的巴尔末公式完全符合（误差小于 0.1%），这使他的理论有了坚实的基础。更重要的是，玻尔的模型预测了一些新的谱线的存在，这些预言又很快被实验物理学家们所证实。

4. 物质的波粒二象性

玻尔的理论虽然能解释氢原子光谱，给出里德伯常量，但还不符合经典带电粒子的运动规律，因此，还必须有新的理论。

德布罗意假设在玻尔原子模型中，原子中电子的角动量、能量都出现了一些整数，德布罗意把这种整数现象同波的特征联系起来，如波的驻波现象、衍射现象等。他认为氢原子中电子轨道角动量的量子化恰恰反映出电子的波动性特征。德布罗意在 1924 年所提交的博士论文中提出一个惊人的假设，即"物质波"假说。他认为和光一样，一切物质都具有波粒二象性。当然，电子也可以具有波动性。应该说这个假设太奇妙了，它质疑了粒子不能波动的传统观点。德布罗意提出，机械能量为 E，动量为 p 和静止质量为 m_0 的粒子与波的频率和波长之间的关系为

$$\begin{cases} E = h\nu \\ p = \dfrac{h\nu}{c} = \dfrac{h}{\lambda} \\ E^2 = p^2 c^2 + m_0^2 c^4 \end{cases} \tag{13-3}$$

其中，c 为光速。德布罗意认为，玻尔原子模型中允许的电子轨道必须是那些具有稳定的驻波的轨道，即轨道的长度必须是波长的整数倍，这样就可由波长和动量之间的关系式推出玻尔的量子化规则。他还大胆预言，当电子穿过小孔或者晶体的时候会产生可观测的衍射现象。

戴维逊和革末在 1927 年合作完成了镍晶体的电子衍射实验，发现被镍晶体散射的电子，其行为和 X 射线衍射完全一样，如图 13-2 所示。这个实验对电子的德布罗意波给出了明确的验证，证明了德布罗意公式的正确性。

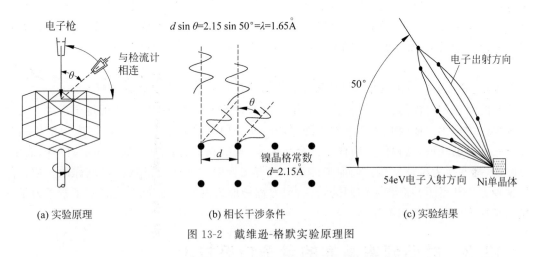

图 13-2　戴维逊-革末实验原理图

同年，汤姆逊用一窄束阴极射线打在金属薄箔（厚度为 nm 量级）上，在薄箔后面垂直于电子束方向放置的胶片接收散射电子，经过显影后在底片上得到了衍射图形。根据 X 射线衍射的数据可以知道金属的晶格结构，计算的电子波长和由德布罗意公式预测的波长的误差在 1% 以内。该实验也证实了电子衍射的存在。

5. 不确定性原理

不确定性原理在我国教材中多译为"测不准原理"。德国物理学家海森堡坚定地认为，物理学的理论只能够从一些可以直接被实验观察和检验的结果开始。因此，他对玻尔的原子模型提出了一点疑问，根据玻尔理论所观测到的结果仅是能级差或轨道差，是个相对值；而不是我们真正想得到的能级或轨道这样的绝对量。那么，问题出在哪里呢？海森堡另辟蹊径，他从电子在原子中的运动出发，发现跃迁电子的频率必然要表示成两个能级的函数，而这个函数竟然有两个坐标，必须用二维表格表达。于是，他采用矩阵理论进行研究，即每个数据都用行元素和列元素表示，并运用矩阵理论推导出了原子能级和辐射频率。更重要的是，他发现他所研究的矩阵不符合交换律，能正确解释这一问题就是取得重大突破的关键所在。波粒二象性所导致的一个必然结果就是在任何时候都不可能得到一个量子体系的全部信息，例如，在双缝干涉实验中可以选择让光通过双缝来测量光的特性而无法知道光子从哪个狭缝通过，或者牺牲干涉的可能性而只观测光子是从哪个狭缝通过的，但永远不可能把这两件事同时完成。海森堡最先认识到这一问题，他用一种很特别的方式解释了这种测量的不确定性。他指出，测量光子通过哪个狭缝其实就是测量光子到达显示屏的位置，而观察干涉现象则是测量光子的动量。根据波粒二象性，不可能同时测出一个量子对象的位置和时间，所以他在 1927 年提出了不确定性原理。

海森伯的不确定性原理是通过一些实验来论证的。设想用一个 γ 射线显微镜来观察一个电子的坐标，因为 γ 射线显微镜的分辨本领受到波长 λ 的限制，所用光的波长 λ 越短，显微镜的分辨率越高，从而测定电子坐标不确定的程度 Δq 就越小，所以 Δq∝λ。但另一方面，光照射到电子，可以看成是光量子和电子的碰撞，波长 λ 越短，光量子的动量就越大，所以有 Δp∝1/λ。经过推理计算得出

$$\Delta q \times \Delta p = \frac{h}{4\pi} \tag{13-4}$$

由式(13-4)可知，在确知电子位置的瞬间，关于它的动量我们就只能知道相应于其不连续变化的大小的程度。于是，位置测定得越准确，动量的测定就越不准确，反之亦然。不久，海森堡又发现了能量 E 和时间 t 之间的不确定性关系，即

$$\Delta E \times \Delta t > h \tag{13-5}$$

直至今日，式(13-4)和式(13-5)仍是研究时间频率计量基准的主要理论依据。

与海森堡同时代的物理学家狄拉克敏锐地认识到不符合矩阵交换律的量子现象才是海森堡理论的精华。他抛开海森堡的矩阵方法转而采用算符方法进行研究，即应用泊松括号建立一种新的代数，这种代数同样不符合交换率，狄拉克把它称为 q 数。动量、位置、能量、时间等，都变换为这种 q 数。而原来体系中符合交换率的那些变量被狄拉克称做 c 数。他用这种方法获得了与海森堡相同的结论，但方程的形式更加简洁，同时也证实了量子力学其实与经典力学是一脉相承的。

13.3 时间频率基准的量子传感技术

时间频率是 7 个国际基本单位(SI)之一，单位为秒(s)。根据 2018 年第 26 届国际计量大会(CGPM)上的定义，秒等于未受干扰条件下铯-133(133Cs)原子在稳定基态两个超精细能级之间跃迁 9 192 631 770 个辐射周期持续的时间。人们在追求缩小体积、增强实用性方面提出相干布局囚禁(CPT)原子钟。随着激光冷却和原子囚禁技术的发展，使光频测量成为可能，进而发展了新一代准确度更高的时间传感技术——光钟。目前时间频率的测量是所有量值计量中的精度最高者，可达 10～15 量级。

13.3.1 原子频标的基本原理

原子频标也称量子频率标准，是构成原子钟的核心部分，它利用原子的能级跃迁产生的稳定的辐射频率来锁定外接振荡器频率。图 13-3 所示为其硬件模块原理，这是一个闭环反馈控制系统。一个受控的标准频率发生器输出的信号经倍频和频率合成后成为频率接近原子跃迁频率的信号，用来激励原子产生吸收或激发的频率信号，达到共振状态。

原子钟的主要性能指标是输出频率的稳定度和准确度。频率稳定度与采样周期的长短有关，短期稳定度主要取决于输出信号的频率噪声，而长期稳定度则取决于影响原子频率的物理因素。

13.3.2 原子频标的物理基础

1. 原子光谱的精细结构

所谓精细结构是指用分辨本领高的光谱仪观察原子光谱时，发现原来的一条谱线实际

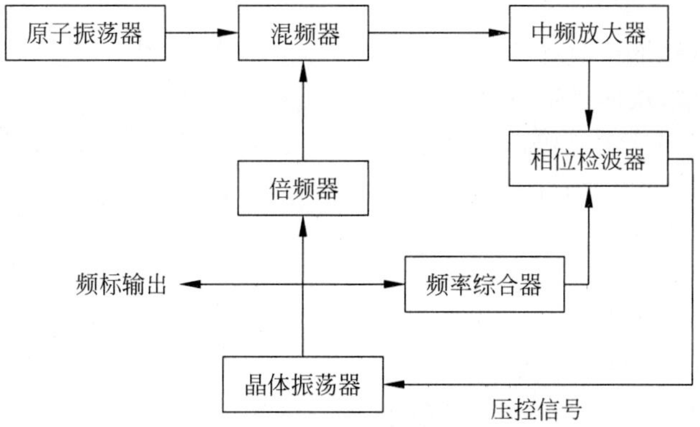

图 13-3 原子频标硬件模块原理框图

上包含着两条或多条波长非常接近的谱线。由于电子层是不连续的,所以,电子迁跃所放出的能量也是不连续的(量子化的),这种不连续的能量在光谱上的反映就是线状光谱。在现代量子力学模型中,描述电子层的量子数称为主量子数或量子数 n,n 的取值为正整数 1、2、3、4、5、6、7,对应符号为 K、L、M、N、O、P、Q。对氢原子来说,n 一定,其运动状态的能量一定。一般而言,n 越大,电子层的能量越高。

2. 原子光谱的超精细结构

在越来越多的光谱实验中,人们发现,电子在两个相邻电子层之间发生迁跃时,会出现多条相近的谱线,这表明,同一电子层中还存在能量的差别,这种差别,就被称为电子亚层,也叫能级。如果用更加精细的光谱仪观察氢原子光谱,就会发现,原来的整条谱线又有裂分,这意味着量子化的两电子层之间存在着更为精细的层次。每一电子层都由一个或多个能级组成,同一能级的能量相同。从第一到第七周期的所有元素中,人们共发现 4 个能级,分别命名为 s、p、d、f。

3. 量子传感技术中常用的几种原子的超精细能级结构

图 13-4~图 13-6 所示为时间频率计量基准中常用的铷、氢、铯等原子的超精细能级结构图。

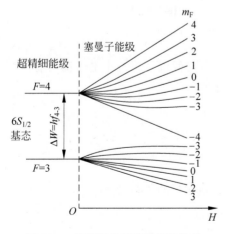

图 13-4 铯原子的超精细能级结构

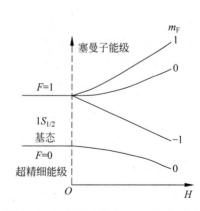

图 13-5 氢原子的基态超精细能级结构

4. 电子自旋

1921年施特恩和格拉赫提出一个实验方案,如图13-7所示,从加热炉O中发出一束氢原子蒸气(由于炉温不很高,故原子处于基态),原子速度满足一定值,氢原子先后穿过两个狭缝后即得到沿 x 方向运动的速度为 v 的氢原子束。原子束穿过磁场区最后落在屏上。该实验目的是直接显示原子的空间量子化并测量原子的磁矩。该实验验证了空间量子化的存在,并测量了原子磁矩。

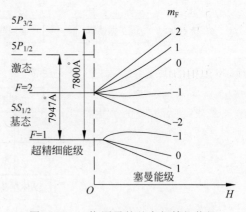

图 13-6 铷原子的基态超精细能级

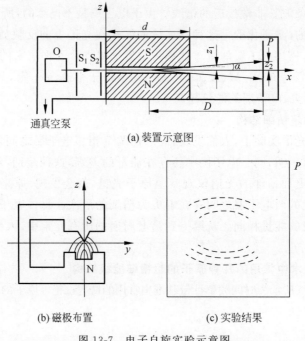

(a) 装置示意图

(b) 磁极布置   (c) 实验结果

图 13-7 电子自旋实验示意图

1925年,乌伦贝克和古德斯密特提出了原子自旋假说。每一个电子都具有内禀角动量 S_Z,它在空间任何方向上的投影只可能取两个数值

$$S_Z = \pm \frac{\bar{h}}{2} \tag{13-6}$$

式中: $\bar{h} = \dfrac{h}{2\pi}$,也叫普朗克常数。

假设每个电子都具有自旋磁矩 μ_s,它和自旋角动量的关系为

$$\mu_s = -\frac{e}{m}S \tag{13-7}$$

式中: m ——质量(g);

e ——电子的基本电荷(通常取 1.6×10^{-19} C)。

后来的大量实验都证明了这两条假设是正确的,从而证实了电子自旋的存在。

5. 塞曼效应

1896 年塞曼观察到,将钠光源放在磁场中,在磁场外垂直于磁力线方向用光谱仪测量谱线,发现钠的谱线会变宽,这就是塞曼效应。这个效应是很小的,当时的谱线宽度只为 0.22nm。该效应表明磁场能改变电磁波的振荡频率。图 13-8 是塞曼效应的原理图,图中由电矢量 E 表示谱线的极化特性。洛伦兹对塞曼效应做出了合理的解释。直至现在,双频激光干涉仪还是应用塞曼效应产生两个频率的激光。

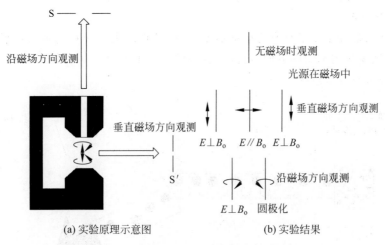

图 13-8 塞曼效应原理示意图及实验结果

6. 斯塔克效应

原子或分子在外电场作用下能级和光谱发生分裂的现象,称为斯塔克效应。具体地讲,就是在电场强度约为 $105V/cm$ 时,原子发射的谱线的图案是对称的,其间隔大小与电场强度成正比。在此之前,塞曼等科学家也做过此类研究,但都失败了。斯塔克在凿孔阴极后仅几毫米处放置了第三个极板,并在这两极之间加了 20 000V/cm 的电场,然后用分光计在垂直于射线的方向上测试,观察到了光谱线的分裂。图 13-9 所示为氢原子斯塔克效应的谱线分裂图。

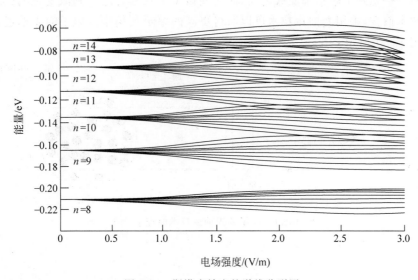

图 13-9 斯塔克效应的谱线分裂图

13.3.3 原子的态选择技术

为了对不同能级的原子进行区分,就必须把高低能态的原子的数目加以改变。改变原子在两个能级的相对数目称为态制备。目前,微波原子共振器中所采用的态制备方法有两种,磁选态和光抽运。前者利用在非均匀磁场中不同状态原子形成不同轨迹,把所需原子从空间中选择出来。后者利用特殊的光选择吸收作用,把大部分原子变成所需状态原子,可以得到更高的原子利用率。

1. 磁选态技术

磁选态技术是基于原子具有磁偶极矩的特点,使它们进入非均匀强磁场后就像大量的小磁铁一样,被偏转到不同的方向,可以选其中的一类用于原子共振器。图 13-10 所示为原子的磁选态技术原理示意图。

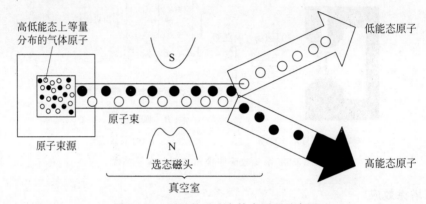

图 13-10 原子的磁选态技术原理示意图

2. 光抽运技术

光抽运态选择技术要求原子有一个以上的共振,其中只有一种共振对应于微波频率,是微波共振器所需要的,而另一种共振对应于红外或可见光频率。即微波共振器所需要的共振发生在原子基态两个超精细能级之间,而光共振发生在基态之一到激发态的跃迁。相对于磁选态技术而言,采用光抽运技术可以获得更高的原子利用率。原子的光抽运技术原理示意图如图 13-11 所示。

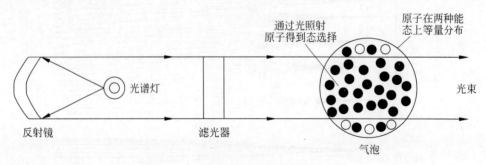

图 13-11 原子的光抽运技术原理示意图

13.3.4 传统型原子频标

1. 光抽运气室频率标准的原理

光抽运气室频标是用碱金属原子基态两个超精细结构能级之间跃迁的辐射频率作为标准频率,它处于微波波段。在磁场中,这两个能级都有塞曼分裂。标准频率的跃迁是其中受磁场影响最小的两个磁子能级之间的跃迁。若用合适频率的单色光照射原子系统,基态一个超精细能级上的原子被共振激发而辐射回到基态,可能落到所有能级,原子就会集中到一个基态能级,极大地偏离玻尔兹曼分布,这就是光抽运效应。典型的能产生光抽运效应的原子有铯原子和铷原子。

铷原子有两种稳定的同位素 ^{85}Rb 和 ^{87}Rb,其丰度分别为 72.2% 和 27.8%。它们各有 3036MHz 和 6835MHz 的两个超精细能级,^{87}Rb 的能级结构如图 13-6 所示,而图 13-12 所示为 ^{85}Rb 和 ^{87}Rb 的能级简化结构及其共振光的频率分布,图中的 A、B 线由 ^{85}Rb 产生,a、b 线由 ^{87}Rb 产生。A、a 两线有较多的重合,而 B、b 线则重合较少。因此,若 ^{87}Rb 原子发出的光透过一个充 ^{85}Rb 原子的滤光泡,a 线就会比较多,而剩下较强的 b 线。^{87}Rb 在这种光的作用下就会有较多的下能级原子被激发,使更多的原子聚集在超精细能级结构的上个能级上,从而实现了光抽运效应。

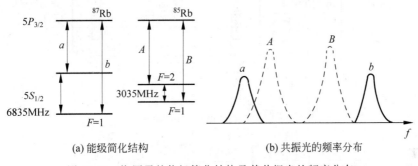

图 13-12 铷原子的能级简化结构及其共振光的频率分布

激光抽运铯原子束频标的结构如图 13-13 所示。由铯炉喷出的铯原子束经准直后,在进入微波作用区前抽运光束相互作用。来自激光器并被偏振的、具有几毫瓦功率的激光束在半透明薄片作用下分为两部分。进入谐振腔的原子束与激光束相互作用,这就是原子与

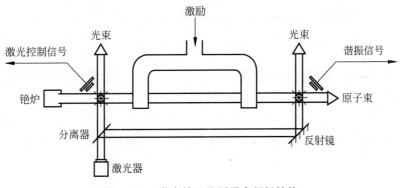

图 13-13 激光抽运铯原子束频标结构

光的相互作用区。它们产生的磁场与作用区中的磁场平行,跃迁取决于光学选择。当谐振腔内电磁场频率与超精细跃迁相符时,原子在两个超精细能级之间发生跃迁,打破了原有的原子在能级上的平衡分布,又发生新的光吸收,使光电信号产生变化。这种周期性的信号就是原子钟信号。

2. 磁选态分析型铯原子束频率标准的原理

原子束频标的工艺要求高、技术难度大。图 13-14 所示为磁选态分析型铯原子束频率标准的原理示意图。铯原子从铯炉中经大量细长管子组成的准直器,以较小发散角的原子束的形式流出,穿过由不均匀强磁场形成的 B 分析磁场区。由于处于基态的两个超精细结构能级上的原子带有不同的磁矩,在不均匀强磁场中偏转分成两束,其中一束进入带有 C 场和微波谐振腔,在那里与微波辐射场进行两次相互作用而完成跃迁。跃迁后的原子经过 B 分析磁场后偏向检测器,而未经跃迁的原子则被偏离开。检测器上跃迁频率与微波频率的关系呈 Ramsey 曲线,如图 13-15 所示。热离化丝把中性铯原子离化为离子后再加以收集。微波腔内加辐射场的目的是使原子发生跃迁,这样,才能在热离化丝上检测到频率信号。

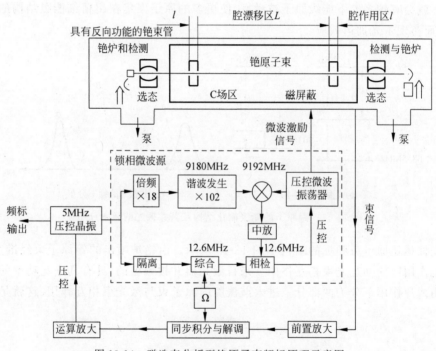

图 13-14 磁选态分析型铯原子束频标原理示意图

在用 Ramsey 分离场技术获得的跃迁原子信号中,线宽取决于原子飞过谐振腔中漂移区(两微波相互作用区之间的长度 L)的时间 T,由此可见,T 越大,线宽越小,频率越稳定。而 T 与原子速度 v 有关,即 $T=L/v$,这样,增大 T 的有效途径是降低 v。通常,原子的速度在数百米每秒的量级。问题的关键在于如何让原子减速。于是,激光冷却原子的技术应运而生。

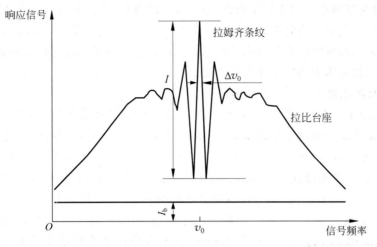

图 13-15　铯原子束管谐振曲线

13.3.5　新一代原子频标

1. 激光冷却原子技术

激光冷却原子技术的基本原理是利用了激光对中性原子产生的散射力和偶极力效应。根据多普勒效应,原子迎着激光束运动时,从激光束吸收光子,而速度会降下来,然后各向同性地辐射。顺着激光束运动的原子则很难吸收光子,运动速度降不下来而跑掉了。在各种激光冷却方法中,多普勒冷却的原理最简单,也最容易实现。所谓的多普勒激光冷却,就是用激光束照射原子束,使原子束与激光束中的光子相向而行,不断进行碰撞。如图 13-16 所示,谐振频率为 f_0 的原子受两束频率相同、强度相等、方向相反的单色光作用。光子和原子的每一次碰撞都可以看成是原子吸收和发射光子的循环。

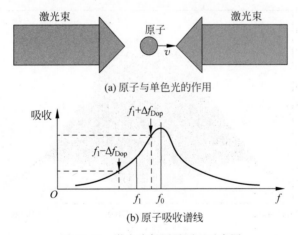

图 13-16　激光冷却原子原理示意图

循环中原子会因吸收了相向而行的光子而使得其动量减小,同时在相互作用过程中又会引起原子的跃迁过程,产生光子辐射,但是所辐射的光子是随机的,方向朝着四面八方,这并不增加原子的动量。从总体效果上看,原子与激光场的相互作用,会使得迎着激光束方向上原子的运动速度减小。对于原子而言,迎面而来的激光"看起来"频率有所增大,此即为多普勒效应。因此,只有适当降低激光的频率,使之正好适合运动的原子固有频率,才能满足原子的跃迁要求,形成吸收和发射光子的过程。该技术可应用到激光对原子束减速、冷原子团的激光操纵、激光阱中的原子俘获等方面。

2. 原子喷泉技术

原子喷泉原本是在 20 世纪 50 年代为解决原子频率基准腔相位差频移的一种巧妙设想,即让原子束先是垂直向上穿越微波腔,然后,在重力场中自由下落,穿过同一微波腔后产生 Ramsey 共振。显然,由于工艺技术及装置方面的原因,高速原子形成喷泉后很难再回落入微波腔中,因此,激光减速原子就成为必备条件。20 世纪 80 年代末,随着光学黏团和磁光阱技术的成熟,产生了简单易行的形成原子喷泉的方法。这种方法是先在汽室中用磁光阱(Magneto-Optical Trap,MOT)技术形成金属蒸气冷原子团,然后用光学黏团(Optical Molasses,OM)中的偏振梯度冷却得到约几 μK 的超低温原子团。此时原子运动的平均距离仅为每秒几厘米。在此基础上,利用运动光学黏团方法把原子以低于 5m/s 的速度上抛,在其自由下落时形成原子喷泉。这是一种间歇的喷泉,原子团两次经过微波谐振腔,发生跃迁,对跃迁的原子进行检测,然后再重新获得冷原子团,一个工作周期约耗时 1s。我国研制的 MOT 由 6 束相互反向的圆偏振激光和反向电流亥姆霍兹线圈组成。图 13-17 所示为原子喷泉的工作原理。图 13-18 是冷原子喷泉的 Ramsey 谐振图形(铯原子情形)。

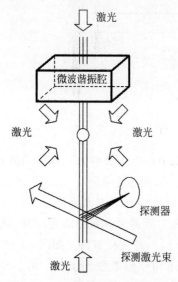

图 13-17 铯原子喷泉的工作原理

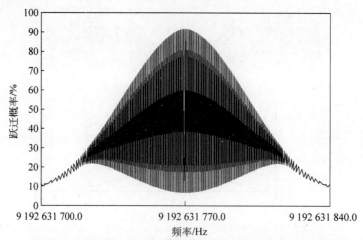

图 13-18 冷原子喷泉的 Ramsey 谐振图形

由原子喷泉技术制成的原子钟是目前国际上最好的,数据准确度是 5×10^{-16},其频率稳定度误差主要来源于冷原子团中的原子间的自旋交换碰撞而产生的频移,通过改变冷原子团的形状等方法可以有效地减小该项误差。有人认为用这种方法实现的时间频率测量基准已接近极限程度,也有人认为还有相当的提高空间。无论如何,再往下进行研究工作的难度将是相当大的。

3. 光频传感技术

在 2006 年的国际计量委员会(CIPM)会议上,确定了 4 个原子或离子的光学跃迁频率作为国际单位制秒定义的二级标准,意味着光钟将有很好的发展前景。如图 13-19 所示,光钟也有两个基本组成单元,振荡器和计数器。其中,振荡器又可分为三个部分、稳频激光器、锁定稳频激光器的鉴频装置、能将光学频率和原子频标联系到一起的频率分配器(利于光钟与微波钟之间进行比对)。激光线宽由很好隔离的光腔压缩,并被稳定到原子跃迁中心。光频梳把激光的频率精确地传递到其他光频和微波频段。

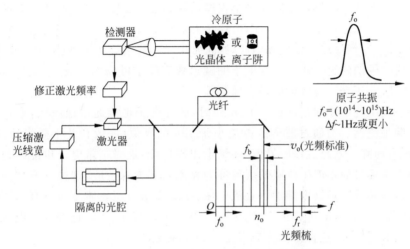

图 13-19 基于光频原理的时间频率传感技术

13.4 超导量子干涉器件(SQUID)及其应用

超导量子干涉器件(Superconducting Quantum Interference Device,SQUID)是 20 世纪 60 年代中期发展起来的一种磁敏传感器。它是以约瑟夫逊(Josephson)效应为理论基础,用超导材料制成的在超导状态下检测外磁场变化的一种新型磁测装置。就其功能而言,SQUID 是一种磁通传感器,可用来测量磁通及可转变成磁通的其他物理量,如电流、电压、电阻、电感、磁感应强度、磁场梯度、磁化率、温度、位移等。由于 SQUID 的灵敏度取决于其内在的超导量子干涉机理,它可以测量到其他仪器无法感知的微弱电磁信号。目前,低温 SQUID 的磁场灵敏度达到 1×10^{-15} T(比较:地磁场强度约为 5×10^{-5} T),高温 SQUID 达到 1×10^{-14} T。

13.4.1 超导现象与约瑟夫森效应

1911 年,荷兰物理学家 H. Kamerlingh-Onnes 发现了汞的超导现象。汞的电阻在 4.2K 左右的低温时急剧下降,以致完全消失(即零电阻)。超导现象引起了各国科学家的关注和研究,通过研究人们发现,所有超导物质(如钛、锌、铊、铅、汞等)当温度降至临界温度(超导转变温度)时,都会表现出一些共同特征,如电阻为零和完全抗磁性。具有超导特性的金属称为超导体。超导体的形状可以根据需要制作而成。

由于电子等微观粒子具有波粒二象性,当两块金属被一层厚度为几十至几百埃的绝缘介质隔开时,电子等都可穿越势垒而运动。加电压后,可形成隧道电流,这种现象称为隧道效应。1962 年,在剑桥大学读研究生的约瑟夫森研究了两块超导体被一薄绝缘层分开的 S-I-S 结,从理论上预言,在把上述装置中的两块金属换成超导体后,当其介质层厚度减少到 30Å 左右时,由超导电子对的长程相干效应也会产生隧道效应(后来被称为约瑟夫森效应)。1963 年,C. D. 安德森和 J. H. 罗厄尔在实验中观察到直流约瑟夫森效应。罗厄尔又在实验中证实了最大超导电流与磁场的关系,约瑟夫森的理论遂得到证实。

超导体中存在两类电子,即正常电子和超导电子对。超导体中没有电阻,电子流动将不产生电压。如果在两个超导体中间夹一个很厚的绝缘层(大于几百纳米)时,无论超导电子还是正常电子均不能通过绝缘层,因此,所连接的电路中没有电流。如果绝缘层的厚度减小到几百埃以下时,在绝缘层两端施加电压,则正常电子将穿过绝缘层,电路中出现电流,这种电流称为正常电子的隧道效应。正常电子的隧道效应除了可以用于放大、振荡、检波、混频外,还可用于微波、压毫米波辐射的量子探测等。

当超导隧道结的绝缘层很薄(约为 1nm)时,超导电子也能通过绝缘层,宏观上表现为电流能够无阻地流通。当通过隧道的电流小于某一临界值(一般在几十微安至几十毫安)时,在结上没有压降。若超过该临界值,在结上出现压降,这时正常电子也能参与导电。在隧道结中有电流流过而不产生压降的现象称为直流约瑟夫森效应,这种电流称为直流约瑟夫森电流。若在超导隧道结两端加一直流电压,在隧道结与超导体之间将有高频交流电流通过,其频率与所加直流电压成正比,比例常数为 $483.6 \text{MHz}/\mu\text{V}$。这种高频电流能向外辐射电磁波或吸收电磁波,这种特性称为交流约瑟夫森效应。

1964 年,成功研制出了工作于液氦温度、有两个约瑟夫森结的直流 SQUID。当时制结工艺不成熟,无法作出特性非常接近的两个约瑟夫森结,所以器件性能较差,无法实用。1967 年,出现了射频 SQUID。由于只含有一个超导结,对工艺要求较低,很快就研制出灵敏度达到 10^{-14} 的射频 SQUID 磁强计。到 20 世纪 80 年代初,随着薄膜 SQUID 的出现,制结效率得到提高,更促进了 SQUID 的实用化。现在,工作于液氦温度、以 Nb 隧道结为基础的超导集成电路技术已经相当成熟。

13.4.2 SQUID 的工作原理

SQUID 是由超导隧道结和超导体组成的闭合环路,它一般包含一个或两个约瑟夫森结。因此,具有两种不同的 SQUID 系统。一种是包含两个结的 SQUID,用直流偏置,称为直流 SQUID(DC SQUID);另一种是包含一个结的 SQUID,用射频装置,称为射频 SQUID(RF SQUID)。

对于任何超导环,当它们所在的外磁场小于环的最小临界磁场时,在中空的超导环内磁通的变化都会呈现不连续的现象,这称为磁通量子化现象。其闭合的磁通是磁通量子为 2.07×10^{-15} Wb 的整数倍。在弱磁场中,磁通量子化是由环内的屏蔽电流 I 来维持的,环内的磁通为

$$\phi = n_0 \phi = \phi_\varepsilon - L_s I \tag{13-8}$$

式中:L_s——超导环的电感,为外磁通;

n_0——最小临界磁场时超导环的环数($n_0=1$)。

当环路屏蔽电流为零时,磁通量子化就被破坏了。在环路中,使屏蔽电流不为零的那些点,通常称为弱连接或弱耦合。

约瑟夫森建立的弱连接模型,是用绝缘氧化层隔开两个超导体构成的。如果氧化层足够薄,那么电子对势垒的穿透性就会导致在两个隔离的电子系统间产生一个不大的耦合能量,这时,绝缘层两侧的电子对可以交换但没有电压出现。约瑟夫森指出通过结的电流为

$$I = I_c \sin\theta \tag{13-9}$$

式中:I_c——超导体的临界电流;
θ——结两侧超导体的相位差。

如果流过结的电流 I_c 比超导体的临界电流大,就会出现直流电压,并且相位差 θ 也会按交流约瑟夫森方程的形式而振荡

$$\frac{d\theta}{dt} = \frac{2eU}{h} \tag{13-10}$$

式中:U——结上的直流电压。

由式(13-10)可以看出,伴随直流电压将出现一个交变电流,其频率为

$$f = \frac{2e}{h}U \tag{13-11}$$

式(13-10)和式(13-11)分别是直流约瑟夫森效应和交流约瑟夫森效应的数学表达式。

13.4.3 SQUID 的结构

由于发生约瑟夫森效应的约瑟夫森结(也称为隧道结)能而且只能让较小的超导电流通过,结两侧的超导体具有某种弱耦合,所以称为弱连接超导体。目前生产的几种弱连接超导体结形式如图 13-20 所示。其中,图 13-20(a)是在一层超导膜上生成一种氧化物绝缘层,然后再叠上一层超导膜而组成。图 13-20(b)是由一根一端磨尖的超导棒压到另外一个超导体平台上,形成点接触而形成的弱连接,调节触点压力可以改变弱连接的强度。图 13-20(c)是一种超导桥,是在超导膜中部用光刻方法造成狭窄颈缩区,形成桥的形状。图 13-20(d)是焊滴结,也称 Clarke 棒,是在一根表面氧化的超导线上滴上另一超导焊滴而形成。此外,还有邻近效应桥、交叉线结等形式。

13.4.4 SQUID 的应用

用 SQUID 测量磁通或磁场强度的测量系统由输入电路、前置放大电路、锁相放大电路和反馈电路构成。由于射频 SQUID 的制作比直流 SQUID 容易,在实际应用中,多数是用射频 SQUID 组成磁通或磁场强度的测量系统。

SQUID 磁敏传感器灵敏度极高,可达 T 量级。它测量范围宽,可以从零场测量到数千特斯拉。其响应频率可从零响应到几千兆赫兹。这些特性均是其他磁测传感器所望尘莫及的。因此,SQUID 在地球物理、固体物理、生物医学、生物物理、电流计、电压标准、超导输电、超导磁流体发电、超导磁悬浮列车等方面均得到广泛应用。以生物医学应用为例,心磁的本底噪声在 T 量级,峰-峰值在 T 量级,所以,SQUID 的灵敏度足够用于生物磁场的测量,而且也只有 SQUID 才能满足生物磁场的测量要求。

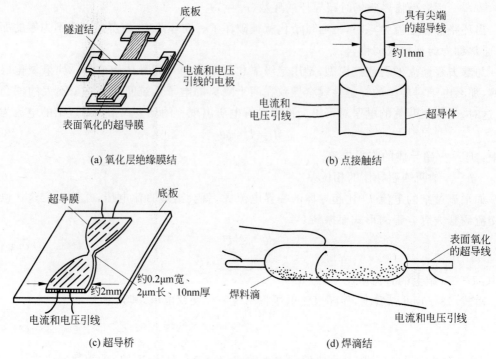

图 13-20 几种约瑟夫森结及其等效电路

SQUID 磁测仪器要求在低温条件下工作,需要昂贵的液氦和制冷设备,这大大限制了 SQUID 的推广和使用。20 世纪 80 年代末以来,在研究高温超导材料热的推动下,出现了钡钇铜氧等高温超导材料,其转变温度已经超过 100K,使 SQUID 磁敏传感器在比较容易获得的液氮中即可正常工作。但是,由于工作温度提高,高临界温度 SQUID 的灵敏度略低于低临界温度 SQUID。另外,与低临界温度超导体不同,高临界温度超导体是陶瓷性的,延展性差,目前还不宜加工为线、带材,使高临界温度超导线圈的使用受到了限制。

小结

本章从量子力学的起源和发展介绍了量子传感技术的理论基础。原子频标也称量子频率标准,是构成原子钟的核心部分,它利用原子的能级跃迁而产生的稳定的辐射频率来锁定外接振荡器频率。原子频标的物理基础主要基于精细结构,所谓精细结构是指用分辨本领高的光谱仪观察原子光谱时,发现原来的一条谱线实际上包含着两条或多条波长非常接近的谱线。由于电子层是不连续的,所以,电子迁跃所放出的能量也是不连续的(量子化的),这种不连续的能量在光谱上的反映就是线状光谱。新一代原子频标技术主要有激光冷却原子技术,其基本原理利用了激光对中性原子产生的散射力和偶极力效应。根据多普勒效应,原子迎着激光束运动时,从激光束吸收光子,而速度会降下来,然后各向同性地辐射。超导量子干涉器件以约瑟夫森(Josephson)效应为理论基础,用超导材料制成的在超导状态下检测外磁场变化的一种新型磁测装置。就其功能而言,SQUID 是一种磁通传感器,可用来测量磁通及可转变成磁通的其他物理量,如电流、电压、电阻、电感、磁感应强度、磁场梯度、磁化率、温度、位移等。

习题

1. 能量子的定义公式是什么?
2. 原子频标的基本原理是什么?
3. 原子钟的主要性能指标有哪些?
4. 简述原子频标的物理基础。
5. 如何证明电子自旋的存在?
6. 什么是塞曼效应?
7. 什么是斯塔克效应?
8. 原子的态选择技术有哪些?
9. 简述激光冷却原子技术的基本原理。
10. 简述原子喷泉技术。
11. 简述超导量子干涉器件的原理。
12. SQUID 的结构有哪些?

第 14 章 智能传感器与现场总线技术
CHAPTER 14

随着自动化领域不断扩展，需要测量的参量日益增加，而且一些特殊领域进而需要小型化和轻量化的传感器。如在线监测，除了温度、压力、流量等热工参量外，还迫切需要监测机械振动参量以及化学成分与物理成分，在线监测电站每一个燃烧器的煤粉量和一次风量等。特别是自动控制系统的飞速发展，对传感器进一步提出了数字化、智能化、标准化的紧迫需求。智能传感技术是涉及微机械电子技术、计算机技术、信号处理技术、传感技术与人工智能技术等多种学科的综合密集型技术，它能实现传统传感器所不能完成的功能。智能传感器是 21 世纪最具代表性的高新科技成果之一。

本章首先介绍智能传感器的基本概念、结构、主要功能及特点，然后阐述智能传感器的实现途径及智能传感器(包括实例)的总线标准，最后概述智能传感器的新技术与发展趋势。

14.1 智能传感器概述

14.1.1 智能传感器的定义

早期，人们简单地认为智能传感器是将传感器与微处理器组装在同一块芯片上的装置。智能传感器这一概念，最初是在美国宇航局开发宇宙飞船过程中，需要知道宇宙飞船在太空中飞行的速度、位置、姿态等数据，为使宇航员在宇宙飞船内能正常工作、生活，需要控制舱内的温度、湿度、气压、空气成分等。因而需要安装各式各样的传感器。而宇航员在太空中，进行各种实验也需要大量的传感器。后来智能传感器被定义为将一个或多个敏感元件和信号处理器集成在同一块硅或砷化锌芯片上的装置。智能传感器可以对信号进行检测、分析、处理、存储和通信，具备了人类的记忆、分析、思考和交流的能力，即具备了人类的智能，所以称之为智能传感器。智能传感器是一种带有微处理器，兼有信息检测、信号处理、信息记忆、逻辑思维与判断等智能化功能，是传感器和通信技术结合的产物。

14.1.2 智能传感器的结构

智能传感器的基本结构框图如图 14-1 所示，主要由传感器、微处理器(或微计算机)及相关电路组成。

14.1.3 智能传感器的功能

概括而言，智能传感器的主要功能如下。

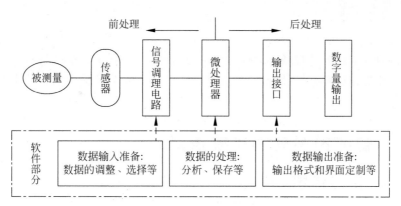

图 14-1 智能传感器基本结构框图

(1) 具有自校零、自标定、自校正功能。
(2) 具有自动补偿功能。
(3) 能够自动采集数据,并对数据进行预处理。
(4) 能够自动进行检验、自选量程、自寻故障。
(5) 具有数据存储、记忆与信息处理功能。
(6) 具有双向通信、标准化数字输出或者符号输出功能。
(7) 具有判断、决策处理功能。

14.1.4 智能传感器的特点

与传统传感器相比,智能传感器具有如下特点。

1. 精度高

智能传感器有多项功能来保证它的高精度,如通过自动校零去除零点误差;与标准参考基准实时对比以自动进行整体系统标定;自动进行整体系统的非线性等系统误差的校正;通过对采集的大量数据的统计处理消除偶然误差的影响,从而保证智能传感器的高精度。

2. 高可靠性与高稳定性

智能传感器能自动补偿因工作条件与环境参数发生变化后引起系统特性的漂移,如温度变化而产生的零点和灵敏度的漂移;当被测参数变化后能自动改换量程;能实时自动进行系统的自我检验,分析、判断所采集到的数据的合理性,并给出异常情况的应急处理(报警或故障提示)。因此,有多项功能保证了智能传感器的高可靠性和高稳定性。

3. 高信噪比与高分辨力

由于智能传感器具有数据存储、记忆与信息处理功能,通过软件进行数字滤波、相关分析等处理,可以去除输入数据中的噪声,将有用信号提取出来;通过数据融合及神经网络技术,可以消除多参数状态下交叉灵敏度的影响,从而保证在多参数状态下对特定参数测量的分辨能力,故智能传感器具有高的信噪比与高的分辨力。

4. 自适应性强

由于智能传感器具有判断、分析与处理功能,它能根据系统工作情况决策各部分的供电情况和上位计算机的数据传送速率,使系统工作在最优低功耗状态和优化传送速率上。

5. 性能价格比高

智能传感器所具有的上述高性能,不同于传统传感器在技术上追求对传感器本身的完善、对传感器的各个环节进行精心设计与调试、进行手工艺品式的精雕细琢,而是通过与微处理器/微计算机相结合,采用廉价的集成电路工艺和芯片以及强大的软件来实现的,所以性能价格比高。

14.2 智能传感器的关键技术

14.2.1 间接传感

间接传感是指利用一些容易测得的过程参数或物理参数,通过寻找这些过程参量或物理参数与难以直接检测的目标被测变量的关系,建立测量模型,采用各种计算方法,用软件实现待测变量的测量。

智能传感器间接传感的核心在于建立传感模型。目前建立模型的方法有以下三种:基于工艺机理的建模方法;基于数据驱动的建模方法;混合建模方法。

14.2.2 非线性的线性化校正

智能传感器具有通过软件对前端传感器进行非线性自动校正的功能,即能够实现传感器输入-输出的线性化,如图 14-2 所示。其中,传感器、信号调理电路至 A/D 装换器的输入 x 输出 u 特性如图 14-3(a)所示,微处理器对输入按图 14-3(b)进行反非线性变换,使其输入 x 与输出 y 呈线性或近似线性关系,如图 14-3(c)所示。

图 14-2 智能传感器线性化校正原理框图

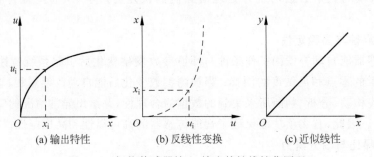

图 14-3 智能传感器输入-输出特性线性化原理

14.2.3 自诊断

智能传感器自诊断技术俗称自检,要求对智能传感器自身各部件,包括软件和硬件进行检测,如 ROM、RAM、寄存器、插件、A/D 及 D/A 转换电路及其他硬件资源的自检,以及验证传感器能否正常工作,并显示相关信息。

对传感器进行故障诊断主要以传感器的输出值为基础的,主要有 4 种诊断方法:硬件冗余诊断法;基于数学模型的诊断法;基于信号处理的诊断法;基于人工智能的故障诊断法。

14.2.4 动态特性校正

在智能传感器中,对传感器进行动态校正的方法多是用一个附加的校正环节与传感器相连,如图 14-4 所示,使合成的总传递函数达到理想或近乎理想(满足准确度要求)的状态。

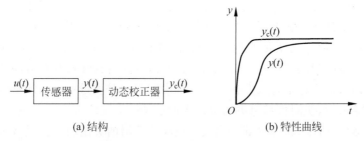

图 14-4 动态校正原理示意图

目前对传感器的特性进行提高的软件方法主要有两种,将传感器的动态特性用低阶微分方程来表示;按传感器的实际特性建立补偿环节。

14.2.5 自校准与自适应量程

1. 自校准

传感器的自校准采用各种技术手段来消除传感器的各种漂移,以保证测量的准确性。自校准在一定程度上相当于每次测量前的重新定标,它可以消除传感器系统的温度漂移和时间漂移。

2. 自适应量程

智能传感器的自适应量程,要综合考虑被测量的数值范围,以及对测量准确度、分辨率的要求诸因素来确定增益(含衰减)挡数的设定和确定切换挡的准则,这些都依具体问题而定,自适应量程电路如图 14-5 所示。

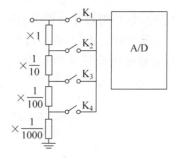

图 14-5 自适应量程电路

14.2.6 电磁兼容性

随着现代电子科学技术向高频、高速、高灵敏度、高安装密度、高集成度、高可靠性方面发展,电磁兼容性作为智能传感器的性能指标,受到越来越多的重视。

要求传感器在同一时空环境的其他电子设备相互兼容,既不受电磁干扰的影响,也不会对其他电子设备产生影响。

一般来说,抑制传感器电磁干扰可以从以下几个方面考虑,一是削弱和减少噪声信号的能量;二是破坏干扰的路径;三是提高线路本身的抗干扰能力。

14.3 模糊传感器

模糊传感器出现于20世纪80年代末,近年迅速发展起来的模糊传感器是在传统数据检测的基础上,经过模糊推理和知识合成,以模拟人类自然语言符号描述的形式,输出测量结果的一类智能传感器。显然,模糊传感器的核心部分就是模拟人类自然语言符号的产生及处理。

模糊传感器的智能之处在于,它可以模拟人类感知的全过程,核心在于知识性,知识的最大特点在于其模糊性。它不仅具有智能传感器的一般优点和功能,而且还具有学习推理的能力,具有适应测量环境变化的能力,并且能够根据测量任务的要求进行学习推理。另外,模糊传感器还具有与上级系统交换信息的能力,以及自我管理和调节的功能。模糊理论应用于测量中的主要思想是将人们在测量过程中积累的对测量系统及测量环境的知识和经验融合到测量结果中,使测量结果更加接近人的思维。

模糊传感器由硬件和软件两部分构成。模糊传感器的突出特点是具有丰富强大的软件功能。模糊传感器与一般的基于计算机的智能传感器的根本区别在于它具有实现学习功能的单元和符号产生、处理单元,能够实现专家指导下的学习和符号的推理及合成,从而使模糊传感器具有可训练性。经过学习与训练,模糊传感器能适应不同测量环境和测量任务的要求。

目前,模糊传感器尚无严格统一的定义,但一般认为模糊传感器是以数值测量为基础,并能产生和处理与其相关的测量符号信息的装置,即模糊传感器是在经典传感器数值测量的基础上经过模糊推理与知识集成,以自然语言符号的描述形式输出的传感器。具体地说,将被测量值范围划分为若干个区间,利用模糊集理论判断被测量值的区间,并用区间中值或相应符号进行表示,这一过程称为模糊化。对多参数进行综合评价测试时,需要将多个被测量值的相应符号进行组合模糊判断,最终得出测量结果。模糊传感器的一般结构如图14-6所示。信息的符号表示与符号信息系统是研究模糊传感器的核心与基石。

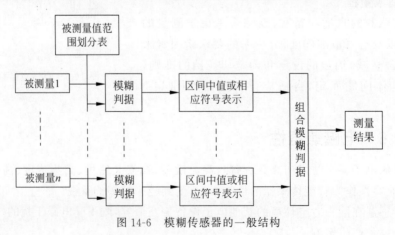

图 14-6 模糊传感器的一般结构

模糊传感器作为一种智能传感器,具有智能传感器的基本功能,即学习、推理、联想、感知和通信功能。

14.4 微传感器

完整的微机电系统(Micro-Electro-Mechanical Syatem,MEMS)是由微传感器、微执行器、信号处理与控制电路、通信接口和电源等部件组成的一体化的微型器件或系统。其目标是把信息的获取、处理和执行集成在一起,组成具有多功能的微型系统,集成于大尺寸系统中,从而大幅度地提高系统的自动化、智能化和可靠性水平。MEMS系统的突出特点是微型化,涉及电子、机械、材料、制造、控制、物理、化学、生物等多学科技术,其中大量应用的各种材料的特性和加工制作方法在微米或纳米尺度下具有特殊性,不能完全照搬传统的材料理论和研究方法,在器件制作工艺和技术上也与传统大器件(宏传感器)的制作存在许多不同。

对于一个微机电系统来说,通常具有以下4个典型的特性。

(1) 微型化零件。

(2) 由于受制造工艺和方法的限制,结构零件大部分为二维的、扁平零件。

(3) 系统所用材料基本上为半导体材料,但也越来越多地使用塑料材料。

(4) 机械和电子被集成为相应独立的子系统,如传感器、执行器和处理器等。

对于MEMS,其零件的加工一般采用特殊方法,通常采用微电子技术中普遍采用的对硅的加工工艺以及精密制造技术,与微细加工技术中对非硅材料的加工工艺,如蚀刻法、沉积法、腐蚀法、微加工法等。

这里简要介绍MEMS器件制造中的3种主流技术。

1. 超精密加工及特种加工

超精密加工及特种加工以日本为代表,利用传统的超精密加工以及特种加工技术实现微机械加工。MEMS中采用的超精密加工技术多是由加工工具本身的形状或运动轨迹来决定微型器件的形状。这类方法可用于加工三维的微型器件和形状复杂、精度高的微构件。其主要缺点是装配困难、与电子元器件和电路加工的兼容性不好。

2. 硅基微加工

硅基微加工以美国为代表,分为表面微加工和体微加工。

表面微加工以硅片作基片,通过淀积与光刻形成多层薄膜图形,把下面的牺牲层经刻蚀去除,保留上面的结构图形的加工方法。在基片上有淀积的薄膜,它们被有选择地保留或去除以形成所需的图形。薄膜的生成和表面牺牲层的制作是表面微加工的关键。生成薄膜通常采用物理气相淀积和化学气相淀积工艺在衬底材料上制作而成。制作表面牺牲层是先在衬底上淀积牺牲层材料,利用光刻形成一定的图形,然后淀积作为机械结构的材料,并光刻出所需的图形,再将支撑结构层的牺牲层材料腐蚀掉,从而形成悬浮的、可动的微机械结构部件。

体微加工技术是为制造微三维结构而发展起来的,是按照设计图在硅片(或其他材料)上有选择地去除一部分硅材料,形成微机械结构。体微加工技术的关键技术是蚀刻,通过腐蚀对材料的某些部分有选择地去除,使被加工对象显露出一定的几何结构特征。腐蚀方法分为化学腐蚀和离子腐蚀(即粒子轰击)。

3. LIGA 技术

LIGA 技术以德国为代表，LIGA 是德文"光刻（Lithograpie）""电铸（Galvanoformung）""塑铸（Abformung）"三个词的缩写。LIGA 技术先利用同步辐射 X 射线光刻技术光刻出所需要的图形，然后利用电铸成型方法制作出与光刻图形相反的金属模具，再利用微塑铸形成深层微结构。LIGA 技术可以加工各种金属、塑料和陶瓷等材料，其优点是能制造三维微结构器件，获得的微结构具有较大的深宽比和精细的结构，侧壁陡峭、表面平整，微结构的厚度可达几百乃至上千微米。

随着 MEMS 技术的迅速发展，作为 MEMS 的一个构成部分的微传感器也得到长足的发展。微传感器是利用集成电路工艺和微组装工艺，基于各种物理效应的机械、电子元器件集成在一个基片上的传感器。微传感器是尺寸微型化了的传感器，但随着系统尺寸的变化，它的结构、材料、特性乃至所依据的物理作用原理均可能发生变化。

与一般传感器（即宏传感器）比较，微传感器具有空间占有率小、灵敏度高、响应速度快、便于集成化和多功能化、可靠性提高、消耗电力小、节省资源和能量、价格低廉等特点。

14.5　网络传感器

网络传感器是指传感器在现场级实现网络协议，使现场测控数据能够就近进入网络传输，能在网络覆盖范围内实时发布和共享。简单地说，网络传感器就是能与网络连接或通过网络与微处理器、计算机或仪器系统连接的传感器。

图 14-7 所示为网络传感器基本结构图，网络传感器主要是由信号采集单元、数据处理单元及网络接口单元组成。这 3 个单元可以采用不同芯片构成合成式的，也可是单片式结构。

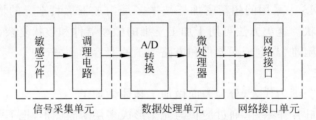

图 14-7　网络传感器基本结构

网络传感器的核心是使传感器本身实现网络通信协议。目前，可以通过软件方式或硬件方式实现传感器的网络化。软件方式是指将网络协议嵌入传感器系统的 ROM 中；硬件方式是指采用具有网络协议的网络芯片直接用做网络接口。

网络传感器研究的关键技术是网络接口技术。网络传感器必须符合某种网络协议，使现场测控数据能直接进入网络。由于工业现场存在多种网络标准，因此也随之发展起来了多种网络传感器，具有各自不同的网络接口单元类型。目前，主要有基于现场总线的网络传感器和基于以太网（Ethernet）协议的网络传感器两大类。

目前，测控系统的设计明显受到计算机网络技术的影响，基于网络化、模块化、开放性等原则，测控网络由传统的集中模式转变为分布模式，成为具有开放性、可互操作性、分散性、网络化、智能化的测控系统。测控网络具有与信息网络相似的体系结构和通信模型。TCP/IP 和

Internet 网络成为组建测控网络,实现网络化的信息采集、信息发布、系统集成的基本技术依托。

14.6 智能传感器的现场总线技术

现场总线(Fieldbus)是近年来迅速发展起来的一种工业数据总线,它主要解决现场的智能化仪器仪表、控制器、执行机构等现场设备间的数字通信及这些现场控制设备与高级控制系统之间的信息传递问题。由于现场总线具有简单、可靠、经济实用等一系列突出的优点,因而成为当今自动化领域技术发展的热点之一。

14.6.1 现场总线技术概述

现场总线技术是以计算机技术的飞速发展为基础,它对工业控制技术的发展起到了极大的推动作用,自20世纪90年代以后,现场总线控制系统(Fieldbus Control System,FCS)不断兴起和逐渐成熟,并将成为21世纪工控系统的主流技术。

1. 现场总线的定义

根据国际电工委员会(International Electrotechnical Commission,IEC)标准和现场总线基金会(Fieldbus Foundation,FF)的定义,现场总线是指连接智能现场设备和自动化系统的数字式、双向传输、多分支结构的通信网络。

2. 现场通信网络

传统的分布式计算机控制系统(Distributed Control System,DCS)的通信网络截止于控制站或I/O单元,现场仪表与控制器之间均采用一对一的物理链接,一只现场仪表需要一对传输线来单向传送一个模拟信号,所有这些输入输出的模拟信号都要通过I/O组件进行信号转换,如图14-8所示。

现场总线是用于过程自动化和制造自动化的现场设备或现场仪表互连的现场通信网络,把通信线一直延伸到生产现场或生产设备,如图14-9所示。

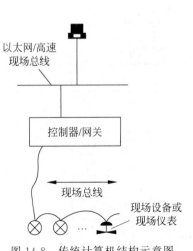
图14-8 传统计算机结构示意图

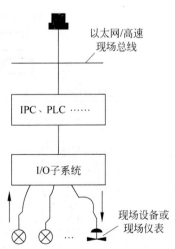
图14-9 现场总线控制系统结构示意图

3. 互操作性

互操作性的含义是来自不同制造厂的现场设备,不仅可以相互通信,而且可以统一组态,构成所需的控制回路,共同实现控制策略。也就是说,用户选用各种品牌的现场设备集成在一起,实现即接即用。

4. 分散功能块

FCS 废弃了 DCS 的 I/O 单元和控制站,把 DCS 控制站的功能块分散给现场仪表,从而构成虚拟控制站。

5. 通信线供电

现场总线的常用传输是双绞线,通信线供电方式允许现场仪表直接从通信线上摄取能量,这种低功耗现场仪表可以用于本质安全环境,与其配套的还有安全栅。

6. 开放式网络互联

现场总线为开放式互联网络,既可与同类网络互连,也可与不同类网络互连。

14.6.2 现场总线单元设备

现场总线系统的节点设备称为现场设备或现场仪表。节点设备的名称及功能由厂商确定,一般用于过程自动化并构成现场总线控制系统的基本设备。节点设备主要分如下几类。

(1) 变送单元。常用的现场总线变送单元有温度、压力、流量、物位和分析 5 大类,每类又有多个品种。

(2) 执行单元。常用的现场总线执行单元有电动和气动两大类,每类又有多个品种。

(3) 服务器和网桥。例如用于 FF 现场总线系统的服务器和网桥。在 FF 的服务器下可连接 H_1 和 H_2 总线系统,而网桥用于 H_1 和 H_2 之间的连通。

(4) 辅助设备。指现场总线系统中的各种转换器、安全栅、总线电源和便携式编程器等。

(5) 监控设备。指供工程师对各种现场总线系统进行组态的设备和供操作员对工艺操作与监视的设备,以及用于系统建模、控制和优化调度的计算机工作站等。

基于任何一种现场总线系统的、由现场总线变送单元和执行单元组成的网络系统的结构如图 14-10 所示。图中现场总线的节点是现场设备或现场仪表,如传感器/变送器、调节

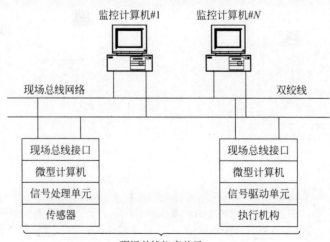

图 14-10 现场总线结构图

器、调节阀、步进电机、记录仪、条形阅读器等,但它不是传统的单功能的现场仪表,而是具有综合功能的智能仪表。

14.6.3 现场总线仪表的主要特点

与 DCS 系统中的现场仪表相比,FCS 系统现场仪表的主要特点如下。

(1) 具有多种基本的智能化功能,可用于改善静态、动态特性,提高精度和稳定性。如量程设定和零点调整,刻度转换可以用多种单位表示被测量,非线性自校正、频率补偿、温度补偿、自检等。

(2) 具有控制与基本参数存储功能,可实现自我管理并提高自适应能力。

(3) 开放性与互换性。最高理想情况是采用统一的国际标准通信协议,在未能实现最高理想的情况下,可采用同一种通信协议,不同厂家的产品在硬件、软件、通信规程、连接方式等方面可相互兼容、互换使用。

(4) 带有数字总线接口,实现通信功能。所有的智能化现场设备,包括变送器、执行器等都通过接口挂接在总线上。

14.6.4 智能传感器系统的总线标准

智能传感器的标志之一是具有数字标准化数据通信接口,能与计算机直接或接口总线相连,相互交换信息。

结合到智能传感器总线技术的实际状况以及逐步实现标准化、规范化的趋势,本节按基于典型芯片级的总线、USB 总线和 IEEE 1451 智能传感器接口标准来叙述智能传感器总线标准。

1. 1-Wire 总线

1-Wire 总线采用一种特殊的总线协议,通过单条连接线解决了控制、通信和供电问题,具备电子标识、传感器、控制和存储等多种功能器件,提供传统的 IC 封装、超小型 CSP、不锈钢铠装 iButtons 等新型封装。

具有结构简单、成本低、节省 I/O 资源、便于总线扩展和维护等优点,适用于单个主机系统控制一个或多个从机设备,在分布式低速测控系统(约 100kb/s 以下的速率)中有着广泛的应用。

1-Wire 总线硬件结构如图 14-11 所示。由序列号、接受控制、发射控制和电源存储电路等组成,由单总线、电源和地三端输出。单总线通常外接上拉电阻(参考值为 4.7kΩ)确保总线在闲置状态时为高电平,以允许设备在不发送数据时释放总线,其内部等效电路如图 14-12 所示。

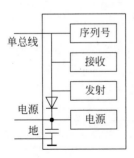

图 14-11 单总线器件的硬件结构

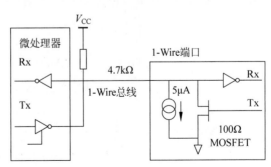

图 14-12 内部等效电路

2. I²C 总线

I²C(Inter-Integrated Circuit)总线是 Philips 公司 20 世纪 80 年代推出的一种用于器件之间的二线制串行扩展总线,它可以有效地解决数字电路设计过程中所涉及的许多接口问题。

I²C 总线的特点主要表现在以下几个方面。

(1) 简化硬件设计,总线只需要两根线。

(2) 器件地址的唯一性。

(3) 允许有多个主 I²C 器件。

(4) 多种通信速率模式。

(5) 节点可带电接入或撤出(热插拔)。

I²C 总线接口内部为双向传输电路,如图 14-13 所示。总线端口输出为开漏结构。

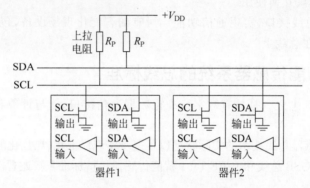

图 14-13 总线的电气结构图

3. SMBus 总线

SMBus(System Management Bus)最早由 Intel 公司于 1995 年发布,它以 Philips 公司的 I²C 总线为基础,面向不同系统组成芯片与系统其他部分间的通信,与 I²C 类似。

随着其标准的不断完善与更新,SMBus 已经广泛应用于 IT 产品之中,另外在智能仪器、仪表和工业测控领域也得到了越来越多的应用。

图 14-14 所示为典型的 SMBus 总线拓扑结构,包括 5V 直流电源、上拉电阻 R_P、由器件 1(总线供电)和器件 2(自供电)、数据线 SMBDAT 和时钟线 SMBCLK(均为双向通信线)。

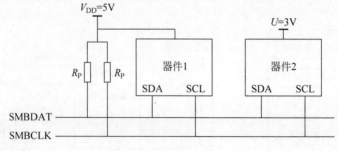

图 14-14 SMBus 拓扑图

4. SPI 总线

SPI(Serial Peripheral Interface)总线是 Motorola 公司推出的一种同步串行外设接口技术。SPI 接口主要应用于 CPU 和各种外围器件之间进行通信。

SPI 总线的特点主要表现在以下几个方面。

(1) 高效的、全双工、同步的通信总线。

(2) 简单易用,只需要占用 4 根线,节约引脚,为 PCB 布局节省了空间。

(3) 可同时发出、接收串行数据。

(4) 可当作主机或从机工作,频率可编程。

(5) 具有写冲突保护、总线竞争保护等功能。

SPI 总线可以同时发送和接收串行数据,结构如图 14-15 所示。它只需 4 条线就可以完成 MCU 与各种外围器件的通信,这 4 条线是串行时钟线(SCK)、主机输入/从机输出数据线(MISO)、主机输出/从机输入数据线(MOSI)、低电平有效从机选择线($\overline{CS}$)。

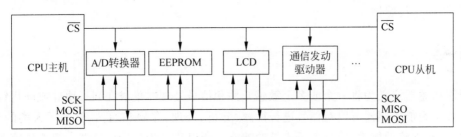

图 14-15　SPI 总线连接结构图

5. USB 总线

USB 是通用串行总线(Universal Serial Bus)的英文缩写。它不是一种新的总线标准,而是应用于 PC 领域的新型总线技术。先后已经制订了 USB 1.0、USB 1.1 和 USB 2.0 等规范,USB 3.0 规范的技术样本也已经公布。USB 总线具有速度快、连接简单快捷、无须外接电源和低功耗、支持多连接、良好的兼容性等特点。

USB(2.0 以下版本)的电气接口由 4 条线构成,用以传送信号和提供电源,如图 14-16 所示。

USB 主机或根集线器对设备提供的对地电源电压为 4.75～5.25V,设备能吸入的最大电流值为 500mA。USB 设备的电源供给有自给方式(设备自带电源)和总线供给两种方式。

图 14-16　USB 电缆

USB 的系统组成包括 USB 主机、USB 外设和集线器。USB 主机功能包括管理 USB 系统、每毫秒产生一帧数据、发送配置请求对 USB 设备进行配置操作、对总线上的错误进行管理和恢复。USB 外设在一个 USB 系统中,USB 外设和集线器总数不能超过 127 个。集线器用于设备扩展连接,所有 USB 外设都连接在 USB Hub 的端口上。

针对设备对系统资源需求的不同,在 USB 规范中规定了 4 种不同的数据传输方式,分别为等时传输方式、中断传输方式、控制传输方式、批传输方式。在这些数据传输方式中,除等时传输方式外,其他 3 种方式在数据传输发生错误时,都会试图重新发送数据以保证其准确性。

USB 系统软件由主控制器驱动程序（Universal Host Controller Driver，UHCD）、设备驱动程序（USB Device Driver，USBDD）和 USB 芯片驱动程序（USB Driver，USBD）组成。

USB 是使用标准 Windows 系统 USB 类驱动程序访问 USB 类驱动程序接口。USBD.sys 是 Windows 系统中的 USB 类驱动程序，它使用 UHCD.sys 来访问通用的主控制器接口设备，或者使用 OpenHCI.sys 访问开放式主控制器接口设备；USBHUB.sys 为根集线器和外部集线器的 USB 驱动程序。

日本欧姆龙公司推出带 USB 接口的激光型及电涡流型两种系列的传感器，多个传感器可以共用一个 USB 接口。日本山形大学新研制了 USB 转换器，使用该装置，可将显示物质酸、碱性程度的氢离子浓度（pH）等测量传感器与 USB 接口连接起来。日本 Thanko 公司推出一款 USB 皮肤传感器，通过 USB 线与 PC 相连，用户可以用它查看悄然爬上额头的第一条细纹，或者检验去头屑香波是否真的有效。安捷伦公司也推出 Agilent U2000 系列基于 USB 的功率传感器。

小结

智能传感器定义为将一个或多个敏感元件和信号处理器集成在同一块硅或砷化锌芯片上的装置。智能传感器可以对信号进行检测、分析、处理、存储和通信，具备了人类的记忆、分析、思考和交流的能力，即具备了人类的智能。所以称之为智能传感器。智能传感器包含微处理器，兼有信息检测、信号处理、信息记忆、逻辑思维与判断等智能化功能，是传感器和通信技术结合的产物。

智能传感器的关键技术，间接传感是指利用一些容易测得的过程参数或物理参数，通过寻找这些过程参量或物理参量与难以直接检测的目标被测变量的关系，建立测量模型，采用各种计算方法，用软件实现待测变量的测量。智能传感器具有通过软件对前端传感器进行非线性的自动校正功能，即能够实现传感器输入-输出的线性化，智能传感器自诊断技术俗称自检，要求对智能传感器自身各部件，包括软件和硬件进行检测，如 ROM、RAM、寄存器、插件、A/D 及 D/A 转换电路及其他硬件资源等的自检验，以及验证传感器能否正常工作，并显示相关信息。在智能传感器中，对传感器进行动态校正的方法多是用一个附加的校正环节与传感器相连，使合成的总传递函数达到理想或近乎理想（满足准确度要求）的状态。

模糊传感器的智能之处在于，它可以模拟人类感知的全过程，核心在于知识性，知识的最大特点在于其模糊性。它不仅具有智能传感器的一般优点和功能，而且还具有学习推理的能力，具有适应测量环境变化的能力，并且能够根据测量任务的要求进行学习推理。另外，模糊传感器还具有与上级系统交换信息的能力以及自我管理和调节的能力。模糊理论应用于测量的主要思想是将人们在测量过程中积累的对测量系统及测量环境的知识和经验融合到测量结果中，使测量结果更加接近人的思维。

完整的 MEMS 是由微传感器、微执行器、信号处理和控制电路、通信接口和电源等部件组成的一体化的微型器件或系统。其目标是把信息的获取、处理和执行集成在一起，组成多功能的微型系统，从而大幅度地提高系统的自动化、智能化和可靠性水平。

网络传感器是指传感器在现场级实现网络协议，使现场测控数据能够就近进入网络传输,在网络覆盖范围内实时发布和共享。简单地说,网络传感器就是能与网络连接或通过网络使其与微处理器、计算机或仪器系统连接的传感器。

现场总线(Fieldbus)是近年来迅速发展起来的一种工业数据总线,它主要解决现场的智能化仪器仪表、控制器、执行机构等现场设备间的数字通信及这些现场控制设备与高级控制系统之间的信息传递问题。由于现场总线具有简单、可靠、经济实用等一系列突出的优点,因而成为当今自动化领域技术发展的热点之一。

习题

1. 什么是智能传感器?智能传感器具有哪些基本功能?
2. 智能传感器中如何处理非线性问题?
3. 智能传感器中如何进行自检?
4. 为达到传感器的电磁兼容性要求,应从哪些方面提高传感器的自身抗干扰能力?
5. 试分析智能传感器总线标准,并举例说明。
6. 1-Wire 总线的特点是什么?
7. I^2C 总线的特点是什么?
8. SPI 总线的特点是什么?
9. USB 总线的特点是什么?
10. 试分析智能传感技术的发展趋势。

第 15 章 检测系统中的抗干扰技术

CHAPTER 15

测量过程中常会遇到各种各样的干扰,不仅会造成逻辑关系混乱,使系统测量和控制失灵,以致降低产品的质量,甚至会造成系统无法正常工作,造成损坏和事故。尤其是电子装置的小型化、集成化、数字化和智能化的广泛应用和迅速发展,有效地排除和抑制各种干扰已成为必须考虑并解决的问题。提高检测系统抗干扰能力,首先应分析干扰产生的原因、干扰的引入方式及途径,才能有针对性地解决系统抗干扰问题。

15.1 干扰的来源

自动检测装置的噪声干扰是一个很棘手的问题。目前,电子设备日趋小型化、集成化、微机化,在极小的空间要处理大量的信号,而很多信号又是微弱的模拟信号,所以干扰问题越来越突出。干扰不但会带来测量误差,有时甚至会引起系统的紊乱,导致生产事故。因此在自动检测装置的设计、制造、安装和使用中都必须注意抗干扰问题,要了解干扰源的种类、干扰形式、传递途径等,才能有针对性地采取有效措施消除干扰。在电子测量装置的电路中出现的、无用的信号称为噪声。当噪声电压影响电路正常工作时,该噪声电压称为干扰电压。噪声对检测装置的影响必须与有用信号共同分析才有意义。衡量噪声对有用信号的影响常用信噪比(S/N)来表示,它是指信号通道中有用信号功率 P_S 与噪声功率 P_N 之比或有用信号电压 U_S 与噪声电压 U_N 之比。信噪比常用对数形式来表示(单位 dB):

$$S/N = 10\lg(P_S/P_N) = 20\lg U_S/U_N \tag{15-1}$$

在测量过程中应尽量提高信噪比,以减少噪声对测量结果的干扰。

噪声干扰来自于干扰源。工业现场的干扰源形式繁多,经常是几个干扰源同时作用于检测装置,只有仔细地分析其形式及种类,才能提出有效的抗干扰措施。现对常见的噪声干扰源进行分析,并提出对应的防护措施。

在工业现场和环境中干扰源是各种各样的。按干扰的来源,可以将干扰分为内部干扰和外部干扰。

15.1.1 外部干扰

外部干扰就是指那些与系统结构无关,由使用条件和外界环境因素所决定的干扰。它主要来自于自然界的干扰以及周围电气设备的干扰。

自然干扰主要有地球大气放电(如雷电),宇宙干扰(如太阳产生的无线电辐射),地球大气辐射、水蒸气、雨雪、沙尘、烟尘作用的静电放电等,以及高压输电线、内燃机、荧光灯、电焊机等电气设备产生的放电干扰。自然干扰主要来自天空,以电磁感应的方式通过系统的壳体、导线、敏感器件等形成接收电路,造成对系统的干扰,尤其对通信设备、导航设备有较大影响。在检测装置中,半导体元器件均应封装在不透光的壳体内。对于具有光敏作用的元器件,尤其要注意光的屏蔽问题。各种电气设备所产生的干扰有电磁场、电火花、电弧焊接、高频加热、可控硅整流等强电系统所造成的干扰。这些干扰主要是通过供电电源对测量装置和微型计算机产生影响。

机械干扰是指机械振动或冲击给电子检测装置造成的影响。例如,将检测仪表直接固定在剧烈振动的机器上或安装于汽车上时,振动可能引起焊点脱焊、已调整好的电位器滑动臂位置改变、电缆接插件滑脱、螺钉松动等。

对于机械干扰,可选用专用减振弹簧-橡胶垫脚或吸振海绵垫来吸收振动的能量,减小振幅,如图 15-1 所示。重要产品均需要做振动形式实验。

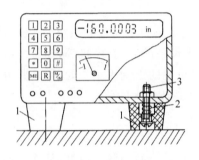 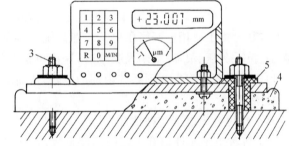

(a) 减振弹簧-橡胶垫脚(可移动方式)　　(b) 用橡胶或海绵垫吸收振动能量(永久固定方式)

1—橡胶垫脚;2—减振弹簧;3—固定螺钉;4—吸振橡胶(海绵)垫;5—橡胶套管(起隔振作用)。

图 15-1　两种减振方法

潮湿的环境将造成仪器的绝缘强度降低,还可能造成漏电、击穿和短路现象。某些酸性、碱性或腐蚀性气体也会造成类似的漏电、腐蚀现象。

在工业中,常将变压器等易漏电的元器件用绝缘漆或环氧树脂浸渍,将易受潮的电子线路安装在密封的机箱中,箱盖用橡胶圈密封。在洗衣机中,常常将整个 PCB 用防水硅胶密封。

在交通、工业生产中有大量的用电设备产生火花放电。在放电过程中,会向周围辐射幅度很高的、从低频到甚高频的大功率电磁波。无线电台、雷电等也会发射功率强大的电磁波。上述这些电磁波可以通过电网、甚至直接以辐射的形式传播到离这些噪声源很远的检测装置中。在大功率逆变、调速设备以及工频输电线附近也存在强大的谐波电场和磁场。将这些可能引起装置、设备或系统性能降低的电磁现象称为电磁骚扰。当电磁骚扰引起设备、传输通道或系统性能下降时,称为电磁干扰。大电流输电线周围所产生的交变电磁场,对安装在其附近的智能仪器仪表也会产生干扰。地磁场的影响及来自电源的高频干扰也可视为外部干扰。

15.1.2　内部干扰

内部干扰是指系统内部的各种元器件、信道、负载、电源等引起的各种干扰。计算机检测系统中常见的干扰包括信号通道干扰、电源电路干扰、热干扰和固有噪声干扰。

1. 信号通道干扰

计算机检测系统的信号采集、数据处理与执行机构的控制等,都离不开信号通道的构建与优化。在进行实际系统的信道设计时,必须注意其干扰问题。信号通道形成的干扰主要有以下 3 种。

(1) 共模干扰。共模干扰对检测系统的放大电路的干扰较大。它是指相对公共地电位为基准点,在系统两个输入端上同时出现的干扰,即两个输入端和地之间存在的电压。

(2) 静电耦合干扰。静电耦合干扰主要是电路之间的寄生电容使系统内某一电路信号发生变化,从而影响其他电路。只要电路中有尖峰信号和脉冲信号等高频谱的信号存在,就可能存在静电耦合干扰。

(3) 传导耦合干扰。计算机检测系统中脉冲信号在传输过程中,容易出现延时、变形,并可能接收干扰信号,这些因素均会形成传导耦合干扰。

2. 电源干扰

对于电子、电气设备来说,电源干扰是较为普遍的问题。在计算机检测系统的实际应用中,大多数是由工业用电网络供电。工业系统中的某些大设备的启动、停机等,都可能引起电源的过压、欠压、浪涌、下陷及尖峰等,这些也是要加以重视的干扰因素。同时,这些电压噪声均通过电源内阻耦合到系统内部的电路,从而对系统造成极大的危害。

3. 热干扰

热干扰可分为以下 3 种情况。

(1) 各种电子元件均有一定的温度系数。温度升高,电路参数会随之改变,从而引起测量误差。

(2) 由于电子元件多由不同金属构成,当它们相互连接组成电路时,如果各点温度不均匀就不可避免地产生热电动势,它叠加在有用信号上就会引起测量误差。

(3) 元器件长期在高温下工作时,使用寿命、耐压等级将会降低,甚至烧毁。

克服热干扰的防护措施包括尽量采用低功耗、低发热元件,选用低温漂元件,在设计电路时考虑采取软、硬件温度补偿措施,仪器的输入级尽量远离发热元件,加强散热等。

4. 固有噪声干扰

在电路中,电子元件本身产生的、具有随机性的噪声称为固有噪声。最主要的固有噪声源是电阻热噪声、半导体噪声和接触噪声等。例如,电视机信号很弱时,屏幕上表现出的雪花干扰就是由固有噪声引起的。

为了减小电阻热噪声,应尽量不选用高阻值的电阻,还应选用低噪声的半导体元件,减小工作电流,并降低前置级电路的温度。

15.2 干扰的引入

干扰是一种破坏因素,但它必须通过一定的传播途径才能影响到测量系统。所以有必要对干扰的引入或传播进行必要的分析,切断或抑制耦合通道,采取使接收电路对干扰不敏感或使用滤波等手段,有效地消除干扰。

干扰的引入和传播主要有以下 4 种。

(1) 静电耦合又称静电感应,即干扰经杂散电容耦合到电路中。
(2) 电磁耦合又称电磁感应,即干扰经互感耦合到电路中。
(3) 共阻抗耦合,即电流经两个以上电路之间的公共阻抗耦合到电路中。
(4) 辐射电磁干扰和漏电流耦合,即在电能频繁交换的地方和高频换能装置周围存在的强烈电磁辐射对系统产生的干扰和由于绝缘不良由流经绝缘电阻的电流耦合到电流中的干扰。

对于检测系统,干扰引入的电路方式有串模干扰和共模干扰。

15.2.1 串模干扰

串模干扰的等效电路如图 15-2 所示。其中,U_s 为输入信号,U_n 为干扰信号。抗串模干扰能力用串模抑制比来表示

$$\text{SMR} = 20\lg \frac{U_{cm}}{U_n} \quad (15\text{-}2)$$

式中:U_{cm}——串模干扰源的电压峰值;
U_n——串模干扰引起的误差电压。

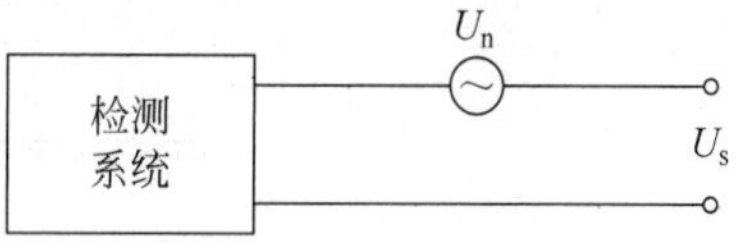

图 15-2 串模干扰等效电路

15.2.2 共模干扰

信号通道间可能存在共模干扰,可以归纳为 3 类。

1) 由被测信号源的特点产生共模干扰

如图 15-3 所示,具有双端输出的差分放大器和不平衡电桥等不会对地产生共模干扰。

$$U_a = \frac{U}{2} \quad (15\text{-}3)$$

$$U_c = \frac{R_t}{R_t + R}U = U - \frac{R}{R_t + R}U = \frac{U}{2} + \frac{U}{2} - \frac{R}{R_t + R}U \quad (15\text{-}4)$$

$$\text{差模电压} = \frac{R}{R_t + R}U - \frac{U}{2} \quad (15\text{-}5)$$

$$\text{共模电压} = \frac{U}{2} \quad (15\text{-}6)$$

2) 电磁场干扰引起共模干扰

当高压设备产生的电场同时通过分布电容耦合到无屏蔽的双输入线,使之具有对地电位时,或者交流大电流设备的磁场通过双输入线的互感在双输入线中感应出相同大小的电动势时,都有可能产生共模电压施加在两个输入端。

如图 15-4(a)所示,若 U_H 很高,通过局部电容 C_{C1}、C_{C2}、C_{C3}、C_{C4} 耦合到无屏蔽双输入线上的对地电压是 U_H 在相应电容上的分压值 U_1 及 U_2。

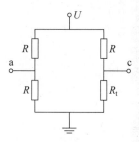

图 15-3 共模电压示意图

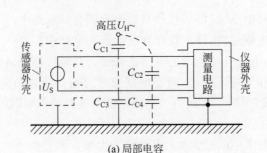

(a) 局部电容

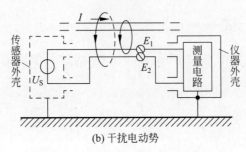

(b) 干扰电动势

图 15-4 电磁场干扰引起共模电压

$$U_1 = \frac{1/C_{C3}}{1/C_{C1}+1/C_{C3}}U_H = \frac{C_{C1}}{C_{C1}+C_{C3}}U_H \tag{15-7}$$

$$U_2 = \frac{C_{C2}}{C_{C2}+C_{C4}}U_H \tag{15-8}$$

当 $U_1=U_2$ 时,它们即是共模干扰电压。当 $U_1 \neq U_2$ 时,则既有共模干扰电压,又有差模干扰电压。图 15-4(b)所示电路表示大电流导体的电磁场在双输入线中感应产生的干扰电动势 E_1 及 E_2 也具有相似的性质。即当 $E_1=E_2$ 时,产生共模干扰;当 $E_1 \neq E_2$ 时,既产生共模干扰又产生差模干扰电动势 $E_n = E_1 - E_2$。

3)由不同地电位引起的共模干扰

当被测信号源与检测装置相隔较远,不能实现在共同的"大地点"上接地时,由于来自强电设备的大电流流经大地或接地系统导体,使得各点电位不同,并造成两个接地点的电位差 U_{ce},即会产生共模干扰电压,如图 15-5 所示。图中 R_e 为两个接地点间的等效电阻。

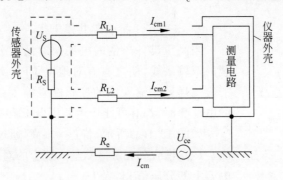

图 15-5 地电位差形成共模干扰电压

15.2.3 干扰的抑制方法

目前在计算机检测系统中,主要从硬件和软件两个方面来考虑干扰抑制问题。其中,接地、屏蔽、去耦以及软件抗干扰等是抑制干扰的主要方法。

1. 计算机检测系统的接地

接地起源于强电技术,它的本意是接大地,主要着眼于安全问题。对于仪器、通信、计算机等电子技术来说,地线多是指电信号的基准电位,也称为公共参考端。它是各级电路的电流通道,还是保证电路稳定工作、抑制干扰的重要环节。它可以接大地,也可以与大地隔绝,例如飞机、卫星上的仪器地线。接地技术起源于强电,其概念是将电网的零线及各种设备的外壳接大地,以起到保障人身和设备安全的目的。

在电子装置与计算机系统中,接地又有了新的内涵,这里的"地"是指输入信号与输出信号的公共零电位,它本身可能与大地隔离。接地不仅可以保护人身和设备安全,也可以抑制噪声干扰,是保证系统工作稳定的关键技术。在设计和安装过程中,如果能把接地和屏蔽正确地结合起来使用,就可以抑制大部分干扰。因此,接地是系统设计中必须加以充分考虑的问题。

正确的接地可消除各电路电流流经公共地线阻抗时产生的噪声电压,避免磁场和地电位差的影响,不使其形成地环路,避免噪声耦合的影响。

作为导体,地球的体积非常大,其静电容量也是非常大的,故其电位比较恒定。在实际的工程应用中,常将地球电位作为基准电位,即零电位。

通过导体与大地相连时,即使有少许的接地电阻,只要没有电流导入大地,可以认为导体的各部分以及与该导体连接的其他导体全都和大地一样为零电位。

当然,检测系统在工作时,系统和基准电位之间总会有微小的电位差,要完全没有电流流入接地点是困难的。因此,接地电位的变化是产生干扰的最大原因之一。

2. 接地的类型

1) 一点接地和多点接地

一般来说,系统内 PCB 接地的基本原则是高频电路应就近多点接地,低频电路应一点接地。因为在低频电路中,布线和元件间的电感并不是大问题,而公共阻抗耦合干扰的影响较大,因此,常以一点为接地点。高频电路中各地线电路形成的环路会产生电感耦合,增加了地线阻抗,同时各地线之间也会产生电感耦合。在高频、甚高频时,尤其是当地线长度等于 1/4 波长的奇数倍时,地线阻抗就会变得很高。这时的地线就变成了天线,可以向外辐射噪声信号。所以地线长度小于信号波长的 1/2 才能防止辐射干扰,并降低地线阻抗。在超高频时,地线长度应小于 25mm,并要求对地线进行镀银处理。

一般地,频率在 1MHz 以下,可用一点接地;而高于 10MHz 时,则应多点接地。在 1~10MHz 之间时,如果采用一点接地的方式,其地线长度就不要超过波长的 1/20;否则,应采用多点接地的方式。

2) 交流地与信号地

在一段电源地线的两点间会有数毫伏,甚至几伏的电压。对低电平的信号电路来说,这是一个非常严重的干扰,必须加以隔离和防止,因此,交流地和信号地不能共用。

3) 浮地与接地

多数的系统应接大地,有些特殊的场合(如飞行器或船舰上使用的仪器仪表不可能接大地)则应采用浮地方式。

系统的浮地就是将系统的各个部分全部与大地浮置起来,即浮空,其目的是为了阻断干扰电流的通路。浮地后,检测电路的公共线与大地(或者机壳)之间的阻抗很大,所以,浮地同接地相比,更能抑制共模干扰电流。浮地方法简单,但全系统与地的绝缘电阻不能小于 $50M\Omega$。这种方法有一定的抗干扰能力,但一旦绝缘下降便会带来干扰。此外,浮空容易产生静电,也会导致干扰。

还有一种方法,将系统的机壳接地,其余部分浮空。这种方法抗干扰能力强,而且安全可靠,但制造工艺较复杂。

4) 数字地

数字地又称逻辑地,主要是逻辑开关网络,如 TTL、CMOS 等数字逻辑电路的零电位。PCB 中的地线应呈网状,其他布线不要形成环路,特别是环绕外周的环路,在噪声干扰上这是很重要的问题。PCB 中的条状线不要长距离平行,不得已时应加隔离电极和跨接线,或作屏蔽处理。数字信号地线是数字信号的零电平公共线。由于数字信号处于脉冲工作状态,动态脉冲电流在接地阻抗上产生的压降往往成为微弱模拟信号的干扰源,为了避免数字信号对模拟信号的干扰,两者的地线应分别走线,并在某一合适的地点汇集在一起。

5) 模拟地

模拟信号地线是模拟信号的零信号电位公共线。因为模拟信号电压多数情况下均较弱、易受干扰,易形成级间不希望的反馈,所以模拟信号地线的横截面积应尽量大些。在进行数据采集时,利用 A/D 转换为常用方式,而模拟量的接地问题是必须重视的。当输入 A/D 转换器的模拟信号较弱($0\sim50mV$)时,模拟地的接法显得尤为重要。

为了提高抗共模干扰的能力,可采用三线采样双层屏蔽浮地技术。所谓三线采样,就是将地线和信号线一起采样,这样的双层屏蔽技术是抗共模干扰最有效的办法。如图 15-6 所示,其中,图 15-6(b)为图 15-6(a)的等效电路。

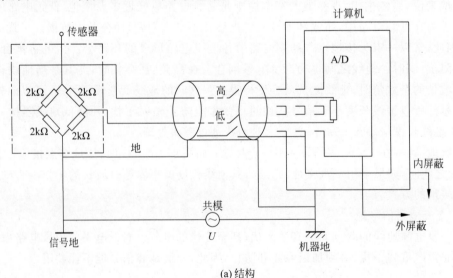

(a) 结构

图 15-6 A/D 转换器的屏蔽

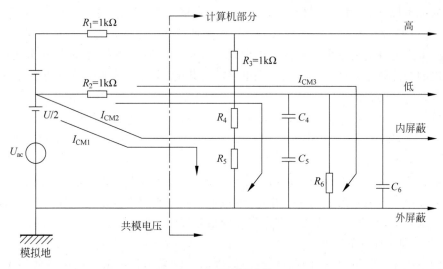

(b) 等效电路

图 15-6 （续）

在等效电路图中，R_3 为测量装置 A/D 转换器的等效输入电阻；R_4 为低端到内屏蔽的漏电阻，约为 $10^9\Omega$；C_4 为低端到内屏蔽的寄生电容，约为 2500pF；R_5 为内屏蔽到外蔽漏电阻，约为 $10^9\Omega$；C_5 为内屏蔽到外屏蔽的寄生电容，约为 2500pF；R_6 为低端到外屏蔽的漏电阻，约为 $10^{11}\Omega$；C_6 为低端到外屏蔽的寄生电容，约为 2pF。

共模电压 ($U/2+U_{ac}$) 所引起的共模电流 I_{CM1}、I_{CM2}、I_{CM3} 中，I_{CM1} 是主要部分，它通过内屏蔽 R_5、C_5 入地，不通过 R_2，所以不会引起与信号源相串联的常态干扰；I_{CM2} 流过的阻抗比 I_{CM1} 流过的大一倍，其电流只有 I_{CM1} 的一半；I_{CM3} 在 R_2 上所产生的压降可以忽略不计。此时只有 I_{CM2} 在 R_2 上的压降导致常态干扰而引起误差，但其数值很小。如 10V(DC) 的共模电压仅产生 $0.1\mu V$ 的直流常态型电压和 $20\mu V$ 的交流常态型电压。

在实际应用中，由于传感器和机壳之间容易引起共模干扰，所以 A/D 转换器的模拟地一般采用浮空隔离的方式，即 A/D 转换器不接地，它的电源自成回路。A/D 转换器和计算机的连接通过脉冲变压器或光电耦合器来实现。

6）信号地（传感器地）

在检测系统中，传感器是重要的组成部分，但一般传感器的输出信号都比较微弱，传输线较长，很容易受到干扰的影响。所以，传感器的信号传输线应当采取屏蔽措施，以减少电磁辐射影响和传导耦合干扰。传感器的地，一般以 5Ω 导体（接地电阻）一点入地，注意这种地是不浮空的。

7）屏蔽地

屏蔽接地的目的是避免电场磁场对系统的干扰。实际应用中屏蔽的接法根据屏蔽对象的不同也各有不同。

(1) 电场屏蔽。电场屏蔽的目的是解决分布电容的问题，一般以接大地的方式解决。

(2) 电磁场屏蔽。主要是为了避免雷达、短波电台等高频电磁场的辐射干扰问题，屏蔽材料要采用低阻金属材料，最好接大地。

(3) 磁路屏蔽。磁路屏蔽是为了防止出现磁铁、电动机、变压器、线圈等磁感应、磁耦合而采取的抗干扰方法,其屏蔽材料为高磁材料。磁路屏蔽以封闭式结构为妥,并且接大地。

(4) 放大电路的屏蔽。检测系统分机中的高增益放大电路最好用金属罩屏蔽起来。放大电路的寄生电容会使放大电路的输出端到输入端产生反馈通路,容易使放大电路产生振荡。解决的办法就是将屏蔽体接到放大电路的公共端,将寄生电容短路以防止反馈,达到避免放大电路振荡的目的。

若信号电路是一点接地,低频电缆的屏蔽层也应是一点接地。如果电缆的屏蔽层接地点有一个以上,就会产生噪声电流。对于扭绞电缆的芯线来说,屏蔽层中的电流便在芯线中耦合出不同的电压,形成干扰源。

若电路有一个不接地的信号源与一个接地的(即使不是接大地)放大电路相连,输入端的屏蔽应接至放大电路的公共端。相反,若接地的信号源与不接地的放大器连接,即使信号源接的不是大地,放大电路的输入端也应接到信号源的公共端。

8) 电缆和接插件的屏蔽

检测系统中,信号的传输距离可能较远,因而广泛采用带屏蔽体的电缆线传输的方式。在用电缆线连接时,常会发生无意中的地环路以及屏蔽不良现象。特别是当不同的电路在一起时更是如此。所以,在布线走线时应注意减少这些现象的发生,并应做到以下几点。

(1) 高电平线和低电平线不要走同一条电缆。当不得已时,高电平线应组合在一起,并要单独加以屏蔽。同时要仔细选择低电平线的位置。

(2) 高电平线和低电平线不走同一接插件。不得已时,要将高电平端子和低电平端子分在两端,中间留备用端子,并在中间接高电平引线地线和低电平引线地线。

(3) 系统的出入电缆部分应保持屏蔽完整。电缆的屏蔽体也要经过接插件予以连接。当两条以上屏蔽电缆共用一个插件时,每条电缆的屏蔽层都要单独用一个接线端子,以免造成地环路,使电流在各屏蔽层中间流动,产生新的干扰。

(4) 低电平电缆的屏蔽层要一端接地,屏蔽层外面要有绝缘层,以防与其他地线接触。

9) 其他接地

(1) 功率地,这种地线的电流较大,接地线的线径应较粗,且与小信号地线分开,连直流地。

(2) 小信号前置放大电路与内存放大电路的地。这种电路输入信号一般以微伏或毫伏计,因此地线设计更要小心。放大电路本身采用一点接地,不能一个电路多点接地,否则地线中的电位差将对放大电路产生干扰。A/D 转换器的前置放大电路一般浮空。内存放大电路的 PCB 采用一点接地。这类放大器的地线一定要远离功率地和噪声地(即继电器、电动机等的地)。

3. 隔离与耦合

采用各种隔离与耦合的方式也可提高系统的抗干扰能力,使用这种方法可以让两个电路相互独立而不形成一个回路。例如,系统中既有数字电路又有模拟电路,当输入的模拟信号很小时,数字电路会对模拟电路产生较大的干扰,所以在实际的电路设计中应该避免数字电路和模拟电路之间有共同回路,即二者之间需要加隔离。

此外,检测系统中单片机与数字电路、脉冲电路、开关电路的接口,一般也用光电耦合器进行隔离,以切断公共阻抗环路,避免长线感应和共模干扰。高增益的放大器(>60dB),需要在输入级设级间耦合。在需要采用较长信号传输线的场合,可以采用屏蔽与光电耦合相结合的办法。

常用的隔离方法有光电耦合器件隔离、继电器隔离、隔离放大器隔离和隔离变压器隔离等。光电耦合器(以下简称光耦)是用于隔离干扰、传输有用信号的半导体器件。带有光耦的电路简称为光耦合电路或光隔电路。

光耦是一种电→光→电耦合器件,它的输入量是电流,输出量也是电流,可是两者之间从电气上看却是绝缘的。

在光耦电路中,输入、输出回路绝缘电阻高(大于 $10^9\Omega$)、耐压超过 1kV。输入、输出回路在电气上是完全隔离的,能很好地解决不同电位、不同逻辑电路之间的隔离和传输的矛盾。

图 15-7 所示为用光耦传递信号并将输入回路与输出回路隔离的例子。光耦的红外发光二极管经两只限流电阻 R_1、R_2 跨接到三相电源路中。当交流接触器未吸合时,流过光耦中的红外发光二极管 VL_1 的电流为零,所以光耦中的光敏晶体管(光敏三极管)V_1 处于截止状态,所以 U_E 为低电平,指示灯 VL_2 暗。

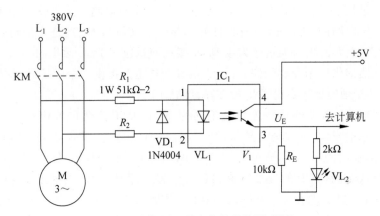

图 15-7 光耦用于强电信号的检测、隔离

当交流接触器吸合后,有电流流过光耦中的发光二极管 VL_1,所以 U_E 为高电平,指示灯 VL_2 亮。

光电耦合器件响应速度比变压器、继电器要快得多,对周围电路无影响,并且体积小、质量轻、价格便宜、便于安装,线性光电耦合器可用于模拟电路中的信号线性变换场合,也用于放大器的隔离。

4. 布线抗干扰措施

在检测系统中,PCB 上电力线、信号线等线路的布局,板上器件空余引脚安排,测试设备与仪器仪表的信号传输线的连接等,都是实际应用中要考虑的问题。

1) 走线原则

在长线传输中,为防止窜扰,采用交叉走线法。长线传送时,应遵循功率线、载流线和信号线分开,电位线和脉冲线分开的原则。在传送 0~50mv 的小信号时,更应该如此。

电力电缆最好用屏蔽电缆,并且单独走线,不能与信号线平行,更不能将电力线与信号线装在同一电缆中。

2) 元器件空余输入端的处理

电路设计中常常会出现器件引脚空余的现象,一般不能将这些引脚随意处置,特别是元器件空余输入端,处理不好往往可能造成较大的干扰输入,所以应采取一定的处理方法,以降低干扰。实践中常采取如下方法。

(1) 把空余的输入端与使用输入端并联。这种方法简单易行,但增加了前级电路的输出负担。

(2) 把空余的输入端通过一个电阻接高电平。这种方法适用于慢速、多干扰的场合。

(3) 把空余的输入端悬空,用一反相器接地。这种方法适用于要求严格的场合,但多用了一个组件。

3) 数字电路的抗干扰措施

每一块数字电路组件上,都有高频去耦电容,一般为 $0.01 \sim 0.02 \mu F$。在布局上这些电容应充分靠近集成模块,并且不应集中在 PCB 的一端。每块 PCB 上的电源输入端也应加 $10 \sim 100 \mu F$ 的去耦电容。直流配电线的引出端也应尽可能地做成低阻抗传输线的形式。

前面介绍过快速逻辑电路会产生高频干扰,所以这些电路也应按高频电路来处理。所有装有大量逻辑电路的 PCB,都必须有良好的接地。实际设计中,这个地可以是低阻泄流排,或者用 PCB 上大面积的铜箔作为接地,其接地面积应占 PCB 面积的 60% 以上。这个接地可为供电回路提供一个低感回路,并可为信号交连电路提供一个阻抗固定的线路。此外,在检查 PCB 的接地时要注意是否接触良好、可靠。

各种逻辑电路产生噪声的程度也是不同的,其中 TTL 产生的噪声最大,而 HTL 产生的噪声最小。一般来说,开关速度越快,噪声越大(ECL 除外,其电路的供电电流在导通和截止时都一样,在门的开关中,电流变化率为 0,因此它产生的噪声低)。另外,门电路的速度与传播时延成比例,ECL 的速度最高,HTL 最慢。通常 TTL 的速度较 ECL 略低,但噪声却要大 10 倍。数字电路对噪声敏感,RTL 对噪声极为敏感,而 HTL 和 CMOS 最不敏感。

5. 软件抗干扰措施

干扰不仅影响检测系统的硬件,而且对其软件系统也会形成破坏,如造成系统的程序弹飞、进入死循环或死机状态,使系统无法正常工作。因此,软件的抗干扰设计对计算机检测系统是至关重要的。此外,前面介绍的干扰抑制技术,都是采用一定的硬件措施。随着抗干扰技术理论与实践的不断深入,除了研究常规的抗干扰措施外,掌握信号与噪声的规律、区分噪声与信号的性质等也是非常重要的。

实际的工程应用中,仅采用硬件措施往往无法满足需要,所以应该寻求软件方法。在软件方法中已有数字滤波、选频和相关处理等不少有效的措施,这些软件方法可以方便地提取淹没在噪声中的有用信号。而实践中将硬件方法和软件方法结合起来,可以达到良好的干扰抑制效果。设计实践证明,软件抗干扰不仅效果好,而且降低了产品成本。在系统运行速度和内存容量许可的条件下,应尽量采用软件抗干扰设计。

1) 干扰对系统软件的影响

外界的干扰对智能仪器仪表中单片机系统产生干扰后,可能引起 RAM、程序计数器或总线上的数字信号发生错乱,CPU 根据错误数据进行运算,得到错误的操作数和结果,在没有任何纠错措施的情况下,这个错误会一直传递下去。CPU 读取到错误的地址码后,造成程序运行偏离正常轨道,引起程序失控。即使程序又会回到正常运行状态,可能已造成一系列不良后果,或者对后续程序的正常运行埋下隐患,若程序进入死循环,将使系统瘫痪。

计算机系统中的片内 RAM、扩展 RAM 以及片内的各种特殊功能寄存器等,都可能因外界干扰引起状态的改变。这些数据状态正常与否,关系着整个装置或系统的显示、控制、运行等,是非常重要的。如果某个中断专用寄存器的数据发生错误,中断设置方式发生改变,可能造成有用中断的关闭和未用中断的开启,使非法中断得以进入。此外,造成数据误差、控制失灵、某些部件的工作状态改变等,都可能对系统软件造成影响。因此必须在系统软件设计与维护中采取措施,维持系统正常、稳定的运行状态。

2) 软件抗干扰的主要措施

检测系统的输入信号和外界的干扰有时是随机的,故其特性往往只能从统计的意义上来描述。此时,经典滤波方法就不可能把有用的信号从测量结果中分离出来。而数字滤波具有较强的自适应性。所谓数字滤波,就是通过一定的计算程序对采样信号进行平滑处理,提高其有用信号,消除或减少各种干扰和噪音的影响,以保证系统的可靠性。

滤波器有高通、低通、带通、带阻等几种。在检测系统中,多使用低通滤波器抑制交流电信号的干扰。低通滤波器只允许直流信号或缓慢变化的极低频率的信号通过,一般包括电源线滤波器和信号线滤波器等。在使用信号源为热电偶、应变片等信号变化缓慢的传感器时,可串接一个小体积、低成本的无源 RC 低通滤波器,它对 50Hz 及更高频率的干扰有较好的抑制作用。对称的 RC 低通滤波器电路如图 15-8 所示。

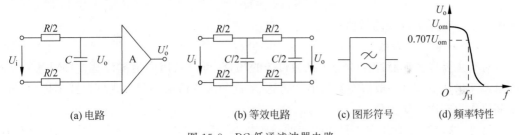

图 15-8 RC 低通滤波器电路

电源网络会吸收各种高、低频噪声,因此经常使用 LC 交流电源滤波器(又称为电源线 EMI 滤波器)来抑制混入电源的噪声,如图 15-9 所示。电源线 EMI 滤波器实际上是一种低通滤波器,它能无衰减地将直流或 50Hz 以下低频电源功率传送到用电设备上,并能大大衰减经电源传入的干扰信号,保护设备免受其害。

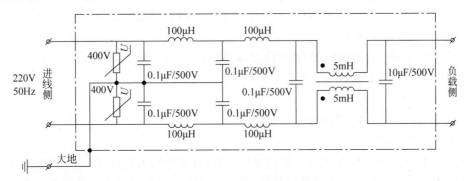

图 15-9 LC 交流电源滤波器电路

直流电源往往为几个电路所共用,为了避免电源内阻造成几个电路间互相干扰,应在每个电路的直流电源上加上 RC 退耦滤波电路或 LC 退耦滤波电路,如图 15-10 所示。

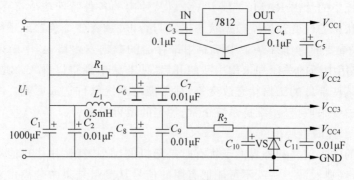

图 15-10　直流电源滤波器

例如,对于 N 次等精度数据采集,存在着系统误差和因干扰引起的粗大误差,使采集的数据偏离真实值。此时,可以采用算术平均值的方法,求出平均值作为测量示值。还可以在此基础之上,将剔除了粗大误差的测量数据的平均值作为测量结果示值。这样既剔除了粗大误差,又可以消除一定的系统误差。在综合考虑适当的 N 值后,可以在满足测量精度要求的前提下,拥有足够的测量速度。数字滤波方法的表达如下:

$$\overline{X} = \frac{1}{N-m} \sum_{i=1}^{N-m} X_i \tag{15-9}$$

式中:X_i——第 i 次的测量值;

m——粗大误差数。

对于主要以去掉脉冲性质的干扰为目的的场合,可以采用中值滤波法。即对某一个被测量连续采样 N 次(一般取奇数),然后将这 N 次的采样值从小到大或从大到小排列,再取中间值作为本次采样示值。

另外,这个数字滤波方法只要改变循环次数,就可以推广到对任意采样值进行中值滤波中,而且 N 值越大,滤波效果就越好。但是在实际应用中不可能把 N 值取得太大,一般取 5~9 即可,以控制总的采样时间。

上面的数字滤波方法主要适用于变化过程比较快的场合,基本上属于静态滤波(如压力、流量等参数)。对于慢速随机变量,这些滤波方法效果并不太好。所以,要采用动态滤波的方法,即一阶滞后滤波方法,表达式为

$$\overline{Y}(k) = (1-\alpha)X(k) + \alpha \overline{Y}(k-1) \tag{15-10}$$

式中:$X(k)$——第 k 次采样值;

$\overline{Y}(k)$——第 k 次采样后的滤波结果输出值;

$\overline{Y}(k-1)$——上次滤波结果输出值;

α——滤波平滑系数;

τ——滤波环节的时间常数;

T——采样周期。

通常采样周期要远小于滤波环节的时间常数,也就是输入信号的频率快,而滤波环节时间常数相对较大,这是一般滤波器的概念,所以这种数字滤波器相当于硬件电路中的 RC 滤

波器。对于 τ、T 的选取,可以根据具体情况而定。一般 τ 越大,滤波的截止频率就越低,相当于 RC 滤波电路中电容增大,而硬件电路中的电容增加是有限的,数字滤波器中的值则是可以任意取值的,这也是数字滤波器可以作为低通滤波器的原因。滤波系数 α 可以根据选用的 τ 和 T 计算得到,其值一般为小数,所以 $(1-\alpha)$ 也是小数。

每一种数字滤波方法都有其各自的特点,在实际应用中要根据具体的测量参数来选用合适的方法。除了可以根据所测参量变化快慢情况来选取外,要注意滤波效果与所选择的采样次数 N 有关,N 越大,效果越好,只是花费时间越长。

所以,在考虑实际滤波效果达到要求的前提下,应采用运行时间较短的程序。此外,在热工和化工过程 DDC 系统中,要结合实际情况决定是否一定用数字滤波方法。因为不适当的数字滤波方法有可能将要控制的波动滤掉,从而降低控制效果甚至不能控制。

15.3 电磁兼容技术

15.3.1 电磁兼容的基本原理

1. 什么是电磁兼容

电磁兼容(Electro Magnetic Compatibility,EMC)定义为电气及电子设备在共同的电磁环境中能执行各自功能的共存状态,即要求在同一电磁环境中的上述各种设备都能正常工作又互不干扰,达到兼容状态。我国对大部分机电产品强制执行上百项电磁兼容标准。

2. 电磁兼容的三要素

电磁干扰源、干扰传播途径和敏感设备是电磁兼容技术研究的三个主要内容。

3. 电磁骚扰源或电磁干扰源

电磁干扰源可分为自然干扰源和人为干扰源。例如,在自然界和工业生产中,有大量的用电设备产生火花放电,向周围辐射从低频到甚高频、大功率的电磁波。在工频输电线附近也存在强大的交变电场和磁场,对十分灵敏的检测装置造成干扰。

4. 干扰的传播途径

干扰的传播途径有两种,空间辐射和导线传导,必须设法切断这些向敏感设备传播干扰的途径。

5. 敏感设备

工业中,测控设备的输入阻抗、带宽、灵敏度等指标都将影响该设备对电磁干扰的敏感度。测控设备的信号传输线也是接收电磁干扰的主要因素。

EMC 技术主要研究如何使测控设备不响应这些电磁干扰,从而提高设备的抗干扰能力。EMC 干扰三要素之间的联系如图 15-11 所示。

图 15-11　电磁干扰三要素之间的联系

6. 针对电磁干扰三要素可采取的措施

(1) 消除或抑制干扰源。例如,将产生电火花的电气设备撤离检测装置;将整流子电动机改为无刷电动机;在继电器、接触器等设备上增加灭弧措施等。

（2）切断干扰途径。可采取诸如提高绝缘性能、采用隔离变压器、光耦合器等切断干扰途径。对于以辐射的形式侵入的干扰，一般采取各种屏蔽措施。

（3）削弱受扰回路对干扰的敏感性。一个设计良好的检测装置应该具备对有用信号敏感、对干扰信号尽量不敏感的特性。一般可以采取屏蔽、接地、滤波、光隔等措施。

15.3.2　屏蔽技术

1. 什么是屏蔽？

可以阻断电场或磁场耦合干扰的方法称为屏蔽，包括静电屏蔽、磁屏蔽、高频电磁屏蔽等。

2. 静电屏蔽

用铜或铝等导电性良好的金属材料制作成封闭的金属容器，把需要屏蔽的电路置于其中，使外部干扰电场的电力场不影响其内部的电路；反之，若将金属容器的外壳接地，内部电路产生的电力线也无法外逸去影响外电路。静电屏蔽不但能够防止静电干扰，也一样能防止交变电场的干扰。

3. 低频磁屏蔽

低频磁屏蔽是一种隔离低频（主要指 50Hz）磁场和固定磁场（也称静磁场，其幅度、方向不随时间变化，如永久磁铁产生的磁场）耦合干扰的有效措施。

非导磁的静电屏蔽线或静电屏蔽盒对低频磁场不起隔离作用。这时必须采用高导磁材料作屏蔽层，以便让低频干扰磁力线从磁阻很小的磁屏蔽层上通过，使低频磁屏蔽层内部的电路免受低频磁场耦合干扰的影响。图 15-12 所示为热电偶的一根引线与存在强电流 I_L 的工频（50Hz）输电线靠得太近时，引入磁场耦合干扰的示意图。

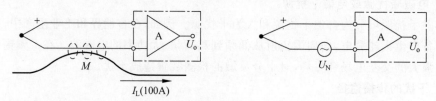

(a) 热电偶引线与工频强电流输电线路的互感耦合　　　　(b) 等效电路

图 15-12　磁场耦合干扰示意图

切断磁场耦合干扰途径的办法有以下 3 种。

（1）使信号源引线远离强电流干扰源，从而减小互感量 M。

（2）采用低频磁屏蔽。

（3）采用绞扭导线等。

采用绞扭导线可以使引入信号处理电路两端的干扰电压相互抵消，如图 15-13 所示。

4. 高频磁屏蔽

高频磁场的屏蔽层应采用铜、铝等材料做成屏蔽罩、屏蔽盒、屏蔽管等不同的外形，将被保护的电路包围在其中。它屏蔽的干扰对象不是电场，而是高频（1MHz 以上）磁场。

若将高频屏蔽层接地，具有静电屏蔽的功能，也常称为电磁屏蔽，即能对电场和磁场同时加以屏蔽，特别是消除高频电磁场的影响。无线电广播的本质是电磁波，所以电磁屏蔽也能吸收掉它们的能量。

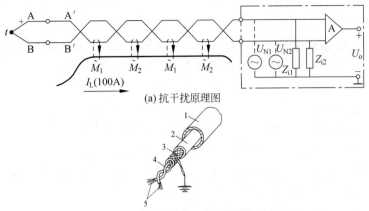

(a) 抗干扰原理图

(b) 带低频磁屏蔽的双绞扭屏蔽线

1—低频磁屏蔽软铁管；2—PVC塑料保护外套；3—铜网编织屏蔽层(接地)；4—双绞扭电缆；5—多股铜芯线。

图 15-13　双绞扭导线使磁场耦合干扰相互抵消的示意图

小结

本章主要介绍了检测系统中干扰种类和抑制干扰的方法。在工业现场和环境中，干扰源是各种各样的，因此将干扰源分为外部干扰、内部干扰。外部干扰就是指那些与系统结构无关，由使用条件和外界环境因素所决定的干扰，它主要来自于自然界的干扰以及周围电气设备的干扰。内部干扰是指系统内部的各种元器件、信道、负载、电源等引起的各种干扰，例如计算机检测系统中常见的信号通道干扰、电源电路干扰和数字电路干扰等。

干扰是一种破坏因素，但它必须通过一定的传播途径才能影响到测量系统，所以本章分析了干扰的引入或传播，如何切断或抑制耦合通道，采取使接收电路对干扰不敏感或滤波等手段，有效地消除干扰。对于检测系统，干扰引入的电路方式有串模干扰和共模干扰。

同时介绍了在计算机检测系统中从硬件和软件两个方面来考虑干扰抑制问题，其中，接地、屏蔽、去耦以及软件抗干扰等是抑制干扰的主要方法。

习题

1. 附近建筑工地的打桩机一开动，数字仪表的显示值就乱跳，这种干扰属于_____，应采取_____措施。一进入类似我国南方的黄梅天气，仪表的数值就明显偏大，这属于_____，应采取_____措施。盛夏一到，某检测装置中的计算机就经常死机，这属于_____，应采取_____措施。车间里的一台电焊机一工作，计算机就可能死机，这属于_____，在不影响电焊机工作的条件下，应采取_____措施。

　　A. 电磁干扰　　　　　　B. 固有噪声干扰　　　　C. 热干扰
　　D. 湿度干扰　　　　　　E. 机械振动干扰　　　　F. 改用指针式仪表
　　G. 降温或移入空调房间　　　　　　　　　　　　H. 重新启动计算机
　　I. 在电源进线上串接电源滤波器　　　　　　　　J. 立即切断仪器电源

K. 不让它在车间里电焊 L. 关上窗户
M. 将机箱密封或保持微热 N. 将机箱用橡胶-弹簧垫脚支撑

2. 调频(FM)收音机未收到电台时,喇叭发出烦人的"流水"噪声,这是_____造成的。

A. 附近存在电磁场干扰 B. 固有噪声干扰
C. 机械振动干扰 D. 空气中的水蒸气流动干扰

3. 减小放大器的输入电阻时,放大器可能会受什么样的干扰?

4. 发现某检测仪表机箱有麻电感,必须采取什么措施?

5. 检测仪表附近存在一个漏感很大的 50Hz 电源变压器(例如电焊机变压器)时,该仪表的机箱和信号线必须采用什么屏蔽?

6. 飞机上的仪表接地端应如何连接?

7. 经常看到数字集成电路的 V_{DD} 端(或 V_{CC} 端)与地线之间并联一个 $0.01\mu F$ 的独石电容器,这样设计基于什么原理?

8. 光耦合器是将什么信号转换为什么信号再转换为什么信号的耦合器件?

第 16 章 自动检测技术的综合应用
CHAPTER 16

在前面的章节中，重点分析了几十种传感器各自的结构和工作原理。在实际应用时，一个生产过程控制系统通常需要几十个甚至数百个不同的传感器对工艺参数进行测量，否则人们根本无法认识和控制生产过程的进行；同样，人们的衣食住行等日常生活也离不开检测技术。本章将介绍自动检测与转换技术在工业生产和日常生活中的综合应用。

16.1 高炉炼铁自动检测与控制

高炉炼铁就是在高炉中将铁从铁矿石中还原出来，并熔化成生铁。高炉是一个竖式的圆筒形炉子，其本体包括炉基、炉壳、炉衬、冷却设备和高炉支柱，而高炉内部工作空间又分为炉喉、炉身、炉腰、炉腹和炉缸。高炉生产除本体外，还包括上料系统、送风系统、煤气除尘系统、渣铁处理系统和喷吹系统。高炉产品包括各种生铁、炉渣、高炉煤气以及炉尘。生铁供炼钢和铸造使用；炉渣可用于制作水泥、建筑和铺路材料等；高炉煤气除了供热风炉做燃料使用外，还可用于炼钢、焦炉、烧结点火；炉尘回收后可用作烧结厂原料。

自动检测和控制系统是高炉自动化生产的重要组成部分，控制系统的功能配置及可靠性直接影响高炉的生产能力、安全运行、高炉寿命等重要经济指标的实现。高炉炼铁生产工艺参数检测与控制系统如图 16-1 所示。图中各主要符号代表意义分别为，$\frac{p}{B}$ 表示压力变送器，$\frac{\Delta p}{B}$ 表示差压变送器，$\frac{G}{B}$、$\frac{Q}{B}$ 分别表示流量变送器，$\frac{T}{B}$ 为温度变送器，$\sqrt{\ }$ 表示开方器，$\frac{p}{J}$ 表示压力记录仪，$\frac{\Delta p}{J}$ 表示差压记录仪，$\frac{G}{J}$、$\frac{Q}{J}$ 分别表示流量记录仪，$\frac{T}{J}$ 表示温度记录仪，$\frac{f}{J}$ 表示湿度记录仪，$\frac{L}{J}$ 表示料尺记录仪，DTL 为调节器，DKJ 为电动执行器，F 是操作器。

16.1.1 高炉本体检测和控制

为了准确及时地判断高炉炉况和控制整个生产过程的正常运行，必须检测高炉内各部位的温度、压力等参数。

1. 温度

需检测的温度点包括炉顶温度、炉喉温度、炉身温度和炉基温度，并采用多点式自动电子电位差计进行显示和记录。

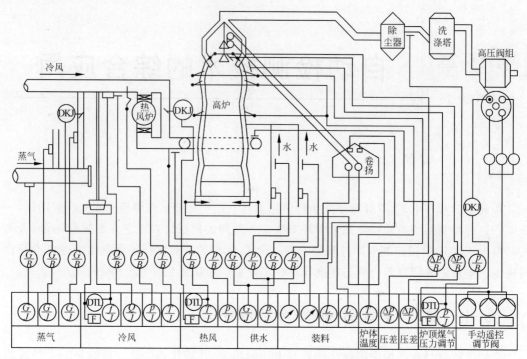

图 16-1 炼铁生产过程工艺参数检测与控制系统图

(1) 炉顶温度是煤气与料柱作用的最终温度,它说明了煤气热能与化学能利用的程度,在很大程度上能监视下料情况。炉顶温度的测量是利用安装在 4 个或 2 个煤气上升管内的热电偶实现的。

(2) 炉喉温度能准确反映煤气流沿炉子周围工作的均匀性。炉喉温度是利用安装在炉喉耐火砖内的热电偶测量的。

(3) 炉身温度可以监视炉衬侵蚀和变化情况。炉衬结瘤或过薄都可以通过炉身温度反映出来。一般在炉身上下层各安装一排热电偶测量炉身温度,每排 4 个或更多。

(4) 炉基温度主要用于监视炉底侵蚀情况,一般在炉基四周装有 4 个热电偶,并在炉底中心装 1 个热电偶。

2. 差压(压力)

需检测大小料钟间的差压、热风环管与炉顶间的差压及炉顶煤气压力。

1) 大小料钟间差压的测量

炉喉压力提高后,在料钟开启时,必须注意压力平衡,降大钟之前,应开启大钟均压阀,使大小料钟间的差压接近于炉喉压力;降小钟之前,应开启小钟均压阀,使大小料钟间的差压接近于大气压力。如果压差过大,则料钟及料车的运转应有立即停止的电气装置,否则传动系统负荷太大,易受损失,所以大小料钟之间的差压由差压变送器将其转换为 4~20mA 直流信号,送至显示仪表显示和记录。

2) 热风环管与炉顶间差压的测量

炉顶煤气压力反映煤气逸出料面后的压力,是判断炉况的重要参数之一。国内采用最多的是测量热风环管与炉顶间差压,由差压变送器测量后送至显示仪表显示和记录。

3) 炉顶煤气压力的自动检测与控制

高压操作不但可以改善高炉工作状况,提高生产率,降低燃料消耗,而且可增加炉内煤气压力和还原气体的浓度,有利于强化矿石的还原过程,还可相应降低煤气通过料层的速度,有利于增加鼓风量,改善煤气流分布。目前,大多数高炉都采取高压操作,高压操作时的炉喉煤气压力约为 0.5~1.5 标准大气压。在高炉工作前半期,料钟的密闭性较好,一般可保持较高压力;而在高炉工作后半期,由于钟料磨损,密闭性变差,炉顶煤气压力要降低一些。

由于炉喉处煤气中含灰尘较多,取压管易堵塞,因此测量煤气压力的取压管安装在除尘器后面、洗涤塔之前。虽然是间接地反映炉喉煤气压力,但比较可靠。炉顶煤气压力控制采用单回路控制方案,即在除尘器后测出煤气压力,经压力变送器转换后送至显示仪表显示和记录,同时送至煤气压力调节器与给定值比较,根据偏差的大小及极性,向电动执行器发出调节信号,调节洗涤塔后面煤气出口处阀门的开度,改变局部阻力的损失,保持炉喉煤气压力为给定数值。

16.1.2 送风系统检测和控制

送风系统主要考虑鼓风温度和湿度的自动控制,均采用单回路控制方案。

1. 鼓风温度

鼓风温度是影响鼓风质量的一个重要参数之一,它将影响到高炉顺行、生产率、产品质量和高炉使用寿命。如图 16-1 所示,冷风通过冷风阀进入热风炉被加热,同时冷风还通过混风阀进入混风管,与经过加热的热风在混风管内混合后达到规定温度,再进入环形风管。

用热电偶测定进入环形风管前鼓风的温度,经温度变送器转换后送至调节器,调节器按 PID 规律运算得到输出信号,进而驱动电动执行器 DKJ,调节混风阀的开度,控制进入混风管的冷风量,保持规定的鼓风温度,同时鼓风温度送至显示仪表显示和记录。

2. 鼓风湿度

鼓风湿度是影响鼓风质量的另一重要参数,通常采用干湿温度计测量。其基本原理是用一个干的温度计和一个湿的温度计,当鼓风通过两温度计时,由于湿温度计水分蒸发,温度将低于干温度计的温度。鼓风湿度越大,则蒸发越慢,吸热较少,干、湿温度计的温度就越接近,干湿温度计的温度差就可以反映鼓风湿度的大小。

在冷风管道上取出冷风,用两只热电阻测温,经温度变送器转换后的电流信号送至调节器,调节器的输出信号驱动电动执行器,控制蒸气阀的开度,改变进入鼓风中的蒸气量,控制鼓风湿度保持在规定值。

16.1.3 热风炉煤气燃烧自动控制

根据炼铁生产工艺的要求,一般希望热风炉能以最快的速度升温,并且要求煤气燃烧过程稳定。图 16-2 所示是目前采用较多的煤气燃烧自动控制系统。

1. 煤气与空气的比例控制

由差压变送器及开方器分别取得煤气流量与空气流量,送入调节器 DTL4 构成一个比值控制系统,调节器 DTL1 的输出信号送到电动执行器,调节空气管道上的阀门开度,控制煤气与空气的比例达到规定的数值。

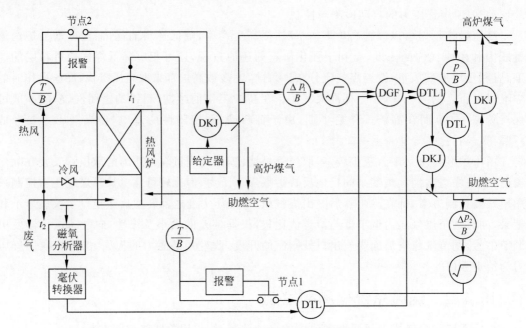

图 16-2 热风炉煤气燃烧自动检测控制系统

2. 烟道废气中含氧量的控制

用磁氧分析器和毫伏转换器测量烟道废气中的含氧量并送给氧量调节器,与含氧量的给定值相比较,发出校正信号送入调节器 DTL1 中。如果含氧量大于给定值,校正信号使电动执行器动作,使空气管道阀门朝关小的方向动作,直到含氧量稳定在给定值为止;反之,则开大阀门,增加空气量,直到烟道废气中含氧量增加并稳定在给定值为止。所以,通过控制烟道废气含氧量可以减少或消除因煤气成分波动而造成的影响。

3. 炉顶温度控制

安装在热风炉炉顶的热电偶和温度变送器测量的炉顶温度,通过报警节点 1(炉顶温度低于规定值时报警节点 1 断开,炉顶温度高于规定值时节点 1 接通)输入氧量调节器中,产生一个校正信号送入调节器 DTL1,使电动执行器动作,开大空气管道阀门开度,增加空气量,炉顶温度便开始降低,当炉顶温度低于规定值时,报警节点 1 断开,校正信号终止。

4. 烟道废气温度控制

安装在烟道上的热电偶和温度变送器测得的烟道废气温度,通过报警节点 2(废气温度高于规定值时接通,低于规定值时断开)输入到电动执行器中,使之关小煤气管道阀门开度;煤气量减少,废气温度降低,直到废气温度低于规定值,报警节点 2 断开。在燃烧开始阶段或操作中需要改变煤气量时,可通过电流给定器给出 4~20mA 直流电信号,直接控制电动执行器,实现远距离手动控制。

5. 煤气压力控制

通过安装在煤气管道上的取压管和压力变送器取得,送入调节器与煤气压力给定值相比较,调节器根据偏差情况给出控制信号,驱动电动执行器,改变煤气管阀门开度,直到煤气压力达到给定值为止。

此外,还有喷吹重油自动控制、吹氧系统自动控制、煤气净化系统自动控制、汽化冷却系统自动控制等。

目前,我国比较先进的大中型高炉炼铁生产过程工艺参数检测与控制,都采用了先进的集散控制系统(Distributed Control System,DCS),取代模拟调节器和显示记录仪,对生产工况进行集中监视和分散控制,无论从使用角度还是从成本考虑都是极有优势的。

16.1.4 蒸馏塔自动检测与控制

在石油、化工工业中,许多原料、中间产品或粗成品,通常是由若干组分所组成的混合物,蒸(精)馏塔可以将若干组分所组成的混合物(如石油等)通过精馏,将其中的各组分分离和精制,使之达到规定纯度。图 16-3 所示为常压蒸馏塔生产过程工艺参数检测与控制系统图。对蒸馏塔的控制要求通常分为质量指标、产品质量和能量消耗三方面。质量指标是蒸馏塔控制中的关键,应使塔顶产品中的轻组分(或重组分杂质)含量符合技术要求,或使塔底产品中的重组分(或轻组分杂质)含量符合技术要求。

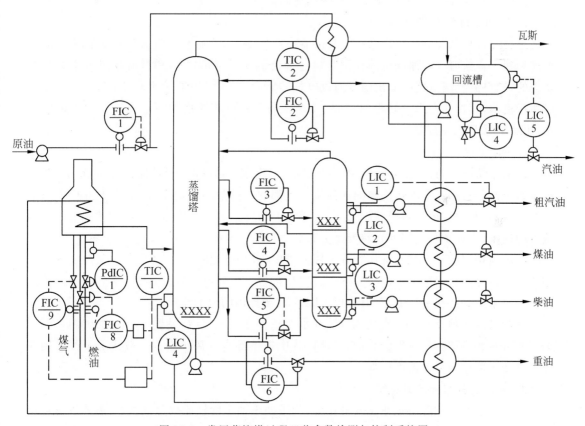

图 16-3 常压蒸馏塔过程工艺参数检测与控制系统图

16.1.5 蒸馏塔参数检测

蒸馏塔参数检测主要包括以下 3 部分。

(1) 温度测量。包括原油入口温度、塔顶蒸汽温度,可用热电偶测量。

(2) 流量测量。需测量燃料(煤气和燃油)流量、原油流量、回流量、各组分及重油流量等。绝大部分流量信号可采用孔板与差压变送器配合测量,对于像重油这样的高黏度液体,不能采用孔板测量,应选用容积式流量传感器(如椭圆齿轮流量传感器)进行测量。

(3) 液位测量。包括回流槽液位、水与汽油的相界位、其他组分液位以及蒸馏塔底液位等,采用差压式液位传感器或差压变送器测量。

16.1.6 蒸馏塔自动控制系统

工艺对一端产品质量有要求时,例如当对塔顶产品成分有严格要求、对塔底产品组分只要求保持在一定范围内时,通常使用塔顶产品流量控制塔顶产品成分,用回流量控制回流槽液位,用塔底产品流量控制塔底液位,蒸汽的再沸器进行自身流量的控制。当对塔底产品成分有严格要求时,控制方案用塔底产品流量控制塔底产品成分,用回流量控制回流槽液位,塔顶产品只进行流量控制,塔底液位用加热或用蒸汽量进行控制。倘若工艺对两端产品质量均有要求时,控制方案采用较复杂的解耦控制。

1. 原油温度和流量控制

原料与来自蒸馏塔的半成品在热交换器中交换能量,然后利用管式加热炉将原油的温度加热到一定数值。原油温度的控制是通过温度调节器 TIC/1 与燃料流量组成串级系统实现的,燃料流量调节器的输出信号通过电气转换后,进入采用带气动阀门定位器的气动薄膜执行机构,其目的是为了防爆,以确保安全。输入常压蒸馏塔的原油流量采用单回路控制,用调节器 FIC/1 控制。

2. 回流控制

这是蒸馏塔控制系统中最重要的部分之一,温度调节器 TIC/2 与回流流量调节器 FIC/2 组成串级控制回路。要加热的原油遇到从塔下部吹入的热蒸汽而蒸发,蒸汽上升送入较上层的塔盘,与盘中液体接触而凝结,在各层塔盘上都发生沸点高的蒸汽凝结和沸点低的液体蒸发的现象,形成了各层间的自然温度分布。

从塔顶排出的蒸汽被冷却而积存于回流槽中,其中,气体、汽油以及水的混合物等将在回流罐中被分离,一部分汽油又回流入蒸馏塔内,另一部分导入后面的生产装置。为了将回流罐中的液位保持在一定的范围内,以 LIC/5 控制排出的汽油流量。

蒸馏塔的塔顶蒸汽经冷凝变成汽油和水而积存在回流槽内,设置 LIC/4 水位调节器是为了维持水和汽油有一定的分界面,又可以从中把下部水分离出来。一般情况下都采用差压装置变送器作为分界液面的变送器。

3. 重油及各组分流量控制

在蒸馏塔底部积存着最难蒸发的重油,为了使重油中的轻质成分蒸发,就需要维持一定的液面高度,吹入蒸汽使之再蒸发,由 LIC/4 和 FIC/6 组成的串级控制系统就是为此而设置的。由于塔底变送器的导压管很容易受外界气温的影响而使其内部蒸汽凝结,需要施加蒸汽管并行跟踪加热才能使用。在蒸馏塔之间部分适当的位置上,分别设有粗汽油、煤油和柴油的出口管线,因为这些流量与蒸馏塔内的温度分布(各种油的成分)有着重要的关系。用 FIC/3、FIC/4、FIC/5 对它们分别进行流量控制和调节。由于这些中间馏分中还含有轻质油,所以与蒸馏塔并列的还设有汽提塔,将蒸汽吹入其中,使馏分中的轻质油蒸发排出,液位控制调节器 LIC/1、LIC/2、LIC/3 即为此而设置。

16.2 传感器在汽车中的应用

电子技术的发展和进步促进了汽车工业的发展。随着汽车电子设备不断更新,各种用途的传感器越来越多地出现在汽车上,特别是计算机在汽车上的应用,更加确定了传感器在汽车电子设备中的重要地位。

16.2.1 汽车传感器的特点

汽车是不用接受专门训练的人就可以乘坐的交通工具。由于这一特点,用于汽车的传感器受到了种种限制。

1. 环境适应性

为了使汽车能在像北极、南极那样极其寒冷的地带以及像赤道附近、沙漠那样的酷热地带都能行驶,则要求传感器具有非常强的环境适应性。

例如,在 $-40 \sim +80$℃ 的温度范围内,要求传感器不必进行调整也能保持一定的精度。此外,根据情况的不同,对传感器还要提出不同的要求。例如,对雨水或河水的耐水性能,为了能在恶劣路面上行驶的耐振性能、耐灰尘性能,对被污染的空气的耐腐蚀性能,对药品的耐药品腐蚀性能,对用于冲洗车辆用的高温水蒸气的耐蒸气性能等。另外由于汽车发电机、蓄电池的电压不稳,对传感器还要提出耐电压波动的性能要求。

2. 批量生产性

为了使传感器能用在适合一般用户购买的汽车上,必须要求传感器具有批量生产的可能。换句话说,汽车传感器在保障其性能的基础上,成本尽可能低,而且通过简单调整就能更换。

3. 稳定性

汽车用传感器要求在行驶距离不超过 10 万千米时,不需要更换,不用调整就能满足规定的性能。

4. 法规制度

国家对汽车排气成分,例如在 CO、NO_x 等成分的含量方面有严格的规定,在正常情况下要符合标准,而且还要求完成了规定行驶距离以后,仍然能达到排气标准。

16.2.2 汽车传感器的种类

汽车类型繁多,其结构大体都是由发动机、底盘和电气设备三部分组成。当汽车启动后,电动汽油泵将汽油从油箱内吸出,由滤清器过滤杂质后经喷油器喷射到空气进气管中,与适当的空气混合均匀后分配到各汽缸中。火花塞点火后,混合汽油在汽缸内迅速燃烧,推动活塞做功,齿轮机构被曲柄带动,驱动车轮旋转,汽车开始行驶。

汽车的每一部分均安装有许多检测和控制用的传感器,能够在汽车工作时为驾驶员或自动检测系统提供车辆运行状况和数据,自动诊断隐形故障和实现自动检测和自动控制,从而提高汽车的动力性、经济性、操作性和安全性。

汽车传感器大致有两类,一类是使司机了解汽车各部分状态的传感器,如各种仪表和指示灯传感器等;另一类传感器是用于控制汽车运行状态的控制传感器,这类传感器无须把检测结果通知司机,例如,发动机最优控制所需传感器。汽车用传感器的主要种类如表 16-1 所示。

表 16-1　汽车传感器的种类

种　　类	检测量　检测对象
温度传感器	排出气体、吸入空气、发动机机油、室内外空气
压力传感器	进气气管压、大气压、燃烧压、发动机油压、制动压、各种泵压、轮胎压
转速传感器	曲柄转角、曲柄转速、车轮速度
速度、加速度传感器	车速(绝对值)、加速度
流量传感器	吸入空气量、燃料流量、排气再循环量、二次空气量
液量传感器	燃料、冷却水、电解液、洗窗器液、机油、制动液
位移方位传感器	节气门开度、废气再循环阀开度、车辆高度、行驶距离、行驶方位、GPS 全球定位
气体浓度传感器	O_2、CO、CO_2、NO_x、CH 化合物、柴油烟度
其他传感器	转矩、爆震、燃料成分、湿度、玻璃结霜、鉴别饮酒、睡眠状态、蓄电池电压、蓄电池容量、灯泡断线、荷重、冲击物、轮胎失效、风量、日照、光照、电磁等

1. 汽车仪表用传感器

司机要随时掌握汽车运行速度、燃料情况以及汽车主要部件是否满足规定的要求。因此,必须把各种仪表和指示灯安装在司机最容易看清楚的位置上,这些仪表和指示灯分别与相应的传感器连接。为了让司机容易看清楚仪表上的数值,这些仪表所用的传感器响应特性比较缓慢。仪表的显示值应使司机扫一眼就能明了他所需了解的汽车的各种特性。为了掌握各个部件的状态,有些汽车还装有故障诊断装置,为此使用了更多的传感器。

2. 控制用传感器

汽车的自动控制系统主要包括发动机控制、变速控制、制动控制、行驶方向控制及车内空调控制等功能。发动机控制系统在规定的行驶条件下能把排气量控制在规定值内,选择齿轮配合并平滑地进行齿轮的切换,目的是把发动机的输出传到汽车的驱动车轮上,同时提高燃料油的充分燃烧率。制动控制系统能在冻结路面行驶时进行制动,又不使车轮向横向滑动,而且在尽可能短的距离内使汽车停止,以减少向前滑动的距离。车内空调控制系统能在设定的温度要求下,尽快地稳定在这个值附近。

16.2.3　防抱死制动系统

1. 防抱死制动系统的产生

当汽车以较高的车速在表面潮湿或有冰雪的路面上紧急制动时,很可能会出现一些危险的情况,如车尾在制动的过程中偏离行进的方向,严重的时候会出现汽车旋转掉头,汽车失去方向稳定性,这种现象称为侧滑。另一种情况是在制动过程中驾驶员控制不了汽车的行驶方向,即汽车失去方向可操纵性,若在弯道制动,汽车会沿路滑出或闯入对面车道,即便是直线制动,也会因为失去对方向的控制而无法避让对面的障碍物。产生这些危险状况的原因在于汽车的车轮在制动过程中容易产生抱死现象,此时,车轮相对于路面的运动不再是滚动,而是滑动,路面作用在轮胎上的侧滑摩擦力和纵向制动力变得很小,路面越滑,车轮越容易出现抱死现象;同时汽车制动的初速度越高,车轮抱死所产生的危险性也越大。这可能会导致汽车出现下面 3 种情况。

(1) 制动距离变长。
(2) 方向稳定性变差,出现侧滑现象,严重时出现旋转掉头。
(3) 方向操纵性丧失,驾驶员不能控制汽车的行驶方向。

防抱死制动系统(Anti-lock Braking System,ABS)属于汽车的主动安全系统。ABS 的配置,既可有效避免紧急制动时车轮抱死(打滑)现象的发生,同时还可以保持车辆制动过程中的转向操纵性,从而大大增强了行车安全性。其主要工作原理是,ABS 系统通过轮速传感器对相应车轮的转速进行实时监测当某一车轮出现抱死倾向时系统立即响应,通过减小相应车轮的制动力来消除即将发生的抱死现象。

2. ABS 工作原理

防抱死制动系统 ABS 是一种主动安全装置,是当前人们选购汽车的重要依据之一,具有 ABS 系统的车辆安全性能好。

ABS 系统主要由传感器、电子控制单元(Electronic Control Unit,ECU)和电磁阀三部分组成,其系统原理结构框图如图 16-4 所示。传感器一般安装在车轮上以测量车轮的转速,传感器一般为磁电感应式。ABS 工作时 ECU 接收传感器送来的车轮信号,该信号一般为符合 ECU 电压要求的矩形电压波,然后固化在 ECU 中的程序根据各个车轮的速度来决定对各个车轮的制动液压力如何调节,并输出相应的控制信号给各个车轮的液压控制单元。液压控制单元接收到信号后对车轮分泵的压力进行调节。传感器的作用是为 ECU 提供车轮的运动情况,ECU 是 ABS 系统的控制中心,ECU 中固化的程序实际上是 ABS 的控制方法,而液压控制单元是 ABS 控制方法的执行机构。

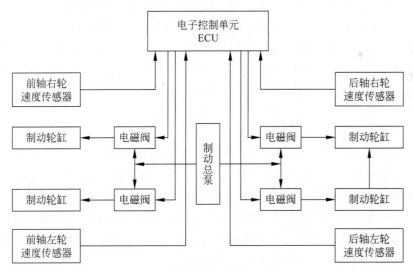

图 16-4 ABS 系统原理结构框图

轮速传感器是汽车轮速的检测元件,它能产生频率与车轮速度成正比的近似正弦的电信号,ABS 控制单元根据处理后的信号计算车轮速度。

ECU 是整个防抱死制动系统的核心控制部件,它接受车轮速度传感器送来的频率信号,通过计算与逻辑判断产生相应的控制电信号,操纵电磁阀去调节制动压力。定性的来说,就是当车轮的滑移率不在控制范围之内时,ECU 就输出一个控制信号,命令电磁阀打开或闭合,从而调节制动轮缸压力,使轮速上升或下降,将汽车车轮滑移率控制在一定范围之内,实现汽车的安全、可靠制动。ECU 原理结构框图如图 16-5 所示。

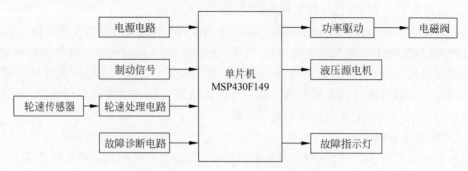

图 16-5　电子控制单元原理结构框图

电磁阀是防抱死制动系统的执行部件,在没有控制信号的情况下,该制动系统相当于常规制动系统,直接输出最大制动压力;当 ECU 向电磁阀发出控制信号时,电磁阀动作,对轮缸压力进行调节,从而调节车轮的滑移率,使制动力在接近峰值区域内波动,但又不达到峰值制动力,实现最佳制动效率。

ABS 就是在汽车制动过程中不断检测车轮速度的变化,按一定的控制方法,通过电磁阀调节制动轮缸压力,以获得最高的纵向附着系数,使车轮始终处于较好的制动状态。

本 ECU 选用的 MSP430F149 是一款功能强大,性价比极高的 Flash 型超低功耗 16 位 RISC 指令集单片机,特别适用于各种专用、小型、省电可移动,对计算、实时性要求很高的仪器仪表设备等控制系统中。它在制动过程中根据车辆——路面状况,采用电子控制方式自动调节车轮的制动力矩来达到防止车轮抱死的目的。即在汽车制动时使车轮的纵向处于附着系数的峰值,同时使其侧向也保持着较高的附着系数,防止车轮抱死滑拖,提高制动过程中的方向稳定性、转向控制能力和缩短制动距离,使制动更为安全有效。

随着汽车行驶速度的提高、道路行车密度的增大以及人们对汽车行驶安全性的要求越来越高,汽车行驶的安全性理所当然是最应受到关注的问题。影响汽车安全性的因素很多,诸如汽车的制动性、操纵性、行驶的稳定性、抵御外界影响(碰撞等)的能力等都影响汽车的安全性。统计资料显示,在道路交通事故中,大约 10% 的事故是由于车辆在制动瞬间偏离预定轨道或甩尾造成的,因此完善制动性能是减少交通事故的重要措施。

汽车行驶时能在短距离内停车且维持行驶方向稳定性和在下长坡时能维持一定车速的能力称为汽车的制动性。汽车的制动性还应包括汽车能在一定坡度的坡道上长时间停车不动的性能。汽车的制动性主要从以下 3 个方面来评价。

(1) 制动效能。在以一定车速行驶时,采取制动措施后,能使之停下的距离相应地制动减速度。制动距离越短,越有利于避免交通事故的发生,它是制动性最基本的评价指标。

(2) 制动时汽车的方向稳定性。汽车制动时,维持原有的行驶方向,不发生跑偏、侧滑,不失去转向功能的性能。汽车制动过程中,失去方向稳定性和失去转向控制能力,都是造成交通事故的重要原因。

(3) 制动效能的恒定性。汽车在连续多次制动或涉水后仍具备必要的制动功能的能力,即抗衰退性。抗衰退性是指汽车在繁重工作条件下制动时(如下长坡时长时间连续制动),制动器温度升高后,其制动效能的保持程度。它是设计制动器及选材中必须认真考虑的一个重要问题。

以上3项指标中,前两项指标采用ABS装置后,其性能都会有明显的改善和提高,对避免交通事故的发生能起到很好的作用,因此ABS是汽车上十分重要的主动安全装置。

3. 防抱死制动系统的发展趋势

现代制动防抱死装置多是电子计算机控制,这也反映了现代汽车制动系统向电子化方向发展的趋势。基于滑移率的控制算法容易实现连续控制,且有十分明确的理论加以指导,但目前制约其发展的瓶颈主要是实现的成本问题。随着体积更小、价格更便宜、可靠性更高的车速传感器的出现,ABS系统中增加车速传感器成为可能,确定车轮滑移率将变得准确而快速。

全电制动控制系统(Brake-By-Wire,BBW)是未来制动控制系统的发展方向之一。它不同于传统的制动系统,其传递的是电,而不是液压油或压缩空气,可以省略许多管路和传感器,缩短制动反应时间,维护简单,易于改进,为未来的车辆智能控制提供条件。但是,它还有不少问题需要解决,如驱动能源问题、控制系统失效处理、抗干扰处理等。目前电制动系统首先用在混合动力制动系统车辆上,采用液压制动和电制动两种制动系统。

现代制动防抱死装置多是电子计算机控制,这也反映了现代汽车系向电子化方向发展。ABS已成为当今世界上公认的提高汽车安全性必不可少的系统。今后的ABS,一是提高技术性能,使其更加完善;二是进一步简化系统,使之小型轻量化。这两项将是汽车ABS今后的发展方向。21世纪汽车的发展将是电子控制的时代,汽车在电子系统控制下将变得更加清洁、安全与舒适。

16.2.4　安全气囊

安全气囊是1953年由美国人约翰·赫缀克(John Hertrick)发明的。1973年日本本田汽车公司引进安全气囊技术进行实车应用。经过了多年的漫长历程,直至1984年,汽车碰撞安全标准FMVSS208在美国经多次被废除后又重新被认可并开始实施,其中规定从1995年9月1日以后制造的轿车前排座前均应装备安全气囊,同时还要求1998年以后的新轿车都装备驾驶者和乘客用的安全气囊,自此才确认了安全气囊的作用。如今这个在当年颇具创意性的发明已转为千百万个产品,种类也发展为正面气囊、侧面气囊、安全气帘等。各国生产的中高级轿车,大多数都装有安全气囊,有些轿车已将安全气囊列入必装件。

1. 汽车安全气囊系统的基本组成

驾驶员处的安全气囊是存放在方向盘衬垫内,因此,当看见方向盘上标有SRS或Airbag字样,就可知此车装有安全气囊。按其总体结构可分为机械式和电子式安全气囊系统两类。机械式安全气囊不需要电源,检测碰撞和引爆点火剂都是利用机械装置来完成,如图16-6所示。

电子式安全气囊是机械式安全气囊与电子技术结合的产物。目前汽车采用的安全气囊系统普遍都是电子式安全气囊系统。电子式安全气囊系统主要由碰撞传感器、微处理器(SRSECU)、辅助防护系统指示灯(SRS指示灯)、气体发生器和气囊等主要部件组成。碰撞传感器和微处理器用以判断撞车程度,传递及发送信号;气体发生器根据信号指示产生点火动作,点燃固态燃料并产生气体向气囊充气,使气囊迅速膨胀。气囊装在方向盘毂内紧靠

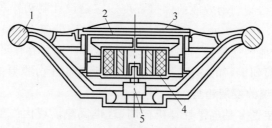

1—转向盘；2—气囊；3—缓冲垫；4—充气泵；5—传感器。

图 16-6 机械式安全气囊

缓冲垫处，其容量约为 50~90L，做气囊的布料具有很高的抗拉强度，多以尼龙材质制成，折叠起来的表面附有干粉，以防安全气囊黏在一起爆发时被冲破。为了防止气体泄漏，气囊内层涂有密封橡胶。同时气囊设有安全阀，当充气过量或囊内压力超过一定值时会自动泄放部分气体，避免将乘客挤压受伤。气囊中所用的气体多为氮气。

2．安全气囊的作用

安全气囊是最近发展起来的被动安全装置。它对驾驶员和乘员的头部、颈部安全起着明显的保护作用。特别是在汽车正面碰撞和前侧碰撞时，其保护作用尤为明显，而座椅安全带对人体胸部以上的保护作用十分有限。安全统计结果表明，汽车发生事故时，人体胸部以上受伤的概率高达 75% 以上。安全气囊主要是针对乘员上体，特别是为在撞车时头部和颈部的安全而设计的，而且一般汽车出厂时就已安装在车内，无须人们有意识地去完成"佩带"这一动作。因而，它可随时随地保护人们的安全，更容易被人们所接受。

3．安全气囊的分类

汽车安全气囊按控制类型不同，可分为机械式和电子控制式两类。机械式又有分立元件型、集成电路型、电脑控制型之分。电子控制式又分集中控制式（即一个电子控制器控制两个以上的气囊）和分散控制式（即一个电子控制器只控制一个气囊）。有的把传感器也放在气囊内，所以又有内部和外部传感器式安全气囊之分。有的也叫整体式安全气囊。现代汽车大都采用电子控制式安全气囊，电子控制式可按表 16-2 进行分类。

表 16-2 电子控制式安全气囊分类

电子控制式安全气囊	车内安全气囊系统	前方电子控制	单动作	单气囊系统
				单气囊系统＋安全带预紧器系统
				双气囊系统＋双安全带预紧器系统
				多气囊系统＋多安全带预紧器系统
			双动作	单气囊系统＋安全带预紧器系统
				双气囊系统＋双安全带预紧器系统
				多气囊系统＋多安全带预紧器系统
		侧面电子控制式安全气囊系统		
	车外安全气囊系统			

（1）单气囊系统。一般供驾驶员使用，也就是转向盘式安全气囊系统，全车只有一只安全气囊。

（2）单气囊系统＋安全带预紧器系统。除去单气囊外，为了更安全起见，还增加电控的安全带预紧器系统。它在车辆发生碰撞时,和气囊一样可以充气对人身进行安全保护。

(3) 双气囊系统＋双安全带预紧器系统。即整车提供两个气囊和两个安全带预紧系统。一般是驾驶员处固定放一对(即气囊和安全带),另外一对有的放在前排,有的放在后排。

(4) 多气囊系统＋多安全带预紧器系统。一般每个座位前放一对(有的有座位自动开关,在人坐上后自动合上气囊及安全带预紧器的电源开关,人离开后延时一段时间断开电源,以此来控制其使用与否);也有的在某几个座位前装安全气囊系统。

(5) 单动作安全气囊系统。在车辆发生冲撞时,不管汽车速度高低,汽车的安全气囊及安全带预紧器同时动作。

(6) 双动作安全气囊系统。在汽车低速度发生碰撞时,系统只使用安全带就足够保护驾乘人员安全,而气囊不动作。如果汽车速度大于30km/h发生碰撞时,安全带和气囊同时动作,以确保驾乘人员的安全。这些都是由传感器和电子电路自动控制的。

(7) 侧面电子控制式安全气囊系统。目前绝大多数安全气囊是以汽车前方碰撞保护为前提而设计的,叫前方电子控制式安全气囊系统。也有少数高级轿车上装有为了解决侧面碰撞的安全气囊,侧面安全气囊一般安装在车门上。

(8) 车外安全气囊系统。又叫保险杠内藏式安全气囊,安装在汽车前保险杠内。在汽车正面碰撞行人时,保险杠内藏推板迅速落下,阻止行人被辗压在车底下,同时装在保险杠内的传感器和充气囊动作,使内藏楔形气囊快速充气向前张开,托起被碰撞的行人,与此同时,保险杠两侧的翼状气囊充气后向两侧举升,防止行人向两侧流落,并控制汽车产生紧急制动。目前,这种安全气囊还处于研制阶段。

4. 安全气囊的可靠性

安全气囊是在汽车发生碰撞时(即发生危险情况下工作)的安全装置,所以,它的可靠性显得更重要。也就是说在汽车发生碰撞时,按汽车速度不同要使气囊或安全预紧带可靠地动作。在紧急制动、高低不平路面上行驶、下大坡等情况下,当汽车发生较大的减速或振动时,也会给气囊系统的传感器作用力,但要保证气囊系统不动作,当然正常行驶情况下气囊系统更不能动作。

电源是电子控制式气囊的动力,如电源发生故障则气囊处于瘫痪状态。为了保障安全气囊的可靠工作,一般采用双电源工作。在断电的情况下,还有气囊电路的贮能元件(如大容量电容器)供短时间控制用,至少可以点燃气囊工作。另外还有低电压小功率的备用电源,在外电源全无的情况下,它可以点燃报警灯,或者发出报警或求救信号。

气囊的硬件都是高标准、高可靠性的器件。除高强度的机械部件外,它的电子器件都在比汽车环境更恶劣的条件下经过抗干扰、老化等方面的试验,并且主要部件都采取降额使用、并联冗余等措施以提高可靠性。

气囊的软件采用计算机控制,一般都有自检功能,隔一定时间就对气囊的电源、传感器、电脑等部分进行自检,以便及时发现它的故障。另外软件设置陷阱、超时检测(又称"看门狗")等功能,以便在软件的执行过程中克服由外界干扰等原因造成的软件短时间的跑飞、锁死等现象,使其回到原来程序上来。

除采用可靠性高的器件外,还可以将多种形式的传感器并联使用,同类传感器采用冗余措施,确保气囊能够正常工作。

随着高速公路的发展和汽车性能的提高,汽车行驶速度越来越快,特别是由于汽车拥有量迅速增加,交通越来越拥挤,使得事故更为频繁,所以汽车的安全性就变得尤为重要。汽车的安全性分为主动安全和被动安全两种,主动安全是指汽车防止发生事故的能力,主要有操纵稳定性、制动性能、平顺性等,被动安全是指在万一发生事故的情况下,汽车保护乘员的能力,目前主要有安全带、安全气囊、防撞式车身和安全气囊防护系统等。由于现实的复杂性,有些事故是难以避免的,因此被动安全性也非常重要,安全气囊作为被动安全性的研究成果,由于使用方便、效果显著、造价不高,所以得到迅速发展和普及。

5. 安全气囊控制系统的要求

由于工作任务的特殊性,汽车安全气囊控制系统除了必须具备点火判断、发出点火信号的功能外,还应满足以下几点要求。

(1) 抗干扰能力强。气囊系统若发生误点爆,不仅会对乘员造成惊吓,甚至可能引发事故,因此必须有很高的抗干扰能力。如汽车受到粗糙路面干扰时会发生较大的减速,系统要能识别出这种状况,不点燃气囊。

(2) 高可靠性与工作稳定。由于汽车的工作环境复杂以及不允许出现点火失败的情况,因此气囊控制系统必须具有较高的可靠性与稳定性。另外,碰撞后,电源可能首先被撞坏,因此要求系统能在掉电后继续工作数百毫秒。

(3) 结构紧凑。整个系统除了要满足上述要求外,还要尽量减小体积,少用元器件,以减小系统的复杂程度,提高可靠性。同时也可减少系统的耗电量,尽量维持掉电后的工作。

6. 安全气囊的工作过程

汽车在行驶中发生一定强度碰撞后,传感器开关启动,控制线路处于工作状态,同时侦测回路判断是否真有碰撞发生。如果信号是同时来自两个传感器,安全气囊才开始作用。

由于汽车的发电机及蓄电池通常都处于车头易受损的部位,因此,安全气囊的控制系统皆具有自备的电源以确保发挥作用。在判定施放安全气囊的条件正确之后,控制回路便会将电流送至点火器,接着瞬时快速加热,将内含的氮化钠推进剂点燃。安全气囊组件工作过程如图16-7所示。

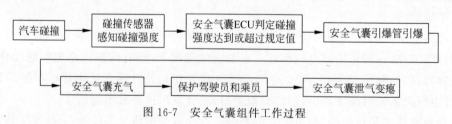

图16-7 安全气囊组件工作过程

(1) 将从碰撞传感器接收的电信号传给充气器的引爆剂。
(2) 引爆剂通电后着火,然后再点燃充气器组件内的扩爆剂,扩爆剂又称为引爆管。
(3) 扩爆剂点燃后,点燃主装药-主推进剂。传统的主推进剂由氮化钠+氧化剂组成,也有些使用压缩氮气或氩气,还有两种混合应用。
(4) 推进剂燃烧生成氮气流。
(5) 迅速膨胀的气体经过过滤进入折囊垫,形成安全气囊雏形。
(6) 充气器使充入安全气囊的气体压力增高,并开始推压安全气囊饰罩。
(7) 安全气囊饰罩上的压力不断上升,饰罩材料延伸变形和撕裂薄弱区的接缝。

(8) 随着裂缝的出现,饰罩门开启,为充气安全气囊喷出提供最佳通路。

(9) 气体压力继续增长,安全气囊张开至织物绷紧。

(10) 乘员接触和压迫安全气囊,实现安全保护;通过气体的黏性阻尼作用,乘员前移能量被吸收和耗散,安全气囊中过压气体经过安全气囊通气孔排出而不致伤害乘员。

7. 安全气囊控制系统的原理框图

安全气囊控制系统由硬件和软件两部分组成。图16-8是控制系统的组成框图。

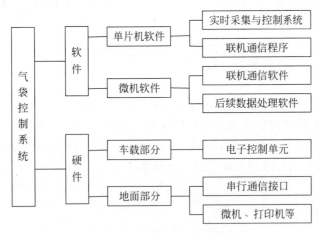

图 16-8 控制系统组成框图

气囊控制系统硬件结构框图如图16-9所示。电子控制单元部分由电源、微处理器(单片机)、传感器、点火及其检测电路、气囊检测电路等组成。考虑到系统与外界的联系,还要有指示灯及通信接口。

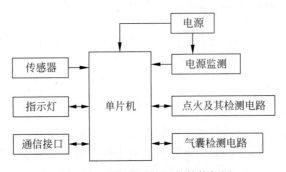

图 16-9 控制器系统硬件结构框图

1) 单片机

单片机是控制系统的核心,根据气囊控制系统的要求,选择 Motorola 公司的 MC68HC11E9 单片机,该单片机有丰富的 I/O 功能、完善的系统保护功能和软件控制的节电工作方式。其指令系统与早期 Motorola 单片机 MC6801 等兼容,同时增加了 91 条新指令。

2) 电源

气囊系统有2个电源,即汽车电源(蓄电池和发电机)和备用电源,备用电源电路由电源控制电路和若干电容器组成。当汽车发生碰撞导致蓄电池和发电机与气囊系统断开时,备用电源在一定时间内可以维持气囊系统的供电。为了保证在失去电源的情况下系统仍能正常工作数百毫秒并能可靠地点爆气囊,在电源部分设计了大电容蓄能。

3) 传感器

汽车所需求的信息都是依靠传感器来获取的。车辆本身所需的信息包括检测车辆运动状态的信息、检测驾驶操纵状态所需的信息、车辆控制所需的信息、运动环境检测所需的信息、异常状态监控所需的信息等。碰撞传感器用来检测汽车碰撞强度,一般认为,若汽车以40km/h 的车速与一辆正在停放的同样大小的汽车相碰撞,或者以不低于 22km/h 的车速迎面撞到一个不可变形的固定障碍物上时,其产生的碰撞强度足以危及驾驶员和乘务员的安全,应及时展开安全气囊。一辆车辆常装有 2~4 个碰撞传感器,前左、右挡泥板各装一个,称为前安全气囊传感器,有的车在前面保险杠中间还装一个。为了检测侧向碰撞,有的车在汽车的左右侧还装有碰撞传感器。

4) 点火及气囊检测电路

气体发生器的点爆条件为 2A 的电流脉冲。点火电路起到一个开关的作用,平时处于常开状态,点火时有单片机发出的点火信号控制开关闭合,把点火电压加在气体发生器桥丝的两端,并持续一定时间。为了可靠点火,点火电压应大于 4V,在这里使用电控单元的电源(即车载电瓶)作为点火电路的电源。点火电路如图 16-10 所示。

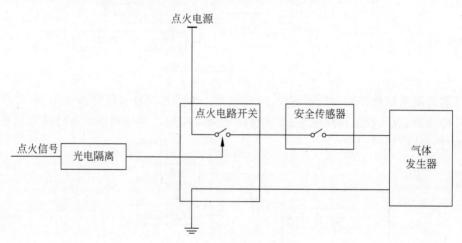

图 16-10 点火电路示意图

在驱动电路中,利用光电耦合实现控制电路与主电路的隔离,以保证电路的安全并提高抗干扰能力。为了防止误点火,点火电路和气囊之间串联一个机械式安全传感器,正常情况下处于此传感器常开状态,当减速度达到一定强度时,传感器闭合,允许点火电流通过。

5) 气囊组件

气囊组件主要由气体发生器、气囊、衬垫和螺旋导线 4 部分组成。

(1) 气体发生器主要由点爆管、点火药粉及气体发生剂组成。

(2) 气囊应该有良好的耐热性,在日常的温度变化范围内,气囊尺寸大小保持不变。在汽车发生碰撞时,气囊应易于吹胀,且吹胀的延迟时间不超过 10ms,而张开气囊的时间为 30ms。

(3) 衬垫是气囊组件中第二贵的部件,仅次于气体发生器,由聚氨酯制成,要求薄、轻且柔软。

(4) 由于驾驶员侧气囊是安装于转向盘上,气囊组件随转向盘一起转动,因而电爆管与 ECU 之间的导线需采用螺旋导线。

6）安全气囊警告灯

安全气囊警告灯位于仪表板内，为驾驶员提供安全气囊系统是否正常工作的可视信号。若气囊展开时，警告灯自动点燃，并持续闪亮 6s 后熄灭，说明安全气囊系统工作正常；若出现异常现象时，则警告灯在闪光 6s 后仍不熄灭；若 ECU 出现异常，不能控制警告灯正常工作时，警告灯便在其他电路的直接控制下进行异常显示，提示驾驶员应进行修理，并将故障以代码的形式存入 ECU 存储器内。

现有安全气囊的基本设计目标是用来对付严重交通事故的，但在一些不太严重的事故中，系统反应过度，反而会对驾乘人员施加作用过大，适得其反，造成不必要的伤害。针对实际使用中存在的问题，我们更希望在安全气囊展开之前，安全气囊系统能够精确感应汽车发生的碰撞，并按照程序来判断碰撞事故的严重程度，如果碰撞级别比较低，只需将安全带的预紧机构拉紧即可；如果碰撞级别比较高，需要启动安全气囊，则将点燃气囊的指令传递给气囊系统。这也就是要求安全气囊系统能够准确地感应所发生的碰撞事故，并且能模仿人脑，根据实际的碰撞程度来判别安全气囊是否需要展开，有一定灵活性，并且能够针对不同体形的乘员适当的调整安全气囊。

16.2.5 汽车电子防盗系统

汽车防盗装置是汽车的重要安全装置。在国外，由于汽车被盗现象严重，各国政府都采取了不同的防范措施，有些国家颁布了相关防盗法令。例如，美国许多州政府从 1986 年起实施汽车防盗法令，按照法律规定，保险公司对凡是装有规定功能防盗报警装置车辆的保险金强制性规定实施 5%～16% 的贴现办法。目前，汽车防盗保险费上升率已高达 88%。这是促进防盗装置加速普及的重要因素。在欧洲，车辆防盗案件剧增，并逐渐演变为严重的社会问题。例如，在 1987 年车辆盗窃案超过 200 万件，整车盗窃案也超过 100 万件。按社会保有车辆计算的平均盗车发生率已高于美国。对此，与美国一样，欧洲有关保险公司对装有防盗装置的车辆也实施保险金贴现的规定，在市场上出售各种防盗装置。

1. 汽车防盗装置的构造和工作原理

汽车防盗报警装置的基本构思是，当利用非正常的手段入侵车厢，进行车辆移动时，防盗报警装置能立即进行检测与报警并阻止发动机启动和行驶。最近，增加正常操作手续，追加验明身份的鉴定功能，当与验明身份不相符合时，会禁止操纵控制发动机。这种以提高自主行驶功能为目的的装置—简称阻行器（Immobilizer）已开始普及。

电子控制的汽车防盗装置是典型的机电一体化产品，其控制部分就是 ECU。在调置、重调置的操作部分是驾驶员进行操作防盗报警装置和解除其功能的部件。当未以正常的手续解除报警功能时，发生侵入车厢事件，并开始启动发动机，这时传感器便能检测到这种信息。控制电路则接受来自调置、重调置的操作部件和传感器的信息，并进行判断，当获知异常时，一方面会发生报警，另一方面会阻止车辆启动。此外，在很多车辆上已广泛采用在车门玻璃上粘贴胶纸办法，在胶纸上写明盗车报警的醒目字样，以儆效尤。

防盗报警装置的调置方法可分为主动式与被动式两种。主动式是指，用于装置启动（set）的特别操作是必要的方式，具有暗号开关或密码电源开关板，其典型的方式是红外线或电波的遥控方式，在售后服务市场上这种产品较多。这种方式的优点是，在安装上具有通用性，但缺点是往往容易忘记调整，发生偏漏。被动式则是不要求驾车者特别操作，当车门关闭后，防盗报警装置自动进行工作，不会发生忘记调置的偏漏。为了提高被动式的防盗效果,通过保险金减让(贴现),能够有效应用,从而增加商品附加值。在汽车工厂中装车实用的装置几乎全部采用被动式。

防盗装置工作必须安全可靠,如果在深夜发生误动作,或者蓄电池电压增高就会令车主担心。防盗安全装置的误动作与发动机故障一样,是关系到生命危险的重大问题。因此,必须确保防盗装置的可靠性。

2. 防盗装置的功能和车上布置

各汽车公司装设的防盗装置相差无几,现以典型例子说明装置的工作过程和功能。图 16-11 所示为防盗装置的功能构成,图 16-12 所示为防盗装置在车辆上的布置。防盗装置的各个输入信号来自于车门、发动机盖、行李箱(后车门)接通、断开检测用开关、车门的关闭和开启用检测开关、车门键筒的保护开关(当键筒撬开,被拔出时开启)和点火开关。大部分则利用原来车辆的开关。当检测出异常情况时,报警喇叭隔一定时间发出鸣叫声或者用前照灯的闪亮来报警,与此同时启动机继电器处于切断的状态。

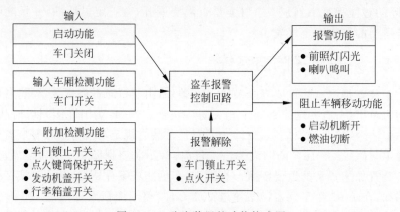

图 16-11　防盗装置的功能构成图

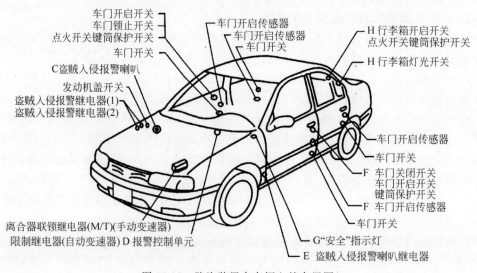

图 16-12　防盗装置在车辆上的布置图

3. 防止被盗车辆自走行驶装置——阻行器

阻行器是利用机械或电气方式,或机电一体化控制方式阻止被盗车辆行驶的装置。阻止方式一般是阻止发动机启动。现在国外市场上供应的阻行器可分为 4 种。

(1) 采用键开关方式(ON/OFF)的阻行器,如图 16-13 所示。

图 16-13　键开关方式阻行器

(2) 使用电波遥控键方式阻行器,如图 16-14 所示。

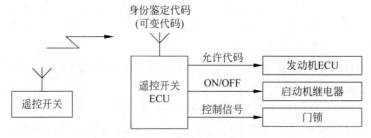

图 16-14　遥控键方式阻行器

(3) 电阻键方式的阻行器,如图 16-15 所示。

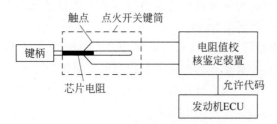

图 16-15　电阻键方式阻行器

(4) 继电器(Transponder)方式的阻行器,如图 16-16 所示。

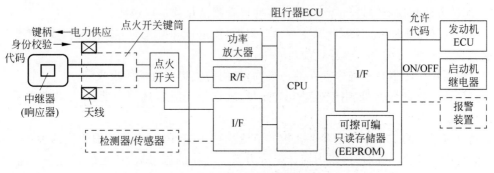

图 16-16　继电器方式阻行器

4. 汽车防盗装置的技术发展动向

不论何种防盗装置对于盗车贼的作案手段来讲不可能获得充分的防盗效果,但从数据分析来看,防盗装置确实有减少盗车案发率的效果。然而,由于车辆的维修,防盗装置的构造逐渐被公开,盗车者又会使用新的盗车手段,因此必须不断开发新型防盗装置。可以预见,防盗装置正在向高智能、更安全方向发展,特别是开发被动式、无误动作、低成本和可靠性高的防盗装置。

电子控制技术的发展和进步促进了汽车工业的发展,随着汽车电子设备不断更新,各种用途的传感器将遍布汽车的各个部位,特别是计算机在汽车上的应用,更加确定了传感器在汽车电子设备中的重要地位,传感器的最大用户将是汽车行业。

16.3 传感器在空气污染监测中的应用

随着工农业及交通运输业的不断发展,这些行业产生的大量有害有毒物质逸散到空气中,使空气增加了多种新的成分。当其达到一定浓度并持续一定时间时,就破坏了空气正常组成的物理化学和生态的平衡体系,不仅影响工农业生产,而且对人体、生物体以及物品、材料等产生不利影响和危害。

根据污染物产生的原因,空气污染物一般可分为自然空气污染源和人为空气污染源。自然空气污染源是指造成空气污染的自然发生源,如火山爆发排出的火山灰、二氧化硫、硫化氢等;森林火灾、海啸、植物腐烂、天然气、土壤和岩石的风化以及大气圈中空气运动等自然现象所引起的空气污染。人为空气污染源是造成空气污染的人为发生源,如资源和能源的开发、燃料的燃烧以及向大气释放出污染物的各种生产设施等,有工业污染源、农业污染源、交通运输污染源及生活污染源。

空气中主要污染物是指对人类生存环境威胁较大的污染物,有悬浮颗粒物、可吸入颗粒物、二氧化硫、氮氧化物、一氧化碳和光化学氧化剂等。对于局部地区,也有由特定污染源排放的其他危害较重的污染物,如碳氢化合物、氟化物以及危险的空气污染物(如石棉尘、金属铍、多环芳烃及一些具有强致癌作用的物质等)。

空气污染监测是环境保护工作的重要内容。它可以获得有害物质的来源、分布、数量、动向、转化及消长规律等,为消除危害、改善环境和保护人民健康提供资料。在进行空气污染各项监测时,需要对采样点的布设、采样时间和频度、气象观测、地理特点、工业布局、采样方法、测试方法和仪器等进行综合考虑,在此仅就测试仪器加以说明。

用于空气污染监测的采样仪器主要由收集器、流量计和抽气动力三部分组成,如图16-17所示。

收集器用于收集在空气中存在的污染物,常用的收集器有液体吸收管。

流量计即流量传感器,用于计量空气流量,现场使用时常选用轻便、易于携带的孔口流量计和转子流量计。

孔口流量计的工作原理请参考孔板的节流原理,它有隔板式及毛细管式两种。当气体通过隔板或毛细管小孔时,因阻力而产生压力差。气体的流量大,产生的压力差也越大,由孔口流量计下部的U形管两侧的液柱差可直接读出气体的流量。孔口流量计中的液体可用水、酒精、硫酸、汞等,由于各种液体相对密度不同,在同一流量时,孔口流量计上所示液柱

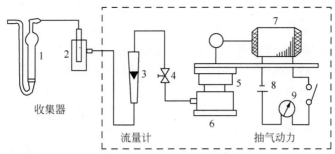

1—吸收管；2—滤水阱；3—流量传感器；4—流量调节阀；5—抽气泵；
6—稳流器；7—电动机；8—电源；9—定时器。

图 16-17　携带式采样器工作原理图

差也不一样，相对密度小的液体液柱差最大。常用液体是水，为了读数方便，可向液体中加几滴红墨水。

在使用转子流量计时，当空气中湿度太大时，需要在转子流量计进气口前连接一支干燥管，否则转子吸收水分后质量增加和管壁湿润都会影响流量的准确测量。抽气动力是一个真空抽气系统，通常有电动真空泵、刮板泵、薄膜泵、电磁泵等。

16.4　IC 卡智能水表的应用

水是宝贵的环境资源，也是我国可持续发展战略的物质基础。但是，我国是世界上人均水源拥有量十分贫乏的国家之一，节约和保护水资源是我国当前一项十分重要的战略措施。IC 卡智能水表的开发和利用对节水的科学管理起到了促进作用。

一体化 IC 卡智能水表是在传统水表的基础上，重新设计控制盒并使之与水阀组装在一起，由流量测量机构、隔膜阀控制机构、防窃水结构、IC 卡和单片机、电源及表壳等几部分构成，其结构原理如图 16-18 所示。工作原理与涡轮流量传感器类似，流量测量机构采用叶轮流量传感器，水流通过进口过滤网以后，从双喷嘴喷出，形成侧射流，正向冲击叶轮上的叶

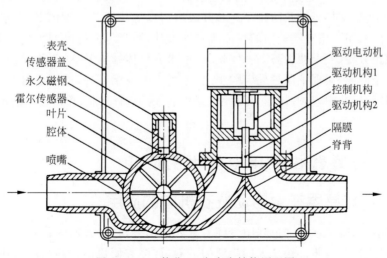

图 16-18　一体化 IC 卡水表结构原理图

片,水流在叶片上均匀向四周扩散,推动叶轮克服水流的黏性阻力、机械摩擦阻力、电磁阻力做匀速旋转运动。理论分析证明,通过叶轮的水流量与叶轮的旋转速度成正比,因此只要准确测量出叶轮的旋转速度,就能测量出水流量的大小。

叶轮叶片用导磁的不锈钢材料制作,叶轮轴和叶轮腔体用不导磁的不锈钢材料制作,在腔体的上方放置永久磁钢,在永久磁钢下方放置霍尔传感器。当叶轮叶片旋转至永久磁钢正下方位置时,其磁场强度大;转过该位置时,其磁场强度减小。随着叶轮的旋转,永久磁钢下方的磁场强度做周期性的变化,霍尔传感器检测周期性变化的磁场,并转换成同频率变化的霍尔电压信号输出。只要测量出霍尔传感器输出电压信号的频率,即测量出了水的流量,这就是一体化IC卡水表流量测量的原理。

一体化IC卡水表的启闭采用脊背式隔膜阀机构控制,当隔膜紧贴脊背时关闭,当隔膜离开脊背时开启。隔膜阀的启闭用直流电动机和驱动机构控制,当向直流电动机输入正向直流电时,直流电动机正转,关闭隔膜阀停止供水;当向直流电动机输入反向直流电时,直流电动机反转,开启隔膜阀进行供水。隔膜阀的启闭由安装在驱动机构上的启闭行程开关控制。

一体化IC卡水表采用内含EPROM的87C51组成单片机系统。非易失性E^2PROM芯片AT24C02存储用户密码、时间、购水量、累计用水量、剩余用水量、窃水记录等重要数据,并采用SLE4442逻辑加密卡保护存储器和加密存储器保证IC卡的安全。水流量测量选用CS837霍尔传感器。

使用一系列开关实现生产厂家调试校正当地时间、判断IC卡是否插入IC卡卡座、切换显示及防止用户私开表盖窃水等功能。通过电源检测控制备用电源的开启,以保证水表在电网停电情况下运行的可靠性。采用程控驱动及微动行程开关控制隔膜阀的动作,保证隔膜阀安全可靠地运行。

一体化IC卡水表的软件主要由主程序和INT0、INT1中断服务程序组成。主程序通过判断使用条件,控制开阀的动作,并通过电源监控来保证IC卡水表安全可靠地运行。INT0中断服务程序主要用于水量的监控,在水量达到临界及无剩余水量时均给出声光报警。INT1中断服务程序通过各开关的状态实现生产厂家调试校正当地时间、判断IC卡是否插入IC卡卡座、切换显示及防止用户私开表盖窃水等功能。一体化IC卡水表的单片机系统软件设计,采用了用户不透明的智能化软件设计,用户只需持卡购水和持卡用水,无须其他操作,使用方便,安全性很高。一体化IC卡水表整体结构紧凑,体积小,防护措施安全可靠,水电完全隔离,实现了用户凭卡购水、凭卡用水的科学管理,适用于机关、团体大范围用水管理及特殊行业中,如游泳馆、矿泉水、桑拿浴、锅炉、服务业、宾馆、饭店、建筑业、农、林等行业。

16.5 传感器在家用电器中的应用

16.5.1 传感器在全自动洗衣机中的应用

自动检测技术除了在生产过程中发挥着重要作用外,它与人们的日常生活也是息息相关的。社会的发展和进步加快了人们生活的节奏,许多方便快捷、省时省力、功能齐全的电器设备成了人们生活中必不可少的伙伴。在这些电器设备中,传感器技术和微电脑技术的应用越来越广泛,涉及的电器有洗衣机、彩电、冰箱、摄录像机、复印机、空调、录音机、电饭煲、电风扇、煤气用具等,使用最多的传感器是温度传感器,其次是湿度、气体、光、烟雾、声敏等传感器。下面以全自动洗衣机为例加以分析。

在全自动洗衣机中使用的传感器有水位传感器、布量传感器和光电传感器等,使洗衣机能够自动进水、控制洗涤时间、判断洗净度和脱水时间,并将洗涤控制于最佳状态。图 16-19 所示是传感器在洗衣机中应用的示意图。

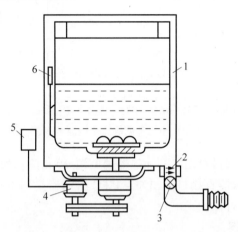

1—脱水缸;2—光电传感器;3—排水阀;4—电动机;5—布量传感器;6—水位传感器。

图 16-19　传感器在洗衣机中的应用示意图

洗衣机中的水位传感器用来检测水位等级的。它由 3 个发光元件和一个光敏元件组成。依次点亮 3 个发光元件后,根据光到达光敏元件的变化而得到水位的数据。

布量传感器用来检测洗涤物的质量,是通过电动机负荷的电流变化来检测洗涤物的。

光电传感器由发光二极管和光敏晶体管组成,安装在排水口上部。根据排水口上部的光透射率,检测洗涤净度,判断排水、漂净度及脱水情况。在微处理器控制下,每隔一定时间检测一次,待值恒定时,则认为洗涤物已干净,便结束洗涤过程。在排水过程中,传感器根据排水口的洗涤泡沫引起透光的散射情况来判断排水过程。漂洗时,传感器可通过测定光的透射率来判断漂净度。脱水时,排水口有紊流空气使透光散射,光电传感器每隔一定时间检测一次光的透过率,当光的透过率变化为恒定时,则认为脱水过程完成,通过微处理器结束全部洗涤过程。

16.5.2　传感器在电冰箱中的应用

电冰箱用以制冷,空调器则兼有制冷机、电暖器及电风扇的功能,它们所用传感器的类型接近。电冰箱主要由制冷系统和控制系统两部分组成。控制系统主要包括温度自动控制、除霜温度控制、流量自动控制、过热及电流保护等。完成这些控制需要使用检测温度和流量(或流速)的传感器。图 16-20 是常见的电冰箱电路,它主要由温控器、温度显示器、PTC 启动器、除霜温控器、电动机保护装置、开关、风扇及压缩机电动机等组成。

电冰箱运行时,由温度传感器组成的温控器按所调定的冰箱温度自动接通和断开电路,控制制冷压缩机的关与停。当给冰箱加热除霜时,由温度传感器组成的除霜控制器将会在

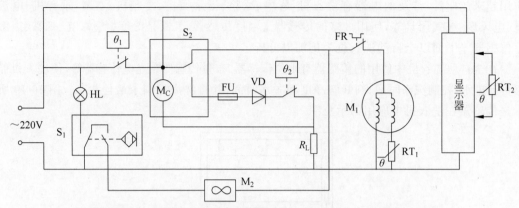

θ_1—温控器;θ_2—除霜温控器;R_L—除霜热丝;S_1—门开关;S_2—除霜定时开关;
FR—热保护器;RT_1—PTC启动器;RT_2—测温热敏电阻。

图 16-20　常见电冰箱电路原理图

除霜加热器达到一定温度时,自动断开加热器的电源,停止除霜加热。热敏电阻检测到的冰箱内的温度将由温度显示器直接显示出来。PTC启动器是用电流控制的方式来实现压缩机的起动,并对电动机进行保护。

1. 压力式温度传感器

压力式温度传感器有波纹管式和膜盒式两种形式,主要用于温度控制器和除霜温控器。如图16-21所示,传感器由波纹管(或膜盒)与感温管连成一体,内部填充感温剂。感温管紧贴在电冰箱的蒸发器上,感温剂的体积将随蒸发器的温度而变化,引起腔内压力变化,由波纹管(或膜盒)变换成位移变化。这一位移变化通过温度控制器中的机械传动机构推动微动开关机构切断或接通压缩机的电源。

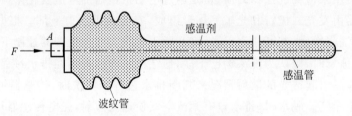

图 16-21　压力式温度传感器

2. 热敏电阻式温控电路

热敏电阻式温控电路如图16-22所示。热敏电阻 RT 与电阻 R_3、R_4、R_5 组成电桥,经 IC_1 组成的比较器、IC_2 组成的触发器、驱动管 VT、继电器 K 控制压缩机的起停。

3. 热敏电阻除霜温度控制

图16-23所示由用热敏电阻组成的除霜温控电路,可使除霜以手动开始,自动结束,实现了半自动除霜。

当要除霜时,按动 S_1 使 IC_2 组成的 RS 触发器置位端接地,其输出端为高电平,晶体管 VT 导通,继电器 K 接通除霜加热器。当加热一段时间后,冰箱内温度回升,RT 电阻值下降,IC_2 反相输入端电位升高,最终使 RS 触发器翻转,晶体管 VT 截止,继电器 K 关闭,除霜结束。在除霜期间,若人工按动 S_2,也可停止除霜。

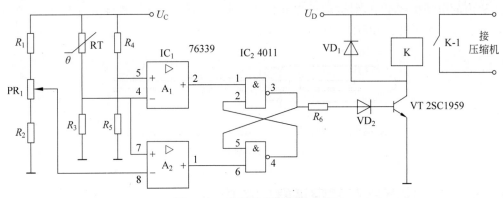

图 16-22 热敏电阻式温控电路

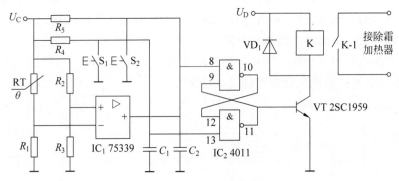

图 16-23 热敏电阻组成的除霜温控电路

4．双金属除霜温度传感器

双金属除霜温度传感器的结构如图 16-24 所示。它由双金属热敏元件、推杆及微动开关组成，平时微动开关处于常闭状态。接通除霜开关，除霜加热器经双金属热敏元件构成回路，除霜开始。除霜后，电冰箱蒸发器温度升高，双金属热敏元件产生形变，经推杆使微动开关的触点断开停止除霜。

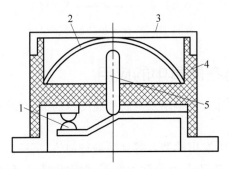

1—微动开关；2—双金属热敏元件；3—护盖；4—外壳；5—推杆。

图 16-24 双金属除霜温度传感器

5．双金属热保护器

如图 16-25 所示，双金属热保护器是一个封装起来的固定双金属热敏元件。它埋设在压缩机内的电动机绕组中,对电动机绕组的温度进行控制。当电动机绕组过热时,保护器内的双金属片产生形变,切断压缩机的电源。

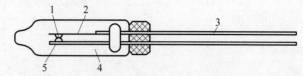

1—可动触头;2—双金属片;3—引线;4—铅玻璃套;5—固定触头。

图 16-25 双金属热保护器

16.5.3 传感器在室空调器中的应用

目前,家用空调器大多采用由传感器检测并用微机进行控制的模式,其组成如图 16-26 所示。在空调器的控制系统中,室内部分安装有热敏电阻和气体传感器,室外部分安装有热敏电阻。空调器通过负温度系数热敏电阻和微机可快速完成室内室外的温差控制、冷房控制及冬季热泵除霜控制等功能。气体传感器用于测量室内空气的污染程度,当室内空气污染超标时,通过空调器的换气装置可自动进行换气。

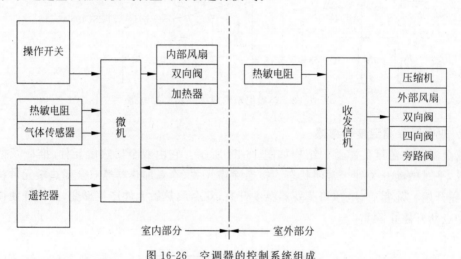

图 16-26 空调器的控制系统组成

16.5.4 传感器在厨具中的应用

一般的厨具如电饭煲等大多是用双金属片温度控制器,在此不再介绍。

1. 微波炉

家用微波炉利用磁控管发出的微波对食品进行加热、烹调,具有快捷、节能、消毒及卫生等特点。在智能型微波炉中,安装有温度传感器、湿度传感器、气体传感器、热释电红外传感器及称重传感器等,它们可以检测出食品质量、解冻过程及炉中相对湿度等参数。

2. 自动抽油烟机

自动抽油烟机实现了排油烟过程和报警的自动化。它的电气部分主要由排油烟风扇和气敏监控电路组成。气敏监控电路主要由气体传感器和运算放大器 LM324 组成,如图 16-27

所示。4个运算放大器均工作在比较器状态。气敏元件用 QM-211，其阻值随油烟浓度增大而变小，B 点电压升高，经 RP_1 电位器送入 IC_1 组成的比较器进行电压比较。当油烟浓度大于设定值时，IC_1 输出高电平，由 IC_2 组成的报警电路发出报警声，同时也使 IC_3 组成的排油烟控制电路工作，继电器 K 吸合，接通排油烟风扇开始排除油烟。由 IC_4 组成的误动作限制电路，即延时电路，用来防止开机后预热气敏元件过程中产生误动作信号。

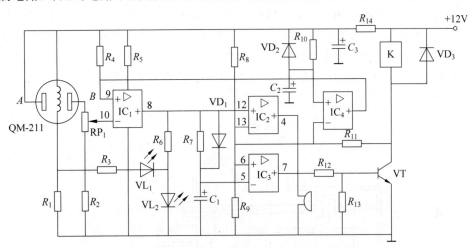

图 16-27　自动抽油烟机气敏监控电路图

16.5.5　热敏铁氧体传感器在电饭锅中的应用

图 16-28 所示是电饭锅用磁钢限温器的结构原理图。传感器的受热板紧靠内锅锅底，当按下煮饭开关时，通过杠杆将永久磁铁推上，与热敏铁氧体相吸，簧片开关接通电源。当热敏铁氧体的温度超过居里点温度时，将失去磁化特性。热敏铁氧体的吸力不仅与温度有关，还与其厚度有关。适当选择热敏铁氧体的材料配方和弹簧的弹性力。当锅中米饭做好，锅底的温度升高到 103℃ 时，弹簧力大于永久磁铁与热敏铁氧体吸力，弹簧力将永久磁铁压下，电源被切断。

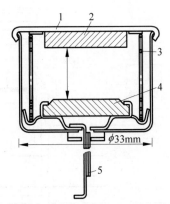

1—受热板；2—热敏铁氧体；3—弹簧；4—永久磁铁；5—驱动开关。

图 16-28　电饭锅用磁钢限温器

16.5.6 传感器在燃气热水器中的应用

燃气直流式热水器中一般设置有防止不完全燃烧的安全装置、熄火安全装置、空烧安全装置及过热安全装置等。前两个安全装置主要由温度传感器(热电偶)构成,后两个安全装置由水气联动装置来实现。如图 16-29 所示,水气联动装置实际上是一个压力敏感元件,它根据不同的水压控制燃气阀的开关。当打开冷水阀时,A 腔的水压力大于 B 腔的气体压力,膜片向 B 腔鼓起,当水压力大于弹簧的预压力时,通过节流塞连杆压缩弹簧打开燃气阀门。可见,当水阀未打开、关闭或水压过低时,燃气通路自动关闭,预防了空烧或过热现象的发生。如果在使用中将热水出口关闭,A 腔的水将通过节流塞上的小孔流向 B 腔,同样会关闭燃气阀门。

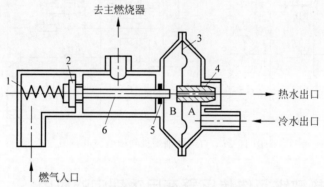

1—弹簧;2—密封塞;3—膜片;4—节流塞;5—密封圈;6—连杆。

图 16-29 水气联动装置结构示意图

燃气直流式加热器的工作原理如图 16-30 所示。当打开燃气进气阀,按动开关 S 时,电源通过 VD_1 向 C_1 充电,使 VT_1、VT_2 导通,电磁阀 Y 得电工作,打开燃气输入通道,高压发生器输出高压脉冲点燃长明火。打开冷水阀门,在水压作用下燃气进入主燃烧室,经长明

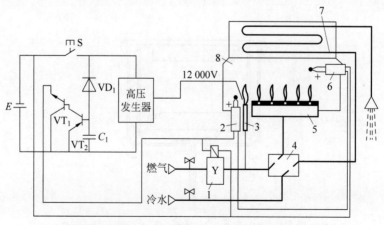

1—进燃气电磁阀;2—热电偶1;3—长明火;4—水气联动开关;
5—主燃烧器;6—热电偶2;7—热交换器;8—燃烧室。

图 16-30 燃气直流式加热器的工作原理

火引燃。热水器中的两个热电偶，一个设置在长明火的旁边，其热电动势加在电磁阀 Y 线圈的两端，在松开开关 S 时维持电磁阀的工作。如果发生意外使长明火熄灭，电磁阀关闭，切断燃气通路。另一个缺氧保护热电偶 2 设置在燃烧室的上方，与热电偶 1 反极性串联。热水器正常工作时，热电偶 2 的热电动势较小，不影响电磁阀的工作。当氧气不足时，火焰变红且拉长，热电偶 2 被拉长的火焰加热，产生较大的热电动势，抵消了热电偶 1 的热电动势，使电磁阀 Y 关闭，起到了缺氧保护的作用。

16.5.7 传感器在家用吸尘器中的应用

吸尘器中的传感器主要用来测量吸尘的风量或吸入管出口处的压力差，通过检测值与设定的基准值比较，经相位控制电路将电动机转速控制在最佳状态，以获取最好的吸尘效果。

图 16-31 所示是硅压力传感器在吸尘器内的安装图，传感器的输入端设置在吸入管的出口处，另一端与大气连通。当吸尘器接近床铺或地毯时，压力增大，电动机转矩下降，使床面或地毯上的灰尘充分吸入吸尘器。

图 16-32 所示是吸尘器风压传感器的结构示意图，它主要由风压板和可变电阻器等组成。吸入的空气流通过风压板带动可变电阻器转动，将风压转换为电阻的变化，以控制电动机的转矩大小，使其达到最佳的工作状态。

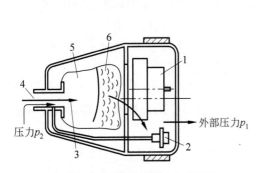

1—电动机；2—压力传感器；3—吸气流；
4—吸气孔；5—滤清器；6—吸入物。

图 16-31 吸尘器中的硅压力传感器

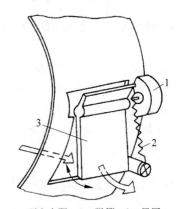

1—可变电阻；2—弹簧；3—风压。

图 16-32 吸尘器风压传感器的结构示意图

16.6 无线传感器网络应用实例

无线传感器网络具有节点微小、价格低廉、部署方便、隐蔽性高、可自主组网等特点，在军事、农业、环境监控、健康监测、工业控制、智能交通和仓储物流等领域具有广阔的应用前景。

随着传感网络研究的深入，无线传感网络逐渐渗透到人类生活的各个领域。地震监测、生活习性监测、船只监控、深海监控、战场评估、目标跟踪和检测、森林火灾监控、小区安全监控、精细农业等都用到了无线传感网络。

16.6.1　军事应用

利用飞机抛撒或火炮发射等装置,将大量廉价传感器节点按照一定的密度部署在待测区域内,对周边的各种参数,如震动、气体、温度、湿度、声音、磁场、红外线等各种信息进行采集,然后由传感器自身构建的网络,通过网关、互联网、卫星等信道,传回监控中心。

可以将无线传感网络用作武器自动防护装置,在友军人员、装备上加装传感器节点以供识别,随时掌控情况避免误伤。通过在敌方阵地部署各种传感器,做到知己知彼,先发制人。另外,该项技术利用自身接近环境的特点,可用于智能型武器的引导器,与雷达和卫星等相互配合,可避免攻击盲区,大幅度提升武器的杀伤力。

16.6.2　城市生命线

被称为城市生命线的水、电、煤气和石油等网络,纵横交错,埋在地下,出现问题很难发现,维护极其困难,若发生泄漏、爆炸等事故将造成社会和经济的巨大损失。

采用无线传感器网络对城市水管网进行监测,获取水压、水位以及水的质量等信息,判断水位、泄漏和污染情况。采用压力和超声传感器网络监测城市天然气管网。无线传感器网络的应用将大幅提高城市生命线的安全性。

16.6.3　人体健康监测

为了更好地对冠心病、脑溢血等高危病人进行 24 小时健康监测,在不妨碍病人的日常起居和不影响病人的生活质量方面,无线传感器网络有广阔的应用前景。

通过在老年人身上佩戴血压、脉搏、体温等微型无线传感器,经过住宅内的传感器网关,将数据发送给医院,医生可以远程了解老年人的健康状况。

在公寓内安装包括温度、湿度、光、红外、声音和超声等多个传感节点,根据这些节点收集的信息,实时了解人员的活动情况。采用多传感器信息融合技术,可以准确地判断出被监测人的行为,如做饭、睡觉、看电视、淋浴等。

16.6.4　建筑物健康监测

在建筑物上安装联网的地震传感器,为处于地震带的民居提供更好的监测预警机制。

把无线传感器网络节点绑定在鸟巢钢架结构上,对施工过程中的钢结构进行应力、压力分析等。

将具有温度、湿度、压力、加速度、光照等传感器的节点布放在重点保护对象当中,无须拉线钻孔,便可有效地对建筑物进行长期监测。此外,对于珍贵文物,在保存地点的墙角、天花板等位置,监测环境的温度、湿度是否超过安全值,可以更妥善地保护展品的品质。

在桥梁监测中,利用适当的传感器,例如压电传感器、加速度传感器、超声传感器、湿度传感器等,可以有效地构建一个三维立体的防护监测网络,对桥梁、高架桥、高速公路等环境进行监测。

对许多老旧的桥梁,桥墩长期受到水流的冲刷,传感器能够放置在桥墩底部,用以感测桥墩结构;也可放置在桥梁两侧或底部,搜集桥梁的温度、湿度、震动幅度、桥墩被侵蚀程度等,减少事故造成的生命财产损失。

16.6.5　环境监测

由于环境恶劣,位于缅因州海岸大鸭岛上的海燕又十分机警,研究人员无法采用常规方法进行跟踪观察。为了监视大鸭岛海燕的栖息情况,研究人员使用了包括光、湿度、气压计、红外传感器、摄像头在内的近十种传感器类型数百个节点,系统通过自组织无线网络,将数据传输到300ft外的基站计算机内,再由此经卫星传输至加利福尼亚州的服务器。全球的研究人员都可以通过互联网察看该系统各个节点的数据,掌握第一手的环境资料,为生态环境研究者提供了一个极为便利的平台。

2005年,澳大利亚科学家利用无线传感器网络探测北澳大利亚蟾蜍的分布情况。利用蟾蜍叫声响亮而独特的特点,选用声音传感器作为监测手段,将采集到的信息发回给控制中心,通过处理,了解蟾蜍的分布、栖息情况。

2008年1月新加坡政府与哈佛大学、麻省理工学院合作,成立了环境监测与建模研究中心。计划在未来几年内,采用无线传感器网络实现新加坡国内海陆空一体化的自然环境监测,实现新加坡的国界、大气污染、海域、空气质量及空域信息监测等。

16.6.6　大型场馆安全监测

英国国家博物馆利用无线传感器网络设计了报警系统,将节点放在珍贵文物或艺术品的底部或背面,通过侦测灯光的亮度是否改变、测量物品是否遭受到振动等,确保展览品的安全。

传感器网可以与馆内火警喷水网络的控制系统连接。如果一个传感器群监测到过热或烟尘或两者都有,它可以自动与网络中的其他群通信,并确定这是否是一个真实事件并做出相应反应。通过确定传感器群周围的温度和烟尘,传感器网可以精确地查出火源位置,在需要区域打开喷水装置,并优选安全逃离通道。

小　结

本章主要介绍了自动检测技术的应用。运用传感器知识解决实际生产、生活中的问题,是学习自动检测与转换技术的目的。介绍了冶炼行业中的自动检测技术、汽车中所用到的传感器、传感器在治理空气污染中的应用以及在家用电器中的应用。无线传感器网络具有节点微小、价格低廉、部署方便、隐蔽性高、可自主组网等特点,在军事、农业、环境监控、健康监测、工业控制、智能交通和仓储物流等领域具有广阔的应用前景。

随着传感网络研究的深入,无线传感网络逐渐渗透到人类生活的各个领域。如地震监测、生活习性监测、船只监控、深海监控、战场评估、目标跟踪和检测、森林火灾监控、小区安全监控、精细农业等。

自动检测技术已广泛地应用于工农业生产、国防建设、交通运输、医疗卫生、环境保护、科学研究和人们的日常生活中,也起着越来越重要的作用,成为国民经济发展和社会进步的一项必不可少的重要基础技术。

习题

1. 请结合某一生产过程,具体说明所安装的传感器的名称及作用。
2. 如何理解"传感器的最大用户是汽车行业"?结合所了解的某一品牌汽车,列出其所安装的传感器。
3. 结合生活中使用的电器设备,谈谈传感器在其中所起的作用。
4. 请查阅有关资料,设计一个超市的防盗系统。
5. 简述汽车传感器的特点。
6. 简述汽车传感器的具体类别。
7. 防抱死制动系统是怎样达到防抱死的目的?
8. 汽车制动性能主要有哪几方面来评价的?
9. 防抱死制动系统由哪几部分组成?
10. 电子式安全气囊系统主要由哪几部分组成?
11. 安全气囊的作用是什么?
12. 安全气囊的分类有哪些?
13. 安全气囊控制系统需要满足哪些要求?
14. 安全气囊控制系统硬件由哪几部分组成?
15. 未来汽车传感器会往哪些方向发展?

参考文献

[1] 谢志萍.传感器与检测技术[M].北京:电子工业出版社,2004.
[2] 何希才.传感器及其应用[M].北京:国防工业出版社,2001.
[3] 刘学军.检测与转换技术[M].北京:机械工业出版社,2002.
[4] 常建生.检测与转换技术[M].北京:机械工业出版社,1999.
[5] 孙传友,孙晓斌.感测技术基础[M].北京:电子工业出版社,2001.
[6] 武昌军.自动检测技术及应用[M].北京:机械工业出版社,2005.
[7] 陈瑞阳.机电一体化控制技术[M].北京:机械工业出版社,2004.
[8] 贾伯年,俞朴.传感器技术[M].南京:东南大学出版社,2000.
[9] 余发庆,李喻芳.传感器技术与应用[M].北京:机械工业出版社,2002.
[10] 沈农,董尔令.传感器及其应用技术[M].北京:化学工业出版社,2002.
[11] 王化祥,张淑英.传感器原理及应用[M].天津:天津大学出版社,2002.
[12] 方培先.传感器原理与应用[M].北京:电子工业出版社,1991.
[13] 刘少强,张靖.传感器设计与应用实例[M].北京:中国电力出版社,2008.
[14] 梁森,王侃夫,黄杭美.自动检测与转换技术[M].北京:机械工业出版社,2010.
[15] 孙克军.常用传感器应用技术问答[M].北京:机械工业出版社,2009.
[16] 沙占友.智能化集成温度传感器原理与应用[M].北京:机械工业出版社,2002.
[17] 王绍纯.自动检测技术[M].北京:冶金工业出版社,2001.
[18] 张福友.机器人技术及其应用[M].北京:电子工业出版社,2000.
[19] 王元庆.新型传感器原理及应用[M].北京:机械工业出版,2002.
[20] 曲波,肖圣兵,吕建平.工业常用传感器选型指南[M].北京:清华大学出版社,2002.
[21] 胡向东,唐贤伦,胡蓉.现代检测技术与系统[M].北京:机械工业出版社,2015.
[22] 林玉池,曾周末.现代传感技术与系统[M].北京:机械工业出版社,2009.
[23] 徐科军.传感器与检测技术[M].4版.北京:电子工业出版社,2016.
[24] 费业泰.误差理论与数据处理[M].7版.北京:机械工业出版社,2015.
[25] 刘焕成.传感器与电测技术[M].北京:清华大学出版社,2017.
[26] 郁有文,常健,程继红.传感器原理及工程应用[M].4版.西安:西安电子科技大学出版社,2014.
[27] 王俊杰,曹丽.传感器与检测技术[M].北京:清华大学出版社,2011.
[28] 赵凯岐,吴红星,倪风雷.传感器技术及工程应用[M].北京:中国电力出版社,2012.

图书资源支持

感谢您一直以来对清华大学出版社图书的支持和爱护。为了配合本书的使用，本书提供配套的资源，有需求的读者请扫描下方的"书圈"微信公众号二维码，在图书专区下载，也可以拨打电话或发送电子邮件咨询。

如果您在使用本书的过程中遇到了什么问题，或者有相关图书出版计划，也请您发邮件告诉我们，以便我们更好地为您服务。

我们的联系方式：

地　　址：北京市海淀区双清路学研大厦 A 座 714

邮　　编：100084

电　　话：010-83470236　010-83470237

资源下载：http://www.tup.com.cn

客服邮箱：tupjsj@vip.163.com

QQ：2301891038（请写明您的单位和姓名）

用微信扫一扫右边的二维码，即可关注清华大学出版社公众号。

教学资源·教学样书·新书信息

人工智能科学与技术
人工智能|电子通信|自动控制

资料下载·样书申请

书圈